Robert Bud

Wie wir das Leben nutzbar machten

Interdisziplinäre Forschung

Herausgegeben von H. Schuster

Andreas Deutsch (Hrsg.)
Muster des Lebendigen

Robert Bud
Wie wir das Leben nutzbar machten

John T. Bonner
Evolution und Entwicklung

Robert Bud

Wie wir das Leben nutzbar machten

Ursprung und Entwicklung der Biotechnologie

Aus dem Englischen übersetzt
von Heike Mönkemann

Mit einem Vorwort von
Manfred Liefländer

Dieses Buch ist die deutsche Ausgabe von:
Robert Bud: The Uses of Life, A History of Biotechnology
Original English Language Edition published by Cambridge University Press, 1993

Von R. Bud autorisierte Übersetzung: Heike Mönkemann

Der Verlag Vieweg ist ein Unternehmen der Bertelsmann Fachinformation GmbH.

Umschlaggestaltung: Schrimpf und Partner, Wiesbaden

Gedruckt auf säurefreiem Papier

ISBN 978-3-528-06627-7   ISBN 978-3-322-86431-4 (eBook)
DOI 10.1007/978-3-322-86431-4

Für Alexander

Im Gedenken an Konrad und Martha Bud

Paul Klee, *Der Held mit dem Flügel*, 1905, 38; 26 × 16 cm; Radierung; Städtische Galerie am Lehnbachhaus, München
© VG Bild – Kunst, Bonn 1995
'Hopes for biotechnology date from the beginning of the 20th century. Paul Klee's 1905 etching of the tragicomic hero who tried to fly was a contemporary artist's image of man, technology and nature.'
(Dr. R. Bud zur Auswahl des Titelbildes)

Inhaltsverzeichnis

Vorwort zur deutschen Auflage

In den letzten Jahren erschienen in Deutschland immer mehr Lehrbücher und populäre Schriften über „Biotechnologie" auf dem Markt. In noch nicht allzu vielen Universitäten und Fachhochschulen Deutschlands hat die Biotechnologie in Gestalt von Vorlesungen und Praktika Fuß gefaßt. Fast alle Lehrbücher dieses Faches beginnen mit einem kurzen historischen Überblick. Offenbar sind Fermentationstechniken, die ausschließlich auf Erfahrung beruhen, schon seit Menschengedenken bekannt. Die Fähigkeit der Hefen, zuckerhaltige Flüssigkeiten zu vergären, wurde schon 7.000 v.Chr. von den Sumerern genutzt. Da sie, ebenso wie die Ägypter, die Kunst des Bierbrauens beherrschten, was ein hohes Maß an Erfahrungswissen voraussetzte, darf man annehmen, daß einfache Gärungsvorgänge – wie die Vergärung überreifer Früchte – bereits früher benutzt wurden. Historiker behaupten, daß Wein bereits 10.000 v.Chr. bekannt war. Viele fermentativ gewonnene Nahrungsmittel und Soßen werden in Asien seit Jahrtausenden hergestellt.

Der moderne Teil der Biotechnologie beginnt mit den Forschungsergebnissen des französischen Chemikers Louis Pasteur (1822-1895) und des deutschen Arztes Robert Koch (1843-1910), die erstmals eine bewußte Nutzung und Beeinflussung von Mikroorganismen möglich machten. Erst in den Jahrzehnten danach wurden dann die biochemischen Prinzipien der Gärung ermittelt und viele weitere biochemische Prozesse in Mikroorganismen erhellt. Es liegt auf der Hand, die Geschichte der Biotechnologie in eine Ära vor und nach Pasteur einzuteilen.

Die äußerst interessant geschriebene, informative „Geschichte der Biotechnologie" von Robert Bud befaßt sich nicht mit der Vor-Pasteur-Ära, d.h. mit der Geschichte der empirisch entwickelten, mehr handwerklichen Verfahren der Fermentation von Alkohol und Essig sowie der Herstellung von Milchprodukten. Ihn interessiert vorwiegend die Zeit nach Pasteur, etwa ab 1865, die u.a. durch die biotechnologische, industrielle Herstellung von Produkten wie Milchsäure, Buttersäure, Zitronensäure, Gluconsäure, Butanol, Aceton, Glycerol, Futterhefe u.a. gekennzeichnet ist. Namen wie Chaim Weizmann, Carl Neuberg, W. Connstein und K. Lüdecke tauchen hier auf. An diese Periode schließt sich nun die der großtechnischen Gewinnung von Antibiotika an (1942-1955), verbunden mit den Namen wie A. Fleming, H. Florey, S. Waksman und E. B. Chain. Es folgt zwischen 1955 und 1965 die Biotechnologie der Steroidumsetzungen zur Produktion von Hydrocortisol und Cortison. Das folgende Jahrzehnt ist dann der Erarbeitung von Produktionsverfahren für Aminosäuren gewidmet, die vor allem in Japan erfolgreich entwickelt wurden.

Ab 1975 dringen zunehmend gentechnische Methoden in die Biotechnologie ein und erweitern das Gebiet in aufregender Weise. Robert Bud beschreibt die Hoffnungen, die sich an diese neuen Verfahren knüpfen, teilt aber auch die Befürchtungen und Widerstände mit, die viele Menschen dieser neuen revolutionären Entwicklung entgegenbringen. Buds Geschichte der Biotechnologie reicht bis in die 80er Jahre unseres Jahrhunderts und ist deshalb hochaktuell. Die Akzeptanz der Biotechnologie – einer Schlüsselkomponente der modernen Industrie –, die fälschlicherweise einfach mit der Gentechnik gleichgesetzt wird, scheint ebenso gefährdet zu sein wie die der Kerntechnik. Um sich ein wahres Bild von der Gentechnologie machen zu können, sollte man sich mit ihrer geschichtlichen Entwicklung befassen. Dazu möchte ich nicht nur Biotechnologen, Mikrobiologen, Chemiker und andere Naturwissenschaftler, sondern auch Politiker, Juristen, Volks- und Betriebswirte und auch Gegner der Gentechnik herzlich ermuntern und die Lektüre dieses Buches empfehlen. Seine englische Ausgabe hat weltweit ein begeistertes Echo gefunden.

Goethe schrieb 1810 in seinem Vorwort „Zur Farbenlehre": „Man kann dasjenige, was man besitzt, nicht rein erkennen, bis man das, was andere vor uns besessen, zu erkennen weiß. Man wird sich an den Vorzügen seiner Zeit nicht wahrhaft und redlich freuen, wenn man die Vorzüge der Vergangenheit nicht zu würdigen versteht."

Februar 1995
M. Liefländer, Universität Regensburg

X

Vorwort zur englischen Auflage

Auf dem Markt existieren so viele Bücher zum Thema Biotechnologie, daß jedes weitere sein Erscheinen schon in der Einleitung rechtfertigen muß. Dieses hat den ungewöhnlichen Vorzug, eher ein Geschichtsbuch – also ein Werk der Gelehrten – als ein Lehrbuch, ein Nationalplan oder ein Forschungsantrag zu sein. Letztere findet man häufiger als Exemplare des Genus *Liber biotechnologicus.*

Die Biotechnologie hat eine lange Geschichte. Deshalb müssen die Brauer des alten Babylon und des altertümlichen Ägypten stets aufs Neue in Darstellungen bei einigen Tagungen erwähnt werden. Robert Bud investierte viel Zeit und Mühen in Büchereien und Gesprächen mit älteren und jüngeren Menschen, um die bereits vorhandenen Quellen zu überbieten: Er zeigt den Geschichtsgehalt, die kulturelle, sprachliche und disziplinübergreifende Ausdehnung diese Fachgebietes. Dies schließt die Vielschichtigkeit, Komplexität und Kontinuität der langen Geschichte der Biotechnologie ein sowie ihre auf den Punkt gebrachte und ausgeglichene Darstellung, die bei der Zymotechnologie beginnt und erst beim menschlichen Genom endet. Hier wird ein zusammenhängendes Bild der Stillstände, Unterbrechungen und Verschnaufpausen einer ungestümen Evolution gezeichnet. Die wichtigsten Personen, Entdeckungen und Transfers, Wiederentdeckungen und Anpassungen werden zusammenhängend erläutert.

Das Leben ist, genau wie die Sprache, älter als die aufgezeichnete Geschichte. Lebewesen tragen nicht nur die Matrize oder Software für ihre eigenen Nachkommen, sondern besitzen auch die Erinnerungen an ihre Vorfahren. Die „Uses of life" sind daher ein völlig natürliches Thema für einen Historiker. Bei diesem handelt es sich um eine Geschichte des Verstehens und der Anwendung, der Entdeckungen und Technologien, vor allem aber der Ideen und den zu ihrer Beschreibung entwickelten Vokabeln.

Der Autor verwendet diese Vokabeln zu Recht sehr sorgfältig: So wie Linguisten und Genetiker in der Anthropologie zusammenarbeiten, mag die Etymologie ein Bestandteil der Biologie werden. Seit Anbeginn der Kultur hat der *Homo sapiens* seine unfreiwillige Abstammung von Darwin zu Lamarck gewechselt, werden seine Werkzeuge, Technologien und Sprache über Generationen, Jahrhunderte und sogar über Jahrtausende in der harten Schule der Erfahrung feingeschliffen. Seit dem Zeitalter der Renaissance oder der Aufklärung haben wir während der letzten fünf, besonders aber der letzten zwei oder drei Jahrhunderte immer rascher Erkenntnisse beim Verständnis und der Anwendung von „Wissenschaft und Technologie" beobachtet. Die gegenseitige Beeinflussung von Physik und Chemie bewirkte im 20. Jahrhundert einen besonders starken Wissenszuwachs, und das sich während der letzten Dekaden entwickelnde globale elektronische Zeitalter unterstützte die weltweite Verbreitung der Biotechnologie.

In dieser umfassenden Geschichte über den Fortschritt der Biotechnologie, insbesondere während des vergangenen Jahrhunderts, hat Robert Bud mehr als nur einen zusammenhängenden Bericht tiefgreifend und vielfältig miteinander verbundener Ereignisse geschaffen. Er fing die Erregung und Angst, die tiefe Besorgnis und Unruhe, ausgelöst durch das enge Nebeneinander einer scheinbar allmächtigen und unkontrollierbaren Wissenschaft und Technologie mit den bekannten, wertbeladenen Symbolen von Geburt, Fortpflanzung und Tod, ein.

Durch die andauernden politischen Auseinandersetzungen haftet dieser Selbstprüfung und Geschichtsschreibung etwas Nestbeschmutzerisches an. Aber man muß den Mut des British Science Museum respektieren, mit dem es entschieden beweisen wollte, daß die Geschichte nicht schon vor einer Generation beendet war. Sie ist etwas Stetiges, von dem wir ein Teil sind.

Die Geschichte der Biotechnologie, die ständig im Fluß ist, umfaßt heute mehr als nur Wissenschaft und Technik, auch mehr als ein Wirtschaftsunternehmen und öffentliche Politik: Sie beinhaltet ein wachsendes Element der Selbstbeobachtung, für das dieses Buch sowohl Bericht als auch Symptom ist. Unsere unablässige Verwicklung mit den „Uses of life" wird von grundlegenden ethischen und philosophischen Fragen begleitet.

XII

Befangenheit kennen wir schon, seit es Adam gibt. Molekularbiologie und Molekulargenetik zwingen uns neue, weitreichende Kenntnisse über uns selbst sowie eine andersartige Wahrnehmung der Natur und der Anfänge des Menschen auf. Diese ungewollten Einblicke, die zufällige Ergebnisse der von Neugier getriebenen Forschung sind, wirken in ihrer Verflechtung beunruhigend und zerstören bestehende Gebräuche, Glauben und Autorität. Die Sorgen der Öffentlichkeit und Behörden, die diese Ängste vermitteln, halten die Forschung (in den meisten Ländern) nicht auf. Sie weisen einen zunehmenden Anteil der Drittmittel nicht mehr der nach Herausforderungen strebenden Forschung zu, sondern sehen ihn für Beratung und Bewertung der Ziele vor, zu denen uns dieses Streben führen wird.

Dennoch häuft sich immer mehr Wissen an. Der weltweite Wissensaustausch kommt nicht zum Stillstand, und selbst wenn wir versuchen dies zu ignorieren, sind wir genauso zu Dank verpflichtet oder verurteilt, mit diesen Ergebnissen zu leben. Mit einer intelligenten Selbstbeobachtung wie sie dieses Buch anbietet, können wir sicherstellen, daß diese Ergebnisse für uns von Vorteil sind.

M.F. Cantley
Leiter der
Biotechnology Unit
Directorate for Science, Technology and Industry
Organisation for Economic Co-operation and Development

Danksagung

Während der langen Entstehungsgeschichte dieses Buches hatte ich oft das Gefühl, als wenn sich die Biotechnologie schneller entwickelte, als man ihre Geschichte niederschreiben konnte. Jeder Erfolg bei dieser Aufholjagd ist zunächst einmal der enormen Unterstützung einer Vielzahl von Menschen und Institutionen auf der ganzen Welt zu verdanken. Dies ist nicht einfach nur eine „Nacherzählung der Geschichte". Dennoch bin ich denjenigen, die mir ihre Ansichten zu den hier dargestellten jüngeren Ereignissen berichteten, zu Dank verpflichtet.

Deshalb bin ich besonders dankbar für die Ratschläge von Dr. Klaus Buchholz, Dr. Mark Cantley, Gradon Carter, Keith Copeland, Professor E.M. Crook, Dr. Edgar DaSilva, Dr. G.A. Dummett, Professor Derek Ellwood, Charles Evans, Professor Robert Finn, Professor Elmer Gaden, Professor Walter Gilbert, Dr. Zsolt Harsanyi, Professor Carl-Göran Hedén, Dr. Leo Hepner, Professor O.B. Jørgensen, Professor Joshua Lederberg, Gregory Ljunberg, Professor Everett Mendelsohn, Dr. Dreux de Nettancourt, Keith Norris, N.W. Pirie, Professor John Postgate, Dr. J.R. Ravetz, Dr. Peter Rogers, Ken Sargeant, Nelson Schneider, Dr. Gerald Solomons, Professor Myron Tribus, Dr. Salomon Wald, und Professor Lord Zuckerman.

Für die Sammlung und freundliche Überlassung der diesem Buch zugrunde liegenden Schriftstücke bin ich den Bemühungen vieler Archive und Büchereien zu Dank verpflichtet. Mein ganz besonderer Dank gilt dabei der großartigen Science Museum Library und der British Library. Zusätzlich zu der Hilfe vieler anderer Universitätsbüchereien bedanke ich mich besonders bei den Besitzern privater Sammlungen für den mir gewährten Zugang: CUBEDOC in Brüssel, IVA in Stockholm, dem Institut für Brauwesen in London und dem Siebel Institut für Technologie in Chicago. General Sir Christopher Hartley gewährte mir großzügigen Einblick in die Unterlagen seines Vaters, Sir Harold Hartley vom Churchill College in Cambridge, und die verstorbene Lady Chain gewährte mir Einblick in die Unterlagen von Sir Ernst Chain am Welcome Institut in London. Bei der Geschichte eines so jungen Themas befinden sich die meisten grundlegenden Unterlagen noch in keiner Sammlung. Deshalb bin ich denjenigen zu besonderem Dank verpflichtet, die mir den Zugang zu Dokumenten, die sich in ihrem Privatbesitz befanden, gewährten: Professor D. Behrens, Professor H. Dellweg, Professor E. Fiechter, Professor R. Finn, N.W. Pirie, Professor John Postgate, Dr. Brian Richards, Professor Allen Rosenstein, W. Siebel und Professor George Sines. Da ich meine Informationen aus vielen Ländern zusammengetragen habe, danke ich auch jenen, die mir bei der Übersetzung geholfen haben: Patricia Crampton übersetzte aus dem Schwedischen und Judit Brody bearbeitete die ungarischen Quellen.

Entwürfe des gesamten Manuskripts wurden sorgfältig von Dr. Peter Morris, Dr. J.R. Ravetz und Dr. Tony Travis durchgesehen. Ihnen bin ich für ihre hilfreiche Kritik und Verbesserungsvorschläge dankbar. Die ersten Manuskriptentwürfe wurden von Dr. Bernadette Bensaude, Dr. Klaus Buchholz, Dr. Mark Cantley, Gradon Carter, Dr. Edgar DaSilva, Dr. Alastair Duncan, Professor John Durant, Professor Derek Ellwood, Professor Robert Finn, Professor Carl-Göran Hedén, Professor Koki Horikoshi, Professor Robert Kohler, Dr. Robert Olby, Professor John Postgate, Dr. Peter Rogers, Ken Sargeant, Margaret Sharp, Dr. Gerald Solomons, Dr. Myron Tribus und Dr. Paul Weindling gelesen, kritisiert und verbessert. Für ihre Anstrengungen bedanke ich mich und für alle noch enthaltenen Fehler bin ausschließlich ich verantwortlich.

Ein Teil des hier vorgestellten Materials wurde auf verschiedenen Konferenzen vorgestellt. Den Zuhörern danke ich für ihre Verbesserungsvorschläge. Dieses Buch bezieht sich auch auf von mir vor kurzem veröffentlichtes Material. Für die Nachdruckerlaubnis bereits vorher erschienener Veröffentlichungen im *British Journal for the History of Science* danke ich der British Society for History, im *International Industrial Biotechnology* danke ich Dr. Rod Greenshields (Herausgeber von *The Genetic Engineer & Biotechnologist*) und im *Social Studies of Science* danke ich Sage Publications. Die Gutachter dieser Journale waren mir auch bei der Korrektur von sprachlichen Ungenauigkeiten behilflich. Ich bin Dr. Norman Carey, Professor Elmer Gaden, Professor John Postgate, Dr. Brian Richards und den MIT Büchereien der Firma G.D. Searls & Co. sowie der Firma Social Research Ltd. für die Erlaubnis, das zitierte Quellenmaterial abdrucken zu dürfen, zu Dank verpflichtet.

Das Science Museum erwies sich als eine unschätzbar wertvolle Umgebung. Es gewährte mir nicht nur finanzielle Unterstützung bei Reisen und Ausgaben, sondern ich profitierte auch von seiner einzigartigen Bibliothek und seinen hilfsbereiten Mitarbeitern, die mir sachkundige Ratschläge gaben und mir bei teilweise schwierigen Terminabsprachen zu Seite standen. Die moralische Unterstützung von Dr. Derek Robinson und Dr. Tom Wright machte dieses Buch möglich. Marjorie Castle, Sarah Marshall, Suzanne Tagg und Peter Tajasque möchte ich ebenfalls für ihren Beistand danken.

Schließlich sind sich Autoren der Tatsache bewußt, daß sie die Gutmütigkeit ihrer Freunde ausnutzen. Dankbar erkenne ich die Toleranz meiner Frau Lisa und meines Sohnes Alexander an, die so viele Jahre lang die Hauptlast dieser Arbeit trugen. Und ich hoffe, daß sie noch immer der Meinung sind, daß dies der Mühe wert war.

Robert Bud

Einleitung

Kaum ein anderes Wort wird weltweit kontroverser diskutiert als der Begriff „Biotechnologie". 1988 wurden in den Niederlanden 1 700 Erwachsene telefonisch nach ihrem Verständnis des Wortes Biotechnologie befragt. Mehr als der Hälfte von ihnen war der Begriff bekannt, obwohl ein Drittel keine klare Vorstellung von seiner Bedeutung hatte.[1] Derartige Ergebnisse wurden in allen Ländern der Erde gefunden. Trotz großer Übereinstimmung was die Bedeutung angeht, waren sich selbst Experten bei dieser Frage uneinig. Einige verbinden damit den zunehmenden Einsatz von Mikroorganismen bei der industriellen Produktion. Andere verstehen darunter das Ergebnis rekombinanter DNS-Techniken, die jüngst von wissensdurstigen Genetikern perfektioniert wurden. Die Meinungen sind geteilt. Einerseits gilt „Biotechnologie" als ein Mittel zur Produktion von Wohlstand, andererseits wird eine Bedrohung der Wurzeln unseres ethischen Systems befürchtet. Einmal als Ergebnis von Zynismus, Unreife und schlichten Meinungsverschiedenheiten erkannt, sind solche Unterschiede aufgegeben worden. Dennoch waren sie Schlüsselmerkmale eines Forschungsgebietes, das sich zwischen technologischen Fähigkeiten und wissenschaftlicher Entwicklung bewegte. Die „Biotechnologie" ist, ebenso wie die Computerwissenschaften und die Materialforschung, eine der wenigen Technologien, deren schnellen Fortschritte im Prinzip als revolutionär angesehen werden. Dennoch existiert merkwürdigerweise keine etablierte Literatur, mit der ein historischer Zusammenhang hergestellt werden kann. Schaut man in die Vergangenheit, kommen einem zuerst altertümliche Prozesse wie Backen und Brauen in den Sinn. Zwischen dem Hypermodernen und dem Altertum existiert allerdings nur wenig Raum für Geschichte.

Obwohl oft als neu bezeichnet, wurde der Begriff „Biotechnologie„ schon im Jahr der Russischen Revolution 1917 geprägt. Heute ist die beste Definition vielleicht die der Organisation für wirtschaftliche Zusammenarbeit und Entwicklung (OECD): „Biotechnologie" ist danach die Anwendung von wissenschaftlichen und technischen Prinzipien zur Herstellung von Materialien mit Hilfe biologischer Prozesse, um Waren und Dienstleistungen anzubieten. Das mag allumfassend erscheinen; trotzdem bleiben solche kurzen Definitionen nicht ganz ausreichend. Das Wort „Biotechnologie" erhielt im Laufe des letzten Jahrhunderts viele Bedeutungen und Inhalte, weil immer neue Ideen und neue technische Errungenschaften mit diesem Begriff verbunden wurden. Obwohl teilweise aufgearbeitet, teilweise mancherorts weitgehend verdrängt oder bewußt abgelehnt, gerieten derartige Neuerungen in einer so weltoffenen und internationalen Technologie dennoch nicht gänzlich in Vergessenheit. Durch historische Studien können diese immer noch aktiven, wenngleich kaum wahrnehmbaren Anteile wiederentdeckt und genutzt werden. So sollte eine historische Betrachtung nicht nur vernachlässigte Gesichtspunkte unseres Erbes wieder aufleben lassen. Sie könnte zugleich Unterschiede bei biotechnologischen Begriffen in verschiedenen Ländern, beispielsweise Deutschland oder Japan, sowie in verschiedenen sozialen Bereichen etwa bei Laien, Mikrobiologen, Technologen, Ingenieuren, Wirtschaftsfachleuten oder Politikern aufheben. Dies mag uns helfen, die Frage zu verstehen, warum so augenscheinlich ungleiche Konzepte unter demselben Etikett „Biotechnologie" miteinander verbunden worden sind.

In diesem Buch liegt der Schwerpunkt auf den letzten hundert Jahren, ungeachtet früherer Nutzung. Eine ägyptische Schrift aus dem Jahre 2300 vor Christi Geburt zeigt Stadien des Brauprozesses. Obwohl wir dies als Gebrauch von Mikroorganismen betrachten würden, wäre es falsch, auch dem Konzept der „Biotechnologie" ein gleich hohes Alter zu bescheinigen. Jene ägyptischen Handwerker beurteilten ihre Arbeit ganz anders als moderne Technologen.[2] Unser Begriff „Biologie" wurde nicht vor dem Ende des 18. Jahrhunderts geprägt. Von der Medizin getrennte Lehrgänge dieser Wissenschaft existieren seit 1860. Dies war auch die Zeit, in der die Hoffnung auf Technologien mit biologischen Prozessen als Grundlage aufkam.[3] Mit wachsenden Bindungen zwischen Biologie und Technologie wurde das Wort „Biotechnologie" im 20. Jahrhundert mit der Erwartung einer neuen industriellen Revolution verbunden. Diese sollte auf der Wissenschaft von der Biologie basieren, genauso wie

2

frühere industrielle Revolutionen Physik und Chemie zur Grundlage hatten.

Heute wird die Biotechnologie meist mit der Entwicklung von bahnbrechenden Medikamenten gleichgesetzt. In der Vergangenheit dagegen wurde Biotechnologie fast immer mit dem Begriff Nahrung in Verbindung gebracht, entweder um die landwirtschaftliche Überproduktion oder aber Unterernährung und Hunger zu bekämpfen. Ihre wissenschaftliche Entwicklung war allerdings so sehr mit der gesellschaftlichen Bewertung (oder gar deren Auswüchsen) verwoben, daß eine Trennung dieser beiden Elemente nicht möglich ist. Wer von einer neuen Technologie träumt, hofft einerseits auf die fortschrittlichen Kräfte der Wissenschaft und damit auf Überlegenheit, andererseits empfindet er nicht selten Abscheu gegenüber den unmenschlichen Effekten derselben Technologie. Im Kohle- und Stahlzeitalter wurde dies besonders in Kriegszeiten etwa durch den Bau von Panzern oder B52-Bombern klar. Durch die Vereinigung der Begriffe „Bio" und „Technologie" erregte das Wort Biotechnologie während des gesamten 20. Jahrhunderts gesellschaftliches Unbehagen. Mit „Bio" verbindet man alles Natürliche, also alle lebenden Dinge, denen es – so hat es oft genug den Anschein – ohne den Einfluß des Menschen besser erginge. Im Gegensatz dazu deutet der Begriff „Technologie" auf menschliche Kontrolle über die Natur hin. Die Kombination beider Begriffe erzeugt oft tief verwurzelte Ängste, die sich bei der Verschmelzung von Mensch und Maschine noch ins Monströse steigern. So taucht beispielsweise das bedrohliche Wort „Cyborg" in der Sprache von Science-fiction-Autoren auf. [4] Die Geschichte der Biotechnologie im 20. Jahrhundert ist also auch ein Ringen um die Achtung gegenüber dem Lebendigen. Offensichtlich existierten etwa zur gleichen Zeit Parallelen zur Geschichte der Kernenergie (erzählt von Spencer Weart). Ein Konzept, das in der Öffentlichkeit zum einen als potentieller Segen, zum anderen als eine Bedrohung empfunden wurde. [5]

Zwar bedeutet Biotechnologie für die Berufsfelder Biologie und Technik eine gemeinsame Grenze, doch neigen derartige Grenzgebiete dazu, einem Bedeutungswandel zu unterliegen, je nachdem welche der beiden Nachbarwissenschaften vorherrscht. Weil es um eine so wichtige Disziplin ging, gab es anhaltende Auseinandersetzungen um die „wahre" Bedeutung des Begriffes. Obwohl die Herkunft von Biologie und Technik wenig gemeinsam zu haben schien, gelingt es uns, Wechselwirkung und Begriffsinhalt zu verstehen, die den unterschiedlichen Gebrauch der beiden Bezeichnungen bestimmt. Erschreckend ist es allerdings, im bürokratischen Durcheinander vermeintlich akademische Auseinandersetzungen über Begriffsdefinitionen mit anzusehen. Diskussionen, die alles andere als diszipliniert oder diplomatisch ausgetragen werden. So suchte das „U.S. Office of Technology Assessment" verzweifelt nach einer gemeinsamen bundesweiten Definition des Wortes „Biotechnologie", druckte dann aber doch die unterschiedlichen Definitionen jeder Behörde als Einleitung für die politischen Leitlinien ab. [6]

Die gegenseitige Beeinflussung von Wissenschaft, Regierung, Industrie und der Meinung Einzelner führte zu einer veränderten Interpretation. Weil dieser Prozeß weltweit ablief, wurden große Fortschritte häufig von jenen Historikern übersehen, die sich auf einzelne Schauplätze konzentrierten. An dieser Stelle untersuchen wir deshalb die Entwicklungen in den Vereinigten Staaten, in Japan sowie in Ungarn, der ehemaligen Tschechoslowakei, in Deutschland, Dänemark, Schweden, Frankreich und Großbritannien. Viele wichtige Forscher lebten in kleineren, eher landwirtschaftlich geprägten Ländern, die normalerweise keine bedeutende Rolle in der Geschichte der Technologie spielen. Selbst in den Vereinigten Staaten sind für die Geschichte die Universitäten der Ostküste bis vor kurzem von geringerer Bedeutung gewesen als die Staatsuniversitäten und obskure Consultingunternehmen in Chicago. Obwohl die Entwicklung der Biotechnologie in diesem Jahrhundert nicht ohne Rückschläge verlief, hat sie die Wissenschaft insgesamt dennoch beflügelt.

Neuerdings jedoch sind Visionen recht praktisch und materialistisch geworden. Als sich in den frühen 80er Jahren die Erfolgsprognosen zum Thema „Gentechnologie" mehrten, und die ersten Geldquellen sprudelten, sagten die Auguren eine Welt voraus, in der der Wohlstand von der Fähigkeit abhängen würde, die neuen Künste zu meistern. Nachdem zahlreiche Berichte die Zukunftschancen der Gentechnologie priesen, investierte nahezu jede große Industriemacht großzügig. Beispielsweise stellt die Europäische Kommission seit 1980 mit ihrem „Programme of Forecasting and Assessment in Science and Technology" (FAST) Fördermittel zur Verfügung. Sie setzt damit auf eine „Biogesellschaft", deren

4

Bedeutung im Anschluß an die heute dominierende Informations-Gesellschaft wachsen wird. Die Gruppe, die diesen Bericht förderte, wurde dann zum Mittelpunkt der bestehenden „Concertation unit on Biotechnology in Europe" (CUBE), und so wurde Zukunftsvisionen bürokratische Autorität zugesprochen. Anfangs fühlten sich Investoren durch immer neue Forschungsergebnisse ermutigt. Doch allein dadurch kann ihr Erfolg nicht einfach dem Einfluß der Molekularbiologie zugeschrieben werden (der erste Statusbericht *Biotechnologie,* des Bundesministeriums für Forschung und Technologie aus dem Jahre 1974 erwähnt die Molekularbiologie nicht einmal).

In welchem Sinn das Wort „Biotechnologie" Verwendung findet, wird wesentlich stärker von intellektuellen Diskussionen sowie sozialen und politischen Rahmenbedingungen beeinflußt. Ferner spielen die sich ausbildenden Beziehungsgeflechte zwischen Wissenschaft und Politik mit ihren unterschiedlichen Auffassungen eine Schlüsselrolle beim Wandel dieses Begriffes. Anfangs dominierten bei diesem Meinungsaustausch vor allem persönliche Kontakte. Auch als später die Bürokratie Einzug hielt, wurden diese Kontakte durch einzelne engagierte Forscher wie Patrick Geddes, Carl-Göran Hedén, Joshua Lederberg und Mark Cantley aufrechterhalten. Deren Bedeutung für die Entwicklung der Biotechnologie wird in diesem Buch dargestellt.

So sind in der Geschichte der Biotechnologie eine große Zahl neuer Techniken mitsamt ihrem Potential und ihren möglichen Gefahren in Verbindung gebracht worden. Dies gilt in besonderem Maße für die Mikrobiologie. Wie sich Theorie, Praxis und öffentliche Meinung dabei gegenseitig beeinflussen, soll der Schwerpunkt meiner Darstellung sein. Eine solche Betrachtungsweise wirft eine ganze Reihe von Fragen auf: Welche Beziehung existierte zwischen der frühen Braukunst und moderner Biotechnologie? Auf welche Weise wurde der Begriff „Biotechnologie" im Laufe der Zeit verändert? Warum ist selbst die heutige Definition nicht eindeutig? Am ehesten geben die folgenden drei Aspekte eine Antwort auf diese Fragen: zum einen die unterschiedlichen Entwicklungen der industriellen Mikrobiologie mit ihrer Verbindung zur Chemie, zum anderen moralische Bedenken im Umgang mit dieser Technologie im Hinblick auf die Zukunft des Menschen und drittens die sich aus diesen unterschiedlichen Ansätzen ergebenden Spannungen.

Trotz der Diskussion ethischer Fragen kann dieses Buch keine vollständige Geschichte der Biotechnologie, und sicherlich auch nicht der industriellen Mikrobiologie oder der Anwendung rekombinanter DNS-Techniken sein, wie wichtig dies auch sein mag. Wissenschaftliche Meilensteine wie das Lebenswerk von Pasteur, die Entdeckung des Penizillins und die Aufklärung der DNS-Struktur werden nicht im Detail erläutert, sondern nur gestreift. Um allgemeingültige Prinzipien darzustellen, werden dagegen weniger bekannte technische Methoden der Biotechnologie wie das Werk von Weizmann oder die Entwicklung kontinuierlich arbeitender Fermenter ausführlich erläutert.

Der Wandel von der Zymotechnologie hin zur Biotechnologie, wie er sich in Forschungsinstituten, Consultingunternehmen sowie in der Industrie in Deutschland, Dänemark, den Vereinigten Staaten und Großbritannien vollzog, ist Thema der ersten beiden Kapitel: Der Beschreibung langfristiger Entwicklungen des 19. Jahrhunderts folgt im zweiten Kapitel die Erläuterung einer kritischen Entwicklungslage zur Zeit des ersten Weltkrieges. Anderen Ursprüngen der Biotechnologie als einer Schlüsseltechnologie (vor allem in Österreich und Großbritannien) wird in Kapitel 3 nachgespürt. Welche Anstrengungen in den Vereinigten Staaten und in Schweden unternommen wurden, um die Biotechnologie zu fördern, beschreibt Kapitel 4. Im anschluß an den Zweiten Weltkriege sah es so aus, als ob die industrielle Mikrobiologie ein ungeheures Wachstum versprechen sollte, so daß Kapitel 5 die Thematik vom Anfang des Buches fortführt. Die neue Technologie schien, so wird in Kapitel 6 gezeigt, besonders umweltfreundlich und ressourcenschonend zu sein und sich deshalb besonders gut für Entwicklungsländer zu eignen. Das offensichtlich große Potential der neuen Produkte – wie mikrobielle Eiweiße – rückte die Biotechnologie während der 60er und 70er Jahre in Deutschland, Japan, den Vereinigten Staaten und Großbritannien in den Mittelpunkt der öffentlichen Forschungspolitik. Diese Entwicklung, die mit der Umstrukturierung älterer Industriezweige einherging, wird in Kapitel 7 dargestellt. Vor diesem Hintergrund untersucht Kapitel 8 die in den 60er und 70er Jahren entstehende Hoffnung auf die „neue Molekulartechnologie". Zugleich wurde der Versuch unternommen, den spürbaren Ängsten gegenüber der Gentechnik durch die Darstellung der vielfältigen Möglichkeiten innerhalb der Biotechnologie zu begegnen. Mit Kapitel 9 endet die Betrachtung der Biotechnologie im 20. Jahrhundert. Es konzentriert sich auf die neue Betrachtungsweise der 80er Jahre, einer Zeit, in der sich die „Biotechnologie" auf ganz verschiedene Industriezweige ausdehnte. In Debatten zwischen Befürwortern, Gegnern und Gesetzgebern, die die Verantwortung dafür trugen, was als Biotechnologie zu verstehen war, wurde eine definierbare kulturelle Identität deutlich.

Eine solche Darstellung in vertrauten Worten könnte allzuleicht den Eindruck eines methodischen Vorgehens erwecken, das dann eher als enttäuschende Geschichte der Vereitelung großer Hoffnungen wirken mag. Ständig werden wir damit daran erinnert, wie wenig wir von der Vergangenheit wissen, selbst wenn sie uns wie gestern erscheint.

1
Ursprünge der Zymotechnik

Ähnlich den in den Vereinigten Staaten boomenden landwirtschaftlichen Versuchsstationen, unterstützen andere Regierungen vergleichbare Einrichtungen ebenfalls mit öffentlichen Geldern. Ziel dieser Förderung sind verschiedene Agrarindustrien, wobei Wissenschaftler und Forscher die für besonders wichtig halten, die sich mit der Fermentation beschäftigen.

(The Zymotechnic Institute, 1891, S.1)[1]

Zusätzlich zu den bekannten vier Elementen der Alten Welt „Erde, Luft, Feuer und Wasser" postulierte der griechische Philosoph Aristoteles ein fünftes, aus denen die himmlischen Sphären bestehen sollten. Später wurde diese Anschauung von den Alchemisten geteilt. Im 14. Jahrhundert schließlich glaubte der Gelehrte John von Rupescissa, der sich mit der Wirkung des damals gerade entdeckten destillierten Alkohols beschäftigte, dieses Element gefunden zu haben.[2] So kam es bereits im Mittelalter durch die Herstellung von Alkohol zu einer Allianz zwischen kosmischer Theorie und praktischem Nutzen. Fünfhundert Jahre später treibt die Verbindung der Braukunst mit der Wissenschaft die moderne Biotechnologie voran. Ein Prozeß, der mit der Einführung eines sich schnell entwickelnden Fachgebietes begann, das im 19. Jahrhundert noch die Bezeichnung „Zymotechnologie" trug.

Abgeleitet vom griechischen Wort „zyme" (Hefe) steht die Zymotechnologie nicht nur für das Brauwesen, ihrer gängigsten Bedeutung, sondern auch für jeden anderen industriellen Fermentationsprozeß. Weil mit ihr die Kontrolle eines großen Bereichs von Anwendungen möglich wurde – angefangen beim Gerben von Leder bis hin zur Herstellung von Zitronensäure – wurde die Zymotechnologie etwa um 1900 als ein heraufziehender Stern am Wirtschaftshimmel gefeiert. „Auf diesem Gebiet hat jetzt eine neue Ära begonnen" schwärmte der begeisterte Däne Emil Christian Hansen.[3] Das Berliner Institut für Gärungsgewerbe schmückte sich mit einem 1909 errichteten prachtvollen Forschungszentrum, das nur durch enorme Regierungsunterstützung und finanzielle Hilfe der Industrie entstehen konnte. Doch stets wecken unheilvolle Warnungen vor einem allzu großen Optimismus auch unheimliche Erinnerungen in uns. Selbst Hansen warnt vor Träumen von einer neuen Alchemie, die uns Reichtum und Unsterblichkeit verheißt.

Die Bedeutung der Zymotechnologie sollte schließlich in der Biotechnologie aufgehen, nicht ohne diese bereichert zu haben. Ebenso wie das bis dahin angehäufte Wissen, waren die geschaffenen Forschungseinrichtungen für eine kontinuierliche Weiterentwicklung wichtig. Dem Institut für Gärungsgewerbe kam beispielsweise in den 60er Jahren eine Schlüsselrolle für die Entwicklung der deutschen Biotechnologie zu. Zymotechnologie war daher eine wichtige Stufe zwischen althergebrachtem Erbe der Biotechnologie und seinen modernen Anwendungen. Die Hinweise auf die Träume der Alchemie und unklare Abgrenzungen gegenüber anderen wissenschaftlichen Gebieten ließen zugleich zahlreiche äußere Einflüsse spürbar werden. So wirkten auch später noch viele Kräfte, die die Zymotechnologie formten. Das Fach trug zur Bildung vieler kleiner Beratungsunternehmen bei. Mit der Arbeit an recht speziellen Forschungsthemen versuchten sie, die Bedürfnisse der unterschiedlichsten Fermentationsfirmen zu befriedigen. Die Zymotechnologie wurde so zu einem wichtigen Vorläufer der Biotechnologie.

Die Herstellung von Alkohol spielte in der Geschichte der Zymotechnologie eine zentrale Rolle. Biotechnologen verweisen dabei stets auf die Bedeutung von Louis Pasteur, dem Entdecker der mikrobiellen Grundlagen der Fermentation. Mit seiner Arbeit begann die wissenschaftliche Untersuchung von Mikroben in den Mittelpunkt des Forscherinteresses zu rücken, das jedenfalls glauben Biographen und auch französische Kollegen des Chemikers. Die Mikrobiologie war damit zur Schlüsselstelle für Fermentationsprozesse und deren industrielle Anwendung geworden.[4] Derart viel Lob scheint dem Historiker Bruno Latour allerdings unangemessen. Ein einzelner Mensch könne ebensowenig die Voraussetzung für eine ganze wissenschaftliche Disziplin schaffen, wie ein General allein einen Krieg gewinnen.[5] Viele Verbesserungen in der Hygiene, die beispielsweise Pasteur zugeschrieben worden sind, so argumentiert Latour, hätten eine viel ältere Geschichte. Auch bei der Entwicklung der Biotechnologie verschmolzen sicherlich viele verschiedene

Wissensgebiete miteinander. Beispielsweise bedarf es zahlreicher Fähigkeiten, um Fermentationsprozesse zu steuern. Französische Entwicklungen wurden außerhalb Frankreichs weniger stark respektiert. Besonders in Deutschland standen chemische Prozesse bei industriellen Fermentationsvorgängen im Mittelpunkt.

Die Chemie, eine der populärsten Wissenschaften des 19. Jahrhunderts, zählte zu Pasteurs Studienfächern. Schnell hatte er erkannt, daß zwischen den Fähigkeiten lebender Mikroorganismen und den Lehren der Chemie zahlreiche Verbindungen existierten.[6] Einem allumfassenden Anspruch der Mikrobiologie standen damit die einzelnen wissenschaftlichen Gebiete der Bakteriologie, Immunologie, technischen Mykologie und Biochemie gegenüber. Bei vielen dieser Disziplinen ist die Abgrenzung zwischen der Chemie und den wissenschaftlichen Teilgebieten der Biologie unklar, und solche Schwierigkeiten sind in Teilbereichen der Medizin und Physiologie so fest verwurzelt, daß sie bis heute nicht überwunden werden konnten. Egal ob Chemie oder Mikrobiologie im Mittelpunkt stehen, wer die Erfolge der Grundlagenforschung beispielsweise in der Braubranche als Meilensteine des Fortschrittes betrachtet, der läuft Gefahr, einen durch Wissenschaft vorangetriebenen Forschungsschub zu überschätzen. Dazu muß man auch den Nachfrageschub der Industrie in Betracht ziehen, wie die Erfahrungen aus modernen Forschungseinrichtungen zeigen. Basierend auf der praktischen Anwendung aller wichtigen Wissenschaften und Fähigkeiten, einschließlich Chemie, Mikrobiologie und Technologie, handelt es sich bei der „Zymotechnologie" um die Summe aller Fähigkeiten und Wissensgebiete, die dem Druck von Angebot und Nachfrage ausgesetzt sind.

Die chemischen Wurzeln der Zymotechnologie

Als eine Ansammlung verschiedener Disziplinen und Fähigkeiten war die Zymotechnologie charakteristisch für das vergangene Jahrhundert.[7] In Deutschland entsprang sie der Chemie des 18. Jahrhunderts, dem Zeitalter der Aufklärung. Egal ob man die institutionellen Wurzeln, den intellektuellen Wetteifer oder die mit der Zymotechnologie verknüpften Hoffnungen betrachtet, das Versprechen der Chemie von Erklärung und Kontrolle schienen ein verläßliches Vorbild für eine Befreiung vom mystisch verklärten Gedankengut des Mittelalters zu bieten. Während eine

10

Generation weltoffener Historiker die Beziehung zwischen Chemie und Biologie bzw. Mikrobiologie aufklärte, richteten die Gelehrten ihr Augenmerk eher auf die Auswirkungen für Medizin und Physiologie. Die industrielle Bedeutung der Zymotechnologie sowie kleinere Beratungsstellen wurden dabei übersehen. So blieb die Frage unbeantwortet, wie eine Vision des 18. Jahrhunderts im 19. Jahrhundert verwirklicht werden könne. Denn neue Formen industrieller Forschung wären nur durch eine Annäherung von Chemie und Biologie zu erreichen gewesen.

Im Gegensatz zu seinem veralteten Erscheinungsbild ist das Wort „Zymotechnologie" nicht wirklich altertümlich.[8] Es wurde vom deutschen Begründer der Chemie, dem preußischen Hofarzt Georg Ernst Stahl (1659-1734) in seinem Buch *Zymotechnia Fundamentalis* geprägt. Dieses Buch erschien im Jahre 1697 zum Ende des Jahrhunderts der „wissenschaftlichen Revolution". Nach dem Fehlschlag seines Verbrennungsprinzips, der Phlogiston-Theorie, galt Stahl zunächst als prähistorisches Forscher-Fossil der chemischen Revolution des 18. Jahrhunderts.[9] Später wurde er teilweise rehabilitiert, als er erkannte, daß die Chemie eine Einheit aus wissenschaftlichen Analysen, basierend auf empirischen Grundlagen, und praktischer Anwendung ist. Vor allem in Deutschland sah man ihn als Begründer dieser neuen Fachrichtung. Stahl prangerte die Pharmazeuten seiner Zeit als Scharlatane und Quacksalber an, weil sie sich mit ausgefallenen und unwirksamen Elixieren beschäftigten. Im Gegensatz zu ihnen trennte er die Untersuchungen an reaktionsträgen chemischen Stoffen streng von denen an komplexer lebender Materie.

Stahl glaubte daran, daß die *Zymotechnia*, als Lehre von der angewandten Fermentation, die Grundlage der Gärungskunst in Deutschland werden würde. Fermentation, die uns heute als Inbegriff des Lebendigen erscheint, war der wissenschaftlichen Analyse nur deshalb zugänglich, weil sie mit Bewegung verbunden war und weil sie ebenso wie die Verwesung auftrat, wenn einem lebenden Körper „der Geist" fehlte. Die historischen Wurzeln können bis zu dem Engländer Thomas Willis im frühen 17. Jahrhundert zurückverfolgt werden. *Zymotechnia Fundamentalis* kann aber nicht nur als Erklärung betrachtet werden, sie ist zugleich eine erste intellektuelle Einsicht in verwandte kommerzielle Prozesse und damit eine erste schriftliche Quelle der Biotechnologie. Auch wenn solche Forderungen ziemlich willkürlich erscheinen, wird hier der Gründungszeitpunkt bestimmt, zu dem sie in ihren Grundzügen entstand. Dazu gehört der Prozeß der Fermentation ebenso wie die Beziehung zwischen Wissenschaft und Technologie. Stahl drückte zum ersten Mal die Hoffnung aus, daß ein Verständnis der Fermentation zur Verbesserung von Handelschancen führen könnte.

Ebenso wie seinem nur wenig älteren Zeitgenossen Isaac Newton, kam es Stahl zugute, daß andere seine geheimnisvollen Ideen, geschrieben in einer Mischung aus Deutsch, Latein und Griechisch, übersetzten und veröffentlichten. Als Arzt des preußischen Königs fand er in dem weitgereisten und populären Hofapotheker Caspar Neumann (1683-1737) einen Protégé.[10] Neumann hatte in England, dem Zentrum der Braukunst, gearbeitet und verband Stahls Interesse am Prinzip der Zymotechnologie mit der praktischen Lehre von der Braukunst. Glücklicherweise wurde das lateinische Original der *Zymotechnia Fundamentalis* im Jahre 1734 ins Deutsche übersetzt und damit Praktikern zugänglich gemacht. Auf diese Weise überlebte die Zymotechnologie den Obskurantismus Stahls und wurde zu einem international anerkannten Fachgebiet. Die führenden französischen Intellektuellen, Venel und Macquer eingeschlossen, waren von Stahls Theorien fasziniert. 1762 wurde das Wort „zymotechnie" sogar in das exklusive Wörterbuch der Académie Française aufgenommen.

Von der Zymotechnologie zur Organischen Chemie

Unablässig hoben die Anhänger Stahls den Unterschied zwischen ihrer Wissenschaft und der Scharlatanerie der Alchemisten hervor. Diese waren dem Stein der Weisen nachgejagt, der ihnen Reichtum durch Gold, Gesundheit durch die augenblickliche Heilung sämtlicher Krankheiten, kurz das Paradies auf Erden versprach. Nichtsdestoweniger erhob die Chemie den Anspruch einer Wissenschaft, die Reichtum und Gesundheit versprach. Ihre Möglichkeiten waren ein Klischee des 19. Jahrhunderts. In ihrer Novelle *Frankenstein* aus dem Jahre 1817 gelang es Mary Shelley, einer Anhängerin der radikalen englischen Elite, die üblichen Forderungen jener Tage einzufangen (beispielsweise dargestellt an den Theorien des bekannten Chemikers Humphrey Davy von der angesehenen Londoner Royal Institution). Frankensteins Lehrer, Professor Wal-

12

den, legte sie die folgenden Worte in den Mund, die immer wieder ihre Hochachtung vor den Ergebnissen der Chemie zeigten:[11]

„Die alten Lehrer dieser Wissenschaft", sagte er, „versprachen Unmögliches und erreichten nichts. Die modernen Meister versprechen sehr wenig. Sie wissen, daß Metalle nicht ineinander umgewandelt werden können, und daß Lebenselexire Hirngespinste sind. Aber diese Philosophen, deren Hände anscheinend nur im Schmutz wühlen können, und deren Augen sich nur über einem Mikroskop oder Schmelztiegel befinden, haben in der Tat Wunder vollbracht. Sie durchdringen die letzten Schlupfwinkel der Natur und klären Geheimnisse noch in den verborgensten Winkeln auf. Sie steigen in den Himmel auf: Sie entdeckten den Blutkreislauf und die Natur der Luft, die wir atmen. Sie erwarben neue, beinahe unbegrenzte Fähigkeiten; sie beherrschen das Grollen des Himmels, ahmen Erdbeben nach und spotten sogar der unsichtbaren Welt mit ihren eigenen Schatten."

Ungeachtet der bis dahin vergangenen Zeit, war dies noch immer die Erfüllung des Traums von Stahl. Dennoch will Waldens Schüler die Kluft zwischen Leben und Tod überspringen. Mit Hilfe der Chemie erzeugt Professor Frankenstein ein Monster ganz nach seinem Idealbild. Am Ende bezahlt er für diese Vermessenheit jedoch mit dem Leben. Weit entfernt von Science-fiction erforschten Mediziner besonders in Frankreich immer häufiger die physiologischen und chemischen Ursachen von Krankheiten. Historiker berichten dabei von einem grundlegenden Wandel während des frühen 19. Jahrhunderts, der durch die Fortschritte der Chemie ausgelöst worden war. Mehr und mehr standen Krankheiten und nicht die Patienten im Mittelpunkt der Behandlung.[12] Die Vorstellung, daß lebende Materie mit einem göttlichen Hauch ausgestattet ist, wurde nach und nach verdrängt. Begonnen hatte dieser Wandel mit Zweifeln daran, ob bestimmte Aspekte des Lebens einzelnen Teilen des Körpers zugeschrieben werden könnten. So wurde die Chemie zu einem wichtigen Bindeglied zwischen der Deutung lebender Prozesse und deren technologischer Nutzung.

Die Harnstoffsynthese durch Friedrich Wöhler im Jahre 1828 ließ die Unterschiede zwischen natürlichen und chemisch erzeugten Produkten verblassen, wenn nicht sogar völlig verschwinden. Wöhler, Chemieprofessor an der im 18. Jahrhundert gegründeten liberalen Universität Göttingen, zeigte, wie Harnstoff, ein bis dahin normalerweise aus dem Urin von Schlangen gewonnenes natürliches Produkt, künstlich hergestellt werden konnte.[13]

Die Zusammenhänge wurden von seinem Freund, dem brillanten Chemiker, Lehrer und Publizisten, Justus v. Liebig, untersucht.[14] Liebig glaubte wie Stahl sowohl an die praktischen Anwendungen der Chemie (er bezeichnete die Chemie sogar als „Stein der Weisen") als auch daran, daß sie „den Geist" lebender Materie nicht erklären könnte. Damit ging er in seinem wissenschaftlichen Konzept sogar noch weiter als seine Vorgänger ein Jahrhundert zuvor.[15] Zunächst hielt er die Existenz einer vitalen Kraft für möglich, aber während der 50er Jahre des 19. Jahrhunderts wurde dieser Begriff allmählich in eine andere, der Gravitation sehr ähnliche Kraft, umgewandelt und danach stillschweigend verworfen.

Nachdem er in den späten 30er Jahren des 19. Jahrhunderts Debatten über die reine Chemie aufgegeben hatte, identifizierte Liebig sich immer mehr mit chemischen Themen aus Landwirtschaft und Physiologie. Kennzeichnend für ihn war seine radikale Einschränkung physiologischer Prozesse auf die Umwandlung chemischer Substanzen, egal ob es sich dabei um Befruchtung oder Verdauung handelte. Sein Hauptinteresse galt den chemischen Vorgängen.Gemeinsam mit Stahl behauptete er, daß Fermentation das Ergebnis von Atombewegungen zwischen instabilen Körpern wie der Hefe und empfänglichen Opfern wie Zucker war.[16] Deshalb forderte Liebig die Kontrolle der Fermentation durch Chemiker, um erklärende Theorien und grundlegende Fertigkeiten wie Temperaturmessung, Feuchtigkeitskontrolle und chemische Analyse in gleichem Maße anzuwenden. Als eine europaweite wissenschaftliche Disziplin beherzigte die Chemie später allerdings nicht mehr Liebigs Interessen. Stattdessen wurde sie zunehmend von seinem ursprünglichen Lieblingsthema, der Organischen Chemie, beherrscht.

Organische Chemiker suchten nach Methoden, um arbeitsaufwendige und teure Extraktionen von Naturstoffen durch chemische Synthesen zu ersetzen. Eine besondere Herausforderung war dabei das Chinin. Es wurde aus der Chinarinde gewonnen und diente zur Behandlung von Malaria und anderen fiebrigen Erkrankungen. Liebigs Schüler August Hofmann und James Muspratt schwärmten in der Einleitung zu einer Veröffentlichung aus dem Jahre 1845: „Sollte es einem Chemiker gelingen, Naphthalin auf einfache Weise in Chinin zu verwandeln, so würden wir ihn als einen der größten Wohltäter der menschlichen Rasse verehren".[17] In der Tat widerstand Chinin den Angriffen der Chemiker bis zum großen Durchbruch von Woodward ein Jahrhundert später. Farbstoffe ließen sich dagegen viel einfacher herstellen. Perkin, ein Schüler Hofmanns, erhielt 1856 bei seinem Versuch Chinin herzustellen, den ersten synthetischen organischen Farbstoff, das Mauvein. Diesem völlig neuen Produkt folgte im Mai 1869 das Alizarin. Zu diesem Zeitpunkt gelang Perkin selbst und zur gleichen Zeit Caro, Graebe und Liebermann in Deutschland die kommerziell nutzbare Synthese dieses wichtigen natürlichen roten Farbstoffes, der in der Krappwurzel vorkommt. Adolf Baeyer, der in München Liebigs Nachfolger wurde, gründete ein Forschungsinstitut zur Untersuchung von Naturprodukten. Damit wurde jene Art von Chemie, die Stahl stets sanktioniert und die Liebig salonfähig gemacht hatte, zu einer der größten Erfolgsstories des 19. Jahrhunderts. Der schnelle Aufstieg großer deutscher chemischer Firmen bestätigte die Vision von einer Wissenschaft, in deren Mittelpunkt die Synthese naturidentischer Stoffe stand.

Die Macht der Organischen Chemie wurde als ehrfurchtgebietend gefeiert. Gleichzeitig aber schien es manchmal, als ob diese Errungenschaften im Vergleich zur Kompliziertheit der Natur kümmerlich waren. Mit dem zunehmenden Verständnis von Naturstoffen wuchs gegen Ende des 19. Jahrhunderts auch der Respekt vor den Leistungen der Natur. Emil Fischer, Baeyers bester Schüler, legte ein enormes Interesse und große Bewunderung für die komplizierten chemischen Prozesse an den Tag, die sich in lebenden Wesen abspielten. Nicht zuletzt deshalb entdeckte er die Kohlenhydrate und Proteine. Seine Ansichten kann man vergleichen mit denen des Schülers, der dem Werk seines Lehrmeisters beugt.[18] Gerade in dem Augenblick, als sein Potential eindrucksvoll demonstriert wurde, schaute man ehrfurchtsvoll zum „Labor der lebenden Organismen" (so nannte es der englische Biochemiker William Foster) auf, und lernte damit die Grenzen synthetischer Chemie schätzen. Um das Jahr 1925 beklagte sich das deutsche Chemiekombinat IG Farben über die Ausbildung der traditionellen Organischen Chemiker. Bedauernd stellte man fest, daß die synthetische Organische Chemie ausgeblutet sei und sich Gelehrte mehr und mehr der Erforschung von Naturprodukten widmeten.[19]

Sogar Wilhelm Koenigs, der erste Chemiker, der einen Ersatzstoff für Chinin als fiebersenkendes Mittel entwickelte, wurde mit einem Lied gewürdigt, dessen dritte Strophe lautete:

> Synthetisch der Kaffee, synthetisch der Wein,
> Die Milch und die Butter, das Bier obendrein
> Natürliche Nahrung, die find´t man fast nie
> Der Teufel, der hol´ die synthetische Chemie.[20]

Die biologische Alternative

In ihrem Bemühen um ein Verständnis der belebten Natur wurde die Chemie um die Jahrhundertwende mit den neuen dynamischen Disziplinen Biologie und Physiologie konfrontiert. Als ein Ergebnis dieser Entwicklung übertraf die Zymotechnologie schließlich ihre Vorläufer. Sie war zu einem Aspekt angewandter Chemie geworden, ein vage verstandenes Konzept, um Theorien und Techniken, die mit der Fermentation verbunden sind, unter einen Hut zu bringen. Das Konzept vereinigte Teildisziplinen aus den Bereichen Chemie, Mikrobiologie und Technischer Wissenschaft. Warum aber wurde die synthetische Zymotechnologie zum entscheidenden Bindeglied zwischen Wissenschaft und Industrie, obwohl bereits die einheitlich angewandte Biochemie existierte? Der Historiker Robert Kohler fand, vielleicht überraschenderweise, heraus, daß die Biochemie es schwer hatte, trotz der Kraft und Ausstrahlung des deutschen Hochschulwesens an deutschen Universitäten Fuß zu fassen. Teilweise schreibt er dies der Vitalität der Organischen Chemie zu, und schlägt vor, daß der medizinische Teil des Programms von Liebig in die sich energisch ausbreitende Disziplin der Physiologie aufgenommen werden soll. Während die Chemie beginnt, immer mehr lebende Prozesse nachzuahmen, werden die Physiologen, angetrieben von mächtigen medizinischen Interessen, mehr und mehr zu Reduktionisten. Die Brücke zwischen beiden bildeten physiologische Institute, wie das 1877 gegründete Du Bois-Reymond Institut in Berlin, die ebenso über einen Forschungsbereich Chemie verfügten wie über Arbeitsgruppen, die sich mit höheren lebenden Organismen beschäftigten.[21] Der Tendenz vieler Physiologen, Lebensvorgänge auf Chemie und Physik zu reduzieren, wirkten Betrachtungen entgegen, in deren Mittelpunkt die Ökologie lebender Organismen stand. Die Sonderstellung von

16

Lebewesen wurde mit der Einführung des Begriffs „Biologie" deutlich. Wie es sich für einen Bewunderer Stahls anschickte, eröffnete Treviranus (einer der ersten, der die Bezeichnung „Biologie" verwendete) sein 1801 erschienenes Buch *Biologie oder Physiologie der lebenden Natur für Naturforscher und Ärzte* mit den Worten „Nur die Anwendung, nicht der Besitz, macht den Werth des Reichtums".[22] Im Folgenden hob er dann den Wert der Biologie hervor, wenn sie im Zusammenhang mit der Pharmazie und Ökonomie betrachtet wird.

Nur durch die nach und nach freiwerdenden Lehrstühle und Stellen zum Ende des Jahrhunderts einerseits, und die Identifikation mit den eigenen Problemen andererseits konnte die Biologie zu einer selbständigen, sich von ihren untergeordneten Gebieten Zoologie und Botanik unterscheidenden, Wissenschaft werden. Themen, die diese neue Disziplin am Beginn des 20. Jahrhunderts bestimmten, schienen ohne Praxisbezug zu sein. Tagungen wurden von der neuen Zellwissenschaft und der Evolution sowie von Debatten über den Mechanismus des Lebens beherrscht.[23] Selbst dabei wurden die Probleme der Biologieausbildung und des Disziplinaufbaus deutlich, die – so wurde argumentiert – einem Großteil der Entwicklung der Biotechnologie im 20. Jahrhundert zugrunde lagen. Stets hatte man das Beispiel der Chemie vor Augen, die ihren praktischen Nutzen eindrucksvoll unter Beweis stellen konnte.

Einzelne Gebiete der Biologie, wie beispielsweise die Botanik, hatten bereits Anwendungen gefunden. Eine ökologische Betrachtungsweise der Pflanzen sorgte mehr und mehr für eine typisch botanische Perspektive, die der These von der Reduktion auf die chemischen Bestandteile der Organismen widersprach. Julius Wiesner, ein berühmter deutscher Professor und Autor des Buches *Die Rohstoffe des Pflanzenreichs* (*Raw Materials of the Plant World*) behauptete, das Wissen der Botanik eröffne die Möglichkeit, exotische Pflanzen in den Tropen zu entdecken und so die eigene Landwirtschaft zu verbessern. Wie Treviranus begann Wiesner sein Buch mit einem Zitat von Helmholtz: „Wissen allein ist nicht der Zweck des Menschen auf der Erde. Das Wissen muß sich im Leben auch betätigen."[24] In einer für seine Zeit typischen Art und Weise forderte er bei der landwirtschaftlichen Produktion einen technischen Ansatz. Diese Disziplin sollte in den technischen Hochschulen gelehrt werden. Wie die chemische Technologie das Bindeglied zwischen der Chemie und ihrer

Industrie war, so sollte seine „*Rohstofflehre*„ zwischen Naturgeschichte und Technologie vermitteln.[25] Die Grenze zwischen dem „göttlichen Hauch des Lebens" und der weltlichen Technologie wurde durch die Mikrobiologie in einer mit Wiesners *Rohstofflehre* vergleichbaren Weise durchdrungen. Ihr Anspruch auf praktischen Nutzen bezog sich besonders auf die Fermentation. Seit Stahl versprach die Chemie Aussicht auf ständige Erweiterung technischer Fähigkeiten und bot eine übergreifende Theorie sowie eine Reihe wertvoller Überwachungstechniken für Fermentationsprozesse. Bis dahin stellte die Fermentation verglichen mit der Entwicklung der Organischen Chemie einen unwissenschaftlichen und unsauberen Randbereich dar. Im Gegensatz dazu entwickelte Pasteur eine Disziplin, die die Fermentation in den Mittelpunkt der Bemühungen stellte. Mit Hilfe der Mikroskopie wurden Organismen ebenso betrachtet wie einzelne chemische Vorgänge mit anderen Methoden.[26] Im Jahre 1857 zeigte Pasteur, daß die Milchsäure-Gärung lebenden Organismen zuzuschreiben war. Während der folgenden Dekade wurden seine Diskussionen mit Liebig immer heftiger. Dieser führte das Phänomen der Gärung auf einen rein chemischen Ursprung zurück. Pasteur entwickelte auf der Grundlage seines Verständnisses von Mikroorganismen eine neue Disziplin, die „Mikrobiologie". Während die Chemie durch die Waage gekennzeichnet wurde, war das Mikroskop zum zentralen Instrument der neuen Wissenschaft geworden. Durch Pasteurs Mitwirkung wurden Themen wie Brauen, Weinherstellung und Hygiene zu zentralen Anwendungsgebieten dieser Disziplin. Im Jahre 1887 wurde in Paris ein nach diesem Pionier der Mikrobiologie benanntes Forschungslabor eingerichtet. An anderen Orten folgten später weitere Pasteur-Institute. Seine Verdienste zur Rettung der Seiden- und Weinindustrie sind zur Legende geworden. Diese Fortschritte in Frankreich veranlaßten sogar den Engländer Thomas Huxley zu der Behauptung, Pasteurs Entdeckungen allein hätten genügend Reichtum eingebracht, daß Frankreich seine enormen Reparationskosten nach dem Krieg von 1870 an Deutschland zurückzahlen konnte.[27]

In Frankreich beherrschte Pasteurs Einfluß die nach ihm benannten Forschungseinrichtungen. Dagegen führten regional unterschiedliche Bedingungen dazu, daß die Mikrobiologie in den übrigen Instituten mit anderen Disziplinen zusammenwuchs. So standen die Lehrstunden im

18

Fach Mikrobiologie in Deutschland in einem praktischen Zusammenhang, beispielsweise mit der medizinisch ausgerichteten Bakteriologie. Robert Koch, der Vater dieser Bakteriologie, schien eine Heilung für Krankheiten wie Cholera und Tuberkulose zu versprechen. Kochs wissenschaftliche Durchbrüche wie die Anzucht von Bakterienkulturen auf einem festen Nährboden und damit die Möglichkeit einer eindeutigen Artenbestimmung (Taxonomie) hatten dann weitreichende Bedeutung über die Medizin hinaus. Die neuen Methoden wurden vom Brauwesen ebenso angewandt wie zum Einfärben von Leder. Doch trotz großer Fortschritte reichten die neuen Erkenntnisse allein für eine erfolgreiche industrielle Produktion nicht aus. Erfolgreiches Brauen beispielsweise erforderte sowohl eine sorgfältige chemische Kontrolle des Malz als auch eine gute botanische Charakterisierung der verwendeten Hefeart. Das Berufsbild des Chemikers und seine wissenschaftliche Disziplin waren daher immer noch mächtig und einflußreich. Genau wie die Physiologie eine Ansammlung von Teilbereichen der Medizin war, wirkte die Zymotechnologie in der Industrie wie ein Schutzschild für die Chemie, die eher junge aufstrebende Wissensgebiete verschiedener biologischer Disziplinen – von der Mikrobiologie über die Bakteriologie und Mykologie bis hin zur Botanik – beherbergte.

Landwirtschaft

Wie im Zusammenleben von Menschen, so bedarf es auch für die kontinuierliche Weiterentwicklung der Wissenschaft einer institutionellen Grundlage. Im Falle der Zymotechnologie beruht sie auf ausgedehnten Industrie- und Forschungssystemen, die durch die Suche nach einer raschen Weiterentwicklung in der Landwirtschaft entstanden. So war der ertragreiche Anbau von Hopfen und Malz Voraussetzung für den wirtschaftlichen Erfolg der Brauereien (und deren Produkte zugleich eine Quelle der Erfrischung für die Arbeiter). Ein weites Netzwerk von Zulieferbetrieben entwickelte sich in der Folge. Sie waren häufig der Schlüssel zum Wohlstand der Landwirtschaft. Während die moderne industrielle Forschung in den Laboren der Färbereien und Elektronikgesellschaften zu beginnen schien, war landwirtschaftliche Forschung eher von langfristiger Bedeutung und lieferte letztlich auch das Modell für die Weiterentwicklung der Braukunst.

Während des 19. Jahrhunderts standen Produktion und Verarbeitung landwirtschaftlicher Erzeugnisse weltweit unter starkem Konkurrenzdruck. In Europa wurden bestehende heimische Märkte durch neue Weizenlieferanten aus den Vereinigten Staaten, aus Rußland, Australien, Südamerika und anderen Regionen bedroht, die ihre Erzeugnisse über immer bessere Transportsysteme an die Kunden lieferten. Die Menge des amerikanischen Gerstenexports stieg vom Beginn der 60er Jahre bis zum Ende des letzten Jahrhunderts um das Neunfache. Die bis dahin größeren Mengen aus Rußland wurden überboten. Und selbst diese Mengen hatten sich in den letzten vier Dekaden des vergangenen Jahrhunderts bereits verdoppelt. Gleichzeitig bedeutete ein besonders in den Städten hohes Bevölkerungswachstum, daß die Menschen stärker als jemals zuvor auf eine sichere Lebensmittelversorgung angewiesen waren. Die großen Hungersnöte um die Mitte des 19. Jahrhunderts, bei denen 700 000 Iren starben, hatten eine verheerende Wirkung auf ganz Europa. 1848 dehnten sich über den gesamten Kontinent Revolutionen aus. Im Westen Europas erinnerte man sich daher gut an die auszehrende Knappheit von Lebensmitteln und an die Notwendigkeit, mit niedrigen Preisen von Importware zu konkurrieren.[28]

Hundert Jahre später gab es noch immer keine übereinstimmende Lösung, wie dem Problem von Nahrungsmittelüberschüssen einerseits und dem Zwang zur Sicherung der menschlichen Ernährung andererseits begegnet werden könnte. Im 19. Jahrhundert wurde die Landwirtschaft vor allem in den Niederlanden, in Dänemark und den deutschen Staaten durch Rationalisierung der Anbau- wie der Arbeitsmethoden intensiviert. Von den genannten Ländern setzte Dänemark die meisten Mittel ein, um seine Marktanteile auszubauen.[29] Die Dänen produzierten nicht in Konkurrenz zu billigeren Weizenimporten, sondern wandten sich stattdessen der Viehzucht und Milchproduktion zu. Sie waren die ersten, die landwirtschaftliche Kooperativen verwirklichten, da eine Zentralisierung technologische Vorteile versprach. Die Entwicklung der Zentrifuge verwandelte die Sahnegewinnung aus Milch im Jahre 1880 von einem zeit- und platzaufwendigen Arbeitsprozeß auf dem Bauernhof in einen industriellen Arbeitsgang. Die Fabriken lieferten Butter und in gleichen Mengen auch schlecht schmeckende entrahmte Milch. Zu den neuen Produkten gehörten Casein-Kleber und auch der in Großbritannien

20

unter dem Namen „Erinoid" bekannte Kunststoff, der aus Casein gewonnen wurde. Schnell entstand ein gigantischer Milchsee. Zunächst als Kondensmilch gelagert, erwies sich der Überschuß in Form von Trockenmilch später als gutes Futtermittel für Schweine. Daraufhin blühte in ganz Europa und in den Vereinigten Staaten die Schweinemast. In Dänemark verdoppelte sich die Anzahl der Schweine in den Mastbetrieben zwischen 1885 und 1900, bis 1910 verdoppelte sie sich ein weiteres Mal auf eine Gesamtzahl von zwei Millionen. Dies galt nicht nur für Dänemark. Auch in Deutschland erhöhte sich die Anzahl der Schweine zwischen 1873 und 1913 von sieben auf 26 Millionen. Pro Kopf der Bevölkerung des Landes wurde ein Schwein gezählt.[30] Die wissenschaftliche Landwirtschaft wurde in den Vereinigten Staaten so weit entwickelt, daß Viehfütterung und -mast eine hohe Kunst darstellten. Im Jahre 1903 wurden dort 1,37 Millionen Tonnen entrahmter Milch produziert.[31]

Derartige Produktivitätssteigerungen schrieb man besonders in Deutschland einer wachsenden Anzahl von landwirtschaftlichen Schulen und Forschungseinrichtungen zu. Während der Nachwirkungen der Napoleonischen Kriege fühlten sich die Herrscher der noch immer landwirtschaftlich geprägten Länder durch aus Unruhen entstandenen Notlagen in großen Städten wie London oder Paris sowie durch die produktive Industrie Großbritanniens bedroht. Führende Gelehrte setzten sich dafür ein, auf die Gesellschaftsentwicklung Einfluß zu nehmen, um eine Teilung in einen kleiner werdenden landwirtschaftlichen Sektor und ein verarmendes industrielles Proletariat zu verhindern.

Die erste deutsche Hochschule für Landwirtschaft wurde im Jahre 1806, dem Jahr der Demütigung Preußens durch Frankreich, von dem Landwirt A.E. Thaer unter dem Eindruck britischer Fortschritte gegründet.[32] Seine Akademie in Möglin schloß man 1810 der damals neuen Universität Berlin an. Angespornt vom Beispiel Thaers, wurden zwischen 1818 und 1858 in den deutschsprachigen Ländern zwanzig weitere Landwirtschaftsschulen gegründet. Das Entstehen eines mit der Entwicklung der Landwirtschaft eng verbundenen Handels veränderte die Agrarwissenschaften ebenfalls grundlegend. J.J. Prechtl, Gründer und Direktor der Wiener Polytechnik Schule, sprach sich in seinem Institut für die Bedeutung der *Gewerbeindustrie* aus.[33] Als 1816 an der Polytechnik Schule ein Lehrstuhl für *spezielle technische Chemie* gegründet wurde, bot er Kurse über Braukunst, Lederherstellung, Seifengewinnung, Färberei und Druckerei an. Bis dahin lag der Schwerpunkt auf der Lehre. Erst jetzt begann sich in ganz Europa auch die Forschung zu etablieren.

In Frankreich gründete Boussingault 1835 sein privates landwirtschaftliches Forschungslabor in Bechelbronn. Lawes und Gilbert errichteten 1842 ihr Labor in Rothamsted nahe London. Diesen Initiativen folgte 1851 in Deutschland die Gründung eines Forschungslabors in Möckern.[34] Ein weiteres entstand zwei Jahre später in Chemnitz. Bis 1863 verfügte Deutschland über 17 und bis 1877 über 59 sogenannte Forschungsstationen. In den Vereinigten Staaten unterstützten die Verordnung von Morrill im Jahre 1863 und die von Hatch im Jahre 1887 die Entwicklung höherer Lehranstalten und landwirtschaftlicher Forschungsstationen, die von den jeweiligen US-Staaten finanziell getragen wurden. Große Universitäten wie MIT, Cornell und Wisconsin verdanken ihre Entstehung diesen Initiativen.[35]

Dennoch war die Bezeichnung zwischen Chemikern, die Laborexperimente bevorzugen, und Landwirten, die auf dem Feld arbeiten, keine Erfindung der Wissenschaft, sondern eine Forderung der Handelsleute. Obwohl es falsch wäre, die Dienste der Chemie als wertlos zu bezeichnen (tatsächlich war ihnen die gesteigerte Produktivität deutscher Böden zuzuschreiben), wurden die Erwartungen der Landwirte nicht immer erfüllt. Trotz Liebigs Lehren erwiesen sich Kunstdünger oft als unzureichender Ersatz für landwirtschaftlich erzeugte Düngemittel.[36] Deshalb mußten die landwirtschaftlichen Forschungsstationen ihren eigenen Weg im Wechselspiel zwischen Theorie und Praxis finden.[37]

Brauereiwesen

Als Nordwesteuropa zunehmend reicher wurde und in vielen Bereichen städtischen Charakter annahm, veränderte sich das Brauereiwesen. Die landwirtschaftliche Produktion von einst wurde durch die zentrale Bierproduktion und weltweite Exporte zu einem großen Geschäft. Im Jahre 1883 produzierten die Briten 4,4 und die Deutschen 3,9 Milliarden Liter Bier.[38] Mikuláš Teich wies darauf hin, daß die Erzeugnisse der Brauereiindustrie in Deutschland einen mit der Stahlindustrie des späten 19. Jahrhunderts vergleichbaren Wert hatten.[39] Die gesamtwirtschaftli-

22

che Bedeutung stieg durch die von bedürftigen Regierungen erhobenen Steuern weiter. Die Brauerei war auch keine Technologie, die leicht und zuverlässig beherrscht werden konnte. Ungeachtet ihrer langen Entwicklungsgeschichte stellte sie einen komplexen Prozeß dar, bei dem eine dauerhafte Qualität nur schwer erreicht und giftige Produkte nur zu schnell gebildet werden konnten. Mit der Produktion von immer größeren Biermengen war man bereits im 18. Jahrhundert um eine Vereinheitlichung des Entstehungsprozesses bemüht. Ziel war es, bei jeder Wetterlage brauen zu können. England entwickelte sich zum größten Brauereizentrum jener Tage. Die Vermögenswerte von Firmen wie Truman Hanbury und Buxton wuchsen bis zum Jahre 1800 auf hunderttausende von Pfund an.[40] Brauerei-Chemiker hatten zu diesem Zeitpunkt bereits wichtige Meß- und Bestimmungsmethoden für ihre Arbeitgeber entwickelt, mit denen der Brauprozeß wirkungsvoll überwacht werden konnte: Spezifische Dichte, die Gewichte der unterschiedlichen Produkte, Temperaturen und Wasserreinheit wurden schon 1830 kontinuierlich verfolgt. Viele Bücher wiesen die Bierbrauer in das Führen von Protokollisten (sogenannte „Gyle books") ein, in denen der Prozeß des Bierbrauens in allen Einzelheiten beschrieben und zur Nachahmung aufgezeichnet wurde. Fachkenntnisse entwickelten sich vor allem in England, dem Brauereizentrum der Welt.[41]

In London waren viele der führenden Chemiker Mitte des 19. Jahrhunderts in Brauereien angestellt, deren Namen auch heute noch bekannt sind. Die erste weltweite Vereinigung der Chemiker, die Chemical Society of London, wurde 1841 von Robert Warington ins Leben gerufen. Warington arbeitete vorher als Chemiker bei Truman. Er war ein sogenannter praktischer Chemiker, dessen besondere Fähigkeiten eher in experimentellen Techniken lagen, als in tiefschürfenden Theorien. Er bemühte sich, eine Gesellschaft zu gründen, in der die verschiedenen Bereiche der Chemie zusammenkommen konnten, so daß Akademiker, Gutachter und Fabrikanten in die Lage versetzt wurden, sich gegenseitig zu unterstützen.[42]

Die Handelsschulen in den deutschsprachigen Ländern waren bereits dazu übergegangen, handwerkliche Kenntnisse des 18. Jahrhunderts zusammen mit wissenschaftlichen Erkenntnissen zu vermitteln. Schon 1816 übergaben böhmische Brauer eine Petition an den Direktor der

Ständischen Ingenieurschule in Prag, in der sie die Gründung einer Schule zur Ausbildung von Experten für ihre Industrie forderten.[43] Sie waren sogar bereit, für die Kosten dieses Kurses aufzukommen. Die Schule bot bereits einen einjährigen Chemiekurs an, der mit ergänzenden praktischen Kursen auf zwei Jahre erweitert wurde. So kam es, daß der praktizierende Pharmazeut J.J. Steinmann (1799-1833) im Jahre 1818 möglicherweise weltweit den ersten Kurs zur Fermentations-Chemie anbot. Steinmann wurde 1824-25 von dem jungen Carl Balling, der am Ende 33 Jahre lang ordentlicher Professor sein sollte, abgelöst. Mit dem Wirken Ballings beginnt ein Wandel vom Handwerk hin zu einer wissenschaftlichen, aber immer noch praxisbezogenen Form der Brauerei. Er war ein Mann, der chemische Prinzipien anwandte und gleichzeitig dem gesamten Industriezweig diente. Stark beeinflußt durch Liebig, ließ sich Balling von der Geschichte seines Fachgebietes inspirieren. Vor allem das Schaffen Stahls ließ ihn seine eigene Identität entwickeln und bot ihm eine historische Einordnung. Er trat für die Bezeichnung „Zymo*technik*" ein. Die vierte Ausgabe seiner klassischen Abhandlung über das Brauwesen nannte er deshalb: *„Bericht über die Fortschritte der zymotechnischen Wissenschaften und Gewerbe (Account of the Progress of the Zymotechnic Sciences and Arts)"*.

Genau wie landwirtschaftliche Zentren sich von der ausschließlichen Lehre einem größeren Einfluß der Wissenschaft zuwandten, so war dieser Trend auch bei der Entwicklung des Brauprozesses zu beobachten. 1872 wurde das erste große Forschungszentrum an der Schule von Weihenstephan bei München gegründet. Dort war Brauereiwesen bereits seit 20 Jahren gelehrt worden. Carl Lintner, ein pharmazeutischer Chemiker mit Hang zum Unternehmerischen, trieb das Zentrum voran. Innerhalb von drei Jahren nach seiner Einstellung in Weihenstephan im Jahre 1863 gab er sein Journal *„Bayrische Bierbrauer"* heraus.[44] Im ersten Band veröffentliche Lintner für kommende Generationen von Kulturhistorikern eine Reihe geschichtlicher Artikel über das Leben von Balling, dem Urvater der Zymotechnik.[45] Gelegentlich publizierte er Rubriken über laufende Entwicklungen in der Zymotechnik – ein Begriff, der den seiner Meinung nach deutlichen akademischen Charakter dieses Faches zum Ausdruck brachte.

Gedenkmünze an Max Delbrück, wissenschaftlicher Direktor des Berliner Instituts für Gärungsgewerbe. Mit freundlicher Genehmigung des Instituts für Gärungsgewerbe und Biotechnologie.

Weihenstephan versorgte den Süden Deutschlands. In Berlin wurde 1874, kurz nach der Gründung des Weihenstephan-Instituts, von dem ehrwürdigen Chemiker Maercker und dessen Assistenten Max Delbrück (1850-1919) – Onkel des Wegbereiters der Molekularbiologie – das Forschungszentrum des Vereins der Spiritus Fabrikanten gegründet.[46] Es begann mit einem Zwei-Mann-Labor in der Königlichen Akademie der schönen Künste. Von dort ging die Entwicklung in enger Anlehnung an die landwirtschaftliche Forschung weiter. Zunächst war das Zentrum im Landwirtschaftsinstitut untergebracht, von wo aus es 1882 in das neu erbaute Gebäude der Königlich Landwirtschaftlichen Hochschule umzog. Im Jahre 1883 wurde in Berlin das Institut für Forschung und Lehre des Brauereiwesens gegründet. Später wurden dieses und nachfolgende Institute, die sich mit anderen landwirtschaftlichen Fermentationsprozessen (wie der alkoholischen Gärung, der Hefegärung sowie der

25

Fermentation von Kartoffelstärke) beschäftigten, an die Technische Universität Berlin angeschlossen. Das Institut für Gärungsgewerbe erhielt seinen Namen im Jahre 1897. Bis 1909 wurden Gebäude im Wert von vier Millionen Mark (2,5 Millionen zahlte die preußische Regierung und 1,5 Millionen die Industrie) erbaut. In ihnen wirkten 80 Wissenschaftler, unter denen sich Chemiker, Biologen, Ernährungsphysiologen, Ingenieure und eigene Wirtschaftsökonomen befanden. Sie verfügten über ein Budget von 2,5 Millionen Mark. Zum Institut für Fermentationstechnik gehörten ein Versuchslabor zur Erforschung der Malzbrauerei, ein Hefebrau-Zentrum sowie Versuchsanlagen, die sich mit der alkoholischen und Weinessig-Gärung beschäftigten.[47]

Um den Deutschen ihre führende Position streitig zu machen, veröffentlichte Pasteur im Jahre 1876 eine klassische Studie zur Brauerei, die *Etudes sur la Bière*. Unter der Leitung seines Nachfolgers, Duclaux, richtete das Pasteur Institut eine Brauerei zu Forschungszwecken ein. In Großbritannien wurde 1899 die „British School of Malting and Brewing„ an der Universität von Birmingham eröffnet. Zehn Jahre später entstand eine schottische Schule am „Andersonian Institut", der heutigen „Strathclyde University". Das Carlsberg Institut in Kopenhagen begann seine Arbeit etwa zur selben Zeit. Dabei handelte es sich ungewöhnlicherweise um ein privates Institut, das einer Brauerei angeschlossen war. Seine beiden Abteilungen befaßten sich in gleichem Maße mit Chemie und Physiologie. Beide zogen namhafte Wissenschaftler an. Der erste Leiter der Abteilung für Chemie war Johann Kjeldahl, der für seine Methode zur Stickstoffbestimmung berühmt wurde. Zweiter Leiter der Abteilung für Physiologie war Emil Christian Hansen, dessen wissenschaftlicher Durchbruch im Jahre 1883 genauso bedeutend war wie der Pasteurs. Er zeigte, daß Bier statt durch wilde Hefe nur durch eine Infektion mit Bakterien ruiniert werden kann und hielt damit den Schlüssel zur Brauereikunst in Händen.

Hansens Leistung wurde schon bald große praktische Bedeutung beigemessen. Sie war auch für die Wissensstruktur von entscheidender Bedeutung. Eine neue, von der Biologie angeregte Disziplin, rückte in den Mittelpunkt. Sie brachte nicht nur taxonomische Kenntnisse, sondern auch ein besseres Verständnis der natürlichen Selektion mit der die Veränderung der Hefe-Stämme erklärt werden konnte. An derart großen

Zentren wie dem Carlsberg Institut und dem Berliner Forschungszentrum konnten solche Ergebnisse sehr schnell in der Praxis geprüft und weiterentwickelt werden, da der Aufnahme einer weiteren Disziplin dort nichts im Wege stand. Aber selbst dort mußten die verschiedenen industrieorientierten Abteilungen ihre Existenz rechtfertigen. Sie sollten die wissenschaftliche Grundlage für neue kombinierte Techniken liefern, also nicht nur die Erweiterung einer einzelnen Wissenschaft, beispielsweise der Chemie oder Mikrobiologie, vorantreiben.

Hansens Programm wurde in Delbrücks Berliner Laboratorien entwickelt, die sich mit den Schwierigkeiten bei der Umstellung von Einzelzellkulturen auf die verschiedenen Bedingungen in den Herstellbetrieben beschäftigten. Technologen entwickelten dort „natürliche Reinkultur"-Techniken, bei denen der Säuregehalt sowie Umweltfaktoren kontrolliert werden konnten, um nur dem gewünschten Organismus ideales Wachstum zu ermöglichen. Pasteur hob die rein wissenschaftliche Natur seiner Arbeit hervor. Er wird mit dem scherzhaften Wortspiel zitiert: „Es gibt keine angewandte Wissenschaft ... es gibt nur ... die Anwendung der Wissenschaft". Dagegen bemühte sich Delbrück, praktische Bedeutung und grundlagenorientierte Wissenschaft bei der Wahrheitsfindung gleichermaßen zu berücksichtigen.[48] Er lobte die Arbeit von „*Technologen*" wie Balling, die vor Pasteur die Rolle der Hefe entdeckt hatten und verkündete während des deutschen Kongresses für Brauerei stolz: „Mit dem Schwerte der Wissenschaft, mit dem Panzer der Praxis, so wird Deutsche Bier die Welt erringen".[49] Während des frühen 20. Jahrhunderts gingen Delbrück und sein Kollege A. Schrohe noch weiter, um ihrer Technologie eine Identität zu verleihen. Sie veröffentlichten eine Serie großer Bücher zur Technologiegeschichte und gründeten 1913 eine Gesellschaft für Geschichte und Biographie des Brauereiwesens.[50]

Diskussionen über die praktische Bedeutung wissenschaftlicher Erkenntnisse spiegelten sich eher in dem Wort „Zymotechnologie" wider als im französischen Begriff „*Microbiologie*". Es existierte bereits eine Technologie, die eng mit der Chemie und deren Erweiterungstendenzen sowie mit einer pragmatisch ausgerichteten Fülle von Techniken verbunden war. Diese sich entwickelnde Fähigkeit, den Vorgang der Fermentation und deren Produkte zu kontrollieren, ging weit über das

Brauen von Bier hinaus. Die Milchsäureproduktion wurde beispielsweise in einem Berliner Labor entwickelt. Bis heute erinnert der Name des Organismus, *Lactobacillus Delbrücki*, an den Forscher Max Delbrück. Ein analoger Konflikt wurde im Bereich der Medizin zwischen Pasteur und Delbrücks Berliner Kollegen, Robert Koch, ausgetragen. Denn der medizinisch orientierte Robert Koch bevorzugte die Bezeichnung ‚Bakteriologie‘ gegenüber Pasteurs „Mikrobiologie“.[51] Anders als Koch stritt sich Delbrück nicht in aller Öffentlichkeit mit Pasteur. Selbst als Büchner die transformierende Rolle einer Chemikalie, der Zymase, bei der Fermentation entdeckte, ließ sich Delbrück 1896 nur langsam überzeugen.[52]

Zymotechnologie als Warenzeichen

Kleinere Institute, die sich bei ihren Disziplinen nur wenige Teilbereiche leisten konnten, benötigten sowohl chemische wie biologische Gebiete, in denen sie Erfolge vorweisen konnten. Dabei erwies sich die „Zymotechnologie“ als besonders nützlich. Sie beschreibt ein praktisch geeignetes, wenn auch intellektuell heterogenes Thema. Sie gewann durch Hansens dänischen Kollegen, den bekannten Berater für Brauereitechnologie Alfred Jørgensen (1848-1925), der im Jahre 1885 das dänische Journal *Zymotechnisk Tidende* gründete, an Prestige.[53]

Jørgensen war als Unternehmer und Begründer neuer Disziplinen international bekannt geworden. Er gründete einen Handel mit Hefekulturen, die er getrocknet in alle Welt verschickte, und erfand in den 90er Jahren des 19. Jahrhunderts Anlagen für die wirtschaftliche Nutzung reiner Hefen, die in 160 Brauereien eingesetzt wurden.[54] Darüber hinaus verfügte er über Fachwissen in der Mikroskopie. Jørgensen interessierte sich für den gesamten Bereich industrieller Anwendungen, bei denen dieses Werkzeug nützlich sein konnte. So bedeutungslos die Mikroskopie für die Chemie auch sein mochte, war sie doch in der Zymotechnologie unentbehrlich, beispielsweise bei der Erzeugung von Milchprodukten sowie bei der Essig- und Weinherstellung. Er gründete neben einem privaten Labor für mikroskopische und mikrobielle Forschungsarbeiten ein Ausbildungslabor. Den Namen ‚Fermentology Laboratory‘ wählte Jørgensen für sein Institut, um sein Fachgebiet mit einem Wort zu beschreiben. Jørgensen war in ganz Europa anerkannt und nach Hansens

Werbung unterrichtete er 1903 nach eigenem Bekunden 800 Studenten. Eine Liste der vierzehn Teilnehmer, die im November 1907 veröffentlicht wurde, enthielt nicht nur skandinavische Namen, sondern auch einen spanischen und ein en tschechischen.[55] Jørgensens internationales Renommee wuchs nach der Veröffentlichung seines Werkes *„Micro-organisms and Fermentation"* im Jahre 1889, das bis 1948 in mehreren Auflagen erschien.

Alfred Jørgensen machte den Begriff „Zymotechnik" populär. (Mit freundlicher Genehmigung des Alfred Jørgensen Laboratory.)

Hansen veröffentlichte viele Artikel in Jørgensens Journal und benutzte dort das alles umfassende Prinzip der „Zymotechnik" (Zymotechnik als Sammelbecken aller wissenschaftlichen Teildisziplinen der Biologie und Technik). In seinen 1896 veröffentlichten „Untersuchungen aus der Praxis der Gärungsindustrie" wird die enge

Verbindung zwischen Wort und Programm in Hansens triumphierendem Schlußsatz deutlich:

Es ist nunmehr einem jeden Zymotechniker, welcher sich mit den Resultaten der neuzeitigen Forschung vertraut gemacht hat, klar, das Ziel allerwärts, wo Gärungsorganismen benutzt werden, das gleiche sein muss, nämlich von dem altherkömmlichen Verfahren, in dem der blinde Zufall herrschte, wegzukommen. Auf diesem ganzen Gebiete, hat jetzt eine neue Aera begonnen.[56]

Die Zymotechnologie wurde in Kopenhagen mit speziellen Begriffsinhalten gefüllt, und das Schaffen dänischer Pioniere im Brauereiwesen gewann schnell weltweiten Ruhm, obwohl Dänemark nur ein kleines Land ist. Auch die 4 000 Meilen entfernt liegende Stadt Chicago im amerikanischen Bundesstaat Illinois orientierte sich an den dänischen Fortschritten. Ein von Hansen protegierter Student, der spätere dänische Gutachter Max Henius, gründete dort zusammen mit dem Amerikaner Robert Wahl, der in Marburg studiert hatte, 1885 eine Beratungsstelle. Die beiden eiferten dem Institut von Jørgensen nach, was bereits bei der Bezeichnung ihres „Institutes für Fermentologie" zum Ausdruck kam. Sie waren die Wegbereiter für die Anwendung reiner Hefe in den Vereinigten Staaten.[57] Nicht nur der Name des dänischen Institutes, sondern auch der Titel seiner Hauszeitschrift regte zur Nachahmung an. Ein Jahr nachdem die *Zymotechnisk Tidende* zum ersten Mal erschienen war, gab ein weiterer Berater Chicagoer Firmen, John Ewald Siebel (zufällig im gleichen Jahr geboren wie Jørgensen) dort ein Journal mit dem Titel *Zymotechnic Magazine: Zeitschrift für Gärungsgewerbe and Food and Beverage Critic* (sic), heraus. In Deutschland geboren, studierte Siebel Chemie und siedelte dann in die Vereinigten Staaten über. Dort arbeitete er zunächst in der Zuckerindustrie und widmete sich später in Chicago dem Brauereiwesen. Die enge Verbindung zu Deutschland führte dazu, daß sich die Brauer alle mit dem Namen „Herr Kollege" ansprachen und untereinander sogar deutsch redeten. Trotz der geographischen Entfernung zwischen dem mittleren Westen der Vereinigten Staaten und Zentraleuropa, waren die Entwicklungen auf beiden Seiten des Atlantik eng miteinander verbunden.

Im Jahre 1872 gründete Siebel ein Analyselabor, aus dem sich 1884 eine Experimentalstation, die Brauereischule „Zymotechnic College,,, entwickelte.[58] Genau wie Jørgensen, der sein Institut ein Jahr eher gegründet hatte, bezeichnete Siebel mit dem Wort „Zymotechnologie" einen Bereich, der über das Brauereiwesen hinaus ging. Das „*Zymotechnic Magazine*„ war nur eine vorübergehende Umbenennung des 1880 gegründeten *American Chemical Review*, das alle „Hersteller von Zucker, Stärke, Essig, Gewürzgurken, Seife und anderer tierischer oder pflanzlicher Produkte" ansprechen sollte. Die Vielfalt der darin behandelten Themen ließ sich gut an den ausführlichen Untertiteln von Beiträgen über tierische Produkte, Öle, Fette usw. ablesen: Wertbestimmung der Milch, halbquantitative Messungen, Glycerinextraktion aus fettigen Substanzen, fettundurchlässiges Papier, Herstellung von Nahrungsmitteln aus Fleisch, Seife, Geräte zur Destillation von Öl, Färben mit Schwefelfarbstoffen, Herstellung von Klebstoff, Konservierung von Eiern, Fettsäuremuster von Baumwollsamen, Milchanalyse. Auch wenn seine Schule mit der Unterweisung in der Brauereikunst begann, so ging sein Einfluß doch weiter: „Unterweisung in allen Fertigkeiten, die auf Fermentationsprozessen und Veränderungen basieren wie Mälzung, Brauereiprozesse, Destillation, Hefegärung, Essig- und Weinherstellung... All diese Artikel wie Fleisch, Klebstoff und Käse beziehen sich auf Dinge, die durch Fermentation beeinflußt werden und ihre Konservierung mag sehr wohl zu den Künsten der Fermentation gehören".[59] Siebel war sich der Parallele zwischen seiner Rolle als wissenschaftlicher Brauer gegenüber der praktischen Industrie und landwirtschaftlichen Forschungsstationen, die damals aus dem Boden schossen, bewußt.[60] Seit 1890 wurde seine Beratungsstelle Station für Zymotechnik genannt.

Im Jahre 1901 wandelte John Siebel mit der Unterstützung seines geschäftstüchtigeren Sohnes Fred sein umbenanntes Zymotechnik Institut in eine Aktiengesellschaft um. Damit wollte er alle „Anwender der Zymotechnik und die gesamte Industrie ansprechen, besonders aber die Hersteller von Lebensmitteln und Getränken". Die dahinterstehende Logik wurde im Geschäftsplan erläutert, den er zur Gründung präsentierte, um die amtliche Eintragung seiner Aktiengesellschaft zu beschleunigen. Seine Gesellschaft war eine von wenigen im ganzen Land, die ihre Dienste 850 Brauereien mit einer jährlichen Produktion von mehr als 10 000 Barrel anboten. Siebel versuchte die Behörden vom künftigen Geschäftserfolg seiner Aktiengesellschaft zu überzeugen und wies auf die angesehenste Einrichtung der Stadt hin. Dem Wahl-Henius-Institut gehörten bis zum Jahre 1898 bei einer Belegschaft von zwölf

Personen 294 Mitgliedsgesellschaften an. Jede davon zahlte jährlich 125 Dollar Mitgliedsbeitrag. 8 641 Proben wurden jährlich zur Untersuchung eingeschickt. Dazu gehörte auch eine aufblühende Schule, die gleichzeitig 68 Schüler für je 300 Dollar unterrichtete. Im Ergebnis erzielte die Gesellschaft bei einem Kapital von 100 000 Dollar sehr zufriedenstellende Gewinne von 22 000 Dollar pro Jahr. Das Konkurrenzunternehmen von Schwartz wies etwa die gleiche Größe auf.[61]

Siebel beklage, daß die „Brauer von allen Gruppen von Geschäftsleuten diejenigen sind, denen man Verbesserungen einer modernen Zeit am schwersten verständlich machen kann". Eine Klage, die sich noch in diesem Buch widerspiegeln wird. Trotzdem konnte Siebel an einige fortschrittlich eingestellte Brauer im Ausland Waren wie Hefe und wissenschaftliche Geräte sowie spezielle Berichte schicken. Er hatte bereits Brauern in Kanada, Mexiko und Australien geholfen. Auch Vertreter anderer Industriefirmen, die Apfelwein und Essig herstellten oder destillierten, hatten bereits seinen Rat gesucht. Im Jahre 1901 bildete er vier Studenten aus und bis zum Ende des Jahrzehnts graduierten an seiner Schule jährlich fast 30 Studenten. Unter dem Namen Siebel-Institut für Technologie überstand die Gesellschaft die Zeit der Prohibition, in dem sie sich der Bäckereitechnologie zuwandte. Das Unternehmen existiert noch immer und blieb bis auf den heutigen Tag unter der Leitung der Gründerfamilie.

Unter dem Etikett Zymotechnologie arbeitete nicht nur das Siebelsche Familienunternehmen. Im April 1906 errichtete die Chicagoer Brauereiindustrie mit der Familie Siebel an der Spitze eine Gesellschaft für Zymotechnologie. J.E. Siebel hielt selbst die erste Ansprache zum Thema „alkoholische Getränke und Ernährung" und attackierte darin die Befürworter des Alkoholverbots. Wenig später machte man ihn zum Ehrenmitglied der Gesellschaft. Als sich die Gesellschaft als erfolgreich erwies, wurde zwei Jahre später auch Harvey Wiley, der mächtige Vorsitzende des Regierungsbüros für Chemie und Gründer der Verwaltung für Lebensmittel und Arzneimittel zum Ehrenmitglied gewählt, wie auch der Däne Jørgensen. Eine Geste, die die enge Verbindung der Zymotechnologie zwischen Chicago und Kopenhagen symbolisiert.

Die Mitarbeiter des Zymotechnik Instituts im Jahre 1911: In der Mitte J.E. Siebel mit E.A. Siebel, dem späteren Gründer des Büros für Bio-Technologie (rechts daneben). (Mit freundlicher Genehmigung der J.E. Siebel's Sons and Co., Inc.).

Zur gleichen Zeit forderte die Gesellschaft für Zymotechnologie als Konkurrenz für das American Brewing Institut in New York eine nationale Gemeinschaft und übertrug ihren Namen mit „Society of Brewing Technology" ins Englische.

Siebel wurde allgemein respektiert und war namhaft genug, um bei der *History of Brewing in America* 1933 im Mittelpunkt zu stehen. Seine deutsche Vergangenheit und sein deutsches Umfeld in Chicago ermöglichten es ihm, das europäische Konzept vorzustellen, welches er mit Jørgensen, der in Kopenhagen arbeitete, teilte. Beide suchten nach einer praktisch nutzbaren Zymotechnik, die nur durch eine interdisziplinäre Mischung von Erkenntnissen der Chemie, Mikrobiologie und Technik möglich wurde. Dennoch wurden genügend wissenschaftliche Grundlagen erarbeitet, um den Kompetenzbereich unter dem Mantel der Zymotechnik über das Brauereiwesen hinaus auszudehnen. Die Zymotechnologie arbeitete eher so, wie es die Biotechnologie am Ende des Jahrhunderts tun sollte. Bewußt unscharf in ihren Abgrenzungen ermöglichte sie Problemlösungen spezieller Branchen ebenso wie ein Überschreiten konventioneller Marktgrenzen. Vor einem Jahrhundert aus einem Teilgebiet der Chemie entstanden, wurde sie zu einer Technologie, deren Wurzeln in eine ganze Reihe verschiedener Wissenschaften hineinreichten. Ihr praktischer Charakter reichte schließlich über die bloße Anwendung der Wissenschaften weit hinaus.

2

Von der Zymotechnologie zur Biotechnologie

> Auf Grund des gleichen Gedankenganges weist der Verfasser alle die Arbeitsvorgänge, bei denen aus den Rohstoffen mit Unterstützung lebender Organismen Konsumartikel erzeugt werden, dem Gebiete der Biotechnologie zu.
>
> (Karl Ereky, 1919)[1]

Rückblickend ermöglichte die neue Wissenschaft von der Mikrobiologie der Fermentationstechnologie den entscheidenden Durchbruch. Der Prozeß, eine solche Technologie anzuwenden, war komplex und nur ein Teil der generellen Entwicklung der Zymotechnologie. Als eine Reihe hervorragender Mikrobiologen und Bakteriologen die Reichweite ihrer Wissenschaft aufzeigten, hielt die biologische Denkweise immer häufiger Einzug in die Technologie, auch wenn dies zunächst noch zufällig geschah. Zu den frühen Bereichen Hygiene und Alkoholerzeugung sind bis zum Ersten Weltkrieg noch die Herstellung verschiedener Chemikalien wie beispielsweise organische Säuren – Milch-, Zitronen- und Buttersäure –, die Kultivierung von Hefe und die Abfallbeseitigung hinzugekommen. Allmählich wurde die mikrobiologische Industrie eher als eine Alternative zur konventionellen Chemie und nicht nur als eine periphere Variante des Brauereiwesens anerkannt. Mit diesem neuen biologischen Bewußtsein entstand eine neue Bezeichnung, die „Biotechnologie".

Bei Erwägungen über die Anwendung der Mikrobiologie waren genauso viele Möglichkeiten wie im bekannteren Fall der Chemie denkbar. Dort gab es Chemiker, die glaubten, industrielle Verfahren mit dem komplexen Zusammenwirken von Wissenschaft, Technik, Handwerk und wirtschaftlichen Überlegungen sollten getrennt untersucht werden. Diesen Ansatz nannte man chemische Technologie. Anderen kam es auf die reine Wissenschaft an und man sollte die entscheidende Bedeutung der angewandten Chemie erkennen. Wenn technische Fertigkeiten berücksichtigt werden mußten, so sollte es sich dabei um das getrennte und

35

traditionelle Technikspezialistentum handeln. Eine dritte Schule, die andere Schwerpunkte setzte, sah darin das Entstehen einer weiteren und zunehmend raffinierteren chemischen Technik.[2]

Obwohl eine spezielle Form der Technik noch in weiter Ferne lag, ermutigte das Studium der Fermentationstechnologie im frühen 20. Jahrhundert zu Entwicklungen, die parallel zur chemischen Technologie und Angewandten Chemie verliefen. Die Fermentation wurde zunehmend als Thema einer angewandten Wissenschaft gesehen, nämlich der Wirtschaftsmikrobiologie. Selbst wenn die Professoren bei der Betrachtung der Organismen starr an den technologischen Gesichtspunkten der Zymotechnologie festhielten (Delbrück begann im Jahre 1884 seine Vorlesungen mit dem Satz „Die Hefe ist eine Arbeitsmaschine"[3]), erkannten die Technologen jedoch die wachsende Bedeutung des biologischen Ansatzes und so entwickelte sich die Zymotechnologie zur Biotechnologie weiter.

Die Entwicklung einer eigenen Identität der Zymotechnologie aus einer landwirtschaftlichen Technologie hin zur angewandten Wissenschaft spiegelte sich im Konzept des mikrobiologischen Zentrums wider. Schon 1884 hatte Král an der Technischen Universität in Prag eine Sammlung von Bakterienkulturen gegründet. Dieser folgte im Jahre 1906 eine holländische Pilzsammlung.[4] Paul Lindner (1861-1945), ein Schüler Kochs und Leiter der Abteilung für Botanik am Institut für Gärungsgewerbe, schlug 1909 beim Internationalen Kongreß für Angewandte Chemie die Errichtung einer biologischen Referenzensammlung in Berlin vor.[5] Dieser Vorschlag, der ausdrücklich auf die Anforderungen der weltweiten biologisch-technischen Gesellschaften abgestimmt war, wurde bei dem Treffen unterstützt. Dort beschloß man auch, diesen Vorschlag den Beratern des Institutes für Brauereiwesen vorzulegen. Lindner ließ seinen Vorschlag nach dem Ersten Weltkrieg wieder aufleben und zitierte, wie wertvoll seine Sammlung von reinen Hefearten für den Chemiker Emil Fischer war. Sie sei ebenso hilfreich wie eine Sortiment von Standardchemikalien.[6] Obwohl sie nicht das einzige Referenzenzentrum weltweit war, wurde Lindners Sammlung berühmt und nur im Chaos vom Berlin des Jahres 1945 auseinandergerissen.

Während der Nachwirkungen des Ersten Weltkrieges wurde 1919 ein spezielles britisches Chemiesymposium abgehalten, bei dem der

Brauereichemiker Chaston Chapman Fragen zum Einsatz von Mikroorganismen in der Industrie ansprach. Er setzte sich für die Errichtung eines nationalen Zentrums für Industrielle Mikrobiologie ein, das zum einen ein Pendant des deutschen Instituts für Gärungsgewerbe sein sollte und zum anderen eine wertvolle Antwort auf Lindners Forderung aus dem Jahre 1909 nach einem internationalen Zentrum wäre.[7] Dieses Zentrum sollte eine Quelle für die Lehre der wissenschaftlichen und technischen Grundlagen der Fermentationsindustrie darstellen, würde Anweisungen für den Umgang mit Mikroorganismen erteilen, könnte über eine Kulturensammlung verfügen und sollte außerdem Forschung betreiben. Mehr als nur ein Servicebüro für die verschiedenartigen Industrien, die mit Mikroorganismen arbeiten, sollte es auch ein nationales Zentrum für Mikrobiologie sein. Während das Institut für Gärungsgewerbe als eine Art industrielles Forschungslabor galt, schlug Chapman ein akademisches Institut vor. Es wäre nach der damaligen Planung eher wissenschaftlich in Richtung Mikrobiologie ausgerichtet worden als technologisch, beispielsweise in Richtung Brauereiwesen oder Landwirtschaft. Schließlich wurde Chapmans Plan einer zentralen Organisation und Kulturensammlung nicht in die Tat umgesetzt. Das traditionelle technische Muster führte man erst einmal weiter. Ein Jahr später wurde in Kew ein neues britisches Büro für Mykologie eröffnet. Es bot Ratschläge über Pilze an, die für die Landwirtschaft von Bedeutung sind. Am Lister Institut richtete das Medical Research Council ebenfalls eine Sammlung von medizinisch und industriell genutzten Kulturen ein.[8] Doch verkörperte Chapmans Gesuch, das er bei einem Vortrag vor der Royal Society of Arts wiederholte, eine zunehmende Identität der Fachrichtung Industrielle- oder, wie sie auch genannt wurde, Wirtschaftsmikrobiologie.

Die Deutschen selber waren mit ihren eigenen Einrichtungen auch nicht zufrieden. Eine 1921 im allgemeinen wissenschaftlichen Journal *Naturwissenschaften* veröffentlichte Kritik hob hervor, daß die Bakteriologie nur als eine angewandte Wissenschaft existiere, gälte jedoch nicht als die Anwendung einer echten Wissenschaft.[9] Philosophisch gesehen könnte sie als eine Untergruppe der Wissenschaft von der Botanik angesehen werden. Doch während ein ausgebildeter Chemiker die Leitung einer Farbstoffabrik und eine Physiker die einer Elektronikfabrik übernehmen konnte, so war ein Botaniker als Leiter eines Hygieneinstituts unvorstellbar. Nach den Worten des Autors Otto Rahn war Deutschland auf diesem Gebiet weit von der Führungsrolle entfernt, die es in der Chemie eingenommen hatte. Das private Institut für Gärungsgewerbe konnte mit dem staatlich geförderten Carlsberg Institut kaum verglichen werden. Das amerikanische Institut für Bakteriologie widmete 1921 ein Drittel seiner Berichte der Theoretischen Bakteriologie. Diese schlossen auch einen Vortrag des Leiters am Molkereiinstitut in Washington über die Bedeutung der abstrakten Bakteriologie ein. Der hervorragende holländische Mikrobiologe Beijerinck hatte ebenfalls über die Notwendigkeit einer Theoretischen Bakteriologie gesprochen. So veränderte sich im Ausland die Situation bereits zu einem Zeitpunkt, als Deutschland sich noch in einer bedauernswerten Lage befand. Zunehmend betrachtete man die Technologien als Anwendungen der Grundlagenforschung.

Dieser allmähliche Wandel weg vom Brauereiwesen hin zu einer stärkeren Betonung der Wissenschaften – egal ob es sich dabei um Mikrobiologie, Bakteriologie oder Biochemie handelte – und die Vielzahl ihrer Anwendungsmöglichkeiten lag der Evolution der Zymotechnologie zur Biotechnologie zugrunde. Die zunehmende Bedeutung läßt sich an zwei Orten außerhalb Deutschlands ablesen, wo die Zymotechnologie mit größter Aktivität gefördert worden war: Chicago und Kopenhagen. Auch wenn die Wandlung sich getrennt vollzogen hat, waren doch der Druck und die Möglichkeiten in beiden Städten analog. Im Kopenhagener Umfeld läßt sich besonders leicht erkennen, wie sich das spezielle Interesse an der Zymotechnologie in ein allgemeines Interesse an der Biotechnologie verwandelte.

Orla-Jensen

Die in Deutschland wahrnehmbare enge Bindung zwischen Untersuchungen zur Fermentation und landwirtschaftlicher Forschung konnte man auch in Dänemark um die Jahrhundertwende beobachten, als Dänemarks Landwirtschaft weltweit führend war. Kaum verwunderlich war es da, daß der Direktor der Kopenhagener Pädagogischen Hochschule sein Institut in ein Polytechnikum umwandelte. Er strebte dabei den Aufbau neuer landwirtschaftlicher Industriefelder an.[10] Im Jahre 1907 entschied das Polytechnikum, daß die Position eines außerordentlichen

Professors für Landwirtschaftliche Chemie aufgewertet werden sollte. Zugleich wurde die Disziplin Landwirtschaftliche Chemie in einen Fachbereich für Fermentationsphysiologie und Landwirtschaftschemie umgewandelt, den fortan ein ordentlicher Professor leitete. Nachdem die wissenschaftliche Bedeutung des neu eingeführten Fachs erkannt wurde, erklärte das universitätseigene „Jahrbuch" die Fermentationsphysiologie für so wichtig, daß sie getrennt von der Chemie behandelt werden sollte. Allen angehenden Chemietechnikern, die in die Fußstapfen des berühmten Dänen Emil Christian Hansen treten wollten, sollte sie künftig vermittelt werden.[11] Bis dahin sah es so aus, als ob das Polytechnikum von Jørgensens Labor nur das Konzept einer eigenständigen Zymotechnik übernehmen würde. Professor Orla-Jensen (er hatte den Bindestrich 1914 in seinen Namen eingeführt) war ein Schüler Jørgensens und Experte für Mikroorganismen, die in der Käseherstellung verwendet wurden. Deshalb stellte er eine angemessene Wahl dar, um die Zymotechnologie am Polytechnikum zu etablieren. Seit langem als Pionier bei der Erforschung von Laktat erzeugenden Mikroorganismen bekannt, gehört er in die Reihe weltweit geachteter Mikrobiologen. Jensen hatte selbst am Pasteur Institut gearbeitet und dann für einige Jahre in der Schweiz gelebt, wo er zum Leiter des Zentralen-Käserei-Forschungsinstitutes aufstieg. Seine vielfältigen Berufserfahrungen ermöglichten ihm eine breitere Sicht- und Denkungsweise, die über die Fermentationsphysiologie hinausging. Dies bescherte ihm den weiteren Aufstieg, als das Polytechnikum 1913 einen erneuten Wandel erlebte: Jensen wurde zum Professor für Biotechnologische Chemie ernannt.

Die Öffnung der bis dahin „reinen" Zymotechnik erfolgte bewußt, wie die Einleitung einer Vorlesung von Orla-Jensen aus dem Jahre 1916 zeigt. Zunächst definierte er die „Biotechnische Chemie" als einen Bereich, der sich mit „Nahrungsmitteln und der Fermentationsindustrie beschäftigt und als notwendige Grundlage sowohl die Physiologie des Nahrungskreislaufes wie auch die Fermentationsphysiologie mit einbezieht".[12] Diesem Bereich liegen Lebensprozesse zugrunde, die er versuchsweise als Stoffwechsel der Proteine beschrieb. Orla-Jensen war jedoch nicht der Typ von Forscher, der sich bei der Lösung praktischer Fragen durch philosophische Probleme einschränken ließ. In seinem 1934 erschienenen Buch *Lidt anvendt Filosofi* denkt er über die Natur der angewandten Wissenschaft nach. Er argumentiert, daß sie nicht nur als einfache Anwendung der reinen Wissenschaft betrachtet werden kann, sondern sich die Beziehung eher umgekehrt darstellt: „Die Botanik entwickelte sich bei der Suche nach Heilpflanzen, die Chemie bei der Suche nach dem Stein der Weisen etc.".[13] Bei seinen Vorlesungen zur Biotechnischen Chemie ließ er sich stets von diesen Vorstellungen leiten. Er verband beispielsweise die Beschreibung von Proteinen, Enzymen und Zellen mit der Analyse von Nahrungsmitteln wie Milch, Margarine und Schokolade.

Siebel

Orla-Jensen hatte das Konzept der Biotechnischen Chemie aus der Zymotechnik heraus entwickelt. Mit der amerikanischen Linguisten eigenen Erfindergabe wurde in Chicago das Wort „Biotechnologie„ aus demselben Stammwort gebildet. Das Werk Siebels wurde von vier seiner Söhne weitergeführt. Während drei von ihnen das auch heute noch arbeitende Institut ihres Vaters übernahmen, suchte einer 1917 sein Glück auf eigene Faust.[14] Dies war das Jahr, in dem das Alkoholverbot vom Kongreß verabschiedet wurde. Emil Siebel hatte seit 1908 an einem „alkoholfreien Bier" gearbeitet. Danach konzentrierte er sich auf die Aufrechterhaltung von Serviceleistungen für Fermenter, die dieses neue alkoholfreie Getränk erzeugten. Mit dem Ende des Alkoholverbotes im Jahre 1932 kehrten seine Interessen wieder zu denen seines Vaters zurück. Er unterrichtete Brauer und Bäcker, denen er auch ein Beratungsbüro zur Verfügung stellte.

Zuerst hatte Emil Siebel (1884-1939) unter seinem eigenen Namen ein Beratungsbüro eröffnet. Wenig später taufte er seine Firma dann Büro für Bio-Technologie, wohl auch um sich vom Institut für Zymotechnologie seines Vater zu unterscheiden.[15] Zudem war es in der Zeit des Alkoholverbotes sicherlich weise, den auf das Brauereiwesen anspielenden Namen „Zymotechnologie" zu ändern. Siebel prahlte mit seinen guten Beziehungen zu Regierungsinspektoren.[16] Die Bezeichnung „Büro" konnte genausogut eine aufgeblasene Anspielung auf das mächtige Büro für Chemie der Bundesbehörde sein, dessen Leiter Harvey Wiley zusammen mit Jørgensen im Jahre 1908 zum ersten Ehrenmitglied der Chicago Zymotechnica Association gewählt wurde.

40

Offensichtlich war Emil Siebels Titel eher ein Warenzeichen als eine Disziplin. Aus akademischer Sicht hatte er keine wahrnehmbare Wirkung. Auf der anderen Seite mag er Einfluß auf die englische Wirtschaft gehabt haben. Als sich Murphys Firma für chemische Analyse im Jahre 1920 zur Eröffnung einer Beratungsstelle für Mikrobiologie in Leeds entschied, gab man ihr den Titel Büro für Bio-Technologie, den gleichen Namen also, den Siebel für sein Unternehmen in Chicago gewählt hatte. Das englische Büro war wissenschaftlicher orientiert als sein Gegenstück in Chicago und veröffentlichte in Berichten die Ergebnisse der eigenen Beratungstätigkeit. Diese wurden dann an akademische Bibliotheken, beispielsweise an die Nationalbibliothek des Britischen Museums (naturhistorischer Teil) verschickt. Das *Brewers Journal* dagegen bezog sich eher verächtlich auf den „transatlantischen" Klang des Firmennamens.[17] Der Berater Murphys, der Herausgeber Frederick Mason, veröffentliche Artikel, die die Bedeutung des Mikroskops für seine Ergebnisse in der gesamten Industrie hervorhoben.[18] Während also seine Ursprünge klar der Zymotechnik dem Brauereiwesen zugeschrieben werden konnten, schien das Büro genauso intensiv an den Möglichkeiten der Ledergerbung durch Mikroorganismen gearbeitet zu haben. Es wurde in italienischen Lederfachzeitschriften zitiert, und verhalf so dem Wort „*biotecnologia*" zu einem Bestandteil der italienischen Sprache zu werden.[19]

Ereky

Die ursprüngliche Quelle des Wortes „Biotechnologie" befand sich weder in den Vereinigten Staaten noch in Großbritannien, sondern in Ungarn. Der ungarische Agraringenieur Karl Ereky, dessen Bestreben es war, sein Land in ein zweites Süddänemark umzugestalten, gilt als Schöpfer dieses Wortes. So wie Dänemark seinen industrialisierten Nachbarn Großbritannien und Deutschland als Lieferant von Agrarprodukten diente, hatte sich Ungarn mit seinen riesigen feudalen Besitztümern im Österreichisch-Ungarischen Königreich als ein auf die Landwirtschaft spezialisierter Partner bewährt. Während die ländliche Infrastruktur Ungarns eher unterentwickelt war, stellte Budapest eine sehr schnell wachsende moderne Stadt dar. Bis zum Jahre 1900 waren seine Kornmühlen weltweit die größten (danach übernahm Minneapolis die Führung).[20] Sein Historiker John Lukacs wies darauf hin, daß von allen Metropolen der Welt nur das Wachstum Chicagos mit dem in Budapest mithalten konnte, wo sich die Einwohnerzahl während der letzten 25 Jahre des 19. Jahrhunderts verdreifachte. Zwar wurden die Bewohner ländlicher Gegenden von vielen Städtern verhöhnt. Doch inmitten ihrer vermeintlichen Rückständigkeit brachten sie voller Stolz die weltweit hochentwickeltsten und besten Landwirtschaftsprojekte hervor.[21] Die ungarische Praxis der Viehzucht rief schnell internationales Interesse hervor. Vor dem Ersten Weltkrieg besuchten einige hundert ausländische Experten die ungarische Viehzuchtgesellschaft. Unter ihnen waren auch 18 Veterinäre aus den Vereinigten Staaten, die als Abstecher von einer Londoner Tagung diesen „Ortstermin" wahrnahmen. Die intensive Schweinezucht war eine ungarische Spezialität. Schon 1894 zog die Schweinemastanstalt Köbánya in den heruntergekommenen Randgebieten von Budapest in einem Jahr 622 000 Schweine auf. Das Zentrum wurde allerdings später durch eine Schweineseuche ruiniert.

Ereky prägte den Begriff *„Biotechnologie„* als Teil einer Kampagne zur Ablösung des zurückgebliebenen Bauerntums. In den Jahren 1917 bis 1919 verfaßte er drei „Glaubensbekenntnisse". Das letzte erhielt den deutschen Titel *Biotechnologie der Fleisch-, Fett- und Milcherzeugung im landwirtschaftlichen Großbetriebe*.[22] Ereky war eindeutig kein abstrakter Intellektueller: Nach dem Krieg wurde er unter der konterrevolutionären Regierung Horthy zum Ernährungsminister.[23] Später versuchte er sich an der Umwandlung von Blättern in Proteine und versuchte, dafür britische Interessen zu wecken, denn sein Schriftenglisch war perfekt.[24] Uns interessiert hier jedoch seine Arbeit vor Ende des Königreiches.

Im Jahre 1914 überzeugte Ereky zwei ungarische Banken davon, ein landwirtschaftliches Unternehmen im Industriemaßstab zu unterstützen.[25] Es entstand ein Schlachthof, in dem täglich Tausende von Schweinen verarbeitet wurden, sowie ein Mastbetrieb für 50 000 Tiere. Dort wurden pro Jahr 100 000 Schweine umgesetzt. Es war ein gigantisches Unternehmen, das nach dem Ende des Krieges zu einem der größten und wirtschaftlich erfolgreichsten Fleisch- und Fetthersteller Europas avancierte.[26] Eine jüngere deutsche Literaturquelle bestätigt, daß große Schweinemastbetriebe im Trend lagen, aber selbst die größten deutschen Höfe beherbergten nur 27 000 Schweine auf drei Großställe verteilt.[27]

Das Ausmaß von Erekys Plänen wird deutlich beim Vergleich mit der Gesamtzahl von 22 000 deutschen Gehöften auf einer Gesamtfläche von mehr als 100 Hektar, auf der zusammen nur 880 000 Schweine gehalten wurden.[28] Selbst heute würde Erekys Unternehmen zu den größten Schweinemastbetrieben zählen.[29] Sein Mastbetrieb im Industriemaßstab benötigte eine Fläche von etwa 50 Hektar, also etwas mehr als 500 000 m². Die 45 Schweineställe waren 100 Meter lang und 36 Meter breit.

Karl Ereky prägte den Begriff „Biotechnologie". Dieses Foto erschien in *Budapest közuti vasúti közlekeddésénrek fejlödése, 1865-1922 és a BSzKRT tiz évi müködése, 1923-1933* (Budapest: Budapest Székesfövárosi Közlekedési Részvénytárság Igazgatósága, 1934). Mit freundlicher Genehmigung der Bibliothek des ungarischen Parlamentes.

Über das Gelände verlief eine 18 Kilometer lange Schmalspur-Eisenbahnstrecke. Die neu erbaute Hauptspur beförderte jährlich 5 000 Wagenladungen Schweine, 8 000 Ladungen Trockenfutter und 7 000 Ladungen Mist.

In den ersten Arbeiten von 1917 beschrieb Ereky, warum er sich für das Projekt eingesetzt hatte.[30] Ungarn war im Jahre 1900 immer noch ein landwirtschaftlich geprägter Staat, in dem 31 Prozent der Bevölkerung außerhalb der großen Städte lebten. In einer Zeit wachsender Konsumorientierung mit ihrer Telekommunikation, mit Theatern und einer nur noch durch die Möglichkeiten der Stromerzeugung in ihrem Wachstum begrenzten Industrieproduktion, sah Ereky in der traditionellen bäuerlichen Wirtschaft einen Anachronismus. Er wollte sie durch eine kapitalistisch orientierte Landwirtschaftsindustrie ersetzen, die auf wissenschaftlichen Erkenntnissen basierte. Ereky hatte die dänischen Genossenschaften besucht und war von ihnen sehr beeindruckt. Deren Geschichte und ihre Errungenschaften beschrieb er detailliert, glaubte aber, daß der Individualismus der Ungarn eine ähnliche Entwicklung in seinem Heimatland verhindern würde. Stattdessen sei die Kommanditgesellschaft nach seiner Meinung der Schlüssel zur Entwicklung eines industriell geprägten Lebensstandards im ländlichen Raum. Die wirtschaftlichen Ideen Erekys waren keineswegs neu. Die Wurzeln seiner Überlegungen finden sich bereits bei deutschen Landwirtschaftsökonomen wie Theodor Brinkmann. In der bekannten Veröffentlichung *Die Dänische Landwirtschaft* aus dem Jahre 1908 berichtet er über seine eigene Wallfahrt zur Besichtigung des dänischen Landwirtschaftswunders und geht dabei besonders auf die Verfahren der Fleischerzeugung ein.[31] Ganz allgemein gehörten der Kapitalismus im Spannungsfeld von Technik und Unternehmensgröße, und auch das Schlagwort „Amerikanisierung", zu den bedeutenden Themen im Ungarn der Nachkriegszeit.[32]

Erekys Vorstellungen von einem gigantischen Schweinemastbetrieb und seine Bemühungen, die Landwirtschaft einer industriellen Revolution zu unterwerfen, die Abschaffung der Bauernklasse eingeschlossen, beschrieb er in einem 1917 erschienenen Sitzungsbericht der Deutschen Landwirtschaftsgesellschaft sehr ausführlich.[33] Der Unterschied zwischen einem industriellen und einem landwirtschaftlichen Ansatz bei der

Schweinezucht, erläuterte Ereky darin, liege nicht beim Einsatz elektrischer Pumpen oder einer automatisierten Fütterung. Wichtiger sei der grundlegende wissenschaftliche Ansatz, den Ereky als „*Biotechnologie*" bezeichnete. Für ihn war ein Schwein mit einer Maschine gleichzusetzen, die sorgfältig berechnete Futtermengen in Fleisch umwandelte. Konsequenterweise beschrieb er ein Schwein auch als „*Biotechnologische Arbeitsmaschine*".

Im dritten seiner Beiträge, dem Buch *Biotechnologie*, wandte sich Ereky einem Thema zu, daß während des gesamten 20. Jahrhunderts immer wieder große Bedeutung erlangen sollte. Das Buch begann mit dem gleichen Satz wie sein erstes Werk. Die Verknappung von Lebensmitteln war während des Krieges in Zentraleuropa ein lähmendes Problem. Ereky glaubte, die chemische Großindustrie könne den Bauern durch den Einsatz der „*Biotechnologie*" helfen. Wie das Zitat am Anfang dieses Kapitels zeigt, wählte er den neuen Begriff in Analogie zur Chemischen Industrie zur Darstellung eines Prozesses, bei dem Rohstoffe biologisch aufgewertet wurden. Ereky führte diese neue Klassifizierung ein und setzte große Hoffnungen in die Technologie. Genau wie vorhergehende Zeitalter nach dem Gebrauch von Stein oder Stahl benannt wurden, so würde eine neue biochemische Ära folgen, wenn nur der Wille dafür vorhanden wäre.[34]

Natürlich fielen anderen die Parallelen zwischen den Konzepten von Orla-Jensen und Ereky auf. Anders als die angelsächsischen Pioniere der Biotechnologie, war Ereky selbst einflußreich im Zentrum des intellektuellen Lebens. Seine Ideen fanden große Beachtung, und die Prägung des neuen Begriffs wurde beispielsweise in einem Übersichtsartikel zu Erekys Buch, der in dem allgemeinen wissenschaftlichen Journal *Naturwissenschaften* erschien, gewürdigt.[35] Paul Lindner, der vor dem Krieg eine neue Sammlung von Bakterienkulturen gefordert hatte und jetzt Herausgeber der *Zeitschrift für Technische Biologie* war, beurteilte Erekys Buch ebenfalls positiv. Seiner Buchbesprechung ließ er einen Herausgeberkommentar folgen, in dem er Orla-Jensens neues Buch über Milchsäure produzierende Bakterien lobte. Er beschrieb es als den Inbegriff dessen, was „*Biotechnologie*" verkörpern sollte.[36] Lindners Interesse bewirkte, daß der Begriff wirklich wissenschaftliches Ansehen erlangte. Seine Bedeutung hatte sich dabei zugleich leicht verändert. Als Lindner es mit Orla-Jensens Arbeit verband, assoziierte er das Wort mit Mikroorganismen, was nicht Erekys Verständnis entsprochen hatte. So wurde in den späten 20er Jahren des 19. Jahrhunderts die *Biotechnologie* in große deutsche Enzyklopädien wie *Meyers Lexikon* und *Der Große Brockhaus* aufgenommen. Jedesmal wurde die besondere Bedeutung von Mikroorganismen bei Produktionsprozessen hervorgehoben, wenn auch in unterschiedlich starker Ausprägung.[37]

Im Deutschen haben die beiden Worte „*Technik*" und „*Technologie*" grundlegend unterschiedliche Bedeutungen. „Technik" beschreibt die konkrete Anwendung eines Produktes oder Verfahrens, während „Technologie" die komplexe Verfahrensweise bei einer Produkterstellung ist. Der Unterschied wurde schon 1920 in einem Artikel in Lindners Journal *Zeitschrift für Technische Biologie* erläutert. Der Autor Hase arbeitete in dem noch neuen Kaiser Wilhelm Institut für Biologie in Berlin.[38] Er ging darin noch einmal auf die ungeheuer breite Anwendung der Biologie während des Krieges ein. Dazu gehörte ebenso die Entwicklung von Pestiziden wie die Einführung neuer Fermentationstechnologien. Auch Hase spürte den Bedarf für eine neue kollektive Bezeichnung, die die Anwendungen der Biologie charakterisierte. Als er über die Bezeichnung „*Biotechnologie*" nachdachte, verwarf er sie wieder mit der Begründung, daß viele der noch zu bearbeitenden Themen handwerklicher Natur seien und deshalb besser durch den Begriff „*Biotechnik*„ beschrieben würden.

Lindners neue Definition der „*Biotechnologie*" und Hases Überlegungen spiegelten eine sich anbahnende industrielle Umorientierung wider. Während des Ersten Weltkrieges hatte die Zymotechnologie eine Fülle von Problemen gelöst. Bereits lange zuvor, in den 90er Jahren des vergangenen Jahrhunderts veröffentlichte Franz Lafar, Professor für Fermentationsphysiologie und Bakteriologie in Wien, einen vielbeachteten Artikel mit dem Titel *Technische Mykologie. Der Einsatz von Mikroorganismen in Kunstgewerbe und Handwerk*. Das Vorwort von Hansen spiegelte seine Begeisterung wider, warnte aber zugleich davor, nicht auf schnelle finanzielle Erfolge zu hoffen.[39] Der englische Professor für Chemie, Raphael Meldola, überwand schließlich seine Berührungsängste vor der „Lehre des Vitalismus" und veröffentlichte 1904 eine Formelsammlung biologisch erzeugter Verbindungen in seinem Buch *Die che-*

mische Synthese vitaler Produkte und die Beziehung zwischen organischen Bestandteilen.[40] Biologische Methoden zur Abwasserreinigung wurden wenig später sogar in viel größerem Ausmaß entwickelt, und während des Ersten Weltkrieges wurde in Großbritannien das Verfahren zur Aktivierung von Klärschlamm eingeführt.[41]

Drei während des Ersten Weltkrieges entwickelte Fabrikationsverfahren erlangten spezielle Bedeutung und nährten die Vorstellung von einer großen Zukunft für eine Fabrikation durch Fermentation. In Deutschland wurden Glycerin und Lebensmittelhefe, in Großbritannien Aceton zu einem wichtigen Teil der militärischen Infrastruktur. Alle drei Produktionsverfahren waren das Ergebnis von Arbeiten aus der Vorkriegszeit. Am Berliner Institut für Gärungsgewerbe wechselte das Interesse von Hefe als Quelle für Alkohol, zu Hefe als Lebensmittellieferant. Max Delbrück veröffentlichte 1910 einen bahnbrechenden Artikel über die Verwendung der Hefe als Tierfutter.[42] Fortan betrachtete er Hefe nicht mehr nur als bloße Maschine und verkündete ihre Vielseitigkeit als eßbarer Pilz. Ein Jahr nach Habers berühmter Demonstration der Ammoniaksynthese, erwartete Delbrück den Tag, an dem der menschliche Proteinbedarf durch Stickstoffixierung direkt aus der Luft gedeckt werden könnte. Es war ein Traum, der in der Geschichte der Biotechnologie immer wieder auflebte. Als Deutschland immer stärker unter Hunger litt und Getreide nicht mehr erhältlich war, entwickelten Hayduck und Wohl ein Verfahren, um Hefe auf Melasse zu züchten, die vorher mit Ammoniak angereichert worden war. Gewöhnliche Bierhefe und speziell gezüchtete Kulturen deckten während des Ersten Weltkrieges 60 Prozent des deutschen Bedarfs an Proteinen im Trockenfutter.[43] Hayduck betrachtete dies als einen ersten Schritt zur Lösung des Recyclingproblems. Öffentlich soll er verkündet haben: „Erst wenn der Mensch in der Lage ist, seine Abendzeitung so schnell in Zucker umzuwandeln, daß er die daraus gebildeten Proteine am nächsten Morgen zum Frühstück essen kann, wird eines der größten Probleme dieses Jahrhunderts gelöst sein".[44] Das Abwenden einer Hungersnot in Deutschland durch den Einsatz von Hefe war einer der größten Erfolge der Zymotechnologie. Der Ersatz von Materialien, die bisher chemisch aus damals nicht mehr erhältlichen Rohstoffen hergestellt worden waren, wäre ohne die neue Technologie ebenfalls unmöglich gewesen. Die Produktion von Milchsäure wurde zu einem der wichtigsten Projekte.[45] Kaum weniger bedeutsam war die Verwendung von fermentativ hergestelltem Glycerin, das ursprünglich aus der biochemischen Grundlagenforschung hervorging. Im Jahre 1911 glaubte Alexander Neuberg am Berliner Kaiser Wilhelm Institut für Experimentelle Therapie einen bedeutenden Schritt bei der Synthese von Stärke entdeckt zu haben, weil ihm der Nachweis von Acetaldehyd gelang. Weitere Experimente zeigten, daß auch größere Mengen Glycerin, einer bei der Sprengstoffherstellung wichtigen Chemikalie, produziert werden konnten. Connstein und Ludecke, die die Versuche in den Vereinigten Chemischen Werken von Berlin weiterführten, ermittelten optimale Bedingungen für eine Zuckerlösung in Gegenwart von Bisulfit und ermöglichten Deutschland so die monatliche Produktion von mehr als 1 000 Tonnen Glycerin.[46]

Das „Weizmann"-Verfahren

Britisches Gegenstück zum deutschen Produktionsprozeß war das Aceton-Butanol-Verfahren. Diese Entwicklung trieb Weizmann voran, der später zum ersten Präsidenten Israels gewählt wurde. Im Gegenzug setzte sich die britische Regierung dafür ein, Palästina den Juden zu überlassen. Zwei wichtige Faktoren werden jedoch häufig übersehen.[47] Obwohl der von Weizmann entwickelte Prozeß tatsächlich von großer wirtschaftlicher Bedeutung war, knüpfte er an Arbeiten aus der Vorkriegszeit an. Führende britische Chemiker waren daran gemeinsam mit Forschern des französischen Pasteur Institutes beteiligt gewesen. Außerdem spielten die Interessen Weizmanns eine große Rolle. Sein Wunsch war die Entwicklung einer Industrie, die in der Lage war, die landwirtschaftlichen Erzeugnisse Palästinas zu verwerten.

Zwischen 1907 und 1910 kam es auf dem Weltmarkt zu einer Verknappung von Gummi. Die industrialisierte Welt begann zu erahnen, wie bedeutsam ein weitgehend von den Brasilianern gehaltenes Monopol für Naturkautschuk werden könnte. Zugleich wurden britische Plantagen in Malaysia für die Industrie immer wichtiger, woran auch der britische Dichter Somerset Maugham erinnerte.[48] Unter dem Zwang eines brasilianischen Kartells stiegen die Preise im April 1910 auf zwölf Schillinge und vier Pence an, bevor sie dann im Oktober wieder auf knapp über sechs Schillinge pro Pfund fielen. Naturkautschuk hatte strategisch entscheidende Bedeutung, da es in der Autoindustrie unentbehrlich war. Sein gehärtetes Produkt, Hartgummi, wird in allen Bereichen genutzt, angefangen von Pfeifenmundstücken bis hin zu Auskleidungen für Chemikalienfässer. Die Entwicklung synthetischen Kautschuks stellte die Lösung für jene Länder dar, die von Brasilien und Großbritannien abhingen. Seit über dreißig Jahren war bereits bekannt, daß chemisch hergestellte Isoprenverbindungen spontan mit sich selbst reagieren können und daß dabei eine kautschukähnliche Substanz entsteht. Was fehlte waren eine Quelle für das Isopren und ein Katalysator für die Reaktion.

Selbst die Briten zeigten Interesse an einem solchen Verfahren, denn sie litten noch immer unter der Demütigung durch den Verlust des Indigo-Marktes nach der gelungenen Indigosynthese durch die Deutschen. Gleiches gilt für die gesamte Farbenindustrie. Der 50. Jahrestag von Perkins Entdeckung des Mauveins wurde 1906 nur kläglich mit einem Symposium gefeiert. Dabei wurden jene Fehler erörtert, die Deutschland später an die Spitze brachten. Sie reichten von unzureichender Forschungsförderung bis zu tarif- und patentrechtlichen Problemen. Diesmal folgte ein internationaler Wettlauf um die chemische Herstellung von Gummi. Bereits 1909 arbeiteten in Großbritannien zwei und in Deutschland drei Gruppen an diesem Problem. Berichte darüber, daß die Deutsche Badische Anilin- und Soda-Fabrik (BASF), deren synthetisches Indigo die indische Plantagenindustrie zerstört hatte, jetzt an synthetischem Kautschuk arbeite, erzeugte in Großbritannien eine nationale Besorgnis bis hin zu fieberhafter Erregung. Obwohl bis zum Erreichen der Elastizität des Naturkautschuks einige Dekaden verstreichen sollten, glaubte man 1910, daß ein entscheidender Durchbruch unmittelbar bevorstünde. Um die eigenen Kräfte zu bündeln, trafen sich die britischen Arbeitsgruppen mit dem Beratungsunternehmen Strange & Graham und verpflichteten William Perkin, Jr., den Sohn des Entdeckers des ersten synthetischen Farbstoffes, der inzwischen Professor für Organische Chemie in Manchester geworden war. Zu seinen Mitarbeitern gehörte der junge russische Emigrant Chaim Weizmann.

Im Jahre 1910 wurde das erste Problem, die Polymerisationsreaktion zu katalysieren, gleichzeitig in Deutschland und Großbritannien gelöst. Man fand heraus, daß Natrium als Katalysator wirkt. Nun mußte man nur noch eine Quelle für Isopren finden. Ein 1912 von Perkin veröffentlichter Artikel, der eigentlich von Strange stammte, beschrieb vorsichtig den Gedankengang der Arbeitsgruppe.[49] Der Preis für Naturkautschuk konnte leicht auf zweieinhalb oder drei Schillinge fallen: „Es ist sinnlos, einen Rohstoff in Betracht zu ziehen, der nicht mindestens die Möglichkeit bietet, Kautschuk für einen Schilling oder sogar weniger herzustellen. Die einzigen Stoffe, die diese Bedingung erfüllen, scheinen Holz, Stärke oder Zucker, Erdöl und Kohle zu sein." Perkin zeigte dann, daß Holz keine zuverläßlich preiswerte und genügend große Rohstoffbasis bot. Über Terpentin dachte man nach, es wurde aber nicht in ausreichenden Mengen hergestellt. Kohle und Erdöl waren reichlich vorhanden und würden sich als mögliche Rohstoffquellen anbieten. Aber man wußte noch nicht, wie sie sich in Isopreneinheiten umwandeln ließen. Mit einem Preis von einem Penny je Pfund erschien dann aber doch Stärke offensichtlich die geeignete Quelle zu sein. Sie konnte beispielsweise zu Milchsäure vergoren werden, die wiederum in Isopren verwandelt werden mußte. Dieser Prozeß erwies sich jedoch als komplex. Dann wurden höhere Alkohole untersucht. Das lange als Nebenprodukt der Fermentation bekannte Fuselöl enthält Isoamylalkohol. Aus diesem wurde Isopren hergestellt. Die Weltproduktion lag bei nur 3 500 Tonnen pro Jahr, und der Preis stieg auf 140 Pfund pro Tonne, umgerechnet auf mehr als einen Schilling je Pfund.

Im Jahre 1910 schienen sowohl Milchsäure als auch Amylalkohol geeignete Ausgangsstoffe für die Isoprensynthese zu sein. Weizmann schlug daraufhin dem Konsortium vor, Fernbach am Pasteur Institut um Rat zu fragen, wie man einen Ausgangsstoff zu einem vernünftigen Preis produzieren könne. Die Verbindung zu Fernbach sollte Weizmanns entscheidender Beitrag zum ersten industriell nutzbaren Verfahren sein. Die Idee, das Pasteur Institut bei der Fabrikation von Milchsäure um Hilfe zu bitten, war nur vier Jahre nach der Entdeckung des *Lactobacillus Delbrücki* in Berlin leicht zu „verkaufen". Dennoch sollte das Interesse Weizmanns, einem Schüler des für die Entdeckung des Alizerins berühmt gewordenen Carl Graebe, nicht als selbstverständlich für die Fermentation betrachtet werden.

Die Mitglieder des Lehrstuhls für Chemie an der Universität von Manchester. Perkin (erste Reihe, fünfter von links) und Weizmann (erste Reihe, zweiter von rechts). (Mit freundlicher Genehmigung der University of Manchester, Department of Chemistry.)

Wiederum zeigt sich an dieser Stelle die grundlegend landwirtschaftliche Ausrichtung der Zymotechnologie, denn Weizmanns fixe Idee war zu diesem Zeitpunkt die Errichtung eines neuen Palästinas. Er hatte das Land 1907 besucht und glaubte, daß noch viel mehr investiert werden müsse. Der österreichische Millionär Kremenetzky, Inhaber der weltgrößten Lampenfabrik, versprach ihm finanzielle Unterstützung, wenn er ihm beweisen konnte, daß sich eine landwirtschaftlich-chemische Produktion als wirtschaftlich gewinnbringend erweisen würde. Weizmann schlug vor, sie sollten „mit einer Ölfabrik beginnen, einen kleinen Zitronenanbaubetrieb sowie eine Destillationsanlage hinzunehmen".[50] Während des Jahhres 1909 verschlechterte sich die Beziehung zwischen Kremenetzky und Weizmann, da der Zionistenführer keine weiteren Informationen beschaffen konnte.

Nachdem Weizmann bei seinem ersten Besuch am Pasteur Institut im Jahre 1909 viel über Bakteriologie gelernt hatte, kehrte er 1910 mit zwei von Strange gestellten Problemen zurück. Zum einem wollte er wissen, wie man die bis dahin nutzlosen Hüllen von Reis weiterverarbeiten könnte, die bei der Stärkeherstellung als Abfallprodukt anfallen. Zum anderen suchte er eine Antwort auf die Frage, wie sich Amylalkohol durch Fermentation herstellen ließe.[51] Das Reisproblem beschäftigte zu jener Zeit gerade Stranges Geschäftspartner Reckitt und scheint für so wichtig wie Amylalkohol gehalten worden zu sein. Stärke produzierte man, indem gebrochener Reis mit kohlensaurem Natrium behandelt wurde. Bei diesem Prozeß gingen 20 % des Reis durch Tausende von Litern Waschwasser pro Stunde verloren.[52] Beide Probleme hingen miteinander zusammen. Im Dezember 1910 erzielte man Fortschritte bei der Umwandlung von Glutin aus dem Reiswaschwasser in Milchsäure, die man wiederum in Isopren umwandeln konnte.[53]

Bei weiteren Forschungen wurde ein Bakterium entdeckt, das ein mit Amylalkohol und Butanol angereichertes Fuselöl aus Stärke produzieren konnte. Fernbachs Prozeß erforderte verminderten Druck. Das Verfahren wurde 1912 von Strange im britischen Rainham verbessert und unter industriellen Bedingungen betrieben. Er verwendete dabei Eichenfässer und keine Vakuumdestillation, wobei der Fermentationsprozeß verändert ablief. Jetzt waren Butanol und Aceton die Hauptprodukte.[54] Dieses Ergebnis verursachte eine ungeheure Aufregung. Man war gerade erst im Begriff die Bedeutung von Butanol bei der synthetischen Herstellung von Kautschuk zu verstehen, als Harries in Deutschland einen Artikel veröffentlichte, in dem er zeigte, daß hochwertiger Kautschuk aus Butadien hergestellt werden konnte. Die Umwandlung von Butanol zu Butadien erfolgte analog zur Umwandlung von Amylalkohol in Isopren – eine Reaktion, für deren Verstehen die Arbeitsgruppe in Manchester bereits viel Arbeit verwendet hatte. Eine Zwischenlösung auf dem Weg zur Synthese von Kautschuk kam vom Pasteur Institut und der Arbeitsgruppe in Manchester. Der Rohstoff Butanol konnte jetzt für 40 Pfund pro Tonne oder vier Penny pro Pfund hergestellt werden. Außerdem war das bisher importierte Aceton für die Herstellung von Sprengstoff wichtig, während Isobutylacetat das am besten bekannte Lösungsmittel für den in seiner Bedeutung schnell wachsenden Grundstoff Nitrozellulose darstellte.

Die Arbeit war potentiell von riesiger wirtschaftlicher Bedeutung. Die daran beteiligten Wissenschaftler gaben sich ganz und gar nicht uneigennützig und verwerteten diesen Durchbruch für ihre Zwecke. In ihrer Begeisterung wollten sie von der neuen Technologie profitieren und schufen damit einen Präzedenzfall für die Zukunft der Biotechnologie. Der bereitwillige Glaube der Öffentlichkeit in die Technik unterstützte diese Entwicklung noch. Innerhalb weniger Monate, nachdem die Bedeutung des Acetons klar geworden war, entschied man sich mit der Unterstützung der berühmten Chemiker Ramsayund Roscoe, in Großbritannien eine Gesellschaft zur Entwicklung des Verfahrens zu gründen. Daß die entscheidenden mikrobiologischen Grundlagen aus Frankreich stammten, störte dabei offenbar wenig. Obwohl Perkin selbst nur einen geringen Anteil an der Entwicklung des Verfahrens hatte, präsentierte der berühmte Professor aus Manchester der Society of Chemical Industry im Mai 1912 eine spannende Darstellung dieser Arbeit.

Perkins Vortrag fand großes Interesse, da anscheinend die aufkeimenden britischen Interessen am Kautschuk bedroht wurden. Der Londoner Professor für Chemie, Henry Armstrong, erörterte die Reichweite dieser Entdeckung und ging auf Gerüchte über Investitionen der BASF von einer Million Pfund für ein Forschungsprojekt zur synthetischen Herstellung von Kautschuk in einem ausführlichen Artikel ein, der unter dem Titel „Die Produktion von Kautschuk: Im Einklang mit oder gegen die Natur" in *The Times Engineering Supplement* erschien. Für den Fall, daß Leser diesen Artikel übersehen sollten, wurde die Botschaft am gleichen Tag durch eine Herausgebernotiz hervorgehoben. Würde die Investition der BASF zum gleichen Disaster für die Kolonien werden wie die Synthese des Indigos eine Dekade zuvor? In einem Satz, dessen geistiger Gehalt während des gesamten 20. Jahrhunderts nicht verklingen sollte, sprach Armstrong einen Gedanken aus: „Zur Zeit konkurrieren wir auf vielen Gebieten mit der Natur, und es ist notwendig darüber zu diskutieren, ob es in Zukunft entweder wünschenswert oder gar möglich ist, in einem solchen Ausmaß gegen sie zu arbeiten".[55] Das Hauptproblem war, daß Chemiker zur Herstellung von Kautschuk nur andere, in geringen Mengen vorkommende, Rohstoffe verwenden würden wie beispielsweise Petroleum oder Stärke, die sich für andere Zwecke sinnvoller verwenden ließen. Auf der anderen Seite stellte der Gummibaum selbst die größte und effizienteste Maschine bei der Erzeugung von Kautschuk dar. Armstrong schrieb dazu: „Ethisch machen wir möglicherweise einen Fehler, wenn wir uns die Fähigkeiten des Baumes nicht komplett zunutze machen. Abgesehen davon kann es unter Berücksichtigung aller Faktoren so sein, daß die Pflanze Stärke viel wirkungsvoller in Kautschuk umsetzt als es der Mensch könnte." Schließlich sprach er sich für eine vorsichtige, auf wissenschaftlichen Erkenntnissen beruhende Landwirtschaft aus. Deshalb wurden Zymo- und Agrartechnologie eher als Alternativen, denn als zwei auseinander hervorgegangene Disziplinen angesehen. Der Herausgeberkommentar stilisierte diese neue Denkungsart zu einer Frage britischer Kultur hoch: „Im Fall der Kautschukindustrie können wir nicht gleichzeitig den deutschen Entwicklungen folgen und der Natur keinen Schaden zufügen: Die Natur hat ein höheres Recht".[56]

Nachdem 7 000 Pfund für Zeitungswerbung ausgegeben worden waren, wurde am 29. Juni 1912 eine Broschüre über die neue Gesellschaft Synthetic Products Ltd. herausgegeben. In ihren kühnsten Annahmen hatten die Befürworter gehofft, 500 000 Pfund aufzutreiben. Doch waren sie angesichts der starken Opposition durch die Plantagenindustrie über die erzielten 75000 britischen Pfund alles andere als enttäuscht. Eine nicht unbedeutende Summe also, wenn man bedenkt, daß sich das Nettovermögen der größten britischen Chemiefirma Brunner

Mond & Co. zur gleichen Zeit auf fünf Millionen Pfund belief. (Heute etwa sechs Millionen Pfund.) Der Werbeprospekt suggerierte, daß sowohl Kartoffeln als auch Mais erfolgreich in Fermentationsprozessen eingesetzt worden waren. Eine falsche Aussage, denn erfolgreich war man bis dahin nur mit der vergleichsweise teureren Kartoffel gewesen. Wenig später ermöglichte dies Perkin, den Deutschen Carl Duisberg auf dem Achten Internationalen Kongreß über Angewandte Chemie in New York herauszufordern. Jeder versicherte den Amerikanern, sein Team hätte als erstes Kautschuk synthetisieren.[57] Inzwischen versuchte Weizmann, der eigentlich Perkins Assistent war, mit Fernbach direkt ein Geschäft zu machen. Als dies bekannt wurde, entließ man ihn. Anschließend setzte er seine Versuche auf eigene Faust fort.

Von Anfang an war Weizmann mehr daran interessiert, einen neuen Industriezweig zu schaffen, als einfach nur ein wissenschaftliches Problem zu lösen. Als die Fermentation zwar eine mögliche, aber immer noch unbewiesene Lösung darstellte, schrieb er am 1. Januar 1911 noch voller Hoffnung aus Paris an Strange: „Ich möchte ihnen wieder und wieder die Notwendigkeit vor Augen führen, unser Aktionsfeld im Sinne der Fabrikation von Chemikalien zu vergrößern und eine neue englische Industrie aufzubauen. Ich denke ständig darüber nach und habe Pläne, über die wir uns beim nächsten Treffen unterhalten können".[58] Weizmann betrachtete das neue Herstellungsverfahren nicht als eine Bedrohung für die Landwirtschaft, sondern hoffte eher auf eine Industrie, die landwirtschaftliche Erzeugnisse in wertvolle Chemikalien umwandeln würde. Anstatt Großbritannien als Standort dieser zukünftigen Industrie zu favorisieren, kann man darüber nachdenken, ob dieser Brief nicht einem Stimmungshoch Weizmanns entsprang, um industrielle Möglichkeiten in einem künftigen jüdischen Palästina auszuloten.[59] Sicherlich entging Strange nicht, daß Weizmann die Anstrengungen des Konsotiums für seine eigenen Interessen nutzte.[60]

This Prospectus has been filed with the Registrar of Joint Stock Companies.

The Subscription List will open on Monday, the 1st July, and close on or before Thursday, the 4th July, 1912.

The Synthetic Products Company, Limited.

(Incorporated under the Companies (Consolidation) Act 1908)

(For Manufacturing Acetone and Fusel Oil and for making further experiments in developing Synthetic Rubber).

CAPITAL - - - - - - £500,000

Divided into 475,000 Cumulative Participating Preferred Shares of £1 each and 25,000 Deferred Ordinary Shares of £1 each.

The whole of the Deferred Ordinary Shares and 25,000 of the Cumulative Participating Preferred Shares are to be allotted to the Vendors as fully paid up.

The Cumulative Participating Preferred Shares (hereinafter called "A" Shares) confer the right to a fixed Cumulative Preferential Dividend at the rate of £6 per cent. per annum, together with two-thirds of the balance of profits referred to in the next paragraph.

The Deferred Ordinary Shares (hereinafter called "B" Shares) confer the right, subject to the payment of the £6 per cent. Dividend above mentioned on the "A" Shares, to a sum equal to the total of the £6 per cent. Dividend paid on such Shares, and any balance of profits available for distribution is to be divided between the holders of the "A" Shares and the "B" Shares respectively, in the proportion of two-thirds to the holders of the "A" Shares and one-third to the holders of the "B" Shares.

On a distribution of assets the "A" Shares will be entitled to receive the amounts paid up thereon. The "B" Shares will next be entitled to receive a sum equal to the total amount so paid to the "A" Shares, and subject thereto the surplus is distributable amongst the holders of the "A" and "B" Shares in the proportion of two-thirds to the "A" Shares and one-third to the "B" Shares.

The "B" Shares, the whole of which will be held by the Vendors, will not, for three years from the date of the incorporation of the Company, be transferable without the consent of an Extraordinary Resolution passed by the Company in General Meeting.

Issue of 450,000 Cumulative Participating Preferred Shares at par, payable as follows:—

ON APPLICATION ... ... 2s. 6d. per Share.   ON ALLOTMENT ... ... 7s. 6d. per Share.

and the balance of 10s. per Share in such instalments, not exceeding 5s. each, and at intervals of not less than three months, as may be determined by the Directors.

DIRECTORS:

Sir WILLIAM RAMSAY, K.C.B., LL.D., 19, Chester Terrace, Regent's Park, London.

PHILIP BEALBY RECKITT, J.P., East Mount, Sutton, Hull, Director of Reckitt & Sons, Limited, Hull and London, Manufacturers of Starch, Blue and Black Lead.

ERNEST JOHN HUMPHERY, M.A., 22, Bloomsbury St., London, Manager of the Platinotype Co.; Director of J. W. Brooke & Co., Limited, Lowestoft.

HENRY ARNOLD AVENEL van SOMEREN, 6, Throgmorton Avenue, London, Barrister-at-law.

FRANCIS EDWARD MATTHEWS, Ph.D., Ash Lawn, Blackheath, London, Director of Strange & Graham, Limited.

EDWARD HALFORD STRANGE, M.Sc. 7, Staple Inn, Holborn, London, Director of Strange & Graham, Limited.

BANKERS:

THE UNION OF LONDON & SMITHS BANK, LIMITED, 2, Princes Street, London, E.C., and Branches.

And their Agents: MANCHESTER & COUNTY BANK, LIMITED, Manchester;
BRITISH LINEN BANK, Edinburgh, and Branches;
BELFAST BANKING COMPANY, LIMITED, Belfast, and Branches.

CONSULTING CHEMIST:

Sir WILLIAM A. TILDEN, D.Sc., The Oaks, Northwood, Middlesex.

SOLICITORS:

To the Company, ASHURST, MORRIS, CRISP & Co., 17, Throgmorton Avenue, London, E.C.
To the Vendors (Research Syndicate, Limited), NICHOLSON, GRAHAM & JONES, 24, Coleman Street, London, E.C.
To the Vendors (Organic Products Syndicate, Limited), CLAPHAM, FRASER, COOK & Co., 15, Devonshire Square, London, E.C.

BROKERS:

MARKS, BULTEEL, MILLS & CO., 31, Threadneedle St., London, E.C.

AUDITORS:

W. B. PEAT & Co., Chartered Accountants, 11, Ironmonger Lane, London, E.C.

SECRETARY & REGISTERED OFFICES:

H. EDWIN COLEY, 50, City Road, London, E.C.

PROSPECTUS.

THIS Company has been formed to purchase from the Organic Products Syndicate, Ltd., and from the Research Syndicate, Ltd., certain exclusive Licences under British, Colonial and Foreign Patents and other Rights for new and economical processes for the manufacture of Acetone, Fusel Oil, and Synthetic Rubber, owned or controlled by these Syndicates. The two former substances, Acetone and Fusel Oil, are valuable, quite apart from the fact that they form raw materials for the manufacture of Synthetic Rubber. The Estimate of Profits hereafter given is based solely on the manufacture and sale of Acetone and Fusel Oil, whilst the Synthetic Rubber section may be looked upon as carrying great possibilities of future profits.

The Company is also to take over, under certain conditions, all improvements and further inventions connected with Acetone, Fusel Oil, and Synthetic Rubber included in the Agreement for Sale which may be made during approximately nineteen years from the present date by Prof W. H. Perkin, of Manchester University, and by Prof. A. Fernbach, of the Pasteur Institute, Paris, and by Strange and Graham, Limited, Technical Research Chemists, of 50, City Road, London, E.C. On page two of the inset there is given a list of patents and applications for patents connected with the processes to be taken over by the Company, in respect of which the Company will (without further consideration than that mentioned in the Agreement for Sale) be entitled to exclusive licences for the purposes of the processes sold. These stand in the names of one or more of the following: H. J. W. Bliss, H. Davies, A. Fernbach, W. R. Hodgkinson, F. E. Matthews, W. H. Perkin, C. A. Pim, E. H. Strange, and C. Weizmann.

It is proposed to commence the acetone and fusel oil processes in the first place by erecting a comparatively small plant of 10 units of 1,000 gallons capacity each at a cost not exceeding £5,000, manufacturing works already partially equipped being available for immediate occupation. This will occupy about three months. Then, after reporting to the shareholders, it is proposed to extend the Company's works on a suitable site by expending a further £145,000, making in all £150,000 expenditure on the Acetone and Fusel Oil sections.

It is also proposed to employ a sum not exceeding £25,000 for experiments in developing the manufacture of Synthetic Rubber on a commercial scale.

Ein im Jahre 1912 erschienenes Prospekt für synthetisch hergestellte Produkte mit Anmerkungen von Chaim Weizmann. (Mit freundlicher Genehmigung der Weizmann Archive.)

Plötzlich, so schien es, änderte sich die Zielsetzung von Synthetic Products. Das Hauptinteresse der Firma galt nicht mehr dem Ersatz britischen Kautschuks, sondern der Entwicklung von Alternativen für das traditionell aus Deutschland importierte Aceton. 1913 wurde in Rainham eine Firma errichtet, die Fernbachs Mikroorganismen nutzte, wenig später eine weitere in King's Lynn, Norfolk, eröffnet. Bei Kriegsausbruch wurde Aceton als unentbehrliches Lösungsmittel für Sprengstoff zur Mangelware. Die Regierung wurde auf die neue Fabrikationsstätte aufmerksam gemacht, und nach einer Vorführung kam es zum Vertragsabschluß mit der Synthetic Products-Filiale in Kings Lynn. Dennoch war das Verfahren der Stärkeumwandlung beschwerlich. Es lief in zwei Schritten ab: Bevor die Stärke fermentiert werden konnte, mußte sie hydrolysiert werden. Bedauerlicherweise erfüllte die Fabrik nie die Versprechungen des Werbeprospektes aus dem Jahre 1912. Sie funktionierte insgesamt schlecht und war ausschließlich auf die nur in geringen Mengen vorhandenen Kartoffeln angewiesen.

Inzwischen war Weizmann in Manchester außerordentlicher Professor für „Biochemie" geworden, hatte das Konsortium verlassen und bei seinen eigenen Forschungsarbeiten ein Bakterium entdeckt, das in der Lage war, aus einer anderen Stärkequelle direkt Aceton und Butanol herstellen zu können. Weizmann berichtete dem Sprengstoffabrikanten Nobel über seine Ergebnisse. Angesichts des enorm großen Bedarfs vermarkteten sie das Verfahren sofort. Im April 1915 wurde er Winston Churchill vorgestellt, dem Ersten Lord der Admiralität. Weizmann erbat den Bau einer Fabrik, und im Juli wurde eine Pilotanlage in Nicholsons Londoner Gin Destillerie fertiggestellt. 1916 führten weitere Forschungen am Lister Institut zum Bau eines Werkes nahe der Schießpulverfabrik der Royal Navy in Holton Heath. Beteiligt war auch das noch immer mit geringer Leistung arbeitende Werk in King's Lynn. Schnell wurde die Acetonproduktion von einer halben Tonne auf vier Tonnen pro Woche gesteigert,[61] und mittlerweile war Mais der Vorzug vor Kartoffeln gegeben worden. Nach einer merkwürdigen Anordnung der Regierung zogen britische Jungen durchs Land, um Kastanien zu sammeln, obwohl sich die Hülsen der Früchte nur sehr schwer vollständig entfernen ließen und ihre Verwendung sich als unpraktisch erwies.[62] Der Mangel an Mais in England war einfach zu beheben. Man verlagerte die

Produktion auf die riesigen Flächen des nordamerikanischen Kontinents. Destillerien für die Fabrikation von Aceton wurden zunächst in Toronto, später in Terre Haute (Indiana) erworben.

Das sogenannte Weizmannverfahren erwies sich als ungewöhnlich. Nicht nur weil dabei ein neues Bakterium verwendet wurde und es zugleich vielversprechende wirtschaftliche Möglichkeiten zeigte, sondern es benötigte auch ein neues Ausmaß mikrobiologischer Verfeinerung bei der Fabrikation. Erforderten die meisten industriellen Fermentationsverfahren bis zu dieser Zeit zwar ein hohes Maß an Sauberkeit, so waren sie doch nicht steril. Das Weizmannverfahren benötigte im industriellen Maßstab eine Sterilität, wie sie sonst nur im Labor herrschte. Das System mußte regelmäßig mit überhitztem Dampf gereinigt werden und wurde statt in traditionellen Eichenfässern in neuen Aluminiumgefäßen durchgeführt, die Weizmanns Freund in seiner Firma Seligman's Aluminium Plant & Vessel Company (bekannt als A.P.V.) herstellte.[63] In Großbritannien rief das Verfahren eine neue Art von beruflichem Sportsgeist unter Männern wie A.C. Thaysen, T.K. Walker und L.D. Galloway hervor, die den Prozeß steuern konnten. Walker gründete die neue Abteilung für Biochemie am Manchester College of Technology (heute UMIST). Das bakteriologische Fachwissen von Thaysen und Galloway machte sich über Dekaden die Regierung zunutze, zunächst am Admiralty Laboratorium in Holton Heath und von 1931 an am Chemical Research Laboratory.[64]

Nach dem Krieg hatten sich die deutschen Neuerungen zur Produktion von Glycerin und Lebensmittelhefe als unwirtschaftlich erwiesen, und viele Werke wurden geschlossen. Im Gegensatz dazu wurden in den Vereinigten Staaten und Kanada neue Produktionsstätten Weizmanns eröffnet, denn das eigentliche Produkt, der Butylalkohol, hatte sich beim Verbraucher erneut als nützlich erwiesen. Er war das geeignete Lösungsmittel für Zelluloselacke, mit denen die von den Fließbändern rollenden Autos spritzlackiert wurden. In den Vereinigten Staaten griff die Commercial Solvents Corporation Weizmanns Patent auf, und bis 1930 hatte die Produktion das Hundertfache des Niveaus der Synthetic Products von 1914 erreicht.

Seitdem verband man das Aceton-Butanol-Verfahren mit dem Namen Weizmann. Das lag wohl auch daran, daß 1926 eine bedeutende

Entscheidung eines Patentgerichtes einen technischen Unterschied zwischen dem Verfahren Weizmanns und dem bereits zuvor von Synthetic Plastics entwickelten Fermentationsprozeß feststellte. Dennoch existierte vom historischen Standpunkt aus betrachtet ein Zusammenhang zwischen beiden Verfahren. Die Geschichte verdeutlicht aber auch, daß es sich bei alledem nicht um ein Einmann-Unternehmen handelte. Schon 1912 waren mindestens 15 Chemiker und Bakteriologen an der Entwicklung beteiligt. Dies zeigt, daß es sich lohnt, an die wirtschaftliche Nutzbarkeit eines Agrarproduktes zu glauben, dessen Erzeugung durch verstärktes Anpflanzen unbegrenzt erhöht werden kann. Zugleich spricht dieser Erfolg für die sorgfältige Planung einer Infrastruktur der Forschungslabore, wie sie bereits zu Beginn des Jahrhunderts errichtet worden waren, und diente als Rechtfertigung für eine weitere Entwicklung.

Regenerierbare Bodenschätze

Das Interesse an der biologischen Herstellung von Chemikalien blieb auch nach dem Ersten Weltkrieg groß. Francis Garvan, Leiter der Chemical Foundation, die auf Betreiben des Staates die deutsche Chemische Industrie in den Vereinigten Staaten übernommen hatte, wurde zu einem einflußreichen Befürworter der Zymotechnologie. William Pope, Leiter der „British chemical community" und während des Krieges auch bedeutender Förderer Weizmanns, verlangte im Jahre 1921 leidenschaftlich die angemessene Nutzung biologischer Ressourcen. Bei einer Ansprache vor der Society of Chemical Industry in Toronto kam er auf ein schon von seinem früheren Professor Henry Armstrong und Meldola untersuchtes Thema zurück.[65] In einer glänzenden Zukunftsbetrachtung erklärte er, Großbritannien sollte beim Versuch, natürliche Produkte zu ersetzen, nicht dem deutschen Vorbild folgen. Die Chemische Industrie, die einst Reaktionen nur unter rauhen Bedingungen und hoher Energie steuern konnte, sei eleganter geworden. Sie würde in der Zukunft durch die Nachahmung milder natürlicher Bedingungen sogar noch eleganter werden. Der beste Weg dazu wäre, natürliche Reaktoren zu benutzen. Er prophezeite, Kautschuk könne besser angebaut als synthetisiert werden, und dachte darüber nach, wie dies auch für andere Produkte zutreffen könne. So stellte Pope, selbst organischer Chemiker, die Verwendung von natürlichen Organismen als einen alternativen Weg zur traditionellen Chemie dar. Es ist interessant, wie nationalistisch diese Unterscheidung gefärbt ist und wie er, Armstrong folgend, dies als britischen Weg im Gegensatz zum deutschen chemischen Weg hervorhebt. Deutschland war ohne den Besitz von Kolonien dazu verurteilt, Energie und Rohstoffe aus Kohle zu gewinnen. Das Britische Königreich konnte Sonnenenergie und die Energie von Pflanzen nutzen. Schließlich hielt Pope seine Rede in Kanada, einem Land, in dem das Weizmannverfahren vor dem Hintergrund eines schier unerschöpflichen Maisangebots eingeführt worden war.

Pope war über den verschwenderischen Gebrauch von Petroleum verärgert, das nur verbrannt wurde, anstatt dessen komplexe Struktur sinnvoll einzusetzen. Die Ansicht, daß Öl und Kohle eher weiterverarbeitet als nur (in Hochöfen oder Autos) verbrannt werden sollten, war zu dieser Zeit weit verbreitet. Öl schien zu versiegen und mußte in jedem Fall von den europäischen Ländern importiert werden. Landwirtschaftliche Erzeugnisse waren demgegenüber im Überfluß vorhanden. Einige Länder bestanden 1920 darauf, dem Benzin Alkohol beizumischen, und Popes Rede wurde als Unterstützung dieser Forderung gesehen. So zitierte ihn der holländische Mikrobiologe Albert Jan Kluyver bei seiner Antrittsrede in Delft im Jahre 1922 zustimmend.[66] In Wirklichkeit konkurrierten die beiden von Pope hervorgehobenen Rohstoffquellen, Petroleum und landwirtschaftliche Erzeugnisse, miteinander. Immer wieder erwies sich jedoch das Petroleum als das preiswertere von beiden. Nichtsdestoweniger ließ sich der Glaube nicht zurückdrängen, erneuerbare Energiequellen müßten einen eleganten Ansatz für die neue biochemische Industrie bieten.

Chemurgie

Als im Jahre 1930 in dem amerikanischen Journal *Industrial and Engineering Chemistry* ein Überblick über die industrielle Fermentation erschien, trug der Leitartikel den Titel „Der Chemische Ansatz der Fermentation" und behandelte das Thema noch immer als Zymotechnologie.[67] Die Industrie, die jetzt ausgebildete Biochemiker einstellte, beeinflußte in viel größerem Maße diese Fachrichtung als es noch bei früheren Generationen der Fall gewesen war.[68] Smyth und Obold's klassische Arbeit von 1930 trug den Titel *Industrial Microbiology* und war mit

„einem umfassenderen Einsatz mikrobiologischer Verfahren in der Industrie" gewidmet. Ein klassischer Text über das *Gärungschemische Praktikum* aus dem Jahre 1936 vom deutsch-tschechischen Biochemiker Konrad Bernhauer begann mit der Aussage, die Fermentationschemie nähere sich erneut eher der Chemischen Industrie als ihrer traditionellen Ansiedlung im Brauereiwesen. Anschließend wurden die Produktionsmengen verschiedener Erzeugnisse genannt.[69] Obwohl die meisten Produkte alt waren, benutzte man neue Techniken wie beispielsweise die Alkoholproduktion, die zu diesem Zeitpunkt einen Wert von 12 Milliarden Reichsmark hatte. Organische Säuren wie Milchsäure waren mit 6 000 Tonnen pro Jahr und Zitronensäure mit 8 000 Tonnen pro Jahr unter den neuen Produkten dieser modernen Technologie. Milchsäure, eine wichtige Chemikalie in der Textil- und Lederindustrie, wurde seit 1894 industriell hergestellt. Im Jahre 1909 exportierte Deutschland 1 500 Tonnen Milchsäure zusätzlich zu der im eigenen Land verbrauchten.[70] Während des Krieges war sie als Ersatz für knappes Glycerin in hydraulischen Bremsen verwendet worden. Einst hatte Deutschland ein Monopol bei ihrer Herstellung, doch angesichts des Krieges entwickelten mehrere Länder ihre eigene industrielle Produktion. In den 20er Jahren wurde Milchsäure ein beliebter Aromazusatz bei Limonaden. In Großbritannien ist sie immer noch als das Säuerungsmittel der „Lucozade" bekannt.

In den Vereinigten Staaten, wo die Haushalte schon Kühlschränke besaßen, und Limonaden das während des Alkoholverbots untersagte Bier ersetzten, wuchs der Markt für kohlensäurehaltige Getränke. Für ihre Herstellung bevorzugte man Zitronensäure, die Wehmer 1890 als mikrobiologisches Produkt beim Abbau von Zucker entdeckt hatte. Vier Jahre später meldete er weitreichende Patente an. Die Herstellung mit *Aspergillus Niger* wurde in den Vereinigten Staaten während des Ersten Weltkrieges entwickelt, und Pfizer vermarktete das sensible Verfahren mühsam. Komplizierte Fermentationsprozesse wie die Herstellung von Zitronensäure brachten verzwickte Probleme mit sich. 1930 endete ein Artikel im Fachblatt *Industrial and Engineering Chemistry*: „Daß die Schwierigkeiten keineswegs klein sind, wird durch die Tatsache belegt, daß nur sehr wenige Konzerne Zitronensäure in Mengen herstellen können, die sich auf dem Markt auswirken".[71]

Als die Vereinigten Staaten in den 30er Jahren durch Preissenkungen bei landwirtschaftlichen Erzeugnissen in eine Krise gerieten, wandte man sich den zuvor schon in Europa bevorzugten Lösungen zu. Durch John Steinbecks *Grapes of Wrath* in Erinnerung gerufen, trieb die durch Überproduktion und niedrige Preise hervorgerufene Katastrophe die Bauern zur Verzweiflung und führte zur Zerstörung von Nahrungsmitteln in einer ansonsten unter Hunger leidenden Welt. Die Forschungsabteilung der Republikanischen Partei, die die Senkung des Kornpreises von 121,2 Cent pro Bund im Mai 1937 ein Jahr später auf gerade 52,7 Cent pro Bund verkündete, dachte über die Notwendigkeit eines neuen Ansatzes nach. Für die Landwirtschaft gab es keine Möglichkeit, „es sei denn, die Agrarprodukte entwickelten sich zu Rohstoffen für die Industrie".[72]

Abgesehen von ähnlichen Bedenken in Amerika und Europa, wurde typischerweise in der Neuen Welt auch ein neuer Begriff geprägt. Schöpfer war der Forschungsdirektor von Dow Chemicals, William J. Hale, ein trefflicher Erfinder neuer Worte und Fischer neuer Ideen. Als er die durch überschüssige Agrarprodukte ausgelöste Tragödie mitansah, dachte er über die Möglichkeiten nach, sie zur Herstellung von chemischen Produkten zu nutzen. Er wählte den Begriff „Chemurgie", also Chemie bei der Arbeit, abgeleitet von „chem" und dem griechischen „ergon".[73] Hale ging nicht sehr wählerisch mit den von ihm geprägten Begriffen um und benutzte das Wort von der „Chemurgie" so oft wie andere den Begriff „Zymotechnologie" verwendet hatten. Er erklärte die Bedeutung anhand der „Agrar-Chemurgie": Die eigentliche Neuerung war die mögliche Produktion von Alkohol durch das Vergären von Stärke, um Petroleum zu ersetzen. Dieses Produkt nannte Hale „Agricrude" und schwärmte 1939 in seiner Arbeit *Farmward March* „die Entwicklung einer *agricrude* Alkoholindustrie ... wird die gesamte Arbeitslosigkeit beseitigen, wird eine unbegrenzte Ausbreitung mechanischer Antriebssysteme sicherstellen und den gesamten internationalen Handel mit organisch-chemischen Materialien (Agrarerzeugnissen) beenden."[74] Unter Ölmangel leidende europäische Staaten hatten bereits von dem „Kraftalkohol" Gebrauch gemacht. Eine Mischung aus Ethylalkohol (*Dist*illers alcohol) und Benzin (petr*ol*) war in Großbritannien unter der Bezeichnung Cleveland „Discol" bekannt.

Henry Ford demonstrierte im Jahre 1941 die Stabilität einer auf Sojabohnen-Basis hergestellten Kunststoffkarosserie. Aus der Sammlung des Henry Ford Museum und Greenfield Village.

In den Vereinigten Staaten mit ihrer hohen Benzinproduktion und den mächtigen Einflußsphären der Ölgesellschaften, war die wirtschaftliche Herausforderung größer, der Erfolg stellte sich langsamer ein und der Begeisterungsfunke entzündete sich erst im Jahre 1970 mit dem „gasohol". Hale selbst hatte nie befürwortet, Alkohol zu verbrennen. Stattdessen sah er in ihm das Rohmaterial für organische Chemikalien wie Essigsäure, die für die Herstellung seines geliebten Plastiks notwendig war.

Während der späten 30er Jahre wurde die Chemurgie zum Thema mehrerer Versammlungen. Die mehrtägigen Veranstaltungen wurden von vielen besucht. Finanzielle Unterstützung kam von Henry Ford, der niemals seine ländliche Herkunft vergessen hatte. Eine bekanntes Bild zeigt, wie Ford eine Axt gegen sein Plastikauto, hergestellt aus Sojabohnen, schwingt und damit dessen Stabilität beweist. Dieser Ansatz war höchst praktisch: Spezielle Agrarerzeugnisse fanden eine ebenso spezielle Verwendung. Außerdem lag die Betonung der Bewegung, wie das Wort „Chemurgie" schon sagt, auf der Chemie und führte so zu einem neuen institutionellen Rahmen für die Biologie.[75] Das U.S. Department of Agriculture reagierte auf diese neue Bewegung und auf die damit verbundene Überschwemmung durch Agrarerzeugnisse mit der Schaffung von vier großen regionalen Forschungsstationen. Jede von ihnen konzentrierte sich auf ein regionales Problem der landwirtschaftlichen Überproduktion. So beschäftigte sich das Northern Regional Research Laboratory in Peoria mit dem Überschuß an Getreideprodukten, und darauf, wie man diesen Abfall (beispielsweise den an Stärke reichen „corn steep liquor") nutzbar machen kann. So wie Fernbach Reckitts Problem nutzloser Reishülsen eine Generation zuvor gelöst hatte, versuchten Wissenschaftler in Peoria den Alkohol zum Wachstum von Mikroben zu nutzen, die in diesem Fall Gluconsäure daraus herstellten. Ihnen gelang es, aerobe Schimmelpilze in Flüssigkulturen wachsen zu lassen, die einige Jahre später für die Penizillinproduktion von entscheidender Bedeutung waren. Dennoch besetzten Chemikalien aus Fermentationsprozessen noch immer Nischenmärkte innerhalb der sich entwickelnden Chemischen Industrie. Die großen Gesellschaften der 20er Jahre wie IG Farben, Du Pont und Großbritanniens Imperial Chemical Industries (ICI) legten nicht viel Wert auf biologische Verfahren. Aromatische Bestandteile von Chemikalien konnten aus Kohlenteer extrahiert werden. Aliphatische Verbindungen wie Alkohole und Glycole wurden besonders in den Vereinigten Staaten in zunehmendem Maße aus Petroleumderivaten hergestellt.

Trotz der langsamen wirtschaftlichen Entwicklung riefen die Worte und Reden zur Zeit des Ersten Weltkrieges viele Gefühle wach, die uns während des gesamten 20. Jahrhunderts begleiten sollten. Vor allem die Perspektive auf eine eigenständige Biotechnologie blieb vielen lange Zeit im Gedächtnis. Ereky beschrieb diese als eine Technologie der Zukunft. Andere betrachteten dagegen die Herstellung von Chemikalien durch

Mikroorganismen als Alternative zur chemischen Fabrikation, die sich bis dahin auf die Hochenergieumwandlung von Kohle und Öl konzentriert hatte. Die Verwendung von Agrarüberschüssen wurde wiederholt angesprochen. Die Frage, wie sich mit der traditionellen Chemie konkurrieren ließ, wurde zu einem Dauerproblem. Doch über die Nahrungsmittelproduktion und Abwasserreinigung hinaus war die Biotechnologie industriell wenig verbreitet.

<h1 style="text-align:center">3
Die Technisierung der Natur</h1>

Die Biologie ist genauso wichtig, wie die Wissenschaft der unbelebten Natur. Langfristig betrachtet wird die Biotechnologie sogar noch wichtiger sein als mechanische und chemische Techniken.

(Julian Huxley, 1936)[1]

Der Begriff Biotechnologie erhielt in der Zeit zwischen den beiden Weltkriegen noch eine weitere Bedeutung, die sich anscheinend völlig von der im vorangegangenen Kapitel erläuterten „Chemurgie" unterschied. Nachdem zunächst beinahe mystische Konzepte zur Eingliederung der Biologie in die Technologie bemüht worden waren und so im Mittelpunkt einer ganz neuen Ära der menschlichen Zivilisation standen, konzentrierten sich die Forscher später auf die Anwendung der Biologie am Menschen selbst. Gesundheit würde nicht mehr nur eine Frage gelegentlicher medizinischer Eingriffe sein, sondern auch das Ergebnis einer vollständigen Harmonie zwischen Umwelt und Gesellschaft. Hier fanden eugenische Ansichten, aber auch Fragen der Ernährung und umweltfreundliche Fabrikationstechnologien, die auf erneuerbaren Rohstoffquellen basierten, ihren Platz. Ungeachtet der Unterschiede zur traditionellen Zymotechnik, verband beide in den 30er Jahren die Vorstellung von einer gesünderen Technologie. Den Idealisten mag das Bild einer neuen Technologie für ein neues Zeitalter überraschend vielversprechend erscheinen. Selbst wenn diese Interpretation der Biotechnologie einem abstrus zusammengestellten Güterzug gleichkommt, bei dem Milchtanker mit Kohlewaggons zusammengekuppelt sind. Bei der scheinbaren Vermischung bisher völlig verschiedener Bereiche glich die Biotechnologie anderen Gesichtspunkten der europäischen Kultur, die unter den katastrophalen Bedingungen nach dem Ersten Weltkrieg einem rigorosen Umbruch unterlagen, wie beispielsweise die Kunst, die Musik, die Physik und selbst die Philosophie. In späteren Kapiteln werde ich mich intensiver mit Instituten und Technologien beschäftigen. In diesem Kapitel liegt der Schwerpunkt auf der Formulierung zunehmend komplexerer und miteinander verknüpfter Ideen der Biotechnologie, wie sie in Büchern und Vorlesungen dargestellt werden. Wie es für so viele Ideen jener Zeit zutraf, würde ihre Bedeutung noch andauern, lange nachdem sich der Umfang des Wissens kaum merklich schon wieder geändert hat.

Diesen Konzepten lag eine kategorische Verwirrung zugrunde, die durch die Biotechnologie hervorgerufen und durch den Begriff „Roboter" – weder Mensch noch bloße Maschine – veranschaulicht wurde. Die Wortschöpfung „Roboter" ist dem tschechischen Bühnenschriftsteller Karel Capek zu verdanken, der den Begriff 1920 in seinem Schauspiel *R.U.R.* eingeführt hatte. Heute wird das Wort mit einer mechanischen Konstruktion gleichgesetzt, was aber nicht die Absicht des Autors war: Seine „Roboter" wurden aus „Katalysatoren, Enzymen, Hormonen und so weiter" hergestellt. Capek charakterisierte gegenüber der Londoner *Saturday Review* den Erfinder seines „Bühnenroboters": „Der junge Rossum ist ein moderner Wissenschaftler, der nicht mit metaphysischen Ideen vorbelastet ist. Wissenschaftliche Experimente sind für ihn der Weg hin zu industrieller Produktion. Er ist nicht an Beweisen interessiert, sondern an der Fabrikation."[2]

Das drückt die Ansicht aus, Maschinen seien „fremde Wesen", die mit der Menschheit nur wirtschaftlicher Profit verbinde. Im Gegensatz dazu würde ein Biotechnologie-Konzept das zeitgenössische Ideal der Fabrikation sowie Visionen von einer menschlichen Umwelt und den Glauben an eine privilegierte Stellung des Lebendigen miteinander verbinden. Dennoch scheint die Metapher von der Maschine überraschenderweise selbst für Naturphilosophen von Bedeutung zu sein. Für sie wurde sie zum Symbol eines Systems, das mehr als die Summe aller Einzelteile war und dessen ganz eigener Charakter nicht weiter reduziert werden konnte. So ergaben sowohl das streng mechanische als auch das neovitalistische Modell von lebenden Organismen beide ein Konzept für die Biotechnologie. Ersteres verglich das Leben mit einer chemischen Maschine. Beim zweiten Modell sind biologische Systeme mit speziellen sich selbst organisierenden und entwickelnden Eigenschaften ausgestattet, die nicht durch menschliche Technik nachgeahmt werden können. Obwohl das viel weiter von unseren Eindrücken einer modernen Biotechnologie entfernt zu liegen scheint als von der zymotechnologischen Tradition, wurden selbst solche fantastischen Vorstellungen zu wichtigen Mosaikstücken späterer Ideen.

Praktisch orientierte Menschen schätzten die Biologie vor allem wegen der überall vorhandenen Rohstoffe und der damit verbundenen Möglichkeit einer industriellen Verwertung. Anderen erschien die Technologie noch immer Furcht einzuflößen. Beängstigende Bilder von Fabriken und die Zerstörung der Landschaft waren nur die allzu sichtbaren Zeichen der Zerrüttung einer traditionellen Lebensart an der Schwelle zur Technologie. Seit einem Jahrhundert hatten technische Veränderungen die westliche Welt erschüttert und emotionale, literarische, politische und kulturelle Reaktionen hervorgerufen. Emil Zola beschrieb die neue Armut der Arbeiterklasse. Sozialistische und kommunistische Parteien entstanden in der gesamten industrialisierten Welt. Neue Kunstformen drückten den Versuch aus, die Technologie zu assimilieren. Der Amerikaner Dean Randall von der Columbia University machte bei einem Deutschlandbesuch einen ironisch wirkenden Kontrast aus. Auf der einen Seite wurde in München im Jahre 1906 das „Deutsche Museum" – ein selbstbewußter Name für ein Technik-Museum – mit feudalem Pomp eröffnet. Auf der anderen Seite verehrte man eine moderne Technologie.[3] Bei diesem Vorgang der Eingliederung der Technologie in die menschliche Geschichte, sogar in die menschliche Naturgeschichte, entstand die Biotechnologie.

Biotechnik: Biologie und Technik

Als Veranstalter des Zoologischen Weltkongresses im Jahre 1901 bot Berlin am Beginn des 20. Jahrhunderts eine geeignete Gründungsstätte für die Biotechnologie. Der deutsche Teilnehmer Gustav Tornier verwies darauf, daß sich zahlreiche Veröffentlichungen mit der Analogie zwischen biologischen und mechanischen Systemen beschäftigten. In seinem eigenen Beitrag schlug er vor, daß der von ihm formal definierte Bereich der Technologie auf lebende Organismen, beschrieben als *„Bionten"*, allgemein angewandt werden konnte. Der Vorgang ihrer Veränderung oder ihr Einsatz in der Technologie könnte dann als *„Biontotechnik„* bezeichnet werden.[4] Torniers Veröffentlichung fand

Anerkennung und seine neue Wortschöpfung wurde 1910 in Rouxs Lexikon aufgenommen.[5]

So neu Torniers Wortbildung war, so konservativ war seine Auffassung von der Biologie. Analogien zwischen Lebewesen und von Menschenhand geschaffener Technologie war schon seit Jahrzehnten durch Studien belegt worden, die zeigten, daß menschliche Knochen, Gelenke und Organe als verfeinerte Maschinen betrachtet werden konnten. Im Jahre 1877 verallgemeinerte Ernst Kapp diese Sichtweise und bezeichnete die Technologie als das Ergebnis von „Introjektion", wobei Werkzeuge als eine Verlängerung der Hand dienen.[6] Seine Arbeit hatte die eher spezialisierte physiologische Literatur in eine Philosophie der Technologie verwandelt. Ihre besondere Wirkung vom Anfang des Jahrhunderts würde sie damit allerdings kaum wiedererlangen.[7] Sie war Informationsquelle für all diejenigen, die versuchten, in eine Fülle verschiedener Konzepte und Ansätze einen Sinn zu bringen, beispielsweise Bemühungen der Gesellschaft, evolutionäre Gedanken mit mechanischen Modellen des Körpers zu verbinden.

Die mechanischen Analogien zwischen Skeletten und Maschinen wurden durch immer mehr wissenschaftliche Untersuchungen der Embryologie vertieft. Der experimentierfreudige Biologe Wilhelm Roux entdeckte, daß sich die Entwicklung eines Organismus verändern konnte, wenn man nur eine Zelle aus dem befruchteten Ei entfernt. Roux prägte den Begriff *„Entwicklungsmechanik"* um das mit einer Maschine vergleichbare Wachstum eines Embryos zu beschreiben. Er war ein einflußreicher Lehrer, der eine ganze Generation von Biologen inspirierte und letztlich für seine Ideen gewann. In einer autobiographischen Bemerkung ging er so weit, alle Anhänger seiner Thesen aufzulisten.[8] Der junge, in die Vereinigten Staaten emigrierte Jacques Loeb wurde durch ihn in seiner Hoffnung auf eine *„Technik der lebenden Wesen"* bestärkt.[9] Loeb selbst gelang im Jahre 1899 ein entscheidender wissenschaftlicher Durchbruch, als er bei einem unbefruchteten Seeigelei chemisch eine Teilung induzierte. Die Regenbogenpresse war sich sicher, daß diese Technik der Parthenogenese schon bald zu Retorten–Babys aus dem Labor führen würde. Loeb selbst war vorsichtig, doch erschien ihm, genau wie Roux, die Trennlinie zwischen Leben und Materie willkürlich gezogen. Sein technischer Ansatz in der Biologie sollte eine Generation von Wissenschaftlern in großem Umfang beeinflussen. Zu ihnen gehörten Hugo Muller und Gregory Pincus, die selbst bis in die 60er Jahre hinein einflußreich sein sollten.

Die Unterschiede zwischen französischen und deutschen Schulen für Physiologie kamen in einem hervorragenden Epigram des Medizinhistorikers Owsei Temkin zum Ausdruck: „Für die französischen Vital–Materialisten war der Mensch nur ein Tier. Für die mechanistisch denkenden deutschen Materialisten wurde er zu einer vergänglichen Zusammensetzung lebloser Masseteilchen."[10] Eine ähnliche Unterscheidung bestimmte Diskussionen über die Beziehung zwischen Kultur und Technologie.[11] Man konnte den Menschen auf eine Maschine „reduzieren", aber die Erschaffung von Maschinen konnte auch als charakteristischer Aspekt des „menschlichen Tieres" betrachtet werden. Unter den französischen Pionieren derartiger Studien befand sich Jean-Jacques Virey, der wissenschaftliche Ergebnisse in seinem Heimatland populär machte. Als Zeitgenosse Lamarcks gehörte er zu denjenigen, die den Begriff *„Biologie"* prägten. Er entwickelte eine These, die für die Anhänger der Evolutionstheorie sehr wichtig wurde. Der Mensch mußte danach die Technologie als Ausgleich für den Verlust seiner natürlichen Instinkte entwickeln. Der von Virey im Jahre 1828 benutzte Begriff, um diese neuen menschlichen Fähigkeiten zu beschreiben, lautete *„Biotechnie"*. Auch wenn nichts auf eine Verbindung zu späteren Wortschöpfungen hindeutet, scheint dieser Ausdruck der erste gewesen zu sein.[12] Vireys Wortprägung führte nicht einfach nur einen neuen Begriff ein, sondern auch Ausdruck einer Überzeugung, die sich wiederholen sollte. Virey war in jenen Tagen zugleich Herausgeber eines Journals, das sich mit dem Status der Biologie beschäftigte. Seine Wortschöpfung setzte die Werkzeugherstellung mit einem biologischen Phänomen gleich. Damit war der gesamte technologische Bereich nur noch ein untergeordneter Teil der Biologie.

Hatte man Virey schnell vergessen, so wurde seine Idee, daß die menschliche Intelligenz nur ein Ersatz für dessen verlorengegangene Instinkte war, von seinem berühmten Nachfolger Henri Bergson, einem französischen intellektuellen Superstar neu belebt. Bergsons Arbeiten wie beispielsweise seine 1907 erschienene *Evolution creatice* waren so einflußreich, daß sie die Europäische Philosophie beinahe das gesamte frühe

70

20. Jahrhundert bestimmte. Dabei war es egal, ob einzelne Ideen anderen Philosophen zugeschrieben werden konnten oder nicht. Bis 1912 waren über Bergson 417 Bücher und Artikel in französischer Sprache veröffentlicht worden und die *Evolution creatrice* selbst war bis 1914 in 16 Auflagen erschienen.[13]

Vor allem drei Themen, die auch in diesem Kapitel eine große Rolle spielen werden, wurden von Bergson entwickelt. Es waren: das Leben selbst, die Evolution des Bewußtseins und die Technologie. Am besten bekannt ist wohl die spezielle Charakteristik, die *élan vital*, die er in Lebewesen erkannt haben will. Weniger populär sind seine philosophischen Ansichten zur Rolle der Arbeit. Wie viele seiner Zeitgenossen hatte er dazu eigene Theorien entwickelt. Der Mensch konnte sich selbst ständig durch seine eigene Arbeit „neu erschaffen", so argumentierte Bergson, und deshalb war die Verwendung von Werkzeugen ein Teil der geistigen Ausdrucksform der Menschheit.[14] Bergson schlug vor, das Leben sei etwas Besonderes, weil die beinahe unbegrenzten Möglichkeiten biologischer Systeme der unbelebten Materie verschlossen blieben. Technische Produkte und Verfahren waren durch das Niveau industrieller Fertigkeiten in ihrer Gestaltung stark eingeschränkt.

Technologie betrachtete Bergson als ein Symbol für die Fähigkeit des Menschen, neue Welten zu erschaffen. Er setzte den Menschen mit *Homo faber* – der Mensch als Macher – gleich. Den Ideen der Archäologen des frühen 19. Jahrhunderts folgend, die frühere Zeitalter nach der Art der verwendeten Werkzeuge einordneten, klassifizierte er jüngere geschichtliche Zeiträume entsprechend ihren charakteristischen Technologien. Für Bergson definiert also die Technologie einen historischen Zeitraum, nicht aber die gesellschaftlichen Wechselwirkungen der industriellen Produktion, wie Marx es vorgeschlagen hatte. Unser gegenwärtiger Stand der Technik beschreibt dabei den Zustand unseres Bewußtseins:

Aus der Ferne betrachtet werden in Tausenden von Jahren, wenn nur noch die Umrisse der Gegenwart sichtbar sind, unsere Kriege und Revolutionen bedeutungslos sein, wenn man sich überhaupt noch an sie erinnern wird. Aber über die Dampfmaschine und die Reihenfolge der sie begleitenden Erfindungen, wird möglicherweise genauso gesprochen werden, wie wir heute über die bearbeiteten Steine aus prähistorischer Zeit reden: Sie werden dazu dienen, ein Zeitalter zu definieren.[15]

Läßt sich der Begriff „Industrielle Revolution" auch auf Toynbees Verwendung im Jahre 1881 zurückführen, so verdanken wir wahrscheinlich Bergsons Idee des sich selbst neu erschaffenden *Homo faber* den Gedanken der dritten Industriellen Revolution. Sie wird in vielen Berichten mit dem Informationszeitalter, dem Atomzeitalter und natürlich der Biotechnologie verknüpft.

Die Vorstellung, Zeiträume durch ihre dominierende Technologie zu kennzeichnen, führte schon zu Beginn des 20. Jahrhunderts zur Vision, unser heutiges Zeitalter werde durch die Biotechnologie charakterisiert. Diese Beurteilung zu einer Zeit, in der die Molekularbiologie noch eine ferne Zukunftsperspektive war, ergab sich aus der Verbindung von Bergsons historischem Modell und zwei weiteren Aspekten der biologischen Debatte: Da war zum einen das Problem der Evolution und zum anderen die Diskussionen darüber, ob Naturprodukte die gleiche Qualität hätten wie die vom Menschen hergestellten.

Lamarckisten

Nach Darwins Meinung erfolgte die Evolution durch natürliche Selektion. Unterschiedliche Arten entwickelten sich zufällig und mußten sich dann passiv dem fügen, was ihr Schicksal auch immer für sie bereithielt. Sein französischer Vorgänger Lamarck hatte vorgeschlagen, daß sich Tiere im Verlauf ihres Lebens als Antwort auf Umgebungsbedingungen weiterentwickeln. In Deutschland besannen sich einflußreiche Biologen wieder neu auf die Lehren Lamarcks und schlugen vor, daß es eine Steigerungsmöglichkeit gäbe. Biologische Systeme könnten als Maschinen angesehen werden, die die besondere Fähigkeit haben, sich selbst zu verbessern. Dadurch wären sie besonders wertvoll und nachahmenswert. Die am Beginn des 20. Jahrhunderts beliebte Theorie von der „Orthogenese" besagte, daß die Evolution nicht zufällig, sondern streng gerichtet erfolgte.[16] Aus Sicht des Menschen bedeutete dies, daß technische Verfahren und seine eigene Evolution Hand in Hand ablaufen könnten.

Für die Anhänger des Organismus-Gedankens konnte der Körper nicht vereinfacht nur als eine Summe seiner Bestandteile betrachtet werden, da ein zusätzliches Prinzip berücksichtigt werden mußte. Unter den Anhängern dieser Theorie verfügte der ebenso leidenschaftliche wie

72

langhaarige Mystiker August Pauly über die größte persönliche Ausstrahlung. Bekannt war er als Autor des Buches *Lamarckismus und Darwinismus.* Er beeinflußte eine Generation von Embryologen und unter seinen Bewunderern befand sich sogar Sigmund Freud.[17] Nach Paulys Meinung konnte die Evolution nur durch ein zusätzliches psychisches Prinzip erklärt werden, das für jede einzelne Zelle charakteristisch ist. Sein Freund und Herausgeber des Journals für Psychobiologie, der in Ungarn geborene Raoul Francé, stimmte darin überein, daß Organismen zwar prinzipiell rein mechanistisch betrachtet werden können. Allerdings nur, wenn dieses zusätzliche psychische Prinzip berücksichtigt wird. 1910 wurden die Ideen dieser Gruppe durch eines ihrer Mitglieder, den Innsbrucker Dozenten Adolf Wagner, in einen größeren historischen Zusammenhang gebracht.[18] Wagner unterschied zwischen dem alten Vitalismus, bei dem es seiner Meinung nach keine Brücke zwischen Belebtem und Unbelebtem gab, und dem neuen Vitalismus, bei dem nur noch ein zusätzlicher Schritt notwendig war, um aus unbelebter Materie Leben zu erschaffen.

Große Beachtung schenkte Wagner einer kleinen Gruppe fortschrittlicher Denker, die nah mit der von Wilhelm Ostwald angeregten neuen *Naturphilosophie* verbunden waren. Obwohl Ostwald heute allgemein als Begründer der Physikalischen Chemie bekannt ist, betrachtete er seinen Beitrag als mehr als eine neu wissenschaftliche Fachrichtung. Er verkündete eine neue Philosophie, bei der die Energie grundlegende und vereinheitlichende Komponente des Universums war, und entwickelte dieses Philosophie in seinem Journal *Annalen der Naturphilosophie.* Ein führendes Mitglied des Ostwald–Zirkels war Rudolf Goldscheid, österreichischer Autor von soziologisch orientierten Romanen. Unabhängig voneinander prägten er und Francé während der 20er Jahre den Begriff „*Biotechnik*". Eisler, Autor eines maßgeblichen, mehrbändigen Lexikons über Philosophie, sprach die erste Verwendung dieses Begriffs der aus dem Jahre 1911 stammenden Terminologie seines Freundes Goldscheid zu.[19] Francés Wortprägung folgte im Jahre 1918. Obwohl seine Bedeutung leicht unterschiedlich war, bezeugt Wagners Buch das sich dahinter verbergende übereinstimmende Gedankengut. Interessanterweise zeigen diese Wortschöpfungen, wie der Begriff aus philosophischen Richtungen entstand, die in vielen Ländern in der Zeit zwischen den beiden Weltkriegen verbreitet waren. Im folgenden untersuchen wir, weshalb sowohl Francé als auch Goldscheid als Vorboten getrennter, aber dennoch inhaltlich miteinander verbundener Entwicklungen in England während der 20er und 30er Jahre betrachtet werden können.

Goldscheid

Einer der ersten Biotechnik-Philosophen war Rudolph Goldscheid, ein anerkannter Romanschriftsteller und Sozialkritiker. Mit dem festen Vorsatz zur Verbesserung der Menschheit wurde er Soziologe, als diese Fachrichtung gerade entstand.[20] Er gehörte zu den Vätern der Wiener Soziologischen Gesellschaft, obwohl dies auf Kosten der Entfremdung von Max Weber geschah, für den Objektivität das Wichtigste war. Zwischen wirtschaftlichem Denken einerseits und Idealismus andererseits hin- und hergerissen, glaubte er als Sozialist, daß man für die Menschen das Beste täte, wenn sowohl ihrem Glück als auch ihrem wirtschaftlichen Vorteil gedient würde. Als Mitglied des bemerkenswerten und zugleich recht kleinen Wiener Kulturkreises, dem Größen wie Mahler, Freud und Wittgenstein angehörten, zählten für ihn Fachgrenzen kaum, philosophisches Wissen dagegen viel. Seine zum Ende des Ersten Weltkrieges veröffentlichten Studien über den Staatshaushalt wurden Jahre später als Kernanspruch auf soziologische Grundlagen der Wirtschaft nachgedruckt. Sie waren ein Ansporn für Joseph Schumpeter, einen Wiener Zeitgenossen und angesehen Ökonom, der mit seinem Werk „Die Krise des Steuerstaates" auf Goldscheids These direkt einging.[21] Unter den vielen Beiträgen, die an Schumpeter erinnern, ist auch die Theorie über langfristige technologische Entwicklungstendenzen und ihre Beziehung zur Gesellschaft.[22] Diese Ideen sind von Historiker dem sichtbaren Trend zur Industrialisierung des bisher landwirtschaftlich geprägten Kaiserreiches jener Zeit zugeschrieben worden. Das könnte in gleicher Weise auch auf Goldscheid zutreffen.[23]

Im Jahre 1911 veröffentlichte Goldscheid sein großes Werk *Höherentwicklung und Menschenökonomie,* in dem seine Argumentation bei den Prinzipien Lamarcks beginnt und bis zu einer Verbesserung der gegenwärtigen Generation im Sinne einer besseren Zukunft reicht. Das Werk wurde so bekannt, daß im Londoner *Eugenic Review* eine vierseitige Buchbesprechung erschien, eine der umfangreichsten, die das Journal je publiziert hat, selbst wenn es nach Einschätzung des anerkannten Rezensenten „endlos lang und weitschweifig" war.[24] Als selbstbewußtes Beispiel der Metaphysik zitierte es nur wenige Quellen und noch weniger Ergebnisse. Am Ende war es sehr bekannt, wurde aber nur selten zitiert.

Die Darwinistische Vorstellung vom Überleben des am besten Angepaßten wurde als verschwenderisch und als ein Angriff auf die Würde des Menschen angeprangert. Weismanns damals neue genetische Interpretation der Darwinschen Evolutionstheorie, wonach der Mensch von seinen Eltern ein unveränderbares Keimzellplasma erbt, wurde besonders verspottet. Im Gegensatz zur anscheinend „liberalen" und „individuellen" Philosophie glaubte Goldscheid inbrünstig daran, daß verbesserte Lebensbedingungen auch zu einer Verbesserung des Erbgutes führen würden. Selbst der einfache Bürger sollte bessere wirtschaftliche Potentiale haben. Wie viele andere Sozialisten dieser Zeit war auch er überzeugt, daß die Eugenik der Verbesserung des durchschnittlichen Lebensstandards dienen könnte. Dies kam in seinem Buch „*Höherentwicklung*" zum Ausdruck. Goldscheid hatte eine Vorliebe für derart neue Ausdrücke. Meist wird mit seinem Namen der Begiff „*Menschenökonomie*" verbunden, aber er war auch Wegbereiter für die Wörter „*Biotechnik*" und „*Soziobiologie*". Letzteres verwendete er als Überschrift zu einem Abschnitt über die Österreichische Soziologische Gesellschaft. Er zeigte unbändige Begeisterung bei der Diskussion über Möglichkeiten und Inhalt des Begriffes „*Biotechnik*", einem Konzept, das in seiner Verschwommenheit bedauerlicherweise gut zu seiner scheinbaren Bedeutung paßte. Der Bezug zur *Biotechnik* durchzieht die gesamte *Höherentwicklung und Menschenökonomie*. In seiner Einleitung verkündet Goldscheid, daß dies seiner Meinung nach die wichtigste Technologie des 20. Jahrhunderts sein werde.

Während die *Biotechnik* Goldscheids ursprüngliche Idee war, reichten die Wurzeln seines Konzepts von der *Soziobiologie* tiefer.[25] Vorstellungen von einer Sozialmedizin kann man bis ins 18. Jahrhundert zurückverfolgen. Besonders streng waren in Österreich-Ungarn die Quarantänevorkehrungen, da es eine gemeinsame Grenze mit dem türkischen Reich hatte. Dort trat die Pest endemisch auf. Ein Interesse an medizinischen Versorgungssystemen wurde von radikalen Kräften im Jahre 1848 angeheizt. Dennoch verdankt das 20. Jahrhundert einer Reihe herausragender Ärzte die Anregung zu einer sich gegenseitig beeinflussenden Kombination aus Genetik- und Sozialkontrolle, wie sie zum Ende des Jahrhunderts Wirklichkeit wurde.[26] Der Berliner Mediziner Alfred Grotjahn hatte daran besonders großen Anteil. In seinen Arbeiten nach dem Jahr 1905 identifizierte Grotjahn eine Reihe sozialer Faktoren wie beispielsweise den Alkoholismus, die zu Krankheiten beitrugen und deren Untersuchung die bakteriologischen Bedenken der Hygieniker noch ergänzten. Er argumentierte umsichtig, daß er sich nicht nur mit der damals befürchteten Entwicklung zur Unterbevölkerung beschäftigte, sondern auch mit allen gesellschaftlichen und hygienischen Aspekten. In der im Jahre 1911 erschienenen ersten Auflage seines Buches *Soziale Pathologie* bescheibt er peinlich genau die Bedeutung des Begriffs „Sozial", der vom lateinischen *Socius* abstammt und den gesamten Bereich sozialer Phänomene miteinbezieht, die sowohl zum Staat als auch zur Gesellschaft in Beziehung stehen.[27] Grotjahn war vom Werk Goldscheids und dem erstmals im Jahre 1908 in seiner Arbeit *Entwicklungstheorie, Entwicklungsökonomie, Menschenökonomie* untersuchten Idee einer *Menschenökonomie* beeindruckt.[28] Demgemäß unterschied die Vorsilbe „Sozial-" Goldscheid von seinem Gegenspieler Schallmeyer, der sich für eine rassistische „*Gesellschafts-Biologie*" stark machte.

Goldscheid betrachtete, die *Biotechnik* als Ergänzung des Konzeptes der *Sozialbiologie*. In ihr hoffte man, eine Lösung für Probleme der menschlichen Reproduktion wie Übertragung, Anpassung und Selektion von Merkmalen zu finden. Weiter war es nötig, Schwankungen bei der Reproduzierbarkeit bestimmter Eigenschaften und Faktoren zu erkennen, die zu Phasen verminderter Fruchtbarkeit führen. Die Anwendung dieses Wissens würde es der Menschheit ermöglichen, sich von einem fehlgeleiteten „Verfahren der Massenproduktion" mit all seinen negativen Begleiterscheinungen wie Alkoholismus, Prostitution und schlechten Lebensbedingungen für breite Bevölkerungsschichten, hin zur „Qualitätsproduktion" zu wenden. Goldscheid verwendete gern die Analogie zwischen der Produktionsstätte „Gesellschaft" für die Erzeugung von Menschen und einer industriellen Fabrikation von Qualitätswaren, bei welcher wissenschaftliche Erkenntnisse immer öfter Einzug in den Produktionsprozeß hielten. Der Vergleich menschlichen Lebens mit *Technik* und maschinellen Fähigkeiten sollte nicht als Blasphemie aufgefaßt werden. Vielmehr drückt sich darin Goldscheids Achtung vor einer organischen Gesamtheit und Funktionalität von Maschinen aus. Eine Gesamtheit, die weit über die Funktion einzelner maschineller Komponenten hinausgeht. Goldscheid schlug vor, die Biotechnik basiere auf der Achtung des lebenden Organismus, dem Menschen, und dem Wunsch, eine komplementäre Technologie zu entwickeln, die organisch, seelisch und ethisch vertretbar war.[29]

Die Einzelheiten der *Biotechnik* wurden von Goldscheid nie klar herausgearbeitet, obwohl ihn die vielfältigen Entwicklungen in der Embryologie, Entwicklungsbiologie und Bakteriologie um ihn herum sehr beeindruckten. Er scheint besonders von den Arbeiten Paul Kammerers beeinflußt worden zu sein. Paul Kammerer war ein junger Kollege und lamarckistischer Zoologe mit großer Ausstrahlung im Kreise um Ostwald. Die Biographie Kammerers von Arthur Koestler, einem anderen Wiener Autor, erinnert am besten an ihn. Kammerer geriet allerdings später durch seine offensichtlich falsche Behauptung, er könne vererbbare Merkmale der Geburtshelferkröte verändern, in Verruf und verübte Selbstmord. Bevor sein Betrug bekannt wurde, galt er jedoch als ein bekannter Denker.[30] Kammerer und Goldscheid standen sich besonders nahe – Kammerer wurde Sekretär für den Bereich Sozialbiologie in der von Goldscheid gegründeten Wiener Soziologischen Gesellschaft. Er verteidigte die Ideen seines Freundes gegenüber dem rechtsgerichteten Eugeniker Schallmeyer im einflußreichsten eugenischen Journal jener Zeit und griff auf sie in seinem 1918 erschienenen Buch *Einzeltod, Völkertod, Biologische Unsterblichkeit* zurück.[31] Während der frühen 20er Jahre veröffentlichte er zwei Merkblätter, in denen er auf die große historische Bedeutung von „*organischer*" oder „*biologischer*" *Technik* als der Schlüsselwissenschaft des 20. Jahrhunderts verwies. Er erinnerte die Leser daran, daß die sozialen Verflechtungen innerhalb der Gesellschaft bereits von Goldscheid untersucht worden waren. Schon 1910 hatte er Lamarcks Biologie so interpretiert, als sei sie der Schlüssel zur Verbesserung der menschlichen Art.[32] Deshalb wählte Goldscheid für die Darstellung der Ideale Grotjahns von der Sozialhygiene auf den 600 Seiten seiner *Höherentwicklung und Menschenökonomie* ein besonders technisches Bild. Ausgangspunkt könnte dabei ebenso die eher praktisch orientierte Lamarckistische *Technik* seines Freundes Kammerer gewesen sein, wie auch das Bewußtsein der Heterogenität dieser Theorie, die sich auch bei Bergsons Vorstellung von Leben als etwas der Materie und evolutionären Vorstellungen weit Überlegenem wiederfand. Ebenso in Ostwalds Arbeit über einen bevorstehenden Umbruch des „mechanischen Denkens".

Wenn Goldscheid selbst wahrscheinlich den Begriff Biotechnologie nicht entscheidend mitgeprägt hat, so waren seine Interessen doch weitausgedehnt. In den Jahren zwischen den Weltkriegen verbreitete sich zunehmend Besorgnis über die sogenannte „Volksgesundheit" großer Bevölkerungsgruppen in Bezug auf „die Bevölkerungszahl, ihre Qualität" und ihr Wohlbefinden. Diskussionen über Eugenik, Feminismus und Geburtenkontrolle sowie die Begleiterscheinungen der Ernährungs- und Lebensmittelpolitik, die Rolle der Vitamine eingeschlossen, machten Sozialhygiene zu einem entscheidenden Thema in den Jahren zwischen dem Ersten und Zweiten Weltkrieg. Das perverse Gedankengut in Nazi-Deutschland ist wohl die bis heute unangenehmste Erinnerung an diese Zeit. Aber Goldscheids *Menschenökonomie* beeindruckte auch Julius Moses, der sich als Sprecher während der Wahlkampagne der Sozialistischen Partei in der Weimarer Republik für das Gesundheitswesen einsetzte. Die von ihm geäußerten Gedanken waren in unterschiedlichen Formen in ganz Europa verbreitet.[33] In Frankreich wurde der Spruch „Qualität mit Quantität" immer beliebter. Man sprach offen über die Bedeutung der „Zootechnik" am Menschen.[34] Der rechtsgerichtete Sicard de Planzoles hielt 1934 bei einem Treffen an der Sorbonne in Gegenwart des Gesundheitsministers eine Ansprache und behauptete, die Einführung der „Zootechnik" beim Menschen sei die Endstufe der Hygiene. In Erinnerung Goldscheids sagte er „Lassen wir uns den Menschen als industrielles Material betrachten, oder genauer gesagt, als eine tierische Maschine. Der Hygieniker ist dann der Ingenieur der menschlichen Maschine".[35] In der Sowjetunion folgte der Revolution eine nicht lange anhaltende Begeisterung für derlei Überlegungen zur Volksgesundheit. Kammerer selbst war ebenfalls kurze Zeit populär. In dem Film *Salamandr* wurde sogar seine Lebensgeschichte dargestellt, und Ivanov's *Zooteckhnika* inspirierte Serebovskii zu seinem Werk *Antropotkhnika*.[36] Es ist daher nicht nötig zu behaupten, daß Goldscheids besondere Betrachtung allein für spätere Interpretationen verantwortlich war. Eher stellte er die Vielfalt der Ideen zu einer neuen Technologie zusammen, die aus konventionellen Hygienekonzepten hervorgingen.

Francé

Im Grunde war Goldscheid durch die im Vergleich zum konventionellen Arbeitsgebiet der Ingenieure höherwertige biologische Technik angeregt worden. Dies war die Grundlage für Goldscheids Vorstellung von der Biotechnik als einem Mittel zur Naturveränderung und dem von seinem Zeitgenossen Raoul Francé entwickelten Modell, in dem die Biotechnik den Versuch des Menschen beschrieb, die Natur nachzuahmen. Überzeugt vom wesentlichen Wert der Naturphänomene, maß auch Francé der Biotechnik eine übernatürliche Bedeutung bei. Als gelernter Botaniker fühlte er sich durch die eingeengte Wissenschaft, durch Materialismus und Karrierestreben frustriert.[37] Zunehmend betrachtete er sich selbst als einen durch Pythagoras, Kant, Nietzsche und Schopenhauer inspirierten Philosophen. Aus seinem Konzept der Einheit des Lebens heraus argumentierte er, daß die Tatkraft von Lebewesen durch mehr als nur bloße chemische oder physikalische Gesetze kontrolliert wird.

Francés Ideen wurden in ein intellektuelles Umfeld eingebettet, das in einigen Essays seiner Witwe mit Hingabe beschrieben wurde.[38] Das Ehepaar war mit den Anhängern von Madame Blavatsky und mit Hans Meyrink, dem Prager Intellektuellen und Autor der 1915 umgeschriebenen mittelalterlichen jüdischen Geschichte über einen aus Erde gemachten Menschen („Der Golem") und später auch mit Oswald Spengler befreundet. Francé entwickelte seine Psychobiologie vor dem Ersten Weltkrieg. Doch das Bild blieb zunächst verschwommen, denn er erklärte seine Theorie nicht genauer. Dies holte er am Ende des Krieges in einer Reihe von Arbeiten nach, die das Wort „*Biotechnik*„ jedoch nicht präzise definierten. Sein Freund und Anhänger Adolph Wagner hob in einer Festschrift aus dem Jahre 1925 hervor: „Es ist nur ein Begriff, ein Wort; aber ein solches, in welchem sich eine ganze Erkenntniswelt vereinigt."[39] Er wies darauf hin, daß der Begriff „*Technik*" im Gegensatz zur Bezeichnung Mechanik die Idee von der zielgerichteten Gestaltung umfaßt. Daher verwendete es Francé für seine Vorstellung von Panpsychismus (Theorie von der Allbeseeltheit der belebten wie unbelebten Natur).

Raoul Francé. Dieser Stich von Rudolf Engel Hardt erscheint auf der Titelseite von Francés Autobiographie aus dem Jahre 1924 mit dem Titel *Der Weg zu Mir*. (Mit freundlicher Genehmigung des Alfred Kröner Verlags.)

Als sich die alte Welt in der zweiten Hälfte des Jahres 1918 im Umbruch befand, veröffentlichte Francé einen Artikel in den *Mitteilungen der K.K. Technischen Versuchsanstalt*.[40] Er begann mit dem Vorschlag, daß die Biologie mit ihrem Verständnis der Naturphänomene Vorbild für die Technologie mit ihren eigenen großen Wissensbereichen sein könnte. Seine unbeweisbare Behauptung bestand darin, das Leben als eine Serie technischer Probleme zu betrachten, für die lebende Organismen eine optimale Lösung gefunden haben. In vielen Einzelbeispielen beschrieb er diese Wechselbeziehung. Das von ihm in einer Abhandlung 1918 genannte Beispiel eines Schlosses interpretierte er nicht im weltlich–gegenständlichen, sondern in einem eher spirituellen Sinne. Aufgetaucht war es zuerst in der technischen Arbeit

80

Die Technischen Leistungen der Pflanzen, dann in Francés extrem philosophischer Abhandlung *Bios: Die Gesetze der Welt* und schließlich in einer Reihe bekannter Arbeiten, von denen eine, *Pflanzen als Erfinder* (1920), sogar ins Englische übersetzt wurde:

> Meine Hypothese war, daß wir die Welt nicht nur durch ein Zurückdrängen schädlicher Einflüsse, sondern auch durch einen harmonischen Ausgleich erobern können. Nur Ausgleich und Harmonie führen zu einer optimalen Lösung, weil sie die Räder der Welt anhalten.
>
> Um sein Ziel, das Leben, zu erreichen sowie um Hindernisse zu überwinden, muß der Organismus – Pflanze, Tier, Mensch oder Einzeller – seinen Aufenthaltsort wechseln und sich verändern. Er schwimmt, fliegt, verteidigt sich selbst und erfindet tausend neue Formen und Apparate.
>
> Wenn Sie meinen Gedanken folgen, werden Sie sehen, worauf ich hinaus will, was die tiefgreifendsten Bedeutungen der biotechnischen Merkmale sind. Diese Überlegung zeigt eine Befreiung von vielen Hindernissen, ein Loslösen und eine Bemühung um die Lösung vieler Probleme in Harmonie mit den Kräften der Welt.[41]

Francé hat seinen Begriff „Biotechnik„ als eine Kombination zweier Konzepte einer neuartigen Technologie eingeführt, die mehr als zuvor mit dem natürlichen Modell harmonierten. Selbst porträtierte er sich als Prophet und Führer in dieser neuen Welt. Sein wegweisendes Werk *Bios* beschreibt Geschichte und Aussichten des *Biotechnik*-Konzeptes sehr ausführlich in zwei Bänden. Als Francé im Jahre 1917 erstmals dieser Gedanke kam (selbst wenn seine Idee damals noch sehr unvollständig erschien), erklärte er augenblicklich, er zweifele nicht daran, mit ihm eine neue Ära der kulturellen Entwicklung zu eröffnen.[42]

Vielleicht war Francé eine Spur zu sehr von sich überzeugt, dennoch hatten seine Ideen in Deutschland Erfolg. Francés bekannte Werke erfreuten sich enormer Auflagen: Seine Witwe schätzte den Druckumfang der zwölf „*Kosmos*" Bände auf drei Millionen Exemplare, mit einer Gesamtzahl von 15 Millionen Lesern (in einer Zeit ohne Medienkonkurrenz durch das Fernsehen wurde jeder Band von fünf Personen gelesen).[43] Sicherlich sind sie auch heute noch in vielen Antiquariaten zu finden. Die Bibliothek des berühmten Architekten Mies van der Rohe zählte allein vierzig dieser Bände. Francés Gedanken boten den Trost, daß der Geist der Bauhausepoche zumindest den Beginn des Hitler-Reiches überlebte.[44] Noch kürzlich sind Francés Ideen als die „vielleicht wichtigsten Anregungen für die meisten europäischen Avantgarde-Künstler und Architekten beschrieben worden, die von der Analogie zwischen natürlichen und technischen Formen gefesselt wurden".[45] *Bios* wurde selbst von denjenigen, die den Nazis näherstanden, gefeiert. So erschien 1939 eine Arbeit Alfred Giesslers, Leiter der *Biotechnik* Gruppe in Halle, in der er mit einiger Anerkennung die Argumente Francés wiederholte und als „deutsche" Wissenschaft auslegte.[46]

Stilistisch können Francés und Goldscheids Philosophien als weit entfernt von den anwendungsbezogenen, wenn nicht gar technokratischen Konzepten Orla-Jensens und Erekys angesehen werden. Dennoch hatten sie viel gemeinsam. Beide waren Ausdrucksformen einer neuen Ideen-Konstellation der Biologie, die bisherige Techniken überschritten. Die neue Wissenschaft schien die Grundlage für Technologien zu sein, die noch in den Kinderschuhen steckten und besser durch ihre künftigen Möglichkeiten sowie ihre gesamtgesellschaftliche Bedeutung beschrieben werden konnten als durch ihre einzelnen Errungenschaften. Außerdem paßten sie in das Bild einer neuen industriellen Revolution bzw. eines neuen industriellen Zeitalters. Der Erste Weltkrieg und die Russische Revolution ließen das 19. Jahrhundert ausklingen und verliehen dem neuen Jahrhundert zugleich einen neuen technologischen Charakter. Jeder hatte sein eigenes Publikum. Dabei unterschied sich das Niveau wissenschaftlicher Informationen beispielsweise beträchtlich vom Standard wissenschaftlicher Veröffentlichungen. Statt dessen waren ihre Konzepte mehr oder weniger auf ein Laienpublikum ausgerichtet. Orla-Jensen sprach vor Studenten, Siebel und Mason zu Kunden. Die anderen – Ereky, Francé und Goldscheid – verkündeten einem technisch nicht vorgebildeten Publikum selbstbewußt ihre subjektive Einschätzung des gesellschaftlichen Wandels. Sie beschränkten sich dabei keineswegs auf eine „allgemeinverständliche Darstellung", sondern verwässerten Theorien anderer Wissenschaftler, die mittlerweile zum gesicherten Standard gehörten, weil ihre eigenen Ideen innerhalb der Wissenschaft noch nicht ernstgenommen wurden. Berufliche und kommerzielle Selbstdarstellung standen auch hinter der Auswahl des Publikums. Da ihre Arbeiten weder zur Chemie noch zur Physiologie gehörten, glaubten sie fest daran, eine wichtige und bedeutende Arbeit zu erledigen. Für Außenstehende dagegen streiften sie nur unbedeutende Randbereiche, die für die traditionell hocheingeschätzten Wissenschaftsbereiche keinerlei Bedeutung hatten. Die Biologie war in jenen Tagen ein neuer und wenig bekannter Fachbereich. Männer wie der Herausgeber Lindner, wie Goldscheid, Francé

82

und Mason oder Professor Orla–Jensen und der Berater Emil Siebel nutzten diese neuen Aussichten und Offenbarungen mit wissenschaftlichem Hintergrund, um sich selbst und ihren Arbeiten größeres Gewicht zu verleihen. Eine Entwicklung, die sich wie ein roter Faden durch die Geschichte der Biotechnologie zieht.

Großbritannien

Francés Begriff „*Biotechnik*" wurde in Deutschland zu einem Kristallisationspunkt neuer Ideen. Durch die Übersetzung ins Englische vermischte sich seine Bedeutung mit anderen ähnlichen Konzepten und erlangte gleichzeitig weltweite Geltung. Das langsam zu Ende gehende und nur wenig industrialisierte Kaiserreich, diente als Kulisse für den österreichisch-ungarischen kulturellen Hintergrund Francés und Goldscheids. Das Gegenstück dazu fand sich auf der anderen Seite Europas im ängstlich operierenden Zentrum des britischen Königreiches. Auch dort suchte man nach neuen Quellen der Lebenskraft. Schon vor dem Ersten Weltkrieg durchdrangen Philosophien, die das Natürliche und Lebendige verherrlichten, aber die Alten und Toten verdammten, die britische Gesellschaft. Dies zeigte sich sowohl im romantischen und mit dem beziehungsreichen Namen Hampstead Garden Suburb versehenen Londoner Vorort, der 1906 gegründet wurde, sondern auch in D.H. Lawrences Abscheu vor seiner Heimatstadt Nottingham, nachzulesen in seiner berühmten Novelle *Lady Chatterley's Lover*. Wie Armstrongs 1912 erschienener Artikel gezeigt hat, wurden Spuren dieses Zeitgeistes selbst in *The Times Engineering Supplement* gefunden.

Natürlich hatte auch Großbritannien als das einzige traditionsreiche Industrieland, das zugleich ein Weltreich war, seine eigenen charakteristischen Probleme. Es litt auffällig unter den Industrieabgasen, die das „grüne und freundliche" Land zerstörten. Städteplaner wie auch Schriftsteller forderten ein neues Umweltbewußtsein. Als Antwort auf das Elend in den Industriestädten stellten moderne Analytiker eine anti-industrielle Stimmung fest. Unmittelbarer noch rebellierten die Lungen, das Bewußtsein und die Augen gegen das „schwarze Land". Das agrarwirtschaftlich genutzte Hinterland des gesamten Königreiches bot immer noch eine „grüne Alternative". Die Reaktion auf synthetisch hergestellten Kautschuk machte klar, daß man in England wie auch Österreich die

Natur und das Leben als Antwort auf die „chemische Herausforderung"
Deutschlands betrachtete.

In der Praxis wurden die wirtschaftliche Entwicklung der Landwirtschaft und der Wiederaufbau der zerstörten Umwelt Englands oft miteinander verbunden. Das neue Berufsbild des Biologen gewann zunehmend an Ansehen, was die Umweltprobleme wiederum stärker ins Bewußtsein rief. Biologie war im späten 19. Jahrhundert zu einem Universitätsfach geworden, und es gab zunehmend mehr Möglichkeiten für
eine weiterführende Ausbildung. Die Biologie wurde von der Medizin
beherrscht, obwohl sich sogar in der Mikrobiologie nichtmedizinische
Fachgruppen entwickelten. Die Society of Agricultural Bacteriologists
wurde 1929 gegründet und 1944 in Society for Applied Bacteriology
umbenannt.[47] Die 1925 gegründete Society for Experimental Biology
schuf den Nährboden für moderne Laborforschung. Eine vorbildliche
Abteilung für Allgemeine Biochemie in Cambridge, das Dunn Institut,
wurde unter Gowland Hopkins weltbekannt. Dort wurde der Grund-
stein für viele Generationen von herausragenden Wissenschaftlern gelegt.
Dies galt zunächst für die Mikrobiologie, später auch für die Molekularbiologie. Bis 1925 erhöhte sich die Zahl der Wissenschaftler auf
mehr als 50. Sie einte ein gemeinsames Interesse an biologischen Formen
und Funktionen.[48]

Akademische Stellen blieben rar, und auch in der Industrie gab es
nahezu keine Jobs. Die 1907 gegründete Society of Economic Biology,
die in den 20er Jahren weniger als 300 Mitglieder zählte, wies damit nur
ein Zehntel der Größe der chemischen Gesellschaft auf.[49] Während
Chemiker zur anerkannten Gesellschaft gehörten und durch Erfolge in
Kriegszeiten sowie durch anwendungsorientierte Arbeit einen gewissen
sozialen Status erlangt hatten, war die Biologie zu neu, um als Beruf
anerkannt zu werden. Publikationen und der Appell an das öffentliche
Interesse brachten jedoch ein wenig Extra-Einkommen, und verhalfen
dem jungen Beruf zu erstem Ansehen. Zugleich wurde dadurch das Ansehen dieses heranreifenden Berufsbildes gestärkt. Ein Premierminister
des Königreiches, General Smuts aus Südafrika, lieferte mit seinem Eintreten für das Konzept des „Holismus" einen für einen modernen
Staatsmann einzigartigen wissenschaftlichen Beitrag. Außerdem stand
das Erklärungsmodell der Evolution in der Öffentlichkeit hoch im Kurs.

Immerhin konnte das Land auf Darwin verweisen, auf seinen Zeitgenossen Thomas Huxley und den Sozialdarwinisten Herbert Spencer, der die enge Verbindung von Soziologie und Biologie herbeiführte. Die Evolution des Menschen hatte seit Francis Galton besonderes Interesse erlangt, und eine Reihe bemerkenswerter Genetiker – Pearson, Weldon, und Fischer – errichteten am University College London ein Forschungszentrum, um dieser Theorie nachzugehen. Solche Sprößlinge aristokratischer Wissenschaftler wie beispielsweise die Familien der Huxleys und der Haldanes verloren trotz ihrer Beschäftigung mit biologischen Themen nicht an Ansehen. Zur jungen Generation der 20er Jahre gehörten Julian Huxley, Enkel von Thomas Huxley, und J.B.S. Haldane, Sohn des berühmten Biologen J.S. Haldane und Neffe des ebenso ausgezeichneten James Burdon Sanderson und des ehrenwerten Politikers Lord Haldane. Beide verachteten akademische Konventionen, wie es sich vielleicht nur sie erlauben konnten, und verwendeten beachtlich viel Energie darauf, direkt mit der Öffentlichkeit zu kommunizieren. Huxley trat beispielsweise von seinem Lehrstuhl am Kings College zurück, um gemeinsam mit H.G. Wells eine populärwissenschaftliche Übersicht zur Biologie zu verfassen. Im Gegensatz dazu war ihr hervorragender Zeitgenosse, der Emporkömmling Lancelot Hogben, zunächst sehr vorsichtig, seinen Namen unter die (später sehr erfolgreiche) Arbeit *Mathematics for the Million* zu setzen, der er dann *Science for the Citizen* folgen ließ.[50]

Wenn auch Großbritannien nicht gerade für seine Hochachtung gegenüber Akademikern bekannt war, so existierte doch eine enge geistige Verbindung zu Deutschland. Die Sprache war jedoch eine schwierige Hürde. Obwohl britische Wissenschaftler generell deutsche Veröffentlichungen und Bücher lasen – manchmal sogar mehr als englisches Material – wurde die deutsche Weltanschauung in jenem nationalistischen Zeitalter nicht besonders geschätzt.[51] Die deutschen Helden Nietzsche und Schopenhauer wurden angezweifelt, und zeitgenössische Autoren waren unbekannt. Selbst kurz vor dem Zweiten Weltkrieg stand der bekannte Österreichische Autor Stephan Zweig, der europaweit Freunde hatte, in England isoliert dar.[52]

Tatsächlich gab es einen regeren kulturellen Austausch, als oft angenommen wird, aber die Ideen erlitten bei diesem Austausch komplexe

Veränderungen. Als die deutsche biologische Philosophie vom Vitalismus nach England gelangte, weigerte sich der gleichgesinnte englische Biologe J.S. Haldane, sich selbst als Vitalist zu bezeichnen. Sein Gegner Lancelot Hogben, der in Deutschland wahrscheinlich „Mechanist" genannt worden wäre, opponierte im Jahre 1929 beim Treffen der British Associates in Kapstadt, als er Smuts neuem Konzept vom „Holismus" seinen eigenen Standpunkt als Publizist – wie er es nannte – entgegenstellte.[53] Tatsächlich war ein „fremdländischer Makel" für Großbritannien eine Beleidigung. Selbst der linguistisch tolerante Hogben beklagte um das Jahr 1939 verärgert in einer Notiz an Joseph Needham die sprachlichen Einbürgerungen durch eingewanderte Juden.[54] Deshalb muß man die Beziehungen zwischen der englischen Verwendung der Begriffe „Biotechnik" und „Biotechnologie" sowie ihrer deutschen Vorläufer, mit denen sich ihre britischen Autoren keineswegs brüsteten, unterscheiden. Nicht einmal die Briten beanspruchten die Urheberschaft. Wenn man also die deutsche Vergangenheit außer acht läßt, erscheinen diese Begriffe einfach aus dem Nichts jenseits der Nordsee aufgetaucht zu sein.

So komplex und schwierig zu untersuchen die angelsächsisch-deutschen Beziehungen auch waren, boten sie Randgebieten wie der Biotechnik einzigartige geistige Überlebensmöglichkeiten (oder im Falle vieler Flüchtlinge die einzige physische Überlebensmöglichkeit). Die spekulativen Überlegungen Francés überquerten den Englischen Kanal in Form von Übersetzungen seiner populären Arbeiten. Die Psychobiologie wurde von dem englischen Neo-Lamarckisten E.S. Russel aufgegriffen und vielerorts unterstützt. Francés Analogie zwischen Technik und biologischen Formen wurde in England in gleicher Weise von dem schottischen Biologen D'Arcy Thompson in seinem Werk *On Growth and Form* behandelt. Innerhalb weniger Monate nach der Veröffentlichung von *Bios: Die Gesetze der Welt* im Jahre 1921 eignete sich der schottische Biologe Patrick Geddes den Begriff „Biotechnik" an. Auch als Geddes den Begriff später immer häufiger verwendete, gab er nie dessen Quelle an. Er beanspruchte den Begriff andererseits aber auch nie als seine eigene Wortschöpfung oder definierte ihn formal. Diese Ungezwungenheit, die für die Handhabung seiner eigenen Wortschöpfungen völlig uncharakteristisch war, ist zusammen mit der zeitlichen Abfolge des Auftretens ein recht guter Beweis für den deutschen Ursprung des Wortes „Biotechnik".

Als älterer Zeitgenosse Francés hatte Geddes selbst und durch seine Anhänger, hier ist besonders Lewis Mumford zu nennen, bedeutenden Einfluß auf die künftige Denkungsart der englischsprachigen Welt. Er selbst hatte entscheidenden Anteil an der Veränderung der Biotechnik von einer biologischen Evolutionsidee hin zu einer charakteristischen Technikform. Deshalb ist es lohnenswert, diese intellektuelle Veränderung zu untersuchen, die mit dem Vordringen der Biotechnologie nach Großbritannien einherging. Dies ist keine einfache Aufgabe, da Geddes eher durch seine Persönlichkeit und einen umfangreichen Briefwechsel, als durch die Publikation seiner Arbeit glänzte.

Im Jahre 1854 geboren, war Geddes zu Beginn des 20. Jahrhunderts ein Mann mittleren Alters. Dennoch war er ein Vordenker, der in seinen Schriften Sexualität und Evolution enger mit der Entstehung menschlicher Gesellschaften und sogar mit der Stadtentwicklung verband. Als gelernter Botaniker war Geddes ein Schüler von Thomas Huxley. Entgegen den Wünschen seines Lehrmeisters hatte er die Vorlesungen von Herbert Spencer, dem Vater des Sozialdarwinismus, besucht. Im Herzen des alten Edinburghs gründete er seinen „Outlook Tower", in dem das gesamte Wissen der Menschheit zusammengebracht werden sollte, um die Probleme der Stadt zu lösen. Dies bedurfte einer immer sorgfältigeren Synthese des menschlichen Wissens, die auf dem Triptychon des französischen Geographen Le Play – Volk, Arbeit und Ort – basierte.

Die beiden Interessengebiete der Biologie und Soziologie waren für die zunehmend berufsorientierte Welt des 20. Jahrhunderts zu verschieden. Geddes aber gewann zwei Gruppen von Mitarbeitern: Beispielhaft dafür war auf der biologischen Seite J. Arthur Thomson, Professor für Zoologie in Aberdeen, und auf der soziologischen Seite Victor Branford. Gemeinsam mit Branford veröffentlichte er das Journal *The Sociological Review* und dachte stets über ein großes Werk nach, das jedoch nie erschien. Mit Thomson brachte er sein Hauptwerk zustande, das 1931 kurz vor seinem Tode veröffentlichte *Life: Outlines of General Biology*. Obwohl es aus zwei umfangreichen Bänden besteht, stellt es nur einen faden unorganisierten Abklatsch der Gedanken des Autors dar.

Als Geddes 1895 über die vom Archäologen Evans als „paläolithisch" und „neolithisch" bezeichneten Unterschiede zwischen der Alt- und Jungsteinzeit nachdachte, teilte er das Industriezeitalter in gleicher Weise ein. Er erkannte eine „paläolitische" und „neolitische" Zivilisation, die – so Geddes 1915 – durch eine „zweite industrielle Revolution" getrennt waren.[55] Beide Zivilisationsabschnitte ließen sich unterschiedlichen Technologieformen zuordnen. Typisch für die „paläolithische" Zivilisation waren Dampfmaschinen, die rund um die schmutzigen Kohlengruben konzentriert waren. Die Elektrizitätstechnik war dagegen für die „neolithische" Zivilisation kennzeichnend. Geddes glaubte nicht, daß derartige Technologien selbst die Zivilisation vorantrieben. Für ihn waren diese Technologien lediglich Ausdrucksformen der jeweiligen Zivilisationen. Aus naheliegenden Gründen läßt sich seine Arbeit gut mit der von Bergson vergleichen: Um dies zu untermauern schrieb Thomson zur englischen Übersetzung der *Evolution Creatrice* einen wohlwollenden Übersichtsartikel in *Nature*.[56]

Für Geddes wie auch für viele andere Europäer war der Erste Weltkrieg ein grundlegender Wendepunkt. Seine geliebte Frau starb 1917, drei Monate später fiel sein Sohn und Erbe in einem Schützengraben. Vor dem Krieg hatte er sich mit praktischen Gesichtspunkten bei der Stadtplanung beschäftigt und organisierte eine Ausstellung, die um die Welt ging. Sie versank 1914 nach Feindbeschuß des Schiffes, das sie transportieren sollte. Danach widmete er sich eher idealistischen Zielen, beispielsweise unterschrieb er einen Vertrag zum Entwurf der neuen Universität von Jerusalem. In den Jahren 1920 bis 1923 war er in Bombay Professor für Städteplanung. Danach ging er an ein Kolleg, das er selbst im südfranzösischen Montpellier gründete. Dort beschrieb Geddes die „Geotechnik", eine zukünftige Stufe der vom Menschen entwickelten Technologie. Die Technologie würde dabei mit den Bedürfnissen der Erde harmonieren. Der Reiz eines nahe bevorstehenden Paradieses auf Erden steckte den jungen amerikanischen Regionalplaner Benton Mackaye an, der später über eine Unterhaltung aus dem Jahre 1923 berichtete: Die „Geographie", sagte Geddes „ist eine beschreibende Wissenschaft (*geo* Erde, *graphy* beschreiben), die etwas über Bestehendes aussagt. „Geotechnik" ist eine angewandte Wissenschaft (*geo* Erde, *technic* Anwendung). Sie zeigt, was Realität sein sollte."[57]

88

Patrick Geddes. (Mit freundlicher Genehmigung der University of Strathclyde.)

Dies würde zur „Eutechnik" führen, die durch „Eutopia", dem Idealstaat schlechthin, charakterisiert wäre.

Obwohl Geddes frühe öffentliche Darstellungen die Biotechnik nicht erwähnten, bedeutete dies jedoch kein Desinteresse seinerseits. Dies läßt sich gut an dem 1917 gemeinsam mit Branford veröffentlichten und 1919 veränderten Werk *The Coming Polity* erkennen. Eine spätere Auflage enthielt ein zusätzliches Kapitel unter dem Titel „The Post-Germanic University", mit Überlegungen, die denen von Francé sehr ähnelten:

In allen Fachbereichen der Biologie sowie in ihren praktischen Anwendungen wie in der Landwirtschaft, Hygiene und Medizin sehen wir eine deutlich veränderte Entwicklung. Sie besteht aus einer Umkehr der mechanischen, physikalischen und chemischen Wissenschaften und einer bewußten Nutzbarmachung der Naturkräfte durch die Wissenschaft. Lebendige Wesen dienten dem Menschen als Betriebe für Dienstleistungen. Auf dem Weg von der früheren Sklaverei hin zu diesen Wissenschaften, hat sich das Leben nicht nur durchgesetzt, sondern es hat auch gelernt, Peitsche und Zügel gegen seinen früheren Gebieter zu richten.[58]

Das Wort „Biotechnik" war seit 1921 verfügbarseit, nach der Veröffentlichung von Francés Werk *Bios*. In einem Brief an Mumford hatte er der Biotechnik in einer kurzen historischen Übersicht eine Schlüsselstellung zugeschrieben.[59] Geddes übertrug Francés Begriff, der sich ursprünglich mit pflanzlichen Prozessen beschäftigte, auf bestimmte Vorgänge beim Menschen. Dies wird in *The Coming Polity* deutlich. Außerdem zeigt dies ein Brief aus dem Jahre 1923, in dem Geddes beschreibt, daß „Biotechnik" die Landwirtschaft, Medizin, Hygiene und Eugenik umfaßt.[60] Bis dahin war das Konzept in ein großes historisches Schema eingebunden worden, das Geddes „Transition IX to 9" nannte. Darin sah er die Realisierung einer Gesellschaft voraus, die als ein „magisches Quadrat" mit neun Feldern (IX) zuerst von Comte beschrieben worden war. Dieser als kriegerisch („wardom") bezeichnete Zustand der Gesellschaft wurde mit den Schlüsselwörtern „militant", „staatlich", „individuell" und „industriell" („mechanotechnisch") beschrieben. Seine Umwandlung in eine künftige friedliche („peacedom") Gesellschaftsform, ebenfalls durch neun Felder (9) definiert, beschrieb Geddes mit den neuen Schlüsselwörtern „Biotechnik", „Synergie in der Geotechnik" sowie „Nation", „Arbeit", „Platz in der Ethopolitik".[61] 1931 sah Geddes triumphierend das neue Zeitalter heraufziehen. Denn Krupp investierte damals eher in die Herstellung von Traktoren als in die Produktion von Gewehren und investierte die Gewinne in Gartenstädten.[62]

Trotz der Bedeutung für sein Konzept von der „IX zu 9 Umwandlung" veröffentlichte Geddes den Begriff „Biotechnik" zum ersten Mal in Klammern und ohne eine weitere Erklärung in einem Kapitel, das 1925 dem einleitenden Text zu *Biology* von ihm und Thomson vorausging.[63] Auch wenn aus Entwürfen klar hervorgeht, daß Geddes „IX zu 9"-Konzept ein Höhepunkt seines mächtigen Werkes *Life* werden sollte, so erschien es am Ende eher als wahllos, ohne Einleitung und Erklärung. Schließlich stellte sich *Life* eher als ein fader Lichtstrahl in der Geschichte der Biotechnik heraus, denn als brisanter Meilenstein der Wissenschaft. Ein Artikel Thomsons über Biologie im *Encyclopaedia Britannica Supplement* aus dem Jahre 1926 trug wahrscheinlich mehr dazu bei, um das Konzept populär zu machen.[64] Thomson schrieb die Prägung des Begriffes „Biotechnik" Geddes zu und erklärte, daß es für die Verwendung von biologischen Organismen zum Wohle des Menschen stehe. Dies war eine stark vereinfachte Interpretation über Ideen Geddes, die natürlich noch weiter von den Theorien Francés entfernt war. Dennoch zeigte Thomsons Veröffentlichung, wie derlei komplizierte und ideologisch belastete Begriffe für den angelsächsischen Markt in eine einfach zu beschreibende Form überführt wurden.[65]

Auch wenn Geddes im Vergleich zu den englischen Professoren der 30er Jahre anachronistisch erschien und sein Werk *Life* zum Zeitpunkt der Veröffentlichung von der akademischen Welt nicht respektiert werden konnte, muß doch festgestellt werden, daß Geddes Arbeit seine intellektuelle Umgebung beeinflußte.[66] Ein dem *Social Review* zur Erinnerung an den verstorbenen Geddes beigefügter Anhang enthielt Beiträge führender Volkswirtschaftler und Soziologen. Finanziert wurde der Nachruf von einer kleinen Gruppe, zu der auch R.A. Gregory, der Herausgeber des mächtigen Wissenschaftsjournals *Nature* gehörte.[67] Um die Akzeptanz seines Biotechnikkonzeptes zu verstehen, muß man sich der Denkweise zeitgenössischer jüngerer Biologen in England zuwenden.

Genauso wahllos wie Geddes von seinen Vorgängern Ideen aufgegriffen hatte, verwendeten junge Biologen die Konzepte der Biotechnik von Geddes, Francé und Goldscheid. Schon 1914 hielt J.B.S. Haldane, damals Student in Cambridge, einen Vortrag, den er ein Jahrzehnt später weiterentwickelte und als dünnes Buch mit dem Titel *Daedalus or Science and Future* veröffentlichte. Auch wenn sein Lobgesang auf die biologischen Neuerungen erstmals vor dem Krieg vorgestellt wurde, läßt seine ausführliche Beschreibung keinen Raum für Zweifel an der Bedeutung dieser Katastrophe in der Geschichte der westlichen Zivilisation. Sein Buch beginnt mit der Erinnerung an eine Schlacht an der Westfront:

> Durch einen dunklen Schleier von Staub und Rauch erschienen völlig überraschend schwarze und gelbe Qualmwolken, die – so schien es – die Erdoberfläche aufrissen und die von Menschenhand geleistete Arbeit mit beinahe sichtbarem Haß zerstörten. Außerhalb des Zentrums, irgendwo in mittlerer Entfernung lassen sich einige unbedeutend erscheinende Menschen erkennen. Schnell sind es weniger. Es ist schwer zu glauben, daß dies die Helden des Gefechtes sind. Eher würde man die in ihrer übermächtigen Größe beinahe greifbaren öligen schwarzen Massen wählen, die viel auffallender wirken und glauben, daß die Männer nur ihre Diener sind.[68]

Diese Erfahrung, die Akademiker auf beiden Seiten der Front machten, waren für die Hoffnungen auf eine Technologie, in deren Mittelpunkt das Leben stand, noch wichtiger als die Herausbildung von Ideen, die sie im Anschluß an den Krieg austauschten.

Im weiteren Verlauf seines Vortrages erinnerte Haldane daran, daß zu dem Zeitpunkt, als H.G. Wells 1902 sein Buch *Anticipations* veröffentlichte, das Fliegen und die Radiotelegraphie die Grenze bei der Verwirklichung wissenschaftlicher Ideen darstellte. In den 20er Jahren folgte bereits die kommerzielle Nutzung. Die größten wissenschaftlichen Probleme jener Tage erwuchsen aus der Biologie. In der Zukunft würde die Physiologie den Platz der theoretischen Physik einnehmen und das Wirken Bergsons würde zur metaphysischen Arbeitshypothese in Wissenschaft und praktischem Leben werden. Haldane beschrieb die „biologische Phantasie" als „Aufbau einer neuen Beziehung zwischen dem Menschen und anderen Tieren oder Pflanzen, aber auch zwischen verschiedenen Menschen. Dies setzt voraus, daß eine solche Beziehung in erster Linie in den Bereich der Biologie und nicht der Physik, Psychologie oder Ethik hineinreicht."[69] Er behauptete, jede biologische Neuerung würde als Blasphemie beginnen. Tatsächlich ist sein Buch für die Vorhersage eines heute so beschriebenen Vorgangs berühmt geworden. Haldane beschrieb die „Ectogenese„, also eine *in vitro*-Fertilisation mit der sich anschließenden Entwicklung des Fötus außerhalb der Gebärmutter. Haldane fand an seiner Idee nichts Unmoralisches und erklärte seinen Lesern: „Ich habe lediglich versucht zu zeigen, warum ich Biologen heute für überaus romantische Menschen auf unserer Erde halte."[70]

Haldanes weniger als hundert Seiten umfassendes Buch ist eine der einflußreichsten Anregungen der Science-fiction-Literatur, die jemals geschrieben wurde. Der Schriftsteller Aldous Huxley attackierte diese Vision in seinem Bestseller *Brave New World* ganz bewußt. Aber sein Bruder Julian, selbst ein hervorragender Biologe, schwärmte für Veränderungen am Menschen. Vielleicht wurde Julian Huxley direkt durch Goldscheid beeinflußt: Seine Gedanken verliefen in erstaunlich ähnlichen Pfaden. 1926 bezog sich Huxley in seinem Vortrag bei Norman Lockyer auf die Kategorie von Quantität und Qualität beim Menschen, die in gleicher Weise durch Geburtenkontrolle (eine „revolutionäre biologische Neuerung" wie er sie in Anlehnung an Haldane nannte) wie durch Eugenik reguliert werden sollte.[71] Großfamilien mit hoher Kindersterblichkeit könnten dann der Vergangenheit angehören. In dieser Vorlesung befaßte sich Huxley bewußt mit der Notwendigkeit gesellschaftlicher Veränderungen. Die Lebensbedingungen sollten so verändert werden, daß vitaminreiche Ernährung, sportliche Aktivitäten, viel frische Luft und angemessene Wohn- und Arbeitsverhältnisse sowie die Entfaltung geistiger Interessen möglich wurden. Er forderte eine Beschränkung der Geburtenrate für die untersten 20 % der Gesellschaft.

J.B.S. Haldane. (Mit freundlicher Genehmigung der National Portrait Gallery.)

Die Beziehung zu Goldscheids Philosophie wurde acht Jahre später noch deutlicher, als Huxley den Beitrag „The Applied Science of the Next Hundred Years: Biological and Social Engineering" veröffentlichte.[72] Darin forderte er eine bewußte Freizeitgestaltung sowie eine qualitative und quantitative Kontrolle der Bevölkerungsentwicklung. Einer Technologiefurcht während der Depression trat er energisch entgegen: „Die Beseitigung der gegenwärtigen Unzulänglichkeiten der Forschung ist eine noch wichtigere wissenschaftliche Aufgabe als die Technologie selbst. Die Wissenschaft, die im Moment am meisten gebraucht wird, ist die der biologischen Technologie".[73] In einem Satz, der an Goldscheids *Menschenökonomie* erinnerte, betonte Huxley, daß die Weiterentwicklung der menschlichen Gesellschaft für eine Nation der wichtigste Fertigungsprozeß sei. Die Idee von der biologischen Technologie schien in jener Zeit verbreitet gewesen zu sein. Während eines Treffens der „Workers Educational Association" 1934 in Cambridge schlug der Sozialbiologe Joseph Needham bei der Diskussion von *Brave New World* seinen Zuhörern als Hauptthemen die biologische Technologie und die Weltherrschaft vor. Später druckte er seine Bemerkungen ohne Erklärung in dem populären Magazin *Time and Tide* nach.[74]

Needhams Konzept von der biologischen Technologie stand der Schule Loebs näher, als den Theorien des inzwischen in Ungnade gefallenen Kammerers. Ectogenese war mittlerweile zu einer populären Idee geworden. Die Polyembryonie, bei der ein befruchtetes Ei unterteilt wurde und so mehrere genetisch identische Nachkommen entstanden, war bereits an Ratten getestet worden. Mögliche soziale Auswirkungen, die Needham seinen Zuhörern ausmalte, lauteten: „Aus einem einzigen Stamm menschlicher Zellen konnten ganz nach Belieben unterwürfige oder aber hochleistungsfähige Individuen gezüchtet werden. Dann würden in einer Fabrik nicht nur Menschen mit ähnlichen Fähigkeiten arbeiten. Beschäftigt wäre eine Armee identischer Arbeiter, die alle aus einer einzigen befruchteten Eizelle stammen."[75] Wenngleich dies prinzipiell möglich erschien, so gehörte eine derartige Manipulation des Menschen immer noch in den Bereich der Science-fiction. Zur gleichen Zeit lieferte das biologische Verständnis Einsichten in soziale Zusammenhänge, die weit naheliegender waren.

Bevölkerungsrückgang und die Auswirkungen schlechter Ernährung, sogar schon vor der Depression der frühen 30er Jahre, lieferten in Großbritannien das Umfeld für eine „soziale Biologie". Obwohl der Begriff schon im Englisch des 19. Jahrhunderts zu finden war, erschien er dennoch seltsam, vielleicht weil er in Österreich durch Goldscheid verbreitet worden war.[76] Nichtsdestoweniger war die radikale Londoner Schule für Wirtschaftswissenschaften als Zentrum für Sozialwissenschaften bestens mit den Ideen der deutschen Sozialhygiene vertraut. Goldscheids *Höherentwicklung* erreichte die Schule in den frühen 20er Jahren.[77] William Beveridge, der von 1919 bis 1936 Direktor dieser Schule war, arbeitete schon in den frühen Jahren seiner Amtszeit beharrlich daran, einen Lehrstuhl für Sozialbiologie einzurichten.[78] Schon vor dem Ersten Weltkrieg hatte er sich mit der deutschen Lösung für die Probleme der Sozialwohlfahrt beschäftigt. Jetzt sorgte er sich um Probleme der Bevölkerungsdichte und warnte im Jahre 1920 die British Association vor den Gefahren einer zu geringen Geburtenrate. Die Rede beeindruckte Beardsley Ruml, den Leiter der sagenhaft reichen Laura Spelman Rockefeller Stiftung. Beide Männer kamen miteinander ins Gespräch, und Beveridge stellte seine Vision einer Sozialwissenschaft vor, die auf den Naturwissenschaften aufbaute und eine Reihe von anthropologischen, eugenischen, ernährungswissenschaftlichen und psychologischen Kernpunkten umfaßte.[79] Diese den Vorstellungen zur *Biotechnik* Goldscheids so ähnliche Vision, beeindruckte den Leiter der Rockefeller Foundation besonders durch ihren Bezug auf sozialbiologische Aspekte. Im Laufe der nächsten Jahre konnte Beveridge seine Kollegen und einflußreiche Mitglieder der Stiftung von der Bedeutung des neuen Gebietes überzeugen. Beveridge suchte nach einem Biologen mit wirtschaftlichen und politischen Interessen. Schließlich gewann er Julian Huxleys engen Freund Lancelot Hogben, der damals an der Universität von Kapstadt wirkte.[80]

Hogben war ein erbitterter Gegner der Eugenik und wandte sich ebenso energisch gegen jede Art unklarer Philosophien über die Biologie. Er war ganz versessen auf eine Anerkennung als hervorragender Wissenschaftler. Zusammen mit Julian Huxley wurde er bei der Wahl zur Royal Society aufgestellt. Ein anderes Mal hielt er es für wichtiger, das Verständnis für Biologie bei der breiten Öffentlichkeit zu fördern. Hin- und hergerissen zwischen diesen beiden Interessen bemühte er sich bei der Bevölkerung um ein tiefergehendes Verständnis der Zoologie und sparte nicht mit Hinweisen auf seine eigene Bedeutung innerhalb dieser Disziplin. Sein militanter Freund J.D. Bernal behauptete in seiner 1929 erschienenen Satire *The World, the Flesh and the Devil* über das Gebetbuch der anglikanischen Kirche, die Biologie sei lediglich eine wissenschaftliche Episode, bis die Welt auf die physikalischen und chemischen Einheiten reduziert werden konnte.

Lancelot Hogben anläßlich seiner Aufnahme in die Royal Society im Jahre 1936. Mit freundlicher Genehmigung von Godfrey Argent.

Dies war selbst für den zynischen Hogben zu viel. Für ihn und seine Familie war die verschmutzte Londoner Umgebung nach seinem Umzug von Südafrika nach Großbritannien an die London School of Economics (LSE) unerträglich geworden. Deshalb ließen sie sich in Devon mit seinem ländlichen Charme nieder.

Der Lehrstuhl für Sozialbiologie schien Hogben die Möglichkeit zu geben, Werbung für seine Wissenschaft zu betreiben. Zunächst war Hogben eher ein skeptischer Embryologe, der sich erst später den sozialen Zusammenhängen der Biologie zuwandte. In seiner Antrittsrede an der LSE verwies er auf die zu jenem Zeitpunkt weit verbreitete Angst vor einem Absinken der Geburtenrate und machte sich zugleich für Haldanes biologische Ansichten stark: „Die abnehmende Geburtenrate hat uns mit der Tatsache konfrontiert, daß wir in ein Zeitalter biologischer Neuerung eintreten."[81] Hogben plante einen Schwangerschaftstest und engagierte den Demographen René Kuczynski, einen Flüchtling Hitler-Deutschlands, der sich mit Fragen der Bevölkerungsentwicklung beschäftigte.[82] 1937 setzte sich Hogben in seinem *Political Arithmetic*, das über die Arbeiten seiner Abteilung informierte, für eine anwendungsorientierte Biologie ein, die der praktischen Bedeutung der Chemie seiner Meinung nach nicht nachstand.[83] So hatte die Sozialbiologie in den frühen 30er Jahren, als Geddes und Goldscheid starben, den Status eines Universitätsfaches erlangt. Geddes mag in Bezug auf seine persönlichen Ansichten als altmodisch eingeschätzt worden sein, aber das mit seinem Namen verbundene Konzept der Biotechnik war zu einem festen Teilbereich der Biologie geworden. Was Goldscheid betrifft, so gibt es verschiedene Wege, über die seine Ideen in englische Abhandlungen gelangt sein könnten. Dazu gehören sein Besuch in London im Jahre 1929, bei dem er an einem Kongreß zur Sexualreform teilnahm, seine Wirkung auf Beveridge, Hogben und Kuczynski und nicht zu vergessen sein Buch, das problemlos an der London School of Economics in ihrer kleinen Sammlung biologischer Texte erhältlich war.

Es war kein Zufall, daß am ersten Jahrestag des Todes von Geddes' *Nature* einen Herausgeberkommentar mit dem Titel „Biotechnologie" publizierte.[84] Mit Ausnahme der von Siebel und Mason geförderten kommerziellen Verwendung des Wortes, scheint dies die erste Verwendung im Englischen zu sein. Sein Autor war der Chemiker und Herausgeber Rainald Brightman. Thema und Titel aber trugen die Handschrift des Herausgebers R.A. Gregory, einem alten Freund Thomsons und

Bewunderer Geddes, der gleichzeitig ein begeisterter Technokrat und Eugeniker war. Die auf der Wissenschaft basierende „Technologie", so der Tenor des Beitrages, sollte die Menschheit fördern. Die Biologie könne die Qualität der britischen Bevölkerung durch Geburtenkontrolle und Eugenik verbessern und einen Bevölkerungsrückgang ausgleichen. Wie schon in Goldscheids 20 Jahre altem Konzept von der Biotechnologie wurden ähnliche Gefühle beschrieben, wie Huxley sie wahrnahm, als er über die „biologische Technologie" sprach. Irreführenderweise war die Herkunft des Begriffes „Biotechnologie", wie er von Huxley mit Nachdruck benutzt wurde, nicht eindeutig, denn ihr lag durchgehend die Nebenbedeutung von Geddes „Biotechnik„ zugrunde.

Eine alternative Interpretation wurde drei Jahre später gefordert. 1936 hielt Hogben in der Londoner Conway Hall einen Vortrag mit dem Titel *Retreat From Reason*. Sein Freund und Veranstaltungsleiter Julian Huxley leitete Hogbens Vortrag mit folgenden Worten ein: Die „Biotechnologie„ würde in der Zukunft genauso wichtig sein, wie es in der Vergangenheit die Technologien waren, die sich aus Chemie und Physik entwickelt hatten. Dabei verwendete er die am Anfang dieses Kapitels zitierten Worte. Rückwirkend betrachtet erschien diese Behauptung bemerkenswert vorausschauend. Huxley griff bei dieser Gelegenheit Hogbens Wortwahl auf, um seine zwei Jahre zuvor geäußerten Forderungen zum Thema „biologische Technologie" wieder in Erinnerung zu rufen. Damit wiederholte er Goldscheids zwanzig Jahre alten Argumente ebenso wie die Versprechen Geddes zur „Biotechnik", die dieser zehn Jahre zuvor gegeben hatte.

Hogbens Vorlesung ging weit über die alten Ideen hinaus. Er kombinierte, verknüpfte und veränderte sie. Nach seiner Meinung war das Idealbild der modernen Gesellschaft nicht ein Leben und Wirken in Fabriken, sondern eher ein Dasein auf dem Land, wo er sich selbst mit seiner Familie niedergelassen hatte. An seinen Freund Joseph Needham schrieb Hogben einen Brief über seinen Vortrag und schilderte ein „grünes und angenehmes Land". Hogben erklärte, er betrachte die Biotechnologie als eine sozialistische und ästhetische Antwort auf die von seiner Generation ererbten, umweltverschmutzenden mechanischen Technologien. Viele dieser Probleme ließen sich mit einem Schlage lösen, wenn man beispielsweise Energie aus der Fermentation der

„Erdartischocke" gewinnen könnte.[85] Die Menschheit, so wie sie sich in Großbritannien darstellte, mußte grundlegend verändert werden. In seinem Vortrag wählte er ein Argument Goldscheids: „Die Sozialwissenschaft kann nicht länger akzeptieren, daß die Arbeit der Evolution beendet ist".[86] Hogben tolerierte keineswegs den Lamarckismus, aber er betrachtete die frühere Opposition zu Weismanns Theorie vom unsterblichen Keimzellplasma als überholt. Unter dem Einfluß seiner Frau, Enid Charles, dachte Hogben über die Notwendigkeit nach, einem Rückgang der Bevölkerung entgegenzuwirken. Gleichzeitig konnte man nicht zulassen, daß die landwirtschaftliche Produktion weiterhin stark vernachlässigt wurde: „Als Biologe favorisiere ich eine planmäßige Produktion auf der Grundlage der Bio-Technologie, weil ich mir nicht vorstellen kann, wie ein ständig steigender Verbrauch ohne eine planmäßige Produktion befriedigt werden. kann." Eine entscheidende Komponente der Biotechnologie war die Umwandlung von Chemikalien unter Einwirkung von Mikroorganismen: „Die Biochemie zeigt, daß wir nicht warten dürfen, bis die Natur grüne Wälder in teuflische Dunkelheit verwandelt hat. Ich wäre weit mehr von den Argumenten der Volkswirte beeindruckt, wenn sie mich überzeugen könnten, daß Mesitylen (1,3,5-Trimethylbenzol) einfach aus Aceton hergestellt werden kann."

In Hogbens Bezeichnung „Biotechnologie" verschmolzen die Ideale von Ereky, Pope und Goldscheid, am meisten aber die von Geddes. Die Biotechnologie stand nicht isoliert dar. Sie war ein Aspekt seiner Vision von einer „bioästhetischen" Idealwelt, in der Gesellschaftsformen überschaubarer Größe auf der Grundlage von Wasserkraft, der Verwendung von Leichtmetallen, Kunstdüngern und der Anwendung der Biochemie und Genetik zur Bevölkerungskontrolle basierten.[87] Huxleys entschlossene eugenische Interpretation, die er in seiner Einleitung zur Rede Hogbens zum Ausdruck brachte, hob einen weiteren Aspekt hervor. Der Glaube an Fermentationsprozesse im Industriemaßstab erinnerte an die bisherige Geschichte der Zymotechnologie.

Hogben veröffentlichte einen Übersichtsartikel zu Geddes Werk *Life*. Auch wenn dieser in vielen Passagen voller Sarkasmus war, entsprach dies nur seiner gewohnt harschen Art der Kritik. Tatsächlich hatte er sich von biologischen Neuerungen im Sinne Haldanes geistig entfernt und sich statt dessen dem eher Geddes' Ansichten entsprechenden Modell einer völlig neuen Landwirtschaft zugewandt, die biologisch orientiert sein sollte. Zugleich wurde er aber auch stark von Vavilov beeinflußt, einem russischen Biologen und Theoretiker, der über natürlichen Anbau von Pflanzen nachdachte. Vavilov hielt sich 1931 in England auf. Zwei Jahre nach dem Erscheinen von *Retreat from Reason* wiederholte Hogben seine Ansicht, daß die Biotechnologie ein Teil der produktiven Landwirtschaft sei, in seinem äußerst erfolgreichen Werk *Science for the Citizen.*

Inzwischen war er einem Ruf an den Königlichen Lehrstuhl für Naturgeschichte in Aberdeen gefolgt, den er durch Vermittlung des Ernährungswissenschaftlers John Boyd Orr, Direktor der nahegelegenen Landwirtschaftsstation von Rowett erhalten hatte. Hogben, der mit Lob stets zurückhaltend umging, sagte später, daß Orr als Urheber des Ausdrucks „Heirat von Gesundheit und Landwirtschaft" ihn in seinen Ansichten maßgeblich beeinflußte.[88] Orr hatte entscheidenden Einfluß auf die Entwicklung der britischen Ernährungspolitik und gehörte später zu den Gründern der United Nations Food and Agricultural Organization. Eine Gesellschaft, die sich vor allem die Lösung zweier Probleme zum Ziel gesetzt hatte. Zum einen sollten landwirtschaftliche Produkte nicht im Preise steigen, zum anderen wollte man der Unterernährung in den Städten mit kostenloser Verteilung von Schulmilch begegnen, womit in den 30er Jahren begonnen wurde.[89] Die Verbesserung landwirtschaftlicher Technologie war für Hogben eng mit Fragen gesunder Ernährung und deshalb auch mit einer höheren Geburtenrate verbunden.

Orrs Arbeit war Teil eines weltweiten Trends der 30er Jahre hin zu einer gesundheitsbewußten Ernährung. Die Bedeutung von Vitaminen und ausgewogenen Diäten wurde in einzelnen Nationen sowie Im Völkerbund, dem Vorläufer der UNO, in großem Maße befürwortet.[90] Zugleich wurde dabei die Bedeutung der praktischen Biologie zur Gesunderhaltung der Bevölkerung sowie zur Verbesserung der Landwirtschaft betont. Genauso warfen neue genetische Konzepte Zweifel an den einfachen Wahrheiten der frühen Rassenhygiene auf. Die Populationsgenetik, zu deren wichtigsten Verfechtern Haldane und Hogben gehörten, zeigte, wie komplex die Zusammenhänge bei der Vererbung charakterlicher Eigenschaften auf nachfolgende Generationen waren. Das neue Verständnis von Umwelteinflüssen und wachsende Komplexität des genetischen Wissens, genauso wie die perversen Interpretationen der Genetik durch die Nazis, führten 1939 zu der Erklärung führender anglo-amerikanischer Genetiker, zu denen auch Haldane, Huxley und Hogben gehörten. Sie behaupten darin, die Verbesserung der Umwelt sei ein entscheidender Faktor bei der Verbesserung der Bevölkerung.[91]

Die Verfechter der Biotechnologie, in den 20er Jahren trotz Talent und Selbstbewußtsein noch eine Randerscheinung, näherten sich dem sozialen Kern britischer Forschungsarbeiten, als sie in den 30er Jahren ihre Ideen darlegten. Ein Umstand, der das Schicksal der damals jüngeren Generation nachhaltig beeinflussen sollte. Kurz vor seinem Tode wurde Geddes für seine Verdienste in den Ritterstand erhoben. Haldane verlor seine Dozentenstelle für Biochemie in Cambridge wegen eines Sexskandals. Nachdem er rehabilitiert worden war, besetzte er weiterhin Teilzeitstellen in Rothamsted und am Royal Institution. Zuvor hatte bereits Huxley das Kings College verlassen, um an seinem berühmten biologischen Text zusammen mit H.G. Wells zu arbeiten. Inzwischen fühlte sich Lancelot Hogben in Kapstadt von aller Welt abgeschnitten. Während der frühen 30er Jahre standen die Karrieren von Haldane, Huxley und Hogben in voller Blüte.[92] Haldane erhielt 1933 einen Lehrstuhl am University College in London. Huxley wurde 1935 in die Royal Society gewählt und im selben Jahr Sekretär der Zoologischen Gesellschaft. Selbst Hogben wurde in die Royal Society gewählt und erhielt einen königlichen Lehrstuhl mit der aktiven Unterstützung des für Schottland zuständigen Ministers, der von Hogbens Pazifismus und seinem Leiden in Gefangenschaft während des Ersten Weltkrieges überwältigt war.[93]

Auf einem allgemeinverständlichen Niveau wurden Huxley und Haldane zu herausragenden Persönlichkeiten des neuen Mediums Rundfunk. Hogbens Buch *Science for the Citizen* war in beinahe jedem Bücherregal der von allen Verlegern geschätzten wissenschaftlich interessierten Laien zu finden. Die Anregungen dieser drei Wissenschaftler förderten bei immer mehr Studenten und Anhängern ihrer Ideen wachsendes Verständnis für die großen Ereignisse jener Tage, für industrielle Veränderungen und für die Probleme der Unterernährung. Zu Beginn des Krieges wandte sich Haldanes Freund Pirie vom Tabakmosaikvirus ab, hin zu einer lebenslangen Beschäftigung mit der Proteinisolierung aus

Blättern. Damit folgte er einer Pionierarbeit von Karl Ereky.[94] Ein anderer Schützling Haldanes war der junge Flüchtling Ernst Chain, der bei der Entwicklung des Penizillins eine Hauptrolle spielen sollte.

Die Biologen Huxley und Hogben hatten sich die Begeisterung von Chemikern für natürliche Herstellungsverfahren zu eigen gemacht. Durch eine Kombination dieser Begeisterung mit Ideen der Umwelttechnologie als einer Möglichkeit, auf die menschliche Natur Einfluß zu nehmen, vermischten sie die „biologische Technik" mit der „Biotechnologie". Wenigstens ein bedeutender Chemiker war bereit, sich für das Interesse zu revanchieren und diese der Biologie zugeschriebenen Möglichkeiten anzuerkennen. Der britische Chemiker und Industrielle Harold Hartley, selbst ein richtungsweisender Intellektueller, zitierte häufig eine Geschichte, die ihm Carl Bosch, der Leiter des deutschen Unternehmens IG Farben, erzählt haben soll. Charles Steinmetz, ein unkonventionelles Elektronikgenie von General Electric und Anhänger der Visionen Popes, hatte Bosch vorgeschlagen: „Sie können Indigo billiger erzeugen als es Gott kann, sie können Gummi billiger produzieren als es Gott kann, aber sie werden niemals Zellulose billiger herstellen können als Gott."[95]

Hartleys eigener Sohn hatte an einer wichtigen Expedition in die üppigen Regenwälder von British Malaysia teilgenommen, und Sir Harold schien von Steinmetz' Behauptung beeindruckt gewesen zu sein. In einer vielzitierten Rede vor Vertretern der Textilindustrie über die Produkte des Regenwaldes erinnerte er an Hogbens Lobeshymnen über die Biotechnologie. Er war zwar vom Beispiel des Acetons nicht beeindruckt, aber das dahinterstehende allgemeine Prinzip war von entscheidender Bedeutung. Hartley schloß begeistert: „Mit den modernen Techniken der Genetik und einer engeren Zusammenarbeit zwischen Bauern und Fabrikanten ergibt sich eine faszinierende Aussicht auf neue Produktlinien, die ideale Erzeugnisse mit beinahe maßgeschneiderten Eigenschaften für die Industrie hervorbringen werden. Dann hätten wir tatsächlich Bacons Ideal von der Beherrschung der Natur verwirklicht."[96] Die Konzepte der Biotechnologie, die aus der Zymotechnologie und der *Biotechnik* stammen, werden hier vereinigt. Im nächsten Kapitel werden Umsetzung und Entwicklung in den USA untersucht.

102

4
Die ersten Institute

> Die Biotechnologie ist jene Phase der modernen Technologie, die sowohl Theorie als auch Praxis von Technik, Medizin und Biologie vereinigt. Sie überträgt technologische Prinzipien auf die Biowissenschaften und ebenso Prinzipien lebender Organismen auf die Technologie. Das Ausmaß der gegenseitigen Durchdringung läßt sich dabei nicht abschätzen. Da sich jedes dieser Fachgebiete in einem fortgeschrittenen Entwicklungsstadium befindet, wird es besonders wichtig, beide Wissenschaften aufeinander abzustimmen und ineinander zu integrieren.
>
> (H.J. Sauer Jr. und R.G. Nevins, 1965)[1]

Hartleys Euphorie war durch die Entwicklungen in den Vereinigten Staaten beflügelt worden. Dort begannen Techniker bereits, entscheidende Schritte in Richtung auf eine Verbindung zwischen Biologie in Institutionen und Bürokratie zu unternehmen. Im November 1918 wurde in Europa das ganze Ausmaß der Kriegsfolgen wie innerpolitischer Aufruhr, der Verlust der weltpolitischen Vorherrschaft, Millionen von Kriegsopfern und der finanzielle Bankrott deutlich. Der von Haldane heraufbeschworene bildliche Vergleich mit der Zerstörungskraft eines Panzers, das von Francé und Geddes entwickelte Verständnis der Biotechnik sowie Erekys Biotechnologie waren deshalb Erscheinungen einer kulturellen Aktivität in Europa, die aus der Katastrophe heraus entstanden sind. Im Gegensatz dazu erlebten die Vereinigten Staaten das Ende des Ersten Weltkrieges als einen außerordentlichen Triumph und eine Bestätigung, daß dies tatsächlich das amerikanische Zeitalter war. Bei ihnen kam ganz und gar nicht das Bewußtsein auf, in einer kulturellen Krise zu stecken. Obwohl besorgte Europäer sowie ihre Diskussionen die Vereinigten Staaten erreichten und sich vereinzelte Amerikaner Sorgen über den Weg machten, den ihre Zivilisation in den 20er Jahren eingeschlagen hatte, teilten nicht viele der Reichen und Mächtigen ihre Gedanken. Während Haldane befürchtete, die neue Technologie würde als

103

Blasphemie verurteilt, wurden die Mikrobenjäger von Paul de Kruif und Sinclaire Lewis als Helden gefeiert.[2] 1918 schloß eine britische historische Satireschrift mit dem Titel *1066 and All That* feierlich, „Amerika ist deshalb ganz klar das mächtigste Land und damit ist die Geschichte beendet."

Als dieses klassische Werk 1930 veröffentlicht wurde, erreichte die wirtschaftliche und kulturelle Krise mit einem Zusammenbruch des Aktienmarktes, einem Versagen der Banken und der Großen Depression auch die Vereinigten Staaten. Durch die Bedrohung des traditionellen Optimismus' und der gewachsenen Werte (der Roman *You Can't Go Home Again* stellte Thomas Wolfes Warnung dar) rüttelte die Depression beim Thema Technologie am kollektiven amerikanischen Selbstbewußtsein. Der untadeligen Yankee-Abstammung zum Trotz glaubte man, daß Massenproduktion und moderne seelenlose Technologie die Menschen von ihren Arbeitsplätzen vertreiben würden. Vor diesem Hintergrund wurde die Biotechnik in den Vereinigten Staaten als das Versprechen einer neuen Technik, die eng mit den Bedürfnissen des Menschen und der biologischen Welt verbunden ist, neu interpretiert.

Aus dem Traum von einer neuen Technik entstand ein Konzept der Biotechnologie, das noch zwei Jahrzehnte nach dem Zweiten Weltkrieg blühen sollte. Dann sollte die Biotechnologie zum ersten Mal eine klare Bedeutung erhalten. Dies kam im Bemühen der Vereinigten Staaten um eine Erweiterung des Ansehens und der Anwendungsbereiche dieser Technik als ein akademisches Fach mit veröffentlichten Richtlinien und bewilligten Mitteln an angesehenen Institutionen zum Ausdruck. Führende Universitäten wie das MIT (1939) und das UCLA (1947) richteten Abteilungen mit den Titeln „Biologische Technik" und „Biotechnologie" (Biological Engineering) ein. 1960 hatte die American Society of Mechanical Engineers eine Arbeitsgruppe mit dem Titel „Biotechnologie" ins Leben gerufen. Die einzigartige Bedeutung der Biotechnologie in den Vereinigten Staaten als ein neuer Abschnitt der Technik wird durch einen Vergleich mit britischen Konzepten deutlich. Dort erhielt der Begriff „Biologische Technik" ebenfalls allgemeine Geltung und wurde auf die gleichen Praktiken angewendet: Dennoch wurde in Großbritannien eher seine Anwendung auf biologische und medizinische Wissenschaften hervorgehoben, als daß er als ein neuer

Abschnitt in der Technik selbst betrachtet wurde. Diese beiden Vorstellungen unterschieden sich vielleicht nur geringfügig, doch in Schweden wurden sie zu einer Prinzipfrage.

Durch seine Neutralität vor den meisten überwältigenden Herausforderungen der Weltkriege geschützt, durchlebte Schweden in den Jahren zwischen den beiden Weltkriegen seine eigene industrielle und kulturelle Revolution. Hier spielte die Technologie, die durch britische, amerikanische, dänische und deutsche Einflüsse bereichert wurde, eine entscheidende Rolle. Die Schweden schufen sich ihre eigenen, eher starren neuen institutionellen Formen und verliehen der Biotechnik und Biotechnologie einen bürokratische Status.

Verzweiflung und Chemie

Im August 1930 wurde in einem Beitrag der *New York Times* über das plötzliche Einsetzen von Massenarbeitslosigkeit geklagt. Oft sei gesagt worden, Maschinen sind zum Herren über den Menschen geworden und daß Massenproduktion der Ruin für die Gesellschaft sei.[3] Einige Monate später sprach ein bekannter Rundfunkkommentator, Stuart Chase, offen die neue Bedrohung der amerikanischen Werte aus: „Die technologisch bedingte Arbeitslosigkeit erreicht ein neues und furchterregendes Ausmaß, einen Zustand, den es während der gesamten industriellen Revolution nicht gegeben hatte".[4] Gegen eine solche Attacke auf ihr Ansehen wehrten sich die Ingenieure. Während der 30er Jahre schlugen „Technokraten" eine neue Ausarbeitung des Preissystems vor, damit die Energiekosten verschiedener Produkte angemessen berücksichtigt würden. Techniker und Wissenschaftler wandten sich einer Vision von Kontrolle, Nutzbarmachung der Naturkräfte und Unterstützung ihres Berufsstandes zu. Damit wollten sie eine Alternative gegenüber zunehmenden beruflichen Einschränkungen schaffen. Während Neuerungen in der Öffentlichkeit als eine Bedrohung angesehen wurden, waren sie für viele Ingenieure ein Versprechen. Der Wandel konnte ihrer Meinung nach eher durch planmäßige Anwendung der Wissenschaft kontrolliert werden als durch das freie Spiel unkontrollierter und unbeständiger Märkte.

Optimisten verteidigten heftig die Chemie, die wieder einmal mit den von Frankensteins Monster hervorgerufenen cineastischen Horrorvisionen gleichgesetzt wurde. Die Chemie, die so oft mit Kartellen und Krieg verbunden worden ist, war seit langer Zeit angefeindet worden. Zu ihrer Verteidigung hatten die „Förderer" ein spezielles Vokabular entwickelt.[5] In der Zeit nach dem Ersten Weltkrieg veröffentlichte Edward Slosson ein außerordentlich erfolgreiches Werk mit dem Titel *Creative Chemistry*. Dort beschrieb er, wie seine Wissenschaft den eher oberflächlichen Unruhen der modernen Zeit unterlag. Dem Vorreiter Slosson folgend und angezogen von der Vision eines von neuen Materialien bestimmten Zeitalters, stellte William J. Hale von der Firma Dow Chemical sein Werk *Chemistry Triumph* vor, das 1930 in Chicago zur Chemistry of Progress Expedition veröffentlicht wurde. Dieses neue Zeitalter wurde durch neue Materialien, die Bernal in seinem Werk *The World, The Flesh and the Devil* skizzierte, eingeläutet. Bernals Liste neuer Metalle fügte Hale noch Silikon und Plastik hinzu und sagte das „Silikon-Plastik-Zeitalter" voraus – damit begannen Diskussionen, die ein halbes Jahrhundert andauern sollten. Später sollte dieser Zeitraum als das „Plastikzeitalter„ bekannt werden.[6] Allgemein sollten industriell nutzbare Entdeckungen der Chemie eine düstere Wirtschaftsentwicklung – heraufbeschworen durch unfähige Volkswirte – umkehren. „Volkswirte der Chemie" würden zeigen „wie diese Retorten-Termiten erfolgreich das Innere des so hübsch gepflegten und anscheinend festen Fachwerks herausnagen, auf dem die ganzen wirtschaftlichen Theorien des Maschinenzeitalters ruhen".[7]

Biotechnik in den Vereinigten Staaten: Mumford und Wickenden

Das Gefühl der Empörung kam in Großbritannien auch durch Übernahme früherer wissenschaftlicher Veränderungen und kultureller Entwicklungen zum Ausdruck. Dort suchte man bereits nach Konzepten sowie nach Kontrollmöglichkeiten für die Richtung der Technologie-Entwicklung und betrachtete sie als Alternative des *Laissez-faire*-Kapitalismus'. Britische Wissenschaftskommentatoren wurden in die Vereinigten Staaten eingeladen: Als Geddes jedoch im Begriff war, die USA zu besuchen, starb er. Richard Gregory, Herausgeber von *Nature* und einflußreicher britischer Befürworter dieser Konzepte, machte im Jahre 1938 eine mit viel Publicity begleitete Rundreise. Wieder zog der Glaube an die Macht der Landwirtschaft, der durch die chemurgische Bewegung

106

allgemeine Anerkennung fand, europäische Autoritäten an: Christy Borths berühmtes und 1939 erschienenes Buch *Pioneers of Plenty: The Story of Chemurgy* pries sowohl Hogbens „Rückzug von der Vernunft" als auch Hartleys „Mather"-Vorlesung.[8] Philosophisch betrachtet war Hogbens bioästhetische Vision verführerisch in einem Amerika, das sich, wie es Arthur Thomson 1930 beschrieb, besonders zum „Natürlichen" oder – um das damals neue Wort zu benutzen – „Holistischen" hingezogen fühlte.[9] Geddes war in den Vereinigten Staaten bekannter als in seinem Heimatland und seine ergebensten Anhänger, Amelia Defries und Philip Boardman, waren Amerikaner. Der Historiker Arthur Molella schrieb, als er über die Gründerväter der Technologiegeschichte – den Schweizer Siegried Giedeion und die Amerikaner Abbott Usher und Lewis Mumford – nachdachte: „Alle drei glaubten Zeugen einer bedeutenden kulturellen Umwälzung von einer mechanischen hin zu einer organischen Welt zu sein."[10]

Zwei besonders einflußreiche Publikationen, die dazu dienten, das europäische Konzept in den 30er Jahren in das amerikanische Umfeld zu integrieren, waren Lewis Mumfords *Technics and Civilization* und William Wickendens Abschlußbericht über die Ingenieurausbildung. Der anti-akademische Intellektuelle Mumford (1895-1990) war an der Columbia Universität ein Schüler Edward Slosson gewesen. Von ihm lernte er in einem stark durch Ostwald beeinflußten Kurs von der Bedeutung der Energie für Wissenschaft und Kultur. So beeindruckt Mumford auch war, betrachte er die Chemie jedoch nicht als den Ursprung aller Dinge. Technologie wurde für ihn erst wichtig, als er begann, unter Geddes' Einfluß zu geraten. Dies war eine Beziehung, der er sich immer wieder zuwandte, auch als er in den 60er Jahren für den *Encounter* schrieb und noch 1976, als er in einem Radiobericht der BBC über „den Meister" sprach.[11] Obwohl er die Rolle des Boswell, die Geddes ihm zugedacht hatte, zurückwies, wurde Mumfords Denken tiefgreifend durch diesen prophetischen Engländer beeinflußt.

Im 1934 veröffentlichen Buch *Technics and Civilization* übernahm Mumford die historische Einteilung von Geddes – die Paläotechnik, die Neotechnik und die Biotechnik.[12] Auch er glaubte, das Zeitalter der Biotechnik sei die nächste Entwicklungsstufe, bei der sowohl die biologischen Bedürfnisse der Arbeiter nach verbesserten Arbeitsbedingungen als auch die der Kunden berücksichtigt werden würden. Geddes folgend, richtete sich auch Mumfords Hauptaugenmerk auf die Stadtplanung. Der Unterschied zwischen der bedrückenden Atmosphäre paläotechnischer Fabrikstädte und den modernen Villenvierteln des biotechnischen Zeitalters sollte die Natur des Fortschritts deutlich machen. Während der nächsten 50 Jahre arbeitete Mumford beständig an seinen Ideen und ordnete sie neu. Er war entsetzt über das Phänomen, das er „Megalopolis" nannte, und später auch über das Netzwerk militärischer Macht, das so im Gegensatz zu seinen Träumen der 30er Jahre stand, als er sich einen biotechnischen Weg vorgestellt hatte, der aus der Depression heraus führen sollte.

Mumford näherte sich der Technik als ein begabter Journalist. Obwohl sich Geddes für die Stadtplanung interessierte, war er sein Leben lang ein Biologe geblieben, der die Fabrikation abstrakt betrachtete. Trotz ihrer Lobreden auf die Technologie, betrachteten beide sie von außen. Die Biotechnik beeindruckte dagegen auch professionelle amerikanische Ingenieure. Als sich das Berufsbild des Ingenieurs in den 20er Jahren von einem begabten Handwerker hin zu einem Studenten, der immer öfter einen Doktortitel trug, wandelte, mußten sich auch Bild und Konzept eines geeigneten Studienplans verändern. Er hatte sich aus einer Sammlung unterschiedlicher und einander feindselig und mißgünstig gegenüberstehender Spezialfächer und Berufe herausgebildet. Aber der angesehene Ingenieur und künftige Präsident Herbert Hoover wandte nach dem Ersten Weltkrieg ein, dies sei eine veraltete Konstruktion und ein zusammenhängender, einheitlicher Lehrplan sei erforderlich. Der AT&T Ingenieur William Wickenden, späterer Präsidenten des Case Institute of Technology, wurde von der Society for the Promotion of Engineering Education eingestellt, um das amerikanische Techniker-Kurrikulum grundlegend neu zu überarbeiten. Seine umfangreichen Veröffentlichungen in den Jahren zwischen 1925 und 1934 waren entscheidende Bestandteile der Bewegung, die der Technik nicht nur als Universitätsfach Anerkennung verschaffen wollte, sondern auch als einer Graduiertenkarriere mit einer intellektuellen Grundlage, die den traditionellen Berufen der Naturwissenschaften und Medizin gleichkommen sollte.

Wickenden interessierte sich auch für den Stellenwert der Technologie innerhalb der menschlichen Geschichte. So hielt er einige Vorlesungen unter dem Titel „Technologie und Kultur".[13] In den frühen 30er Jahren war er über die Auswirkungen der Depression tief besorgt, als Nahrungsmittel ungeachtet großer Hungerkatastrophen in vielen Teilen der Welt verbrannt wurden.[14] Sicherlich sollte das Fachgebiet eines problemlösenden Technikers doch auch die Produktion von Nahrungsmitteln einschließen. Die Biologie sollte dann stufenweise herangezogen werden, um Wickendens Vorstellung von einer auf der Wissenschaft aufbauenden, sich expandierenden Technik zu unterstützen.[15] Die Arbeitspsychologie sollte dann zu einem Teil der im Management angesiedelten Verantwortung des Ingenieurs werden und damit auch die „Psychotechnik" (ein Begriff, der in Deutschland ebenfalls zu Beginn dieses Jahrhunderts geprägt worden war). Als Wickenden im Juni 1933 in seinem Abschlußbericht Überlegungen zur Verflechtung von „Biotechnik" und „Psychotechnik" forderte, stattete er die Technik mit einer neuen wissenschaftlichen Grundlage aus, ergänzte sie durch eine stärkere Ausrichtung auf den Menschen sowie durch die Möglichkeit, das generelle Interesse der 30er Jahre an biologischen Erkenntnissen in die neuen biologischen Grundlagen einzuarbeiten.[16]

Dem im Jahre 1932 gegründeten Engineering Council for Professional Development (ECPD) wurde die Aufgabe übertragen, den Bericht von Wickenden zu realisieren. Der Historiker David Noble sagte später, diese bürokratische Neuerung sei das langanhaltenste Ergebnis des Reports gewesen.[17] Der Mann, der dies bewirkte, war der Vorsitzende des ECDP Committee on Engineering Schools und Präsident des MIT, Karl Compton. Compton war wahrscheinlich der aus akademischer Sicht würdigste Schirmherr der Chemurgiebewegung und selbst besonders an den biologischen Gesichtspunkten der Technik interessiert. Er befürwortete dies an seiner Universität, um alte eingefahrene Programme bei der Nahrungsmitteltechnologie und Bakteriologie neu zu beleben, denn diese Fakultät war hinter den modernen Fortschritten der Biotechnologie zurückgeblieben. Jetzt sah er die Möglichkeit für einen neuen Ansatz, nämlich „Physikwissenschaftler anzuwerben und für eine Karriere in der wachsenden Gesundheitsindustrie auszubilden".[18]

Karl Compton, Förderer der Biotechnologie, aufgenommen in den späten 30er Jahren. (Mit freundlicher Genehmigung The MIT Museum.)

Außerdem konnte das MIT mit der Betonung der menschlichen Seite der Technik dem anhaltenden politischen Druck auf diesen Beruf entgegenwirken. Im Jahre 1936 hatte Präsident Roosevelt den ungewöhnlichen Schritt unternommen und einen offenen Brief an die Leiter der Schulen geschickt, die das Fach Technik unterrichteten (veröffentlicht in der *New York Times*). In diesem Brief verurteilt er die Auswirkungen, die Wissenschaft und Technik auf die Arbeitslosigkeit hatten. Er legte eine kürzlich erschienene Umweltschutz-Flugschrift mit

110

dem Titel „Little Waters" bei und erklärte, daß die Ingenieure die aus der Anwendung der Wissenschaft entstehenden Probleme erkennen und Technikinstitute ihren Studenten mehr sozialwissenschaftliche Kenntnisse vermitteln sollten. In einem ebenfalls in der *New York Times* veröffentlichen Brief antwortete Compton, daß eine neue Technologie die Lösung für alle durch die alten Technologien hervorgerufenen Probleme sei. Während durch mechanische Technik hergestellte Maschinen möglicherweise die menschliche Arbeitskraft ersetzt haben, könnte die Anwendung der modernen Wissenschaften Chemie, Metallurgie und Biologie ein Weg sein, um das Wohlergehen des Menschen zu fördern.[19]

Bioengineering

Am MIT nahm im Jahre 1936 ein Plan für „biological engineering" Gestalt an, und ein kombiniertes Programm für Forschung und Lehre wurde ein Jahr später eingerichtet. Der Name, der nach vielem Nachdenken und bei Alternativen wie „Biurgy" und Biotechnologie den Vorzug erhielt, fand die Zustimmung von Comptons Vizepräsident Vannevar Bush, weil er die Technik widerspiegelte, die er als „die Kunst, den Menschen zu organisieren und zu lenken sowie die Kontrolle von Naturkräften und Materialien zum Nutzen des Menschen" beschrieb.[20] Wieder einmal stellte die Chemie ein Modell zur Verfügung, denn die kaum in den Hintergrund abgedrängte Richtung „chemical engineering", bei der das MIT ein Jahrzehnt zuvor die Weltführung übernommen hatte, stellte eine nützliche rhetorische Waffe dar.[21] „Ich weiß, Sie mögen den jetzigen Namen nicht" gab Bush zu, „aber Sie werden sich an ihn gewöhnen, je mehr sie darüber nachdenken".[22]

Das Thema wurde definiert als „die Kunst, Probleme des menschlichen Wohlergehens mit Hilfe der Physik, Chemie und anderer damit verbundener Wissenschaften zu bewältigen." Fünf Abteilungen wurden in den Laboren zusammengefaßt: Bio-elektronische Technik (die sich mit Röntgen- und Kathodenstrahlen befaßt), Elektrophysiologie, Biophysik, Mikrobiologie (zusammen mit Mykologie und Biochemie) sowie Lebensmittelbiochemie.[23]

Im Jahre 1941 wurde der chemische Vorläufer der Biotechnik bei einer Tagung zum 150. Jahrestag der Rutgers Universität in New Jersey, die sich mit der Zukunft der Technik beschäftigte, hervorgehoben. Die wichtigste Ansprache hielt Vannevar Bush, während der er für die Anerkennung des „Bioengineering" warb. Um Erfolg zu haben, benötigten Biologen mehr als nur ein oberflächliches Verständnis biologischer Kenntnisse bei Geschäftsleuten oder Wirtschaftsökonomen. Sie brauchten eine völlig neue Disziplin. Bush sah Anwendungen von der Landwirtschaft bis zur Fermentation voraus:

> Die wichtigsten Bedürfnisse des Menschen sind Nahrung, Kleidung und Wohnraum. In die ersten beiden dieser Bedürfnisse wird die Biowissenschaft ziemlich sicher Einzug halten, und irgendwie wird sie auch den dritten Bereich durchdringen. Das endgültige Betätigungsfeld des Bioingenieurs wird vergleichsweise weit gefächert sein und seine endgültige Stellung in der Gesellschaft wird dementsprechend wichtig sein.[24]

Der Kommentar von Bushs Kollegen am MIT, dem Biologen Detlev Bronk, schloß mit einem lauten Appell, die „Biotechnik" ins Leben zu rufen, die Mumford so gut beschrieben hatte.[25] Doch das MIT war eine alte Schule, an der sich starre Grenzen zwischen einzelnen Fachdisziplinen festgesetzt hatten. Bush und Compton bestanden ursprünglich auf einem technischen Ansatz. Trotz ihrer Begeisterung stellten sie dann aber einen Professor ein, der seine eigenen Ideen hatte. So wurde das Bioengineering schnell wieder zur schlichten Biologie.

Biotechnologie

In Kalifornien, wo zum ersten Mal neue Institute eingerichtet wurden., konnten sich neue intellektuelle Gestaltungen einfacher etablieren. Als der Lehrkörper der Universität von Kalifornien 1944 beschloß, man brauchte eine neue Ingenieurschule, wurde UCLA, Campus der Stadt der Zukunft, in Los Angeles als dessen Heimat ausgewählt. Diese Wahl traf man, weil man sich an die Bedürfnisse erinnerte, die durch das ungeheure Wachstum Südkaliforniens und seiner zunehmenden Bedeutung bei der Hochtechnologie entstanden.

Der zum Schulleiter ernannte L.M.K. Boelter war als Thermodynamiker am Wärmeaustausch interessiert, aber genauso galt sein Interesse der Schnittstelle zwischen Mensch und Maschine. In Berkeley hatte er an Methoden zur Konstruktion verbesserter Autoscheinwerfern gearbeitet, und von dort wandte sich sein Interesse allgemein dem menschlichen Sehen zu, um nützliche Informationen für Mediziner und Augenärzte zu sammeln. Während des Krieges arbeitete Boelter an Problemen, die Menschen beim Fliegen hatten. Hierbei interessierten ihn besonders

112

die Mechanismen der Wärmeübertragung auf den Piloten, um die Vorgänge in großen Höhen zu verstehen.

Boelter, der ein Freund Wickendens war, hatte beschlossen, Leiter einer Schule zu werden, die die Technik als ein zusammengefaßtes, vereinheitlichtes Ganzes behandelt.[26] Natürlich traten innerhalb dieser Verallgemeinerung Spezialisierungen auf, die aber als *Technologien* angesehen wurden und zusammengenommen die Technik bildeten. Seine eigenen Erfahrungen während des Krieges waren von der Wechselwirkungen zwischen Mensch und Maschine bestimmt gewesen. Diese Wechselwirkung nannten Boelter und sein Kollege Craig Taylor „Biotechnologie". In einem richtungsweisenden Artikel in *Science* erläuterten sie ihre Erfahrungen, bezogen sich auf Wickendens Gebrauch des Wortes „Biotechnik" und zitierten sogar den Absatz seines Berichts von 1933.[27] Eine gründlichere Vorbereitung der Ingenieure sei, wie sie sagten, notwendig im Hinblick auf einen Ansatz zu dieser Disziplin, bei dem der Mensch im Mittelpunkt steht. Ihr Kollege Myron Tribus drückte es so aus: „Mit der Vorsilbe „Bio" meinen wir die Dinge, die Biologen aus der Perspektive einer Person untersuchen, die versucht, Dinge zu modellieren".[28] Daher, so Tribus, wäre es eine faire Sache, in der Abschlußprüfung zu Boelters Kurs die Ausarbeitung von Experimenten und Analysen zum Energiegleichgewicht beim Schwein zur Aufgabe zu machen.

Das UCLA-Prgramm wurde vielerorts anerkannt. Boelters Kollege Craig Taylor wurde im *Life*-Magazin vorgestellt; ein in diesem Artikel verwendetes Foto ist auf der nächsten Seite abgebildet.[29] Da, wie erwähnt, Boelters spezielles Interesse der Schnittstelle zwischen Mensch und Maschine galt, wurde die Biotechnologie mit dem in Verbindung gebracht, was andernorts als „human factor research" bekannt war. Dies wurde zu einem rasch anwachsenden Bereich, besonders weil Militär- und dann auch Raumfahrtingenieure die Bedingungen für eine schnelle Reaktion der Piloten optimieren mußten. Im Jahre 1962 beschäftigten sich etwa 500 Ingenieure und Psychologen mit dieser neuen Disziplin.[30] Gleichzeitig hegten viele Bildungsinstitutionen den Wunsch, die intellektuelle Grundlage der Technik auszuweiten und die Life sciences darin zu integrieren.

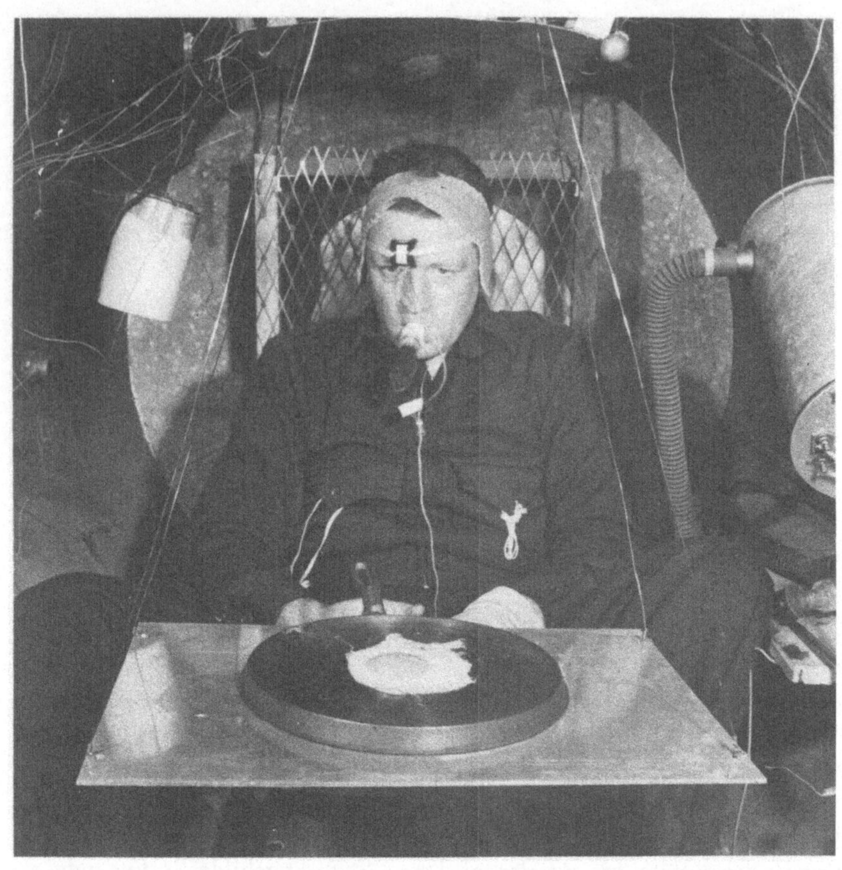

Craig Taylor, Gründer des Biotechnologie-Kurses an der UCLA bei der Arbeit. Erschienen am 9. Februar 1948 in *Life*. 1948 fotografiert von Johnny Florera vom *Life* Magazin ©, Time Warner Inc. und Katz Pictures Ltd..

Annähernd fünfzig amerikanische Universitäten und Colleges boten in den 60er Jahren eine Verbindung zwischen einer so ausgerichteten Wissenschaft und der traditionellen physikwissenschaftlich orientierten Ingenieurausbildung.[31] Obwohl sie nicht alle den Titel „Biotechnologie" verwendeten und MITs Gegenstücke zum UCLA-Kurs „Maschinen- und System-Biotechnologie" mit „Sensorische Kommunikation" und „Mensch-Maschine-Systeme" betitelt waren, so war „Biotechnologie" ein bekanntes Wort. Die Carnegie-Mellon Universität folgte dem Beispiel

UCLAs und bot Seminare unter dem gleichen Titel an. Fogel, ein Doktorand der betreffenden UCLA-Abteilung, schrieb 1964 ein Lehrbuch über diese Verknüpfung, in dem er dieses Thema mit einem Wagenrad verglich. Geddes hatte ein sehr ähnliches Beispiel verwendet, aber der Inhalt von Fogels Beschreibung dieses Wagenrads unterscheidet sich vollkommen von dem seines englischen Vorgängers.[32] Motiviert durch den Wunsch, einen neuen Beruf zu entwickeln, stand die Technik und nicht die Biologie oder Soziologie im Mittelpunkt. Die neue Biotechnologie hatte biologische gegen technische Kategorien ausgetauscht. Der Begriff „Technik" wurde zu dieser Zeit von vielen Seiten unterstützt: Im Jahre 1959 legten Vertreter der technischen Berufe ihre Haltung zu einem Bundesausschuß für Wissenschaft und Technologie vor dem Kongreß dar. Sie weigerten sich gegen die Aufnahme des mit „T" beginnenden Wortes in den Titel und forderten dafür den Begriff „Engineering".[33] Boelters Vorstellung von der „Technologie" selbst als einer untergeordneten Klasse war vielleicht zu komplex.

Im Jahre 1966 wählte das Engineers Joint Council Committee on Engineering Interaction with Biology and Medicine, Subcommittee B, offiziell den Begriff „Bioengineering" aus. Dies bedeutete, daß „die Anwendung des durch die gegenseitige Befruchtung von Technik und Biowissenschaften gewonnenen Wissens zum Wohle des Menschen genutzt werden könne."[34] Diese weitreichende Kategorie umfaßte eine Anzahl von Fächern, die den von Vannevar Bush ausgearbeiteten ähnelten und den frühen Pionieren der Biotechnologie und Biotechnik bekannt waren: Medizintechnik, umweltbezogene Gesundheitstechnik, Landwirtschaftstechnik, Bionik, Fermentationstechnik und „human factors engineering". Bionik war beispielsweise der Anglizismus von Francés Interesse an „dem Studium der Funktion und den Prinzipien der Arbeitsweise lebender Systeme zur Konstruktion physikalischer Systeme".[35] Vor nicht allzulanger Zeit wurde sie durch die visionären Vorstellungen von Männern wie Norbert Wiener, dessen eigenen Parallelen zwischen Maschinen und Lebewesen auf die Zeit von Francé zurückgehen, zur „Kybernetik".[36]

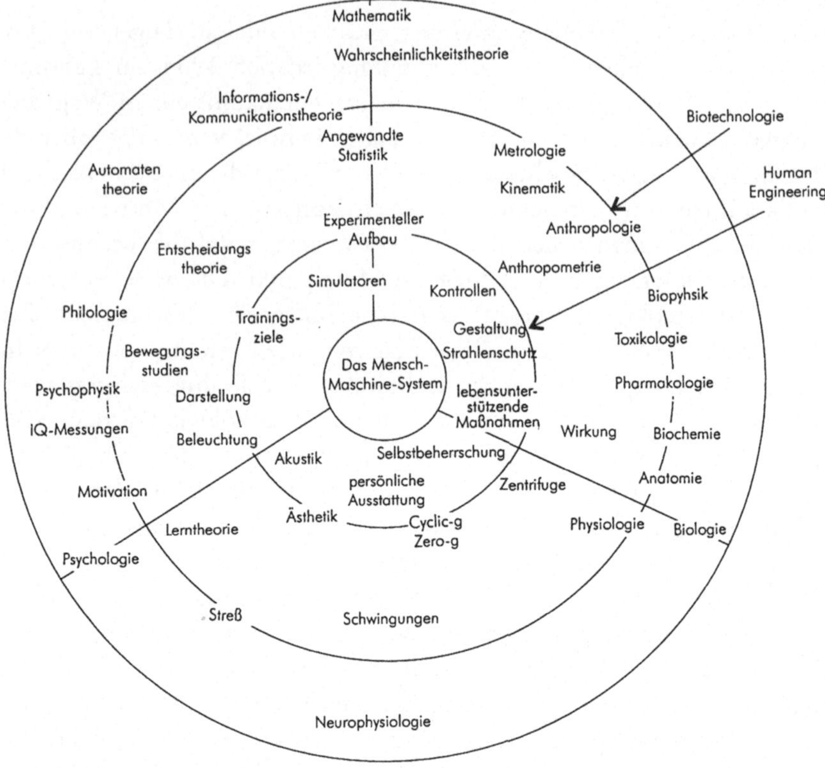

So sahen amerikanische Ingenieure im Jahre 1963 die Biotechnologie. Lawrence J. Fogel *Biotechnology: Concepts and Applications*, © 1963, Seite 798. (Veröffentlicht mit Genehmigung von Prentice Hall, Englewood Cliffs, New Jersey)

Landwirtschaftstechnik, „die Anwendung technischer Prinzipien auf Probleme der biologischen Produktion sowie auf beeinflussende externe Vorgänge und auf die Umwelt", war natürlich Erekys Interesse gewesen. Mit der Fermentationstechnik hatte sich Orla-Jensen beschäftigt, während das „human factors engineering" ein alternativer Name für Boelters ursprüngliche Forschungsinteressen war.

Aus der Sicht der Forschung mögen dies verschiedene Fächer gewesen sein. In gleichem Maße waren auch ihre wirtschaftliche und technologische Bedeutung sowie ihre Dynamik völlig unterschiedlich. Dennoch teilten sie eine gemeinsame Bildungsgrundlage und wurden durch den Glauben, daß Life science einen bedeutenden Teil bei der Ausbildung

116

der Ingenieure einnehmen sollte, zusammengehalten. Der Glaube an die zentrale Stellung der Biotechnologie für die Zukunft der gesamten Technik wurde beibehalten. Das Zitat am Anfang dieses Kapitels wurde einer klassischen Veröffentlichung aus dem Jahre 1965 entnommen.

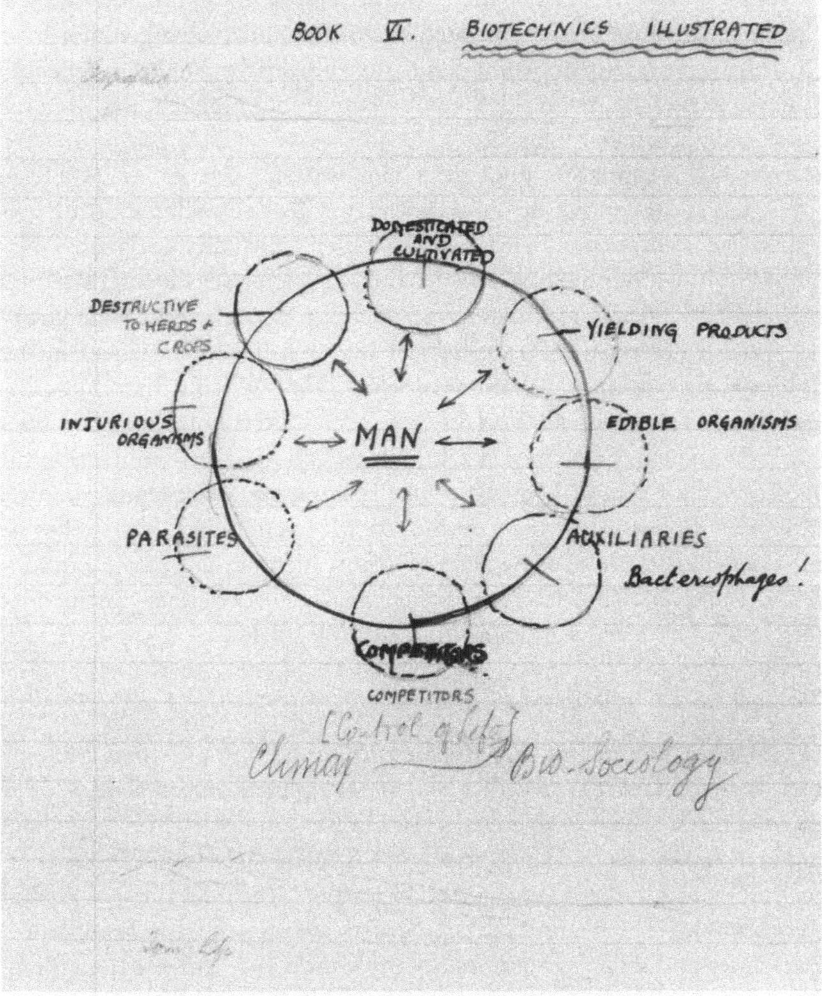

Die Biotechnologie wie Geddes sie in einer Skizze seines Buches *Life* darstellte, c. 1930. (Mit freundlicher Genehmigung der University of Strathclyde.)

Das dort geschilderte Konzept von der Biotechnologie als einer „Phase"
in der Geschichte der modernen Technologie wäre bei europäischen Befürwortern der Biotechnik eine Generation zuvor überaus beliebt gewesen. Mögen sich die Interpretationen auch noch so sehr unterscheiden,
wurde in einem UCLA-Bericht aus dem Jahre 1968 argumentiert, *„gibt
es eine generelle Übereinstimmung, so daß sich, unabhängig vom gelehrten Inhalt, das Hauptaugenmerk auf die einheitliche Funktion lebender
Systeme richten sollte und daß man, wenn immer möglich, das Material
quantitativ beurteilen sollte."*[37]
Hauptsächlich umfaßte „biological engineering", wie es um 1960 in
Amerika verstanden wurde, eine unbegrenzt große Bandbreite ganz spezieller Fachrichtungen. Bei der Diskussionen über den geeigneten Namen und Inhalt der biologischen Technik standen zwei Eigenschaften im
Mittelpunkt. Die Biotechnik erschien als eine einzelne technische Gruppe, weil sie in erster Linie ein Mittel war, um die Life sciences in das
Studium einzuführen. Es war eher eine Lehr- als eine Forschungska-
tegorie. UCLA erhielt als Vorkämpferin der Biotechnologie in den 50er
Jahren für einen Zeitraum von zehn Jahren von der Ford Foundation für
die Entwicklung eines Lehrplanes für Technik einen Zuschuß von zwei
Millionen Dollar. Außerdem, so machte MITs Argument klar, stellte sie
ein Grenzfach dar, das seine Integrität und Identität aus seiner funktio-
nellen Rolle als Schnittstelle zwischen den historisch weit voneinander
getrennten Disziplinen Biologie und Technik ableitet.

Biologische Technik in Großbritannien

In den 60er Jahren, als sich die Berührungspunkte zwischen Biologie
und Technik mehrten, wurden diesen Disziplinen vorhandene Wörter
auf verschiedene Arten zugeordnet. In Großbritannien wählte man einen
anderen Ansatz als in den Vereinigten Staaten. „Human factors engineering" und die verwandte humane Technik, die Boelter
„Biotechnologie" genannt hatte, wurden zusammen als „Ergonomie"
bezeichnet und eine Ergonomics Society wurde 1949 ins Leben gerufen.
Während die Bezeichnung „biological engineering" in den Vereinigten
Staaten etliche Nebenbedeutungen hatte, so wurde dieser Begriff in
Großbritannien zuerst für die einzigartige Besonderheit verwendet, die
die Amerikaner „medizinische Technik" nannten.

118

Die Physiologie hatte natürlich ihre eigene gut etablierte technische Ausrichtung, die besonders gut durch das Biophysics Research Unit am University College London repräsentiert wurde. Dieses College war von dem berühmten Physiologen A.V. Hill gegründet worden (dessen Arbeit zur Entwicklung von Flak-Geschützen während des Ersten Weltkriegs zu einem klassischen Vorläufer der Kybernetik wurde und von dem Rutherford sagte, „er mache so viel Krach wie ein Physiker").[38] Die Kriegserfahrungen, von Prothesen bis hin zur Radartechnologie, hatte eine Gemeinde von Ingenieuren hervorgebracht, die an der Schnittstelle zum menschlichen Körper arbeiteten, und immer öfter arbeiteten einzelne Ingenieure aus verschiedenen Fachrichtungen zusammen. In den frühen 50er Jahren begann Heinz Wolff am National Institute of Medical Research (NIMR) seine Arbeit als „Bio-Engineering" zu beschreiben.[39] Dennoch sollten die Aktionen auf nationalem Niveau von einem Amerikaner koordiniert werden.

Seit 1955 hatte Vladimir Zworykin ein medizinisch elektronisches Labor am Rockefeller Institut geleitet (das zu diesem Zeitpunkt unter der Führung von Detlev Bronk stand). Zworykin war ein Pionier der amerikanischen Elektronenmikroskopie und genauso ein Wegbereiter bei seinen besser bekannten Innovationen in der Fernsehtechnologie als Forschungsleiter am RCA. Als er erkannte, daß die Forschergemeinde isoliert voneinander arbeitete und häufig parallele Tätigkeiten aus Unkenntnis der anderen durchgeführt wurden, entschied er sich, sie zusammenzufassen. Im Juni 1958 organisierte Zworykin die erste Konferenz zum Thema Medizinische Elektronik in Paris, die im Jahre 1959 die International Federation of Medical Electronics ins Leben rief.[40] Die Briten wurden zur Gründung von Organisationen angeregt, die der International Federation of Medical Electronics angegliedert werden konnten. Die erste war die Medical Electronics Section der British Institution of Radio Engineers. In einer Ansprache während der Gründungsversammlung dieser Gruppe, beklagte sich A.V. Hill darüber, das der Begriff „medizinisch" viel zu eng gefaßt sei. Statt dessen sollte der umfassendere Begriff „biologisch" verwendet werden, um die Anwendung sensitiver Detektoren und Verstärker zu beschreiben, die die Ingenieure zu dem Zeitpunkt entwickelten.[41]

Sicherlich umfaßte das Gebiet auch mehr als nur die Elektronik. Dies stellte man im Juni 1960 bei einem Treffen fest, an dem Ärzte, Physiologen, Elektronikingenieure, Mechanikingenieure und Physiker teilnahmen und das zur Gründung einer neuen spezialisierten Gruppe mit dem Titel Biological Engineering Society führte. Ihr Ziel war es, Anhänger verschiedener Fachrichtungen aus Krankenhäusern, Forschungseinrichtungen und der Industrie zusammenzuführen, um „die Anwendung der Technik zur Lösung biologischer und medizinischer Probleme voranzutreiben“.[42] Das im Oktober desselben Jahres am NIMR durchgeführte erste wissenschaftliche Treffen brachte die geniale „Fusion der beiden Fachgebiete Biologie und Technik“ hervor.[43] Völlig unabhängig vom gleichzeitigen Gebrauch in den Vereinigten Staaten wurde die „biologische Technik“ wieder als das am besten geeignete übergreifende Konzept ausgewählt. In der Antrittsrede des neuen Professors für Biotechnik an der Universität von Strathclyde, Robert Kenedi, im Jahre 1964 beschrieb dieser Vorkriegskonzepte, die mit Harold Hartleys Vorlesung über die Möglichkeiten der biologischen Gestaltgebung und auch mit Huxleys früheren Konzepten im Einklang standen: „Wenn in einer weit in der Zukunft liegenden Zeit die genetische Kontrolle erst einmal verstanden wird, erscheint es ziemlich sicher, daß sich das Berufsbild des Geningenieurs herausbildet. Diese „Gen-Ings“ werden dann um den Entwurf funktionierender menschlicher Körper, maßgeschneidert für bestimmte Berufe, miteinander wetteifern.“[44] Auf einem nüchternen Niveau waren die Ausmaße der Konzepte auf beiden Seiten des Atlantiks gleich. Schließlich ist die philosophische Grundlage eines Faches selten von kritischer Bedeutung. Die britische Sichtweise wurde von der International Federation anerkannt. Als die Briten 1963 ein Journal ins Leben riefen, wählten sie dafür den Titel *Medical Electronics and Biological Engineering*. Trotzdem wurde die Arbeit der biologischen Techniker nicht als eine Revolution im Innersten der Technikerausbildung gesehen, so wie es in den Vereinigten Staaten der Fall gewesen war. Die Förderer waren selbstbewußte Spezialisten, die viele verschiedene Fähigkeiten zusammenführten, um damit ein neues Zeitalter der Forschung einzuläuten. Dennoch gab es einen wichtigen Punkt, an dem sich die Bedeutung der biologischen Technik unterschied: die Stellung der Fermentations-Technologie. Diese konnte zumindest teilweise in ein

120

amerikanisches Modell aufgenommen werden, das die Biologie und Technik vereinte. Durch den Schwerpunkt, den die Briten bei der Anwendung am Menschen setzten, rückte das Thema wieder in den Hintergrund. Dieser Unterschied wäre vielleicht gar nicht bemerkt worden, wären da nicht die pedantischen Schweden gewesen. Das Ergebnis ihrer sorgfältigen Debatten war eine neue Definition der Kategorie „Biotechnologie", die sich auf Mikroorganismen und nicht auf den Menschen konzentrieren sollte.

Der schwedische Beitrag

Schweden ist ein reglementierendes und viel zentralisierteres Land als es die Vereinigten Staaten, Großbritannien oder sogar Deutschland sind. Auseinandersetzungen über Begriffsdefinitionen können daher dort in bürokratischer Realität verfolgt werden. Dies war keineswegs nur zur Schau gestellte und unbedeutende Politik. Die Institution, innerhalb derer die Diskussion auftrat, war wichtig und sehr erfahren. Schweden war offen für andere Kulturen und bot einen intellektuellen Schmelztiegel, in dem verschiedene biotechnische Traditionen einflossen. Merkwürdigerweise erreichten die amerikanischen Bewegungen der biologischen Technik und der Biotechnologie das Land getrennt voneinander, wurden unabhängig voneinander interpretiert und ihre Bedeutungen wurden formal festgelegt. Die „biologische Technik (*Bioteknik*) erwies sich als ein sehr umfassender Begriff, die „Biotechnologie" dagegen als ein spezifischer Ausdruck, der mit dem „human factors engineering" verbunden war.

Schon ihm Jahre 1942 wurde das Wort „*Bioteknik*" zum ersten Mal in einem nationalen Institut formell aufgenommen. Die Royal Swedish Academy of Engineering Science (IVA), die sich mit der Versorgung von Energie, Nahrungsmitteln und Medizin beschäftigte, hatte sich inmitten der Handelsschwierigkeiten und Verknappungen während des Krieges biologischen Methoden zugewandt und im Dezember 1942 eine neue Abteilung der Akademie mit dem Titel „*Bioteknik*" ins Leben gerufen. Deutlich waren zwei Interessen am Werk. Auf der einen Seite waren praktisch orientierte Männer mit der Vielfalt der biologischen Nahrungsmittelindustrie wie beispielsweise dem Brauereiwesen und dem Backen beschäftigt, die aber durch die Organisation nicht genügend repräsentiert wurden. Der ursprüngliche Befürworter Almgren, früherer Sekretär des Swedish Brewing Research Institute, kam von dieser Gesellschaft. Auf der anderen Seite standen als Kosmopoliten die philosophischen Techniker, die die Akademie leiteten. Almgren verstarb in dem Augenblick, als seinem anfänglichen Vorschlag zur Bildung einer Abteilung für Biotechnik der institutionelle Segen erteilt worden war. Seine Arbeit wurde dann durch den kürzlich zurückgetretenen Gründungsdirektor der Akademie, Axel Enström, wieder aufgenommen.[45]

Enström war der Inbegriff eines kosmopolitischen Ingenieurs. In den Nachwirkungen des Ersten Weltkrieges war er für die Gründung der IVA verantwortlich und später für deren Museum. Es ist interessant zu sehen, wie viele der mit dieser Geschichte verbundenen Menschen – Geddes, Mumford und Boelter genauso wie Enström – von Wissenschaftsmuseen fasziniert waren, die die Wandlung der technologischen Umgebung des Menschen darstellten. Enström selbst beschäftigten genau wie Schumpeter in Österreich und Kontratiev in Rußland die Probleme der technologischen Evolution, Arbeitslosigkeit und des Handelszyklus'. Hier leitete er Diskussionen, in denen er führende Denker in dem eng verknüpften Unternehmertum dieses neu zu industrialisierenden Landes schulte.[46] Schweden litt sehr unter der Depression und obwohl Enström Elektrotechniker war, repräsentierte er sein Land bei Versammlungen, um über viele Technologien einschließlich der Landwirtschaft zu diskutieren. Auf einer Weltenergiekonferenz in Berlin sprach er ähnlich wie seine amerikanischen Kollegen darüber, daß die Technik mit Sicherheit eine zentrale Rolle bei der Lösung der modernen Probleme darstellt.[47] 1940 wurde Enström als Direktor von Edy Velander abgelöst, einem ebenso kosmopolitischen Ingenieur, der an der Harvard Universität und am MIT promoviert hatte und seine Kontakte zu amerikanischen Freunden auch während des Krieges aufrecht erhielt. Im Jahre 1943 besuchte Velander offiziell die Vereinigten Staaten. Wie seine amerikanischen Kollegen war auch er an der Entdeckung neuer Anwendungsgebiete für die Technik interessiert und entwickelte ein während des Krieges entstandenes Interesse weiter, aus dem heraus in den 50er Jahren das Journal für Lebensmitteltechnologie entstand.[48]

Die Entwicklungen in Stockholm spiegelten die kreativen Beziehungen zwischen den kosmopolitischen Ingenieuren und den Industriellen wider. Beim ersten Treffen der Abteilung am 19. Juni 1943 legte Velander einen vorbereitenden Artikel über biotechnische Forschung vor, den er zehn Monaten zuvor geschrieben hatte (als über die Einrichtung der Abteilung nachgedacht wurde).[49] Dieser begann mit allgemeinen Überlegungen über die Berührungspunkte zwischen Biologie und Technik sowie mit Überlegungen über die Bedeutung von Nahrungsmitteln und Hygiene. Velander schlug darin sehr allgemeine Interessengebiete vor. Interessanterweise enthielt er die gleiche Erinnerung an Kleidung, Nahrung und Wohnraum, die Velanders alter Lehrer am MIT, Vannevar Bush, schon einige Monate zuvor bei Rutgers zusammengefaßt hatte, als er die biologische Technik forderte - ein klarer Beweis für die Verwendung eines amerikanischen Modells. Im Gegensatz dazu konzentrierte sich die Diskussion auf die verschiedenen Nahrungsmitteltechnologien und auf Aspekte wie Hormone, die zu dieser neue Abteilung gehören sollten.

Der Begriff „*Bioteknik*" war die wörtliche Übersetzung von Bushs „biological engineering". Außerdem existierte das Wort schon im Abteilungstitel (Bioteknisk kemi) des skandinavischen Kollegen Orla-Jensen. Auch wenn die wichtigeren Einflüsse von anderer Seite kamen, so stützen beide doch den Glauben an die zentrale Rolle der *Bioteknik* für die gesamte Technik und an ihre praktische Bedeutung. In der Ausgabe vom Februar 1943 des offiziellen IVA-Journals argumentiert Velander:

Während ihrer Entwicklung mußte die Ingenieurwissenschaft bis zum heutigen Tag hauptsächlich auf Naturphänomenen basieren. In den Naturwissenschaften war sie auf die Bereiche Physik und Chemie, zu denen auch die Physikalische Chemie gehört, beschränkt und behandelt deshalb die nicht-organische Welt. Seit einigen Jahren hat die wissenschaftliche Forschung auf dem Gebiet der lebenden Organismen eine Reihe von Ergebnissen mit weitreichender Bedeutung für das praktische Leben in medizinischer und physiologischer Hinsicht auf der einen Seite und für die Produktion und Verwendung von landwirtschaftlichen und forstwirtschaftlichen Produkten auf der anderen Seite hervorgebracht. Dies hat Probleme technisch-industrieller Natur aufgeworfen, die in steigendem Maße eine Zusammenarbeit der technischen Wissenschaften erfordern.[50]

Es lohnt sich, diesem die formale Definition folgen zu lassen, auf der die neue Abteilung gegründet worden war:

Unter diesem Begriff [„*bioteknik*"] bin ich [Velander] geneigt, Anwendungen zusammenzufassen, die sich herausbilden, während man lernt, biologische Vorgänge bedeutend zu beeinflussen und sie technologisch bei einer industriell organisierten Tätigkeit auszunutzen. Beispiele dafür sind die industrielle Hefeproduktion sowie die Herstellung und Verbesserung von Rohstoffen in der Nahrungsmittelindustrie, genauso wie die Präparation und Konservierung von Nahrungsmitteln.

Genau wie in den Vereinigten Staaten glaubte man auch hier, daß diese Entwicklung Ingenieuren neue Möglichkeiten bot: „Ein weites Feld eröffnet sich für technologische Arbeiten in Industrie und Landwirtschaft, bei denen der Ingenieur eine wichtige Rolle spielt, denn er ist wie immer der Übersetzer, der die wissenschaftlichen Theorien und Entdeckungen dem Praktiker und Wirtschaftsökonomen erklärt und dadurch ihre praktische Anwendung fördert."[51] Anfangs dominierten in der Abteilung die Interessen des Brauereiwesens, nicht zuletzt wegen der Vorliebe von Velanders Nachfolger Professor Burholt. Aber in zunehmendem Maße wurden die Aktivitäten der Abteilung in Stockholm von den medizinisch orientierten Ingenieuren beeinflußt, die unter dem Wort *„Bioteknik"* anscheinend die Technologie der Physiologie verstanden, wie sie durch den Begriff „biologische Technik" in England vermittelt wurde. Dennoch gehörte in den späten 50er Jahren der feinfühlige, aber eifrige Bakteriologe Carl-Göran Hedén zur Abteilung, der an der Fermentationstechnologie interessiert war und dann Assistenzprofessor für Bakteriologie am Stockholmer Karolinska Institut (der medizinischen Hochschule in Stockholm) wurde. Hedén war und ist nicht nur an der Bakteriologie interessiert. Seit mehr als vierzig Jahre hat er, mehr als jeder andere Biologe, Visionen, die an Hogben und Geddes erinnern, an spätere Generationen weitergegeben.

Hedén

Die schwedische Schule für Biochemie kam auf eine lange Tradition im Bereich der Instrumentenentwicklung zurückblicken. In Upsala erfand Svedberg in den 20er Jahren die Ultrazentrifuge und in den 30er Jahren führte sein Nachfolger Tiselius die mit dem Nobelpreis ausgezeichnete Entwicklung der Proteintrennung mittels Elektrophorese durch.

Der Zytologe Caspersson tat sich am Stockholmer Karolinska Institut auch durch die Anwendung automatisierter Geräte hervor und leistete später bahnbrechende Arbeit bei der Chromosomenfärbung mit

124

Carl-Göran Hedén Abgebildung in der Mitgliederliste des Royal Swedish Academy of Engineering Sciences (IVA). Mit freundlicher Genehmigung der IVA.

Hilfe spezifischer Farbstoffe, mit der auch menschliche Chromosomen kartiert werden konnten.[52] Sein Student Hedén begann sich für die technischen Aspekte der Mikrobiologie zu interessieren, als er sich mit dem Bau seines ersten Spektrophotometers herumquälte, um in Bakterien Nukleinsäure nachzuweisen. Von da an baute Hedén einen Fermentations-Musterbetrieb, der einer der weltgrößten akademischen Fermentationseinrichtungen wurde. Obwohl Hedén kein Ingenieur war, verfügte er über gründliche praktische Fähigkeiten.

Sicherlich betrachtete Hedén die „Bioteknik" als ein Gebiet, das sich mit dem Problem der Kontrolle von Mikroorganismen beschäftigte. Im Jahre 1956 überzeugte er den Leiter der Kommission für technische Nomenklatur von seiner Vorstellung. Zwei Jahre später ermutigte er die Kommission für technische Nomenklatur des IVA, ein Kolloquium durchzuführen, das sich mit der Bedeutung der „Bioteknik" beschäftigte. Die Teilnehmer des ersten Kolloquiums sollten streng genommen den

125

Originalgruppen der industriell interessierten Parteien angehören und müßten zu gleichen Teilen aus an Proteinen interessierten Wissenschaftlern (Mikrobiologen, Pflanzenphysiologen und Brauer, sowie an der Zellulose- und Waldwirtschafts-Industrie Interessierten) und denjenigen bestehen, die sich mehr für Fette interessierten (Repräsentanten beispielsweise der Milch- und Margarine-Industrie).[53] Obwohl Hedén sein Spezialgebiet „bakteriologische Biotechnik" nannte, um sie von der medizinischen Biotechnik zu unterscheiden, bevorzugte er jedoch bei weitem das ganz ähnliche schwedische Wort „*Bioteknologi*".[54]

Hedén war frustriert, weil in Schweden Boelters Begriff „Biotechnologie" als eine Alternative zu dem englischen Begriff „Ergonomie" importiert worden war. Dieser Gebrauch wurde von dem einflußreichen Professor Svent Forssman vom Institut für Arbeit (ASTI) unterstützt. Außerdem war es Ausdruck schwedischer Überlegenheit — der erste Weltkongreß über Ergonomie fand im Jahre 1962 in Stockholm statt. Dem Anspruch der an der Schnittstelle zum Menschen arbeitenden Ingenieure widersprechend, schrieb Hedén an den Sekretär des IVA und beanspruchte, daß die Biotechnologie „seit langem" mit seinem Interesse an der „industriellen Anwendung biologischer Prinzipien" (unter denen er meistens mikrobiologische Beispiele aufführte) und biologischen Gesichtspunkten der Technologie (die biomedizinische Technik einschlossen) verbunden sei.[55] Er lehnte die Art ab, mit der sie von den Anwendern dieser menschennahen Technik beansprucht wurde und nötigte die Technical Nomenclature Commission, den englischen Begriff „Ergonomie" anzuerkennen oder eine andere eher schwedische Variante — wie beispielsweise „Anpassungstechnologie". Die puristische Technical Nomenclature Commission stimmte zu, daß es unvereinbar sei, die Vorsilbe „Bio" ausschließlich auf die menschlichen Aspekte der Biologie zu beziehen.[56] Außerdem hielt man die Nachsilbe „-teknologi" dem Wort „*Bioteknik*" für zu ähnlich, um eine Unterscheidung zwischen der weitgefaßten Kombination von Biologie und Technik auf der einen Seite und die Ausrichtung auf den Menschen auf der anderen Seite treffen zu können. Forssmans Einfluß war zu stark und so behielt die *Bioteknologi* die von Boelter stammende Bedeutung.[57]

Hedén kann als der erste angesehen werden, der Probleme der angewandten Mikrobiologie von physiologischen Gesichtspunkten der

126

Biotechnologie trennte, mit denen sie zwanzig Jahre lang miteinander verbunden waren. Außerdem sorgte er dafür, daß die amerikanische Interpretation seines Fachgebietes, das dort als eine in den Vereinigten Staaten geläufige reine Technikspezialität angesehen wurde, in Richtung auf „eine Betonung der biologischen Ebene" geändert wurde. Außerdem war sein Einfluß angesichts seines internationalen Blickwinkels keineswegs nur auf sein eigenes Land beschränkt. Daher konnte er eher einen Amerikaner als einen Schweden von seiner Meinung über die Biotechnologie überzeugen. Durch ein Gespräch mit seinem amerikanischen Freund Elmer Gaden, Herausgeber des im Jahre 1958 gegründeten *Journal of Microbiology and Biochemical Engineering and Technology* änderte dieser den Namen des Journals in *Biotechnology and Bioengineering*, dessen Geschichte im nächsten Kapitel wiedergegeben werden wird.

Zusammenfassung

Die Aussicht auf eine neue kraftvolle Technik stützte das Konzept einer alles umfassenden „biologischen Technik" sowohl in Amerika als auch in Schweden. Innerhalb dieses Konzeptes versuchten Schwärmer das Wort „Biotechnologie" für ihr bevorzugtes Spezialgebiet zu etablieren: Boelter wählte etwas, das andere „Ergonomie" nannten, und Hedén legte sich auf den Begriff biochemische Technik fest. Alternative Vorstellungen von der Biotechnologie als Grenzfall, dessen Kontrolle von Ingenieuren, Physiologen und Mikrobiologen angestrebt wurde, waren klar genug umrissen, um in Schweden diskutiert zu werden. Sprachliche Verwirrungen, die durch derartige Diskussionen hervorgerufen wurden, begleiten uns auch heute noch, so daß die Worte „bioengineering" und „biotechnology" im Englischen immer noch völlig verschiedene Begriffsinhalte aufweisen. Die fossilen Überbleibsel dieser Diskussionen können in Schweden gefunden werden, wo das Kräfteverhältnis ein anderes war: Die Unterscheidung wurde ironischerweise umgekehrt, so daß *„Bioteknologi"* sich immer noch auf das bezieht, was man in England „Ergonomie" nennt.

So verwirrend diese Gruppierungen auch waren, zeigen sie deutlich die Flut von Gedanken zur Beziehung zwischen Biologie und Technik. Männer wie Mumford, Wickenden, Compton, Bush und Boelter sowie ihre Institute in den Vereinigten Staaten und Velander und Enström, die am IVA in Schweden gearbeitet haben, stellten die Verbindung zu früheren Konzepten der metaphysischen Bedeutung der *Biotechnik*, biologischer Technik und Biotechnologie her. Wie sich diese Begriffe auch immer in Zeit und Intention verändert haben, und wie entfernt auch der Aufruhr der praktischen Denkensart von der biologischen Philosophie der Vorkriegszeit erscheint, so haben doch deren etwas abstrakt gehaltenen Gedanken die Sprache und den Rahmen für die Ingenieure der Nachkriegszeit geliefert.

5
Die chemisch-technische Seite

Die Biotechnologie umfaßt alle Bestandteile der Nutzung und Kontrolle biologischer Systeme und deren Aktivitäten verbunden sind. Einige von ihnen bilden die Grundlage für alte und lange bestehende Industrien. Beispiel dafür sind die industrielle „Fermentation" sowie die Isolierung und Reinigung chemischer Bestandteile aus Naturprodukten.

(Elmer Gaden, 1962)[1]

Obwohl Idealisten eher eine populärwissenschaftliche Vorstellung fördern wollten, blieb die Technik in der Praxis ein Gebiet für Spezialisten. In den Jahren nach dem Zweiten Weltkrieg standen einzelne Fachrichtungen isoliert, dennoch aber voller Stolz da. So wichtig die Ergonomie und biomedizinische Technik auch waren, schien doch die Schnittstelle zwischen Chemietechnik und Mikrobiologie die größte wirtschaftliche Bedeutung an der Front zwischen Biologie und Technik zu haben. Die Chemietechnik, das jüngste und am schnellsten wachsende technische Fachgebiet, wurde von den Möglichkeiten und Problemen der petrochemischen Industrie beherrscht, deren hohe Türme ihren Stil in charakteristischer Weise prägten: Destillationen unter unterschiedlichen Bedingungen, chemische Spaltungen mit Hilfe von Katalysatoren und die Synthese von Polymeren in riesigen Mengen, die geld- und energieintensive kontinuierliche Verfahrenstechniken benötigten. Der Polyethylen-Bedarf versechsfachte sich zwischen 1954 und 1960 und erreichte einen Wert von 1,2 Milliarden britischen Pfund.[2] Dennoch war man in den 60er Jahren allgemein der Ansicht, daß die Blütezeit der petrochemischen Industrie vorüber sei. Die wichtigsten Kunststoffsorten waren zehn Jahre alt und es sah nicht so aus, als würden moderne Polypropylene, Polyethylene oder Nylon verfügbar sein. Eine sorgfältige Analyse aus dem Jahre 1970 listete chemische Errungenschaften auf einer Zeitskala auf. Die nur spärlichen Neuerungen der letzten Zeit wurden so deutlich.[3] Eine Erkenntnis, die eher als der Blick in die industrielle Realität den Umbruch einleitete. Einige Chemieingenieure sahen sich anderswo um. Nahrungsmittel und Medikamente schienen Gebiete zu sein, auf denen die Nachfrage genauso groß sein würde wie beim Kunststoff.

Schon vor Beginn des Zweiten Weltkrieges hatte Compton vorhergesagt, daß Wissenschaftler aus dem Bereich der biologischen Technik zur medizinischen Technologie beitragen würden. Die Nachkriegsgesellschaft war sogar noch gesundheitsbewußter als zuvor. In vielen Ländern der westlichen Welt veränderten sich gesellschaftliche Prioritäten. An Regierungsgarantien auf eine freie und mit öffentlichen Geldern unterstützte medizinische Versorgung wurde dies besonders deutlich. Man sagte sogar, daß 1954 mehr Amerikaner die Salk-Schutzimpfung gegen Polio kannten als den Namen des Präsidenten.[4] Dieses Kapitel zeigt zunächst, wie ein Forschungsprogramm und ein Journal mit dem Titel *Biotechnology and Bioengineering* diesen Ansichten ihre Existenz verdankten. Zweitens untersucht es den industriellen und technologischen Unterbau dieser neuen Fachrichtung.

Die enge Verbindung zwischen medizinischer Versorgung und chemischer Technik wurde durch Entdeckungen bakterieller Antibiotika und da vor allem des Penizillins während der Kriegszeit hergestellt. Dies bot die Gewähr, Probleme des täglichen Lebens technologisch durch Mikroorganismen bewältigen zu können, ein Einfluß, der sich durch das gesamte Kapitel ziehen wird. Kurz nach dem Krieg schlug das Fachblatt *Chemical Engineering* im Jahre 1947 in Anlehnung an Vannevar Bushs Rede über einen „biologischen" Ingenieur den analogen Titel des „biochemischen" Ingenieurs vor.[5] Unmittelbar danach meldete die Universität von Wisconsin ihre Ansprüche auf den Begriff an, denn ein Professor für Biochemie hatte an dieser Hochschule bereits einen Kurs unter diesem Titel eingerichtet. Typisch für den Zeitgeist jener Tage war, daß der Firma Merck einige Monate später als Anerkennung für die Entwicklung des industriellen Fermentationsprozesses bei der Produktion des Antibiotikums Streptomycin der Award for Chemical Engineering des Jahres 1947 verliehen wurde.[6]

Mitte der 60er Jahre gehörte die „biochemische Technik" zum Lehrplan von fünf Graduiertenprogrammen (am MIT, in Columbia, Pennsylvania State, Cornell und Minnesota State) und der Anteil nahm weiter zu. Die Kursleiter waren begeistert und die industrielle Forschung in den großen pharmazeutischen Unternehmen sowie in Nahrungsmittelfirmen begann.[7] Entsprechend entschieden die Organisatoren der Herbstzusammenkunft des American Institute of Chemical Engineers 1965, daß die Anwendung chemischer Technik auf biologische Vorgänge das Hauptthema sein sollte. Vorab veröffentlichten sie einen Artikel unter dem Titel „Biotechnologie – der Beginn eines neuen Zeitalters?"[8] Die chemische Technik könnte den Weg eröffnen, um große Mengen biologischen Materials zu verändern. Sie könnte auch ein Mittel sein, um „die Natur biologischer Systeme zu untersuchen". Die Spannweite könnte von der Untersuchung der Gasaufnahme durch biologische Systeme über die Verbesserung des Wirkungsgrades enzymatischer Katalysatoren bis hin zu Veränderungen an Nukleinsäuren selbst reichen. Die Organisatoren schienen schon die Möglichkeit zur Sequenzierung genetischen Materials vor Augen zu haben: „Ist dieses Wissen erst einmal verfügbar, ergibt sich automatisch die Möglichkeit, die Sequenz und damit auch die genetischen Fähigkeiten biologischer Systeme zu verändern. Die kommerziellen und sozialen Konsequenzen, die sich aus der Verfügbarkeit dieser Methoden ergeben, sind ungeahnt."[9] Derartige Aussichten waren für die Chemietechniker genauso aufregend und voller Erwartungen wie für Kenedi einige Jahre zuvor, obwohl die Aussicht auf derartige Techniken zu diesem Zeitpunkt nicht mehr als eine reine Spekulation darstellte.

Auf der Tagesordnung des Kongresses von Minneapolis standen Sitzungen, die sich mit akuten Problemen bei der Proteinveredelung, mit der Verwertung natürlich vorkommender Produkte sowie mit dem Gefrierprozeß bei der Lebensmittelherstellung beschäftigten, obwohl auch Zeit auf Untersuchungen zum Wachstum von Zellen, auf die Erforschung biologischer Katalysatoren und auf technische Modelle in der biologischen und medizinischen Forschung verwandt wurde.[10] Die Zusammenkunft bot ein breites Spektrum von Themen beispielsweise die Verwendung von Flüssigstickstoff zur Konservierung von Schellfisch, das charakteristische Verhalten von Weizenmehl in flüssigen Medien oder das „Modell eines Patienten, der mit einer künstlichen Niere behandelt wird". Diese Themenvielfalt zeigt die umfassende Sichtweise der biologischen Technik, die schon eine Generation zuvor von Compton vorausgesagt worden war. Dennoch standen Veränderung von Mikroorganismen und deren Produkte im Mittelpunkt. Von den zwanzig zuvor in Sitzungsberichten veröffentlichen Beiträgen beschäftigten sich elf mit Mikroorganismen.

Auffällig war, daß die enge akademische Verknüpfung zwischen der Forschung an Mikroorganismen und chemischer Technik nicht automatisch zu einer größeren Anzahl von Fachzeitschriften führte. Obwohl in den 30er und 40er Jahren die biochemische Technik in das größte amerikanische Journal mit dem Titel *Industrial and Engineering Chemistry* Einzug hielt, gestaltete die American Chemical Society 1953 ein neues Fachblatt für Spezialisten mit dem Titel *Agricultural and Food Chemistry* und versuchte dort die neuen Beiträge einzubringen – entgegen den Wünschen vieler Praktiker. Bei den Publikationsmöglichkeiten entstand so ein Vakuum, das im Gegensatz zur Dynamik des Berufszweiges stand.[11]

Der Bedarf für eine neue Veröffentlichung wurde im Jahre 1957 von Elmer Gaden erkannt, einem Chemieingenieur bei Pfizer, Hersteller pharmazeutischer Produkte, kurz bevor er nach Columbia ging. Seine Lehrtätigkeit führte dazu, daß er als Vater der amerikanischen biochemischen Technik gefeiert wurde. Zusammen mit seinem Schüler Arthur Humphrey von der Universität von Pennsylvania wurde er zum Vorbild für eine neue Generation von Professoren und Geschäftsführern pharmazeutischer Firmen.[12] Beinahe zeitgleich dachten Gaden sowie der Londoner Chemieingenieur Donald und der ebenfalls aus London stammende Biologe Crook über ein neues Journal in den Vereinigten Staaten nach. Als letztere ihr Projekt beim Verlag Interscience vorstellten, entdeckten sie, daß Gaden bereits in Verhandlungen stand. Die beiden britischen Wissenschaftler wurden daraufhin als Ratgeber verpflichtet, während Gaden zum Herausgeber des neuen, 1958 gegründeten Journals mit dem schwerfälligen Titel *Journal of Microbiological and Biochemical Engineering and Technology* ernannt wurde. Drei Jahre später einigten sich Gaden und Hedén bei einem Treffen, Titel und Gestalt des Journals zu ändern. Die Redaktion mußte verkleinert und gestrafft werden. Schließlich wurde der Titel nach ihrem Drängen zu *Biotechnology and Bioengineering* verkürzt. Wie wir bereits gesehen haben, war die Wahl des Begriffes Biotechnologie auf den Vorschlag Hedéns zurückzuführen, der frustriert in Schweden lebte. Der zweite Begriff spiegelte die

132

zeitgenössische amerikanische Praxis wider, denn der Begriff Bioengineering wurde immer noch hauptsächlich verwendet, um biochemische Vorgänge genauso wie andere Grenzbereiche mit einzubeziehen.[13]

Das Journal erwies sich als großer Erfolg und die Umbenennung ebnete der modernen Verwendung des Begriffs „Biotechnologie" den Weg. Beinahe ein Vierteljahrhundert später blickte der Herausgeber und Gründer Gaden triumphierend zurück und teilte 1981 seinem Verleger seine Deutung des Begriffes schriftlich mit. Gadens Brief zeigt, wie die Vorstellung von der Mikrobiologie, die er mit Hedén teilte, aus der früheren und übersichtlicheren Biotechnik erwachsen war, die in die gesamte Biologie Einzug gehalten hatte. Zwei große Aktivitätsbereiche werden unterschieden:

(1) Der erste umfaßt die Extraktion, Trennung, Reinigung und Bearbeitung biologischen Materials. Beispiele dafür sind die Extraktion aus Ölsamen, Sojaprotein-Isolierung und Verarbeitung sowie die Papierherstellung. Meist handelt es sich um bereits lange etablierte, traditionelle Technologien, bei denen die Produktionsrate eher gering ist. Außerdem haben viele ihre eigenen Berufsgenossenschaften und Publikationsmöglichkeiten.

(2) Der zweite umfaßt die Verwendung kompletter biologischer Systeme (beispielsweise Zellen und Gewebe) oder ihrer Bestandteile (beispielsweise Enzyme), um chemische und physikalische Veränderungen zu lenken und zu kontrollieren.

Dieser zweite Aspekt der Biotechnologie wird häufig als die Technologie des *Bioprozesses* bezeichnet und auf ihm liegt der Schwerpunkt des momentanen Interesses.[14]

Die Betonung der Technologie der „Bioprozesse" und der Vorherrschaft der Mikrobiologie in einer Partnerschaft mit chemischer Technik wurde durch die anhaltend große Bedeutung zweier Entwicklungen gestützt, die während des Krieges begonnen hatten: Die Erzeugung von Antibiotika und die Abwehr einer Bedrohung durch biologische Kriegführung. Die Bedeutung der Antibiotikaherstellung für die Belebung eines ganzen Industriezweiges ist gut bekannt, obwohl Nachfolgeprodukte erst entwickelt werden mußten. Die Bedeutung der biologischen Kriegführung ist dagegen oft unterbewertet worden. Der auf den ersten Blick vielleicht überraschende Einfluß militärischer Forschung am British Microbial Research Establishment in Porton Down auf die Industrie insgesamt wird durch die Entwicklung der kontinuierlichen Fermentation deutlich, die für ganz unterschiedliche Zwecke eingesetzt werden kann.

Penizillin

Die Geschichte des Penizillins wurde schon viele Male erzählt. Hier sollen deshalb nur ihre Umrisse ins Gedächtnis zurückgerufen werden, obwohl eine so kurze Abhandlung an dieser Stelle nicht mißverstanden werden darf: Penizillin hat den Stellenwert der Fermentation innerhalb der Industrie verändert. Dieses Erfolgserlebnis blieb allen Biochemie-Ingenieuren als eine industrielle Revolution im Gedächtnis, die sie stets aufs neue zu wiederholen trachteten. Das Beispiel Penizillin hat gezeigt, wie ein von der Natur erzeugter Stoff zum industriellen Superstar werden konnte. Es eroberte einen Markt, der sogar schneller wuchs, als der anderer „Kriegskinder". Selbst der wirtschaftliche Erfolg von Produkten wie beispielsweise Computern, Düsenmotoren und der Atomkraft konnte da nicht mithalten.

Während der späten 30er Jahre griff eine Gruppe britischer Wissenschaftler in Oxford frühere Berichte über die Wirkung des Schimmelpilzes Penizillin wieder auf.[15] Bereits 1928 hatte Alexander Fleming die Eigenschaften von Antibiotika beschrieben. Doch während der frühen 30er Jahre war der berühmte Chemiker Harold Raistrick noch nicht in der Lage gewesen, die Wirksubstanz des Schimmelpilzes zu extrahieren. Innerhalb von zwei Jahren konnte die Gruppe in Oxford dann aber das Antibiotikum „Penizillin" nicht nur isolieren, sondern man erstellte auch Protokolle für seine Auswertung, isolierte kleine Mengen an Penizillin und behandelte damit sogar einige Patienten mit schlimmen Infektionen. Weil Großbritannien während des Krieges keine geeigneten Rohstoffquellen besaß, gingen Howard Florey und Norman Heatley 1942 in die Vereinigten Staaten, wo sie Fachwissen, organisatorische Hilfe und genügend Ausgangsmaterial für eine erfolgversprechende großtechnische Produktion fanden.

Der Markt erwies sich als dynamisch und die Profite verblüfften selbst Optimisten. 1947 entsprach die Produktion mit 42 Milliarden Einheiten dem zehnfachen Wert von 1943. Obwohl der Preis seit 1944 auf ein Zehntel gefallen war, näherte sich die Industrieproduktion bereits einem Wert von 100 Millionen Dollar und das für ein Produkt, das gerade erst sieben Jahre auf dem Markt war. Doch überall auf der Welt wurde immer mehr gefordert. Daran erinnert Graham Greene in seinem Klassiker *The Third Man*, der vom Schwarzmarkt des Penizillins im

134

Wien der Nachkriegszeit handelt.[16] Zur Zeit des Koreakrieges im Jahre 1950 hatte sich die Produktion noch einmal vervierfacht, während die Preise fast im gleichen Maße gefallen waren. Weltweit wurden damals 21 Millionen Patienten pro Monat mit diesem noch eine Dekade zuvor unbekannten Medikament behandelt. 1955, als das Antibiotikum gerade erst zehn Jahre alt war, hatte die Industrie mit einer Produktion von tausend Tonnen einen Umsatz von 268 Millionen Dollar erreicht.[17] Pharmazeutische Unternehmen, die schon in der Vorkriegszeit über viel Know-how und einen guten Ruf verfügten, wurden zu gigantischen Konzernen. Die Firma Pfizer, wo die industrielle Herstellung der Zitronensäure eingeführt worden war, wurde zu einem der führenden Penizillin-Hersteller. Squibb, Eli Lilly, Merck und andere bekannte Namen lieferten die kommerzielle Grundlage für eine neue Industrie und für ein forschungsintensives Umfeld als Grundlage technologischer Entwicklungen. Die Forschungsausgaben von Merck stiegen von 3,4 Millionen Dollar im Jahre 1945 auf 21 Millionen Dollar nur 15 Jahre später.[18]

Obwohl es schien, als ob selbst eine so komplexe Chemikalie wie Penizillin chemisch synthetisiert werden könne und dies auch 1947 gelang, ist die komplette Synthese bis heute noch sehr teuer.[19] Statt dessen ermöglichten Fermentationserfahrungen am Peoria Northern Regional Research Laboratory einen mikrobiellen Prozeß in viel größerem Maßstab als in Großbritannien. Anders als die Briten, die den aeroben (Sauerstoff atmenden) Schimmelpilz auf der Oberfläche flacher Nährstoffschalen wachsen ließen, erreichten amerikanische Ingenieure sein Wachstum in großen Tanks, in denen Sauerstoff durch die kontinuierlich gerührte Suspension aus gewöhnlichem Maiseinweichwasser geblasen wurde. Sie bewiesen sofort, daß dies der beste Nährstoff war. Auf einer verschimmelten Melone aus Peoria fanden sie einen Penizillin-Schimmelpilz, der in einer Flüssigkultur eine noch höhere Penizillin-Ausbeute lieferte. Die Wechselwirkung zwischen festen Sporen, flüssigem Nährmedium und gasförmiger Luft war bis dahin völlig unbekannt. Einige Konstrukteure schlugen vor, daß die Großproduktion die sanften Schüttelbewegungen von Kulturflaschen nachahmen sollten, die das Schimmelpilzwachstum nicht beeinträchtigen würden wie es bei der damaligen Hefefabrikation der Fall war. Im Gegensatz dazu experimentierten Ingenieure bei Merck mit heftigen Drehbewegungen und großen

Scherkräften. Entgegen den Erwartungen verdoppelten sie damit die Ausbeute.[20] Zum Ende des Zweiten Weltkrieges wurden auf diese Weise Unmengen an Penizillin hergestellt. Gleichzeitig war der sogenannte Rührkesselreaktor (Stirred Tank Reactor, STR), ein System zur Vermehrung aerober Mikroorganismen, entwickelt worden. Er erforderte ein grundlegend neues technisches Konzept, das sich sehr von den bisherigen chemischen Technologien unterschied. Die ersten Ansätze von Pflanzentechnikern waren katastrophal: „Die umgewandelten chemischen Kessel, die sie uns anboten, führten ausnahmslos zu schweren und lähmenden Kontaminationen. Die Ingenieure versuchten diesem Problem Herr zu werden, indem sie an jeder möglichen Stelle Dampfsiegel anbrachten... bis sie bei einem pfeifenden und rauchenden neumodischen Apparat angelangt waren, der eher einer lauten Dampfmaschine als einem Fermenter glich".[21]

Auch wenn sich Penizillin als großer Segen erwies, so wirkte es nicht gegen alle Infektionskrankheiten. Einige Bakterien wie beispielsweise der Tuberkelbazillus waren immun. Die Antwort darauf fand man im Streptomycin, das der Mikrobiologe Selman Waksman bei Rutgers aus einem Bodenbakterium isolierte.[22] In Paris identifizierte Dubos das Tyrothricin, und in den folgenden Jahren wurde eine Unmenge verschiedener „Waffen" aus Mikroorganismen gewonnen. Bis 1957 waren etwa 350 Antibiotika von der Industrie eingeführt worden. Damit waren Produkte am Markt, die – für jene Zeit ungewöhnlich genug – Krankheiten und bakterielle Infektionen erstmals wirklich heilen konnten.[23]

Die Herstellung von Penizillin und Fortschritte in der Fermentationstechnik standen in den frühen 50er Jahren in enger Verbindung. Dies läßt sich gut an Entwicklungen der alteingesessenen britischen Firma Beecham darstellen. Das Unternehmen, Hersteller von frei verkäuflichen Medikamenten, wollte die Weinsäureproduktion steigern, weil dies ein wichtiger Bestandteil des traditionellen Heilmittels „Eno's Fruit Salts" war.[24] Über Beechams ausgezeichneten Direktor Sir Ian Heilbron nahm die Firma Kontakt mit Sir Ernst Chain auf, einem Mitglied der ursprünglichen Oxford-Gruppe, die das Penizillin entwickelt hatte. Sir Ernst untersuchte zu jener Zeit die halbsynthetische Herstellung des Antibiotikums, wobei das Penizillin zuerst durch Fermentation hergestellt und anschließend chemisch verändert wurde. Er schlug eine Anlage vor, in der sowohl Penizillin wie auch Weinsäure gleichzeitig hergestellt werden sollten. Wenig später überzeugte er die Unternehmensführung davon, seine bahnbrechenden Anstrengungen bei der halbsynthetischen Herstellung von Antibiotika zu unterstützen. Selbst 1992 gehörte dieser Produktionszweig noch zu den gewinnträchtigsten Unternehmensbereichen der Nachfolgeorganisation Smith Kline Beecham.[25]

Das Herstellungsverfahren für Penizillin und andere Antibiotika wurde auf weitere Medikamente übertragen, um mit Nachfolgeprodukten aufwarten zu können, denn der Markt für Penizillin erschien 1960 ausgereizt. Der Warenwert von 268,5 Millionen Dollar im Jahre 1955 war bis 1963 auf 385 Millionen Dollar in zehn Fabriken angestiegen.[26] Inzwischen hatte man erkannt, daß sich auch Vitamin B_{12} aus Streptomyceten isolieren ließ. Bis 1955 hatten die Umsätze an Vitamin B_2, B_{12} und C einen Wert von 42 Millionen Dollar erreicht. D.H. Peterson von Upjohn zeigte 1950, daß das neue Wundermittel Cortison verwendet werden konnte, um Probleme von Arthritis bis hin zu Insektenstichen und sogar möglicherweise Krebs in den Griff zu bekommen. Cortison ließ sich durch Hydroxylierung des kürzlich synthetisierten Hormons Progesteron mit Hilfe von Enzymen aus Mikroorganismen herstellen.[27] Innerhalb von fünf Jahren nach seiner Entdeckung hatte der Umsatz von Corticosteroidhormonen 27,5 Millionen Dollar erreicht.[28] Die Kulturtechnik wachsender Schimmelpilz-Zellen wurde von der Wellcome Company seit 1960 auf tierische Zellkulturen übertragen. Während die Salk- und Sabin-Impfstoffe gegen Polio in lebenden Schimpansen erzeugt wurden, gelangte man zu Impfstoffen gegen Fuß- und Mundkrankheiten durch Baby Hamster Kidney (BHK) Zellen, die in Standardfermentern vermehrt wurden. Die auf den Grundlagen der Mikrobiologie basierende Pharmazeutische Industrie, die mit dem Penizillin begonnen hatte, wurde so schnell zu weit mehr als einer Ein-Produkt-Industrie.

Antibiotika entstanden bei der Arbeit in Großbritannien und den Vereinigten Staaten, aber keines der beiden Länder war dazu bestimmt, die Fermentationsindustrie zur Vorherrschaft zu bringen. Statt dessen wurde Japan schon 1960 zu einem führenden Zentrum dieser Technologie. Eine ungewöhnlich große Zahl japanischer Lebensmittel entsteht durch Fermentatiosprozesse. Weniger bekannt ist, daß die entscheidenden frühen Jahre der japanischen Industrialisierung sowie der Kontakt mit dem Westen auch mit dem Beginn systematischer mikrobiologischer Untersuchungen der Fermentation zeitlich zusammenfallen. Seit 1875 hatten die abendländischen Ingenieuren gelernt, daß die Japaner beim Abbau von Stärke zu Zucker im Brauereiwesen kein Malz einsetzten, sondern einen parallelen Weg entwickelt hatten, bei dem sie den Koji-Schimmelpilz verwendeten.[29] Die traditionellen japanischen Lebensmittel, Sojasoße und Tofu, waren allesamt Produkte aus Koji-Schimmelpilzen. Weil die Verwendung der Fermentation nah mit der Verwendung japanischer Landwirtschaftsprodukte verwandt war, wurde auch die Entwicklung der Mikrobiologie, genau wie im Westen, eng mit der Entwicklung der Landwirtschaft verknüpft und siedelte sich in der 1964 gegründeten Gesellschaft für Agriculturchemie an. Trotz spezieller Eigenarten der japanischen Kultur, verlief der Plan, die Mikrobiologie für die Landwirtschaft nutzbar zu machen, parallel zum Konzept der Chemurgie in den Vereinigten Staaten. Eine überraschende Übereinstimmung, denn die Befürworter der Chemurgie waren strikt nationalistisch und insbesondere anti-japanisch eingestellt.

Im Jahre 1936 festigte die Ernennung von Kin-ichiro Sakaguchi zum Professor für Landwirtschaftschemie an der Universität von Tokio das Ansehen der ersten nationalen Abteilung für Industrielle Mikrobiologie. Es existierte laut Sakaguchi 1970 eine enge Beziehung zwischen Fermentation und der Chemie natürlicher Erzeugnisse. Biologisch aktive Chemikalien wie beispielsweise Gibberilin, das das Pflanzenwachstum anregt, wurden durch die Untersuchung von Pilzen an Reispflanzen entdeckt.[30] Wie in den Vereinigten Staaten erschien auch für Japan die Möglichkeit, knappes Erdöl gegen Alkohol als Treibstoff auszutauschen, attraktiv. 1940 wurde ein Institut für angewandte Mikrobiologie eingerichtet, um diese Technologie zu erforschen.

In den Nachkriegsjahren besaß Penizillin für die japanische Industrie eine große Anziehungskraft, da man an die profitable Zucht von Schimmelpilzen gewöhnt war. Mit Hilfe der Amerikaner, hier ist besonders der texanische Professor Jackson Foster zu nennen, entstand eine erfolgreiche Industrie – 70 Firmen konkurrierten während der frühen Nachkriegsjahre. Obwohl sie sich ausländischen wissenschaftlichen Entdeckungen zuwandte, lieferte die entstehende starke Industrie die Infrastruktur zur Nutzung einer wichtigen japanischen Entdeckung, der Fermentation von Aminosäuren. Schon 1908 zeigte Kikunai Ikeda, daß der wichtigste Inhalts- und Geschmacksstoff des beliebtesten japanischen Aromas, dem Konbu (einem Seetang), Natrium-L-Glutamat ist. Dies wurde zu jener Zeit durch die saure Hydrolyse von Sojabohnen-Protein von der Firma Ajinomoto Company hergestellt. 1956 zeigten Shukuro Kinoshita und seine Arbeitsgruppe, wie Glutaminsäure aus Bakterien gewonnen werden kann. In den folgenden Jahrzehnten entstand eine neue Industrie, die Aminosäuren herstellte. Japan nahm dabei weltweit eine führende Rolle ein.[31] Der klassische Text über biochemische Technik – er war so wichtig, daß sprichwörtlich allein sein Besitz einen Biotechnologen ausmachte – war das Ergebnis eines 1963 in Tokio von Aiba, Humphrey und Millis durchgeführten Universitätskurses.[32]

Enzyme

Außer pharmazeutischen Erzeugnissen und der japanischen Fabrikation von Aminosäuren gab es nur noch eine Gruppe von Produkten, die wirtschaftliche Bedeutung hatten und bereits begannen, ähnlich schnelles industrielles Wachstum zu zeigen wie vorher die Antibiotika: Enzyme, die von lebenden Zellen benutzten Katalysatoren. Obwohl erst Ende des 19. Jahrhunderts isoliert, existiert eine Vielzahl von Anwendungen für Enzyme wie beispielsweise zur Entfernung des Leders von der Haut, zur künstlichen Produktion von Lab für die Käseherstellung und zum Aufklaren von Bier. Obwohl sie zu den Chemikalien gezählt werden, stammen Enzyme von lebenden Organismen ab und ihre industrielle Herstellung umfaßt Fermentations- und Trennungsvorgänge. Die dänische Firma Novo Industri, die als Fabrikant für Insulin aus Schweinepankreas bekannt wurde, entwickelte sich zum weltweit größten Enzymhersteller. Der entstehende Markt ermöglichte es, das bei der Fabrikation von Antibiotika erworbene Fachwissen auf das Gebiet einer mit der Landwirtschaft verwandten Industrie zurückzuführen.

Dennoch sind Enzyme teuer und der Markt war limitiert.[33] 1960 erreichte die amerikanische Industrie einen Umsatz von 25 Millionen Dollar. Selbst bis 1975 machte der Verkauf von Lab (für die Verwendung in der Käseherstellung) nur 15 Millionen Dollar aus und der von Papain (zur Aufklarung von Bier) 10 Millionen Dollar. Eine bedeutendere Neuentwicklung war die Glucoseisomerase. Sie ebnete hochkonzentrierter Fructose als Produkt einer enzymatischen Umlagerung den Markt als Ersatz für das traditionelle Produkt Zucker. Vor allem in nichtalkoholischen Getränken wurde Fructose verwendet. Obwohl man den Süßstoff Glucose leicht aus Materialien wie Getreidesirup herstellen kann, ist er weniger löslich als der verwandte Rohrzucker und weniger süß. Chemisch ähnelt er jedoch dem gut löslichen Süßstoff Fructose sehr, der doppelt so süß ist wie traditioneller Zucker. Schon 1895 ließ sich zeigen, daß Glucose durch Erhitzen in einer Lösung des reaktionsfreudigen Natriumhydroxyds in Fructose umgewandelt werden konnte. In den 50er und frühen 60er Jahren experimentierten einige Wissenschaftler, besonders in Japan, mit Enzymen zur Umlagerung chemischer Verbindungen. Zu einer Zeit hoher Zuckerpreise in den Vereinigten Staaten fielen Mitarbeitern der Clinton Corn Processing Company in den frühen 60er Jahren Arbeiten der Japaner auf, die 1967 zur Entwicklung eines komplexen Enzymsystems führten. Es war wirtschaftlich lebensfähig, aber erst 1974 entwickelten Novo und Gist Brocades in den Niederlanden preiswerte und effektive Methoden. In den Vereinigten Staaten führte dies zu einem umfassenden Austausch von Rohrzucker bei der Herstellung nicht-alkoholischer Getränke. Der im Jahre 1975 auf 15 Millionen Dollar angestiegene Verkauf von Glucoseisomerase stieg 1977 auf 40 Millionen Dollar und 1980 sogar auf 50 Millionen Dollar an.[34]

Der zweitwichtigste Industriezweig für die Verwendung von Enzymen war die Waschmittelindustrie. Dort konkurrierte die enzymatische mit der chemischen Herstellung von Detergenzien, die aufgrund ihrer besseren Umweltverträglichkeit die Vorherrschaft gewannen.[35] Enzyme sind erstmals vor dem Ersten Weltkrieg beim Waschen eingesetzt worden. Otto Röhm ließ 1913 eine Enzym-Präparation zum Waschen patentieren und seine Firma Röhm & Haas brachte das Produkt „Burnus" zum Voreinweichen auf den Markt, auf dem es sich ein halbes Jahrhundert lang hielt. Während des Zweiten Weltkrieges spornte Seifenmangel in der Schweiz zu weiterer Entwicklungsarbeit an, bei der 1959 das Produkt Bio 40 entstand.

Tabelle 5.1: Fermentationsprodukte in den 30er und 60er Jahren. Weltproduktion in Tonnen.

Produkt	30er Jahre	60er Jahre
Bier	20 000 000	43 500 000
Alkoholische Getränke	2 000 000	1 800 000
Aceton und Butanol	50 000	170 000
Essigsäure	110 000	950 000
Zitronensäure	8 000	60 000
Milchsäure	6 000	11 000
Hefe	55 000*	79 000
Futtermittelhefe	100 000*	180 000

Anmerkung: Die Zahlenangaben erfolgten wegen der besseren Vergleichbarkeit alle in Tonnen. Die Produktion von Bier, Alkohol und in den 60er Jahren auch von Essigsäure sind von Hektolitern in Tonnen umgerechnet worden. Dabei wurden näherungsweise zehn Hektoliter einer Tonne gleichgesetzt. Die Zahlen für Milchsäure aus den 60er Jahren sind dem Buch *A History of Lactic Acid Making: A Chapter in the History of Biotechnology* von H. Benninga (Dordrecht: Kluwer, 1990), S. 449 entnommen.

* Nur Deutschland.

Novo befaßte sich mit dem Thema, als man mit dem Problem konfrontiert wurde, ein Waschmittel zur Reinigung von mit Fisch- und Fleischproteinen durchtränkten Overalls zu entwickeln, da sich diese Eiweiße viel schwerer entfernen ließen, als die im Fernsehen eindrucksvoll gezeigten Schmutzspuren. 1966 hatten enzymatische Waschpulver einen Marktanteil von 2 bis 3 % erreicht, der sich innerhalb von drei Jahren auf 50 % erhöhte. Die weitere Geschichte verlief unstet, weil sich herausstellte, daß Enzyme die Haut einiger Benutzer reizen konnte. Dennoch blieben Enzyme durch Forderungen nach Waschgängen bei niedrigerer Temperatur und die umweltpolitisch Unannehmbarkeit von Phosphat auf dem Markt. Es kam schließlich zu einer Erholung bei den Verkaufszahlen.

Antibiotika, neue Arzneimittel, hochkonzentrierte Fructose, Aminosäuren und enzymatisch hergestellte Waschmittel zeigten Optimisten ein Wachstum an, das sich nicht nur durch das Auftreten neuer Produkte kennzeichnen ließ, sondern das vielleicht sogar eine industrielle Revolution darstellte. Die Verwendung der Produkte war unterschiedlich und umfaßte Chemikalien, Nahrungsmittel, Rohstoffe und Konsumgüter. Alle boten Verkaufschancen, selbst wenn außer den pharmazeutischen Produkten keines ein großes Geschäft war. Für Optimisten war das Wachstum jedoch nur eine Frage der Zeit. Den Hoffnungen auf die neuen Produkte mußte dennoch das vergleichsweise langsame Wachstum älterer Technologien gegenübergestellt werden. Ein Überblick über die weltweite Fermentationsindustrie im Jahre 1963 ermöglicht einen quantitativen Vergleich mit Bernhauers Analyse der vorhergehenden Generation.[36] Die Produktion vieler Erzeugnisse war kaum angestiegen (s. Tab. 5.1). Die Fabrikation einfacher Chemikalien wurde inzwischen von Industriellen verschmäht. Teilweise beruhte dies auf der Konkurrenzsituation durch preiswerte Petrochemikalien, aber es war auch auf die Preise von Nährsubstanzen wie Melasse zurückzuführen, die ironischerweise durch die Nachfrage der Antibiotika-produzierenden Industrie in die Höhe getrieben worden waren. So mußte sich das Wachstum der Fermentationsindustrie beinahe ausnahmslos auf neue Produkte stützen.

In den späten 50er Jahren gab es selbst unter den Vorkämpfern für Antibiotika Pessimisten, die einen Bedarf für zusätzliche Begabungen und Ideen spürten. Jackson Foster, jener texanische Mikrobiologe, der für den Aufbau der japanischen Antibiotika-Industrie in der Nachkriegszeit verantwortlich war, sagte 1962: „Sicherlich berauschen sich industrielle Laboratorien mit ihren in die ausgezeichneten Arbeitsgruppen integrierten Technologen an der Aussicht, fruchtbare neue Gebiete zu entdecken." Er meinte, daß der einzige wirklich bedeutende wissenschaftliche Durchbruch während der vergangenen zehn Jahre die Entdeckung des halbsynthetischen Penizillins und japanischer „Würze" waren. Jetzt wies er auf den Unterschied zwischen „den Chemikern, Ingenieuren, Vertretern und vor allem Managern, die sich alle als Skeptiker erwiesen", und den Mikrobiologen, deren „Euphorie sie nicht nur stützt, sondern alle in erreichbarer Nähe übermannte", hin. Man kann sich fragen, ob soviel Mut beim jetzigen Stand der Dinge wohl angemessen sei.[37]

Foster schlug zwei Lösungen für die Krise vor: Eine war, mehr talentierte Mitarbeiter in der Industrie anzuwerben, die eine akademische Karriere anstreben. Die andere bedeutete die Weiterentwicklung der vielversprechenden Biotechnologie als Verbindung unterschiedlicher Fachgebiete. Anders ausgedrückt wäre eine erfolgreiche Produktion von biologischen Produkten von der Anwendung der gleichen Prinzipien bestimmt, die schon von den Chemieingenieuren so geschickt entwickelt worden waren. Anstelle der von den Brauern übernommenen kostenintensiven Herstellung in einzelnen Chargen, schien eine kontinuierliche Produktion der Schlüssel zum wirtschaftlichen Aufschwung zu sein. Wirkungsvollere Verwendung der Enzyme, deren Anwendung aufgrund des hohen Preises lange Zeit nicht möglich war, stellte offenbar eine Aufgabe für Chemieingenieure dar, dem Ziel der kontinuierlichen Produktion näher zu kommen. Seit den frühen 60er Jahren schien es, als könnten Enzyme immobilisiert werden. Durch die Bindung von Enzymen an eine reaktionsträge Oberfläche wie beispielsweise Glas, Titan oder Zellulose könnte eine Chemikalie umgewandelt werden, wenn sie sich an dieser Oberfläche im „Reaktor" entlang bewegt. Zwei Hauptanwendungsbereiche waren die Herstellung von halbsynhetischem Penizillin und hochkonzentrierter Fructose.[38] So hatten Malcolm Lilly am University College London und unabhängig davon Arbeitsgruppen in Deutschland und den Vereinigten Staaten eine gebundene Penizillin-Amidase entwickelt, um die Seitengruppen des Penizillins abzuspalten und das Kernmolekül zu erhalten, das zur Herstellung der vielen halbsynthetischen Penizillin-Derivate verwendet wird. Heute führt dieser Ansatz zu weiteren neuen Verfahren und ist außerdem für gebundene Zellen eingesetzt worden.

Als Produkt weckte Penizillin Hoffnung auf viele weitere biologische Erzeugnisse in der gesamten Industrie. Genauso schien seine Produktionstechnik eine Revolution zu prophezeien. Chemieingenieure waren oft vom Traditionalismus und den eher empirischen Ansätzen der Fermentationsindustrie betroffen worden, die im deutlichen Gegensatz zum wissenschaftlichen Ursprung der petrochemischen Industrie standen. Die typische Produktionsweise der Fermentationsindustrie bestand darin, einzelne Chargen herzustellen, die dauernde Unterbrechungen bei der Produktion erforderlich machten. Petrochemikalien wurden dagegen kontinuierlich hergestellt. Selbst vor der Entwicklung immobilisierter Enzyme und Zellen versuchten Chemieingenieure, eine kontinuierliche Fermentation zu entwickeln, indem sie zeigten, wie neue Verfahren den mit großen Mengen arbeitenden und durch Rühren durchmischten Fermenter – der ursprünglich für Penizillin entwickelt worden war – ersetzen könnten. Heute wird er prinzipiell nur noch für Forschungszwecke eingesetzt, aber zwanzig Jahre lang symbolisierte er Hoffnungen auf eine neue Verfahrenstechnologie, die für die Mikrobiologie geeignet sein könnte. Er nährte Hoffnungen, die selbst durch kurzzeitige Enttäuschungen infolge wirtschaftlicher Probleme bei der kontinuierlichen Fermentation nicht zerstreut werden konnten.

Tatsächlich versuchte man sich an der kontinuierlichen Fermentation schon seit der Jahrhundertwende, mit allerdings mäßigem Erfolg.[39] Trotzdem schien sich die Situation geändert zu haben: Denn 1950 hatten Monod in Paris sowie Novick und Szilard in den Vereinigten Staaten Artikel veröffentlicht, in denen sie das bakterielle Wachstum unter Bedingungen beschrieben, bei denen die Fermentationsrate kontrolliert wurde. Dazu gaben sie bis auf einen rationierten alle notwendigen Nährstoffe zu und steuerten die Produktionsrate dann durch kontrollierte Zugabe dieser Chemikalie.[40] Ihre Arbeit war grundlegend, aber das Gerät, das Novick und Szilard als „einen Chemostaten„ bezeichneten, war immer noch sehr klein.

Porton Down

Die Möglichkeiten, die sich durch diese Grundlagenstudien ergaben, wurden durch ein neues britisches Microbiological Research Department in Porton Down aufgegriffen. Ein Berater beschrieb Porton Down in den frühen 50er Jahren als „das weltweit beste mikrobiologische Forschungsinstitut“.[41] Artikel, die sich auf die Gründung beziehen, werden immer noch unzugänglich aufbewahrt, und vielleicht ist die Tragweite der Vorbereitungen auf eine biologische Kriegführung wegen dieser Geheimhaltung seltener erkannt worden, als die Bedeutung des Penizillins. Dennoch stellten derartige Vorbereitungen während der Kriegszeit eine wichtige Entwicklung dar, bei der Mikrobiologen und Ingenieure in finanziell gut unterstützten Instituten zusammenkamen. Sie hatte bedeutende Konsequenzen besonders für die Zukunft der Biotechnologie in

144

Großbritannien. Die Möglichkeit einer biologischen Kriegführung wurde 1939 sehr ernst genommen. Schließlich hatten die Deutschen mit chemischen Waffen während der vorangegangenen Kämpfe für eine Überraschung gesorgt. Zugleich machten sie diesen Überraschungserfolg aber durch ihren eigenen fehlenden Glauben an die Sache wieder zunichte. Es gab auch Geheimdienstberichte über Arbeiten an biologischen Waffen. Im Jahre 1925 hatte Churchill davor gewarnt, daß „Milzbrand Pferde und Kühe vernichten wird, die Pest aber nicht nur Armeen, sondern auch ganze Landstriche vergiften wird".[42] In Aldous Huxleys *Brave New World* wurden Milzbrandbomben beschrieben. Das war natürlich frei erfunden, aber die Grenzen zwischen Alpträumen und Planungsspielen begannen zu verschwimmen, und Milzbrandsporen gehörten zu den vernichtenden Agenzien, die eine Explosion überleben würden. Im Mai 1934 ermächtigten eine Reihe höherer britischer Offiziere den Staatssekretär Maurice Hankey mit dem Medical Research Council Möglichkeiten einer Zusammenarbeit zu klären. Dieser Versuch einer Annäherung wurde zurückgewiesen, aber zwei Jahre später überzeugte Hankey das Committee of Imperial Defence, einen Ausschuß ins Leben zu rufen, der sich mit biologischer Kriegführung beschäftigte. Im Jahre 1940 gründete Hankey am Chemical Defence Experimental Establishment in Porton Down eine Gruppe, die die Verteidigung gegen bakterielle Angriffe untersuchte.[43] Direktor wurde der ausgezeichnete Bakterienphysiologe Paul Fildes, der sich während der vorausgegangenen zehn Jahre mit den Nährstoffanforderungen von Bakterien beschäftigt hatte.[44]

Fildes stellte eine Gruppe zusammen, die in der Lage waren, sowohl defensive als auch offensive Aufgaben zu übernehmen. Als mögliche Vergeltungswaffe wurde Rinderfutter infiziert mit fünf Millionen Milzbrandsporen hergestellt. Dennoch war diese Technologie weit weniger ausgereift als jene, die zur gleichen Zeit für die Herstellung von Penizillin entwickelt worden war, und man verwendete ein viel einfacheres Gerät zur Fermentation, indem man einfach belüftete Milchkannen einsetzte.[45] Gruinard, eine Insel vor der Ross-shire Küste Schottlands wurde versuchsweise mit Milzbrand-Erregern besprüht und war noch viele Jahre nach dem Krieg verseucht. Natürlich entwickelten auch die Amerikaner in Camp Detrick unter Leitung von George Merck, dessen

Firma auch führend in der Fabrikation von Penizillin war, biologische Waffen.[46]

Nach dem Krieg kehrten Fildes und die meisten seiner älteren Mitarbeiter wieder an die Universität zurück. Die Erfahrungen der Kriegszeit hatten sowohl den Briten als auch den Amerikanern gezeigt, wie gefährlich biologische Waffen sein können. Mit den neu aufkeimenden Befürchtungen vor möglichen russischen Entwicklungen bauten beide Länder ihre Einrichtungen im Kalten Krieg wieder auf. Porton sollte immer viel kleiner sein als Fort Detrick, aber wegen seiner hervorragenden wissenschaftlichen Stellung und fehlender industrieller Infrastruktur sollte seine nationale Bedeutung eine viel größere sein.

Fildes Assistent David Henderson wurde gebeten, die Gesellschaft nach dem Krieg zu leiten. Bis Großbritannien, immer noch an das Image einer führenden Nation gewöhnt, im Jahre 1957 über die Wasserstoffbombe verfügen konnte, war die biologische Kriegführung die einzige Massenvernichtungswaffe, die sich problemlos entwickeln ließ. Zu einer Zeit wirtschaftlicher Einschränkungen hatte Henderson freie Hand und entschied sich, ein recht zweckmäßig eingerichtetes Labor zu bauen. Das Gebäude entstand neben dem Chemical Defence Experimental Establishment (CDEE), hatte eine Grundfläche von 13 000 Quadratmetern und war zu jener Zeit das größte Backsteingebäude Europas.[47] 1947 wurden 90 % des in das an ausländischen Währungen knappe Großbritannien importierte Teakholzes für die Fertigung der Arbeitsbänke dieser Einrichtung verbraucht. Es gab gut ausgeprägte zentrale Dienstleistungen wie beispielsweise das Ingenieurwesen. Ein Zugang zu den ausgezeichneten technischen Einrichtungen beim CDEE direkt nebenan war ebenfalls vorhanden. Gleichzeitig profitierten die Wissenschaftler von einem Minimum an Kontrolle. Alle erstatteten ihre Berichte direkt an David Henderson. Dessen Kollege Keith Norris erinnert sich: „Man arbeitete nicht für das Versorgungsministerium, sondern für David Henderson."[48]

Obwohl von Porton Down erwartet wurde, daß man sich der biologischen Kriegführung widmete, ermöglichten die investierten Mittel der wissenschaftlichen Gutachterkommission und den angestellten Wissenschaftlern größere Beiträge zur zivilen Forschung. Mehr als 80 % der Arbeiten wurden veröffentlicht. Der ehemalige Student John Postgate erinnerte sich später an die Atmosphäre des Institutes, das zwischen der Nähe zur Armee und den intellektuellen Ambitionen der Hochschule hin und hergerissen war:

Die Kaffee- und Teepausen waren für mich immer Zeiten eines lebhaften Ideenaustausches mit Kollegen – der politischer, sozialer, sexueller, aber meistens wissenschaftlicher Natur war –, glücklicherweise ohne die Konkurrenz, die ich inzwischen anderenorts erlebt habe. Niemand schien sich davor zu fürchten, daß seine Ideen „geklaut" und von jemand anderem benutzt würden. Ideen waren eine allgemeine Währung: Wenn jemand deine benutzte, hast du die eines anderen verwendet.[49]

Das wissenschaftliche Personal hatte enge Verbindungen zur Forschung an den Universitäten. Es gab Verbindungen zu Chain, der damals in Italien arbeitete. Von ihm kam das Wissen, wie man wunderschöne Fermenter anstelle dampfender Kessel aus früheren Tagen entwerfen konnte, und wichtiges Personal wie beispielsweise sein Assistent John Pirt, der in den frühen 50er Jahren nach Porton kam. Viele Mitarbeiter waren in Oxford ausgebildet worden, wo der Chemiker und Nobelpreisträger Cyril Hinshelwood damals begann, sich für Zellen als komplexe biochemische Maschinen zu interessieren. Diese Ansichten waren biologisch unhaltbar. Dennoch regte das Interesse an Reaktionen erster Ordnung, bei denen die Reaktionsgeschwindigkeit von der Menge an Ausgangsstoffen abhing, ein Feingefühl für die Kinetik und für bakterielle Nährstoffe an. Die Mathematik konnte mit der verglichen werden, die nach Monod für die kontinuierliche Fermentation charakteristisch war. So wurde Hinshelwoods Kollege aus Oxford, A.C.R. Dean, zum führenden britischen Förderer der kontinuierlichen Fermentation. Das National Institute for Medical Research (NIMR) im Londoner Vorort Mill Hill, zu dem viele aus der Porton-Arbeitsgruppe nach dem Krieg zurückkehrten, stellte eine weitere wichtige Verbindung dar.

1950 hielt Monod eine Vorlesung über kontinuierliche Fermentation am NIMR. Unter seinen Zuhörern befand sich Dennis Herbert, ein ehemaliger Wissenschaftler aus Porton. Obwohl er durch den Ansatz des jungen Franzosen angeregt wurde, dessen während des Krieges entstandene Dissertation erst jetzt London erreichte – die Zuhörer meinten, „er würde es weit bringen" –, beeindruckte Herbert das von Monod behelfsmäßig hergestellte und beschwerlich rotierende Gerät nicht.[50] Ihn selbst faszinierten technische ausgefeiltere Apparate, eine Folge der Kultur von Mill Hill. Herbert arbeitete in einer von A.J.P. Martin geleiteten

Gruppe, die zusammen mit A.T. James die Gaschromatograhie perfektionierte.[51] Als ihn kurze Zeit später sein früherer Chef David Henderson zurückholte, nahm Herbert ein Interesse an Monods Ansatz mit, wollte die Entwicklung aber verbessern.

In Porton gründete Herbert eine damals weltweit führende Arbeitsgruppe, die sich mit der kontinuierlichen Fermentation beschäftigte. Bis Mitte der 50er Jahre umfaßte die Gruppe schon etwa ein Dutzend Wissenschaftler, die begannen, ein theoretisches Interesse an der Kontrolle der Reaktionsrate mit der Entwicklung von praktischen Versuchsanlagen zu verbinden. Zwanzig Jahre später hatten die Mitarbeiter beinahe hundert Artikel über verschiedene Gesichtspunkte der kontinuierlichen Fermentation veröffentlicht.[52] Die Verfügbarkeit technischer Einrichtungen, die Entwicklung der automatischen Überwachung des Sauerstoffgehaltes, Rohre aus Silikonkautschuk und wachsendes Fachwissen auf vielen Gebieten eröffnete eine ungewöhnliche Kombination von Ressourcen. Mehr als hundert gelernte Handwerker im gegenüberliegenden Gebäude bei der CDEE und einige Duzend beim Microbiological Research Department selbst. Charles Evans, der als Wissenschaftler dort arbeitete, erinnert sich an einen Workshop: „Wir waren damals nicht nur sorgfältig, sondern sehr gut".[53] Hintergrund der Forschungsaktivitäten war das Verständnis der biologischen Kriegführung. Untersuchungen zur Dynamik von Aerosolen erforderten große Mengen identischer pathogener Organismen, für deren Erzeugung die kontinuierliche Fermentation ideal wäre.

Auch hinter dem Eisernen Vorhang gab es für die Wissenschaftler von Porton in der Tschechoslowakei Gegenstücke, die sich mit den gleichen Arbeiten beschäftigten. Dort leitete Ivan Málek eine Arbeitsgruppe.[54] Im Jahre 1958 wurde in Prag ein internationaler Kongreß durchgeführt. In der Atmosphäre des kalten Krieges waren Kenntnisse über Fortschritte, die im Warschauer Pakt gemacht wurden, ein mächtiger Faktor, der die Forschungsarbeiten in Porton Down unterstützte. Als sich die Anspannung löste, kam es zwischen beiden Forschergruppen zu festeren Kontakten, und man traf sich zu regelmäßigen Konferenzen über kontinuierliche Fermentation. Bald verstand man das Verfahren gut genug, um es industriell anzuwenden. Die apparative Ausstattung war der der Batch-Fermentation sehr ähnlich. Neu daran waren Aufzeichnung und Kontrolle, genauso wie der Sterilitäts-Standard, der bei Fermentationen notwendig war, die möglicherweise mehrere Wochen dauerten.[55] Für den biochemischen Techniker gab es eine weitere Attraktion: Das Modell benötigte eine harmonische Vermischung von biochemischem und technischem Wissen. Es war eine Frage des persönlichen Stolzes, wenn man einen Aufbau erfolgreich abgeschlossen hatte, der hunderte von Stunden ohne Kontamination lief und idealerweise auch ohne verheerende Mutationen. Der nationale Stolz stand ebenso auf dem Spiel, denn es war die technologische Vorherrschaft in der Fermentationstechnik, die es den Vereinigten Staaten zum anhaltenden Ärger der Briten ermöglichte, die Penizillin-Patente zu kontrollieren.

Die früheste industrielle Anwendung, die in Porton untersucht wurde, war ein Beitrag zur Forschung der K.R. Butlin Mikrobiologie-Gruppe am Chemical Research Laboratory außerhalb von London. Diese Gruppe suchte nach einer mikrobiologischen Lösung, um dem ernsten landesweiten Engpaß an Schwefelsäure zu begegnen, einer für die Industrie unerläßlichen Substanz. In den frühen 50er Jahren bedrohten unzureichende Vorkommen an natürlichem Schwefel, aus dem die Säure hergestellt wurde, Großbritanniens industrielle Erholung nach dem Krieg. Butlins Gruppe untersuchte die Verwendung eines anaeroben in Boden und Wasser vorkommenden Bakteriums mit dem Namen *Desulfovibrio desulfuricans*, das Sulfat zu Hydrogensulfid reduziert. Hydrogensulfid kann unmittelbar zur Herstellung von Schwefelsäure eingesetzt werden. Eine Arbeitsgruppe unter der Leitung von P.S.S. Dawson, der nach Porton abberufen war, bewältigte die Probleme beim Wachstum dieses unangenehmen Anaerobiers in kontinuierlicher Kultur. Industriell wurden jedoch andere Wege zur Herstellung von Schwefelsäure genutzt, und dieses Verfahren kam in Großbritannien nie zur Anwendung.[56]

Der Schwefelverknappung konnte man möglicherweise ausweichen, aber 1955 wurde auch über die kontinuierliche Fermentation zur Herstellung von Essigsäure, Penizillin, Zitronensäure und anderer Produkte nachgedacht.[57] Wiederum bedeutete die Konkurrenz durch die Petrochemie, daß Essigsäure und andere organische Säuren billiger chemisch synthetisiert werden konnten, als sie sich fermentativ herstellen ließen,

Ein typischer Versuchsaufbau für die kontinuierliche Fermentation, Microbiological Research Establishment, 1965. Mit freundlicher Genehmigung des Centre for Applied Microbiology & Research.

obwohl die kontinuierliche Fermentation zur Herstellung von Essig eingesetzt wurde, bei dem der petrochemische Weg nicht akzeptabel ist.[58] Beim Penizillin wurde sehr viel in die Batch-Produktion investiert. Die Angst vor möglichen Mutationen verhinderte die kontinuierliche Herstellung, obwohl es wiederholte Experimente in kleinem Maßstab gegeben hatte. Das erste Fabrikationsgebiet war die Hefeproduktion. Man setzte auf das kontinuierliche Brauen von Bier, das genügend Antrieb für eine industrielle Verbreitung versprach. Obwohl sich diese Entwicklung letztlich auch als eine tragische Enttäuschung erwies, zeigte sie doch sowohl den Trend zu revolutionierenden Veränderungen auf der Grundlage biochemischer Techniken, als auch das Problem, daß man sich auf nur langsam verändernde Märkte stützte, die die Entwicklungen der Biotechnologie zugrunde richten würden.

Das Forschungsinstitut der britischen Brauerei-Industrie

Zu jener Zeit schien die kontinuierliche Brauerei ungeheuer erfolgreich zu sein. In den frühen 70er Jahren wurden 4 % des britischen Bieres auf diese Weise hergestellt, mit der – glaubhaften – Aussicht auf weiteres Wachstum.[59] Statt dessen braute man 1980 kein Bier mehr kontinuierlich und heute wird dieses Verfahren nur noch in Neuseeland angewendet. Aufstieg und Fall können an einem Projekt verfolgt werden, das mit der Brewing Industry Research Foundation, dem Brauer Arthur Guinness Son & Co. und dem Industriefabrikanten A.P.V. verbunden ist.

Ungeachtet der Begeisterung für die Zymotechnik im späten 19. Jahrhundert besaß die britische Brauerei-Industrie kein systematisch organisiertes Forschungszentrum, das mit dem Berliner Institut für Gärungsgewerbe vergleichbar war. Gesellschaften betrieben Forschung, und eine Handelsorganisation, das Institute of Brewing, stellte Akademikern in Abteilungen wie der Birmingham British School of Malting and Brewing Forschungsgelder zur Verfügung. Der Kontrast zu den großen Forschungslaboren der Chemischen Industrie war selbst in den Jahren zwischen den beiden Weltkriegen eindrucksvoll. Darauf wurde im Jahre 1930 in einem Plan zur Gründung eines Forschungsinstitutes hingewiesen, das dem Institute of Brewing angeschlossen werden sollte.[60] Förderer war Richard Seligman, Gründer von A.P.V, der Aluminiumgefäße für Brauereien und Weizmanns Aceton-Butanol-Arbeit hergestellt hatte. Seligman hatte gerade seinen bahnbrechenden Plattenwärmetauscher eingeführt und obwohl er im ersten Augenblick nur wenig bewirkte, boten ihm die Umwälzungen des Zweiten Weltkrieges neue Möglichkeiten, Fortschritte der Brauereitechnologie zu fördern.

1944 stellte Seligman als Vorsitzender des institutseigenen Forschungskomitees einen wichtigen Bericht über die Zukunft des Forschungsprogrammes vor.[61] Wieder einmal war die grundlegende Empfehlung die Errichtung eines neuen Labors, aber diesmal wurde die Idee in die Tat umgesetzt und die Brewing Industry Research Foundation (BIRF) gegründet. Erster Direktor war Ian Heilbron, ein Organischer Chemiker, der während des Krieges an der Penizillin-Arbeit beteiligt und ein Ratgeber Beechams war. Er wurde von Seligman empfohlen, obwohl er im Brauereiwesen kaum Erfahrungen aufzuweisen hatte. Im Jahre 1950 prahlte das Institut mit einer stattlichen Reihe von Talenten, die man verpflichten konnte. Heilbron verfügte über klare und detaillierte Vorstellungen von seinem neuen Labor, die er oft ausgesprochen hatte. Mit Blick auf die Entwicklung der Brauereiwissenschaft betrachtete er es als Nachfolger des Kopenhagener Carlsberg Labors. Endlich, sagte Heilbron, hätte Großbritannien ein Äquivalent zum Berliner Institut für Gärungsgewerbe, was Chapman schon ein halbes Jahrhundert früher im Auge hatte. Heilbron forderte, das Haus solle die weltweit erste systematische Untersuchung zur Fermentation durchführen.[62] Solch starke Worte müssen im Hinblick auf seine unsichere Stellung betrachtet werden. Die Rolle des Forschungsinstitutes gegenüber der Industrie, die es unterstützte, wurde zunehmend schwieriger. Von Anfang an hatte man angenommen, daß das BIRF nicht an alltäglichen Problemen arbeiten sollte.[63] Diese würden den Industriebetrieben vorbehalten bleiben. Denn die Brauereiindustrie war nicht gewillt, die Forschung gänzlich aus der Hand zu geben.

Kontinuierliches Brauen

Im Hinblick auf dies Zögern der Industrie in Bezug auf die Zusammenarbeit zur Klärung täglicher Probleme war es ein kluger strategischer Schachzug, den gänzlich neuen Ansatz in einen größeren Forschungsbereich einzubetten. Die kontinuierliche Fermentation wurde bereits im letzten Jahrhundert untersucht. Zu Beginn der 50er Jahre verfolgten die Dominion Brauerei in Neuseeland und die Labatt Brauerei in Ontario wegen spezieller eigener Interessen ebenfalls dieses Verfahren.[64] Dennoch schien es, als könne man das Verfahren mit britischem Fachwissen bei BIRF auf eine neue wissenschaftliche Grundlage stellen. Es würde sowohl praktisch als auch wissenschaftlich sein und gleichzeitig würde es das Brauereiwesen in die breiter angelegte Entwicklung der Fermentationstechnologie einreihen.

Natürlich ist die Fermentation nur der letzte Schritt beim Brauen. Brauereien kaufen Malz, das aus keimender Gerste hergestellt wird. Dieser wird in einem Prozeß „gemeischt", bei dem das Malz mit warmem Wasser erhitzt wird, um die Stärke in lösliche Kohlenhydrate umzuwandeln. Die entstehende Flüssigkeit, die „Bierwürze" heißt, wird durch eine Lage entleerter Samen filtriert, um eine klare Lösung zu erhalten. Das Kochen dieser Lösung zusammen mit Hopfen führt schließlich zum bitteren Beigeschmack. Die mit Hopfen angereicherte „Bierwürze" wird dann mit Hefe fermentiert. Um einen wirklich kontinuierlichen Brauvorgang zu erreichen, muß jeder dieser Schritte kontinuierlich ablaufen. Das erste Verfahren, mit dem man sich am BIRF beschäftigte, war das Maischen von Malz und 1956 wurde ein kontinuierlicher Röhren-Maischer im Labormaßstab getestet. Damit das Gerät für die praktische Anwendung in der Brauerei weiterentwickeln zu können, warb das BIRF A.P.V.und Arthur Guinness Son & Co an und man gründete ein Konsortium. Courage Barclay, ein weiterer Brauer, trat ebenfalls bei.[65] Erstaunlicherweise vertraten die beteiligten Parteien unterschiedliche Standpunkte. Wie eine Rede nach der anderen verdeutlichte, bedeutete kontinuierliches Brauen für das BIRF die neue Vereinigung von Wissenschaft und Praxis, auf der die Existenz des Institutes beruhte.[66] Die beteiligten Wissenschaftler waren Chemiker und Biologen. Im Gegensatz dazu war das Problem für A.P.V. eine direkte chemische Technik. Die Firma versuchte zu jener Zeit zu diversifizieren und sich von ihrer engen Abhängigkeit im Bereich Aluminiumfässer und Plattenwärmetauscher zu lösen. Forschungsdirektor, Tony Dummett, wiederholte unermüdlich, daß Chemietechnik in der Lebensmittelindustrie wie beispielsweise der Brauerei der Weg in die Zukunft sei.[67] Brauer waren mißtrauischer. Als Dummett im Jahre 1962 einen Artikel in den Vereinigten Staaten veröffentlichte, enthielt die nächste Ausgabe des gleichen Journals, den *Wallerstein Laboratory Communcations*, einen Angriff auf die Idee, daß die Chemie einen Biergeschmack definieren könnte, über den nur noch

Experten entscheiden könnten.[68] Wesentlich bessere Kenntnisse des Bieraromas waren erforderlich, bevor die kontinuierliche Fermentation Wirklichkeit werden könnte.

Guinness, das dritte Mitglied des ursprünglichen Konsortiums, schien die Erfahrung gemacht zu haben, daß es schwierig ist, bereits vorhandene Produkte gleichzukommen. Wissenschaftler dieser Brauerei hatten anfangs die größte Vorsicht gezeigt. Als sie 1960 bei einer Patentklage über ihre Standpunkte fünf Jahre zuvor befragt wurden, sagten die meisten, sie wären nur am Rande an der kontinuierlichen Fermentation interessiert gewesen. Die Probleme der Sterilität erschienen unüberwindbar: Steuerbestimmungen, die auf der Annahme von Batch-Fermentern entstanden waren, sprachen ebenso dagegen. Dennoch gab es einige Wißbegierde: Einer der befragten Forscher bestätigte, daß sein Interesse durch die Besichtigung einer Ausstellung der Porton Down Arbeit geweckt worden war.[69]

Trotz des ursprünglichen Mißtrauens, unternahm Guinness in den frühen 60er Jahren bedeutende Anstrengungen. Kontinuierliches Brauen eröffnete die Möglichkeit, billigere, kleinere und mit weniger Personal arbeitende Brauereien zu betreiben. Charakteristischerweise benötigte ein Batch zehn Tage für den Gärungsvorgang, von denen nahezu die gesamte Zeit notwendig war, damit sich die Hefe ansammeln konnte. Die kontinuierliche Fermentation würde den Zeitaufwand auf nur wenige Stunden reduzieren. Anders gesagt, eine Fabrik könne durch die neue biochemische Technik um Größenordnungen wirkungsvoller werden. Diese Aussicht beflügelte die Firma, viele Probleme zu überwinden. Beispielsweise stellte sich der BIRF-Maischer als unwirksam heraus. Guinness entwickelte einen eigenen und sorgte für weitere Neuheiten.[70] A.P.V. entwickelte ein Verfahren zum kontinuierlichen Kochen der Bierwürze, bei dem scheinbar ein gutes Bier entstand. Nach einigen Schlucken ließ sich allerdings ein fremder Beigeschmack wahrnehmen und danach wirkte das Bier stark irritierend. Das Fermentationsverfahren selbst erwies sich als komplex, wollte man es kontinuierlich durchführen. Die Menge der Bierproduktion hängt von der Dichte der vorhandenen Hefe ab, aber das Hefewachstum ist mit der Bierherstellung nicht vereinbar: Die Bierproduktion benötigt Sauerstoff, das Hefewachstum erfordert dagegen dessen Abwesenheit. Schließlich verhindert die

154

Anwesenheit von Alkohol das Hefewachstum und der Alkohol muß von der Hefe getrennt werden, um ein klares Produkt zu erzeugen. Deshalb laufen die Prozesse des Hefewachstums und der Alkoholgärung getrennt nacheinander ab. Es schien nicht so, als könnten derartigen gegensätzliche Anforderungen gleichzeitig in einem einzigen Gefäß, das kontinuierlich arbeitete, ablaufen. Die Lösung von Guinness (und genauso die anderer Pioniere) war eine Abfolge von drei Fermentern, in denen die Hefedichte stufenweise reduziert wurde, so daß Hefewachstum und Alkoholproduktion in getrennten Gefäßen erfolgten. Dies war ein anspruchsvolles Verfahren, das neue Kontrollinstrumente wie beispielsweise die kontinuierliche Dichtemessung erforderte. Es war schwer, in der neuen Versuchsanlage genau den Geschmack bereits erhältlicher Biere nachzuahmen, aber es wurde gezeigt, daß das Verfahren ein beinahe zufriedenstellendes Bier erzeugte. Allerdings war die Notwendigkeit, nichtrostende Stahlkonstruktionen zu benutzen, wirtschaftlich nicht besonders attraktiv.[71]

Der Turmreaktor

Die Firma Guinness war mit ihrer Abfolge traditioneller Gefäße eher pragmatisch als revolutionär. Inzwischen begann A.P.V. mit der Untersuchung eines Verfahrens, das viel mehr mit der modernen Chemietechnik übereinstimmte. Man verwendete einen Turm, der eine Vielzahl von Hefekonzentrationen enthielt. Am tiefsten Punkt wurde Bierwürze eingepumpt und am höchsten Punkt Bier abgepumpt. Das Verfahren wurde erst durch die Bildung eines Hefekuchens in der Mitte des Turms möglich. Er trennte Zonen mit hoher Hefedichte und Fermentation am Boden von niedriger Hefedichte und Abscheidung an der Spitze. Der Turmreaktor war tatsächlich ein entscheidender Fortschritt und einige Versuchsanlagen wurden eingerichtet. Obwohl sich die erste komplette Brauerei in Valenzia als zu kompliziert erwies, um sie in Betrieb nehmen zu können, so schien es doch, als würde Dummetts Meinung bestätigt.[72] 1970 sah John Hastings, einer der Pioniere der Fermentationstechnik, der bei den ersten Penizillin-Anlagen mitgearbeitet hatte, mit Freude, daß das Brauereiwesen in der Fermentationstechnologie wieder eine führende Rolle einnahm.[73] Andere bemerkten, daß mit dieser Führungsrolle Schwierigkeiten bei der Anwendung der kontinuierlichen Fermentation auf anderen Gebieten verbunden schienen.[74]

Leider wurde klar, daß selbst in den Brauereien die Aufregung über die kontinuierliche Fermentation bestenfalls verfrüht war. Die wirtschaftliche Seite erwies sich nicht als besonders attraktiv. Standardkontrollausstattung und technische Fähigkeiten der Belegschaft mußten gegenüber konventionellen Anlagen noch wesentlich verbessert werden. Während die Vorteile der kontinuierlichen Arbeit nur zu offensichtlich waren, wenn große Mengen eines einzigen Produktes hergestellt wurden und das Verfahren über einen längeren Zeitraum lief, so produzierte die Mehrzahl der britischen Brauereien doch eine große Vielzahl von Bieren und mußten sie wechselweise je nach Bedarf herstellen können. Letztendlich war der Geschmack zu einer Zeit, als traditionelles britisches „Ale" wieder auf den Markt drängte, nicht immer zufriedenstellend. Watney's Red Barrel, das bekannteste der kontinuierlich gebrauten Biere, war eher ein technologisches als ein gastronomisches Wunder. Zur gleichen Zeit regte der Turmreaktor neues Interesse an dem von Nathan schon 1908 vorgeschlagenen zylindrischen Batch-Fermenter an. Damit konnte der Brauvorgang ebenfalls innerhalb von Stunden abgeschlossen werden, da die Hefe schneller sedimentierte.[75] Bis 1990 wurde die kontinuierliche Fermentation nur von ihrem Wegbereiter verwendet, der neuseeländischen Dominion Brauerei.

Diese Aufzählung wurde nicht wiedergegeben, um den Mißerfolg des Verfahrens zu verspotten. Tatsächlich wurden viele Lehren, die man aus dem kontinuierlichen Brauen gezogen hatte, auf hochautomatisierte kegelförmige Systeme angewandt, die all denen bekannt sind, die an modernen Brauereien vorbeifahren. Diese Episode zeigt eine ganz allgemeine Tendenz in der Geschichte der Biotechnologie. Mit viel Phantasie wurden bei der Entwicklung neuer Verfahren viele Hürden überwunden, obwohl bei der Anwendung einer allgemeinen Technologie auf eine ganz spezielle Industrie mit ihren speziellen Märkten und einem komplexen Produkt, das hohe qualitative Ansprüche aufweist, Probleme auftraten.

An diesem Punkt ist es sinnvoll, eine Zusammenfassung zu versuchen. Zum Ende des Zweiten Weltkrieges gab es ein internationales Interesse an der Verbindung von Biologie und Technik, das sich in den unterschiedlichen Begriffen „Bioengineering", „Biotechnics" und „Biotechnology" widerspiegelt. Von philosophischer und erziehender Seite gefördert, war dieses Interesse von großer Reichweite. Es gab ein besonders dynamisches wirtschaftliches Vorbild für eine Zusammenarbeit zwischen Chemieingenieuren und Mikrobiologen. Konnte diese Allianz in Schweden auch die Anwendung des Wortes „Biotechnologie" verhindern, so wurde der Begriff in den Vereinigten Staaten erfolgreich angenommen. Die „Biotechnologie" erbte die außergewöhnliche Dynamik der Chemietechnik, den speziellen Erfolg der Antibiotika-Industrie sowie die allgemeine Bestrebung und philosophische Tiefe des Versuches, Biologie und Technik miteinander zu verbinden.

Eine andere wichtige Eigenschaft charakterisierte die Gedanken Elmer Gadens und anderer führender Personen der Biotechnologie. Dies war nicht nur eine weiter fortgeschrittene Technologie für die Industrienationen. Die geeignetste Anwendung für die kontinuierliche Fermentation schien 1970 die Herstellung von hunderttausend Tonnen Einzelzellprotein zu sein, um damit den Hunger in der Welt zu stillen. Die Biotechnologie schien besonders vorteilhaft, ja zukunftsweisend zu sein, gerade weil sie scheinbar insbesondere der Mehrzahl der nicht in der westlichen Welt lebenden Menschen Hilfe versprach. Die Entwicklungsländer konnten sich keine Ölimporte leisten, um unnötige Konsumgüter herzustellen, aber ihre Landwirtschaft lieferte ausreichende Mengen Biomasse, die verwertet werden konnte.

6
Biotechnologie – die grüne Technologie

Die Biologen werden die Verantwortung übernehmen müssen, die Biotechnologie in der biologischen Forschung auf ein festes Fundament zu stellen und dafür zu sorgen, daß sie unter gebührender Berücksichtigung der Ökologie und ihrer langfristigen Folgen angewendet wird.

(Carl-Göran Hedén, 1961)[1]

In der Nachkriegszeit war die Biotechnologie mehr als nur ein Bündel neuer Techniken. Sie war eine ideale Alternative zu einer Reihe weltzerstörerischer neuer Technologien, die mit dem „militärisch-industriellen Komplex" verbunden waren (wie Eisenhower selbst das Vermächtnis seiner Präsidentschaft bemängelte). Bierkunden mögen konservativ sein, aber die Welt außerhalb eines Lokals konnte es sich nicht leisten, sich in Antworten auf Armut, Überbevölkerung und Hunger so wenig zu bewegen. Hier gab es sicherlich einen wertvollen und geeigneten Schwerpunkt für eine revolutionäre Technologie, die sich mit der Umwandlung landwirtschaftlicher Produkte befaßte.

Während der 60er und 70er Jahre wurde die Biotechnologie tatkräftig gefördert, um unter Verwertung wissenschaftlicher Quellen der reichen Länder die Probleme der Armen zu lösen. Eine neue industrielle Revolution verkündend, war sie ein Symbol für die Hoffnung und eine Antwort auf die „drei Geißeln der Menschheit" – Hunger, Krankheiten und Verknappung von Rohstoffen.[2] Diese Vorstellung beschränkte sich nicht nur auf die Dritte Welt, sondern sie unterstützte auch die heraufziehende Idee von einer Biotechnologie, die selbst in reicheren Nationen eine zentrale Technologie für die zukünftige Entwicklung sein werde.

Das dramatische Ende des Zweiten Weltkrieges bewirkte zwei Dinge: zum einen rief es ein Gefühl hervor, von zukünftigen Katastrophen bedroht zu sein, und zum anderen beflügelte es jene, die das eindringliche Gefühl der Hoffnung auf eine neue Weltordnung hegten.

Zumindest für Albert Einstein schien eine Weltregierung möglich. Ein wachsendes Tempo der Dekolonisierung und die Gründung der Vereinten Nationen ebneten den Boden für derartige Hoffnungen. Eine industrielle Revolution wurde vorhergesagt, aber es gab kaum Übereinstimmungen darüber, was in ihrem Zentrum stehen würde. Für einige bedeutete die Zukunft Atomkraft und die Aussicht auf unendliche Mengen sauberer Energie, die die Wissenschaft lieferte. Andere begannen davon zu träumen, daß der Mensch diesem planetaren Gefängnis entfliehen und sich in andere Welten erheben könnte. Genauso gab es wieder andere, die glaubten, daß die moderne Mikrobiologie der Menschheit einen Ausweg aus der langen Geschichte von Hunger und Krankheit bot. Derart optimistischen Anwendungen der Wissenschaft stand die Intensität des Kalten Krieges gegenüber, wo Raumfahrttechnologie, Atomphysik und Mikrobiologie zur Herstellung furchterregender Waffen verwendet werden konnten. Die Nuancen des Idealismus mündeten in handfesten Entscheidungen. Viele Forscher, die sich in den 50er Jahren mit zukunftsträchtigen Wissenschaften beschäftigten, sahen sich einer Manichäer-Wahl gegenübergestellt: Sollten sie ihre Fertigkeiten zur Waffenherstellung verwenden oder Gutes an der Menschheit tun.

Elmer Gaden und Carl-Göran Hedén sollten die treibenden Kräfte der Bewegung werden, die die Biotechnologie zum Wohle der Menschheit einsetzte. Ihr wohl bekanntester Visionär war Leo Szilard, ein Symbol für die Auflehnung der Physiker gegen die nukleare Kriegsführung in den Nachkriegsjahren und gegen eine Verbindung mit ihrer Wissenschaft. Dieser geniale Forscher flüchtete zunächst aus dem sich auflösenden östereichisch-ungarischen Kaiserreich, der Heimat von Ereky und Goldscheid, und später auch aus Deutschland. In den 30er Jahren hatte er schreckliche Vorahnungen von einer neuen Art der Kriegsführung, die die Atomenergie einsetzte. Als er sicher in Amerika angekommen war, gehörte er zu denjenigen, die Einstein ermutigten, einen Brief an Roosevelt zu schreiben und darin vor der möglichen Gefahr zu warnen, daß Deutschland als erstes Land über die Atombombe verfügen könnte.

Nachdem die Bedrohung durch Nazi-Deutschland in den Ruinen von Berlin untergegangen war, entsetzte sich Szilard über die Aussicht auf ein Wettrüsten mit der Sowjetunion. Er war einer der Begründer der Pugwash Konferenzen, die sowjetische und amerikanische Wissenschaftler zusammenbrachten. Szilard gehörte auch zu den bemerkenswerten Physikern, die,sich der Biologie zuwendend, das neue Fach der Molekularbiologie schufen. Sein klassischer Artikel über die kontinuierliche Fermentation aus dem Jahre 1950 ist einem Interesse an der Massenproduktion von Zellen entsprungen, die zur Untersuchung von Phagen dienen sollten.

Ein Jahrzehnt später wandten sich Szilards Interessen sozialen Richtungen zu. In seiner 1960 erschienenen Science-fiction Phantasie *The Day of the Dolphins* stellt sich Szilard eine bessere, von Delphinen erfundene Technologie vor, die genau das im kleinen widerspiegelte, was gerade als „Biotechnologie" bezeichnet werden sollte.[3] Er stellte sich einem Durchbruch bei den internationalen Beziehungen vor und erzählt, wie Amerikaner und Russen als Schwerpunkt für die neue Zusammenarbeit ein gemeinsames Institut für Molekularbiologie entwickeln. Seine Wissenschaftler zeigen, daß das Gehirn des Delphins dem des Menschen überlegen ist. Die Tiere werden in den Naturwissenschaften unterrichtet und beginnen dann, Nobelpreise zu gewinnen. Ihre größte Entdeckung ist eine Alge, die Luftstickstoff fixieren, Antibiotika produzieren sowie zu einer nährstoffreichen und preiswerten Proteinquelle für den Menschen verarbeitet werden kann. Als Ergebnis verändert sich die Familienstruktur der armen indischen Bevölkerung, weil Großfamilien überflüssig geworden sind. Auf diese Weise kann die Bevölkerungsexplosion verhindert werden. Selbst der Produktname symbolisiert weltweite Wurzeln: „Amruss".

Ein Jahr nach der Veröffentlichung von *The Day of the Dolphins* rief Szilard eine Bürgerrechtsorganisation ins Leben, das Council for a Livable World. Der Rat sonderte die entscheidenden Probleme der menschlichen Entwicklung aus, und obwohl Szilard im Jahre 1963 starb, wurde seine Arbeit bis in die 70er Jahre von seinem Assistenten und Biographen John R. Platt weitergeführt. 1972 forderten Platt und Cellarius in einem Artikel in *Science* Arbeitsgruppen, die sich mit den entscheidenden Problemen der Zukunft beschäftigten und an ihren Lösungen arbeiteten sollten. Sie glaubten, Probleme wie Überbevölkerung, Hungersnöte, Umweltverschmutzung und Gesundheit könnten allesamt durch die „Biotechnologie" gelöst werden.[4] Solche Zukunftsblicke drückten der Atomtechnologie entgegengesetzte Hoffnungen aus. Robert

Jungk, der deutsche Journalist und Autor des Buches *Jahrtausend Mensch*, betrachtete Szilard als den Propheten einer neuen Zeit.[5]

So erkannten die Idealisten der Nachkriegsgeneration neue Möglichkeiten in dem Komplex aus Fermentationstechnik, Enzymtechnologie und der Veränderung von Mikroorganismen, den sie immer öfter „Biotechnologie" nannten. Die Biotechnologie schien für ansonsten benachteiligte Entwicklungsländer besonders geeignet zu sein. Ihnen standen ausreichende Mengen biologischer Rohstoffe zur Verfügung, und sie benötigten dringend Produkte wie fermentierte Lebensmittel, Brennstoff und Biogas als Energielieferanten sowie Stickstoff-fixierende Bakterien. Die Technologie konnte von kleinen Unternehmen eingesetzt werden, die örtlichen Bedürfnissen gerecht wurden, und nicht von weit entfernten multinationalen Konzernen. Die Vorstellung von der Biotechnologie, die dann auftauchte, hatte eine seltsame Ähnlichkeit mit Mumfords und Hogbens bioästhetischen Ideen aus der Vorkriegszeit. Mumford selbst wurde zur Kultfigur, und 1971 schmückte sein Wort „Biotechnik" den Namen einer Kommune in Wales, die dem New Alchemy Institut in den Vereinigten Staaten nachempfunden worden war.[6] Der Organismus sollte der Stein der Weisen eines neuen Zeitalters sein. In seiner Einleitung zu einem 1979 erschienenen Buch mit dem Titel *Biological Paths to Self-Reliance* legte der schwedische Volkswirt Johann Galtung, der damit Armstrongs Aussagen zu Beginn des Jahrhunderts wiederholte, nahe, daß der arrogante westliche Mensch gedacht habe, er könne es besser machen als die Natur. Jetzt sei die Zeit gekommen, um einen katastrophalen Trend umzukehren.[7]

Der biotechnische Traum mag im Prinzip die Hauptbeschäftigung von intellektuellen Wissenschaftler der westlichen Welt gewesen sein, aber deshalb war er wirtschaftlich nicht unwichtig. Er warf bei großen Firmen Licht auf die Verbindung zwischen einer aufstrebenden Technologie und möglichen Lösungen für ein aufkommendes weltweites Problem. Den Namen, den man dieser Bedrohung verliehen hatte, kleidete man bezeichnenderweise in dramatische militärische Begriffe: Die Bevölkerungsexplosion mit Hungersnöten als ihre Begleiterscheinungen. Die weiteren Auswirkungen beunruhigten selbst die Politiker, die sich inzwischen an Stellvertreter des Kalten Krieges gewöhnt hatten - Streit in Entwicklungsländern über die Verteilung knapper Rohstoffe auf eine zunehmende Anzahl von Menschen. Das Ausmaß dieses Problems wurde nicht angezweifelt. Es war ein Thema angesichts dessen die traditionellen Herausforderungen an die Technologie – wie beschleunigt man Maschinen und wie vervielfacht man energetische Wirkungsgrade – und selbst die Fabrikation von Waffen trivial erschienen. Bei einem Treffen mit dem Titel „The Engineering of Unconventional Protein Production", das im Sommer 1967 durch das sonst sachliche American Institute of Chemical Engineers gefördert wurde, beschwor der Vizepräsident für Forschung an der Buffalo State University of New York ein beängstigenden Bild herauf:

Stellen Sie sich ein gigantisches Meeresungeheuer vor, das aus den Tiefen des Ozeans emporsteigt. Das Monster erhebt sich aus dem Meer bis es etwa 30 Meter aus dem Wasser herausragt. Dieses gigantische Loch Ness Monster bietet einen wirklich furchterregenden Anblick. Aber das Monster erhebt sich immer weiter, bis es 300 Meter, 1 500 Meter, 7 000 Meter groß ist, größer als alles andere auf der Welt ... Das Nahrungsmittel/Bevölkerungsproblem scheint schon 1975 so ungeheure Ausmaße zu erreichen, daß es alle anderen Probleme und Sorgen, die jetzt noch unsere Aufmerksamkeit erregen – Atomkrieg, Kommunismus, Weltraumwettstreit, Arbeitslosigkeit, Rassenprobleme, Vietnam, China, der Mittlere Osten, Kuba und andere – klein erscheinen läßt und überschattet.[8]

In Entwicklungsländern nahm der Bedarf an landwirtschaftlichen Erzeugnissen sogar noch schneller zu als das weltweite jährliche Bevölkerungswachstum von 2 bis 3 %. Vor dem 20. Jahrhundert hatte die landwirtschaftliche Produktion jedes Jahr um 1 % zugenommen und selbst die industrialisierte Landwirtschaft wuchs jährlich nur um 1,5 bis 2,5 %. Eine Lösung war die konventionelle Züchtung, die zu der sogenannten Grünen Revolution führte.[9] Andererseits bot die Biotechnologie einen direkteren Weg für die Produktion von Nahrungsmitteln, der möglicherweise zur Umgehung der gesamten traditionellen Landwirtschaft führt. Schließlich hat auch Petroleum innerhalb einer Generation die Kohle als Hauptquelle organisch-chemischer Komponenten ersetzt. Könnte es jetzt Pflanzen und Tiere bei der Produktion von Proteinen ersetzen?[10] Multinationale Ölgesellschaften investierten ungeheure Summen in die Erforschung der fermentativen Herstellung von Einzelzellprotein-Lebensmitteln, wie beispielsweise Hefen, Schimmelpilze und bakterielle Protein-Lebensmittel allgemein. Das Produkt mochte ihnen unbekannt gewesen sein, aber Öl erschien als ein vielversprechendes

Ausgangsmaterial zu sein, und die Konzerne waren daran gewöhnt, riesige Warenmengen umzuschlagen.

Ironischerweise verlagerte die Marktforschung den Schwerpunkt von der hungernden Bevölkerung in Entwicklungsländern hin zu den Tieren Europas. Die Konsumenten der Dritten Welt waren bei ihren Nahrungsmitteln konservativer und hatten weniger Zugang zum Öl als ihre wohlhabenden Nachbarn. Der wahre Erfolg der Grünen Revolution bei der wirtschaftlichen Nutzung der sehr ertragreichen Produkte aus konventionell gezüchtetem Reis und Getreide, rief auch zynische Kritik hervor. Während im Hinblick auf die Nahrungsmittelproduktion die Resultate bemerkenswert waren und eine Welthungersnot verhindert werden konnte, verbrauchten die neuen Anstrengungen viele Ressourcen. Sie bevorzugten die zahlungskräftigen gegenüber den armen Bauern, die sich die immer größeren Düngermengen nicht leisten konnten. Niemand war in der Lage, weiterhin nur an die Nahrungsmittelproduktion zu denken: Gerechtigkeit, ländliche Umstrukturierung und Abhängigkeit von komplizierter Technologie wurden als bedeutende und bedenkliche Faktoren angesehen.

Während die Biotechnologie, von der man in den 60er Jahren träumte, umweltfreundlich, rohstoffschonend und segnerisch sein sollte, würde man sie innerhalb von 20 Jahren der weiteren Bedrohung beschuldigen. Diese Umkehr, die teilweise mit den Bedenken gegenüber der neuen Art von Wissenschaft zusammenhing, die mit rekombinanter DNS verbunden war, hatte tiefere Wurzeln. Die Biotechnologie wurde als etwas „Unnatürliches" betrachte und die Unterscheidung zur chemischen Technologie ging verloren. Überlebende Vorstellung von Freigebigkeit traf auf eine neue zynische Denkungsart, von der sie als „Verwendung der genetischen Rohstoffe der armen Länder zur Lösung von Problemen der reichen Länder" karikiert werden konnte.[11] Biotechnologie, so die Drohungen, werde zur Privatisierung der öffentlichen genetischen Besitztümer, der übergeordneten Kontrolle der örtlichen Industrie und der Konzentration auf einige lukrative Medikamente führen.[12] Vanille, ein wichtiges landwirtschaftliches Exporterzeugnis von der Insel Mauritius, konnte nun im Faß in New York hergestellt werden. Statt eines visionären Idealismus wurde die Biotechnologie 1980 eher als eine weitere hochtechnologische Bedrohung für die Dritte Welt angesehen, indem sie Exportländer in Importeure der annähernd gleichen Waren verwandelte. Schrittweise verblaßte die Erinnerung an begeisterte Hoffnungen auf Nahrungsmittel aus Einzelzellproteinen, Stickstoff-fixierenden Pflanzen und „Gasohol".

Die wissenschaftlichen Durchbrüche, die die Idealisten im Auge hatten, brauchten viel mehr Zeit als sie gehofft hatten, und die Komplexität der Technologien, selbst die der Biotechnologie, war viel entmutigender als erwartet. Die Probleme stellten eine besondere Herausforderung dar, weil die Zahl der Wissenschaftler, die bereitstanden, um ihnen entgegenzutreten, sehr klein war. Männer wie Hedén, der von einem Freund als „ein Mensch, der auf vielen Hochzeiten tanzt" bezeichnet wurde, erreichten Stellungen und finanzielle Unterstützung von Behörden mit so beeindruckenden Namen wie UNESCO, UN, Food and Agriculture Organization, International Association of Microbiological Societies und World Academy of Arts and Sciences, um die Biotechnologie zu fördern.[13] Auch wenn der Erfolg begrenzt war, erreichten die wenigen dennoch überraschend viel; zum einen in der erhofften Richtung, eine globale Vision zu entwickeln, zum anderen in dem unerwarteten Anklang, den die „alternativen" biotechnischen Möglichkeiten in den entwickelten Ländern fanden. Genau wie bei Gideons Armee, vermittelten wenige hart arbeitende und schnell laufende Männer einen Eindruck der Unaufhaltsamkeit.

Internationale Organisationen

Obwohl in den 50er Jahren der Kalte Krieg seinem Höhepunkt erreicht hatte, arbeiteten weltoffene Wissenschaftler beständig hart daran, ein neues Zeitalter weltweiter Zusammenarbeit und Interessen zu schaffen. 1957 zeigte das International Geophysical Year, was man erreichen konnte, wenn Wissenschaftler aus Ost und West, Nord und Süd zusammenarbeiteten. Angeregt durch dieses Beispiel erhielten Ökologen weltweite Unterstützung für das International Biological Programme (IBP), das nicht nur ein Jahr, sondern ein ganzes Jahrzehnt andauerte. Wenn sich das IBP auch hauptsächlich mit der Beziehung des Menschen zur Ökosphäre beschäftigte, umfaßte es dennoch Bereiche, die sich mit praktischen Aufgaben beschäftigten.[14] Wenn die Mikrobiologie hinsichtlich des Ausmaßes ihrer Bedeutung auch mit der Raumfahrt- und

Atomtechnologie zu vergleichen war, so war sie doch bedeutend preiswerter. Bei der Raumfahrttechnologie waren die grundlegenden Bedürfnisse der Forschung so groß, daß sie nur ein extrem gut gefördertes und staatlich unterstütztes Unternehmen durchführen konnte. Mikrobiologen konnten dagegen in den großen staatlichen Laboren von Fort Detrick oder Britains Microbiological Research Establishment in Porton Down arbeiten. Darüber hinaus war der Investitionsbedarf klein genug, so daß Mikrobiologen andernorts – verglichen mit ihren Kollegen in der Elektronikentwicklung – viel freier von Verteidigungsprioritäten arbeiten konnten.[15]

Einen bedeutenden Beitrag konnte sogar die UNESCO leisten, die 1946 in London gegründet worden war. Ihr erster Generaldirektor war Julian Huxley, der mit Joseph Needham einen weiteren politisch linksgerichteten englischen Biologen und Freund der Entwicklungsländer zum wissenschaftlichen Leiter machte. Obwohl beide nur zwei Jahre im Amt waren, bestimmten sie doch die zukünftige Entwicklung der Organisation entscheidend mit, so der Biochemiker Marcel Florkin.[16] Needham war sich sicher, daß es wichtig sein würde, geeignete Elemente der westlichen Wissenschaft in Entwicklungsländern einzuführen. Schon beim ersten Treffen der UNESCO wurde entschieden, eine Zellkultur-Sammlung in Brasilien zu unterstützen. Während der frühen 50er Jahre diskutierte man in der UNESCO über eine Förderung der Krebsforschung in der Dritten Welt. Widerstand aus Ländern wie Großbritannien, die besorgt waren, daß die Arbeit der Industrieländer nur wiederholt würde, führte zur Verwässerung der Initiative zum Cell Biology Programme.[17] Dieses Programm wurde 1962 von der UNESCO durch die Einrichtung einer Spezialkörperschaft, der International Cell Research Organization (ICRO), unterstützt. Obwohl die ICRO hauptsächlich medizinische Fragestellungen vertrat, konnte sie 1963 doch die Bedeutung der Mikrobiologie erkennen, als die japanische Regierung der UNESCO ein Forschungsprogramm für Mikroorganismen vorschlug. Sie berief einen Gutachterausschuß für Angewandte Mikrobiologie ein, um internationale Kultursammlungen zu koordinieren und die Vorkommen der Mikroorganismen auf dem Land und im Wasser für industrielle, landwirtschaftliche und medizinische Zwecke zu untersuchen, sowie um Forscher in weniger entwickelten Ländern zu unterstützen.[18]

Der Druck auf die UNESCO von seiten Japans - einem immer wichtigeren Mitglied - fiel zusammen mit anderen professionellen Initiativen. Die Mikrobiologen verfügten über ihre eigenen Organisationen, durch die sie beständige Vorstellungen von einer sinnvollen Wissenschaft vermitteln und verbreiten konnten. Bei dem ersten Treffen der International Association of Microbiological Societies nach dem Krieg in Kopenhagen war der betagte Orla-Jensen, der seine Schule für Biotechnik vor dem Ersten Weltkrieg gegründet hatte, noch eine aktive Persönlichkeit. Der damals junge Schwede Hedén erinnert sich an Orla-Jensen, der mit ihm über die damaligen internationalen Ausmaße der angewandten Mikrobiologie sprach.[19]

Hedén wurde eng mit den nützlichen Anwendungen seiner Wissenschaft verbunden. Er erlebte, wie der kompakte Fermenter, den er mit der Unterstützung der schwedischen Regierung am Karolinska Institut entwickelt hatte, von ausländischen Regierungen gekauft wurde, die an biologischer Kriegführung interessiert waren. Hedén glaubte jedoch, daß die sich schnell weiterentwickelnde Technologie der Mikrobiologie eingesetzt werden könnte, um viel wertvollere Ziele zu erreichen. Durch die Entwicklung einer Stickstoff-fixierenden Getreidesorte könnten teure chemische Dünger überflüssig werden. So schrieb er: „Wenn das Ziel [die Produktion von Düngern] nicht mit konventionellen Methoden erreicht werden kann, wie beispielsweise dem Bau von großen Fabriken, dann müssen wir offensichtlich unkonventionelle Methoden einsetzen, beispielsweise müßten wir unzählige winzige sich selbst vermehrende und selbst reparierende Fabriken für uns arbeiten lassen."[20]

Als Hedén 1962 seine Amtszeit als Generalsekretär der International Association of Microbiological Society ableistete, regte er bei deren Treffen in Montreal die Herausgabe einer offiziellen Erklärung über den Beitrag der Mikrobiologie zur Bewältigung der weltweiten Ernährungskrise an. Mikrobiologen könnten ihren Teil dazu beitragen, die angeblich schon aufkeimende malthusische Katastrophe einer Überbevölkerung zu verhindern. Dies sei durch neue Wege zur Verbesserung der Bodenfruchtbarkeit, durch Forschung an für die Landwirtschaft nützlichen Substanzen wie beispielsweise pflanzlichen Wachstumsfaktoren oder durch die Erzeugung unverderblicher sowie ungewöhnlicher Nahrungsmittel zu erreichen. Die Erklärung rief zur besonderen Aufmerksamkeit gegenüber Organismen wie den Rhizobien auf, einem Bakterienstamm, der atmosphärischen Stickstoff in Proteine einbauen kann. Bei all diesen Punkten wurden die Regierungen gedrängt, die Forschung zu unterstützen, auch wenn die Produkte zu jenem Zeitpunkt noch unwirtschaftlich waren.[21]

Als Teil dieser Initiative von Montreal forderte Hedén die Gründung einer Abteilung, die sich mit wirtschaftlicher und angewandter Mikrobiologie beschäftigen sollte. Ihrem Ausschuß gehörten einige der führenden Begründer der Biotechnologie an. Zwei Mitglieder der neuen Herausgeber von *Biotechnology and Bioengineering* hatten Schlüsselpositionen inne – Marvin Johnson aus Wisconsin war Präsident und Hedén selbst Vizepräsident. Der zweite Vizepräsident war Ivan Malék, der Nestor der tschechischen Forschung im Bereich der kontinuierlichen Fermentation. Zu den 17 Mitgliedern der international beratenden Versammlung gehörten Ernst Chain aus Großbritannien, Kai Arima, Pionier der japanischen Biotechnologie, und der betagte Deutschtscheche Konrad Bernhauer, der das Wort „*Biotechnologie*" erneut in Deutschland einführte.[22] Durch die International Association of Microbiological Society kann man deshalb eine Kontinuität zwischen Orla-Jensen, dem frühen Gründer der Biotechnologie in diesem Jahrhundert, und der Kristallisation der Biotechnologie fünfzig Jahre später erkennen. Beim Treffen in Montreal wurde sein Nachfolger „empfangen, ausgetragen und geboren".[23] Die Zusammenkunft hatte die Form der Ende Juli 1963 in Stockholm durchgeführten Konferenz mit dem Titel „Global Impacts of Applied Microbiology" (GIAM), die durch Hedéns Netzwerk von Organisationen gefördert wurde – darunter waren auch die schwedische IVA (Hedén war Vorsitzender der Abteilung für Biotechnik), die International Association of Microbiological Societies (IAMS; die Abteilung für wirtschaftliche und angewandte Mikrobiologie) und eine neue weltweite Verbindung von idealistischen Intellektuellen, die World Academy of Arts and Sciences. Hedén war Vorsitzender des Organisationskomitees und andere bekannte Namen waren ebenfalls beteiligt. Zu den Vizepräsidenten, die mit dem Tagungsvorsitzenden, dem Nobelpreisträger und schwedischen Mikrobiologen Tiselius zusammenarbeiteten, gehörten Marvin Johnson, Ivan Málek und N.E. Gibbons, der neue Generalsekretär von IAMS.

Das Treffen in Stockholm sollte keine grundlegend neuen Erkenntnisse hervorbringen, sondern die Rolle der Mikrobiologie als eine Sprache der internationalen Zusammenarbeit verständlich machen. Im veröffentlichten Tagungsbericht trug der erste Abschnitt den Titel „Einige Philosophien über die angewandte Mikrobiologie". Beiträge kamen sowohl von Biologen, als auch von Außenseitern wie beispielsweise dem Israeli Abba Eban und dem berühmten schwedischen Volkswirt Gunnar Myrdal. Mit einem Anstieg der Weltbevölkerung auf etwa drei Milliarden im Jahre 1960, was einem Anstieg von 19 % während der vergangenen zehn Jahre entsprach, würden die Nahrungsmittel voraussichtlich knapp werden. Seuchen griffen um sich, Weltkriege würden noch zerstörerischer werden. Angesichts derartiger Aussichten forderten die Organisatoren: „Ein Gemeinschaftssinn wird durch den unzweifelhaften Glauben bewirkt, daß Mikroorganismen eine entscheidende natürliche Rohstoffquelle für die gesamte Menschheit sind, ungeachtet nationaler Grenzen. Wenn der Mensch sich bemüht, diese Quelle zu verstehen, zu kontrollieren und einzusetzen, dann können Mikroorganismen seine Zukunft tiefgreifend beeinflussen".[24] Nahrungsmittel und deren Verderb, Seuchen und Arzneimittelherstellung wurden von Fachleuten angesprochen. Viele versuchten sich auf die speziellen Probleme der armen Ländern zu konzentrieren. Elmer Gaden sprach von der Notwendigkeit, sich von hochtechnologischen Edelstahlausstattungen zu trennen, die bei der Herstellung von Penizillin eingesetzt werden. Er glaubte, daß sich bei vielen nützlichen Fermentationen Holz- oder Beton-Ausstattungen verwenden ließen.[25]

Beim Abschluß der Versammlung bekräftigten die Teilnehmer ihre Unterstützung der Erklärung von IAMS, die einen Beitrag der Mikrobiologie zur Weltnahrungsmittelversorgung forderte, sowie zu dem Vorschlag, die UNESCO solle ein „Jahrzehnt der Mikroorganismen" finanziell fördern. Zusätzlich rief das Treffen auf zu internationaler Kultursammlungen, der Erstellung eines „Katalogs notwendiger Projekte" und zu methodischer Planung von Impfstoffen, Forschung, Produktion und Verwaltung. Forderungen zur Ausbildung standen ebenfalls auf der Tagesordnung: Ein internationales Netz von Ausbildungslaboratorien unter der Schirmherrschaft einer neuen „International Organisation for Bioengineering and Biotechnology" würde nötig sein.[26] Obwohl die Redner in Stockholm zumeist Europäer und Amerikaner waren, nahmen beim nächsten Treffen 1967 in Addis Abeba mehr Wissenschaftler aus den Entwicklungsländern teil. Die Eröffnungszeremonie wurde von Kaiser Haile Selassie aus Äthiopien geleitet, und Jomo Kenyatta aus Kenia war ebenfalls anwesend.[27]

Themen mit bedeutenden wissenschaftlichen und sozialen Bezügen zu Politikern und Forschern abseits des Hauptstroms der Weltwissenschaft wurden bei den GIAM-Treffen seit 1967 in Bombay, Sao Paulo, Bangkok, Lagos, Hong Kong und Malta vordringlich behandelt. Außerdem entstanden weitere Organisationen mit dem Ziel, Forschung, Ausbildung und Kultursammlungen zu koordinieren. Folgend auf Hedéns Vorschlag von Montreal wurde 1968 die International Organisation of Biotechnology and Bioengineering mit Hilfe der UNESCO von Hedén und Gaden, dem Japaner Terui und dem Finnen Gyllenberg verwirklicht. Sie wollten Mitgliedslaboratorien sowohl in Industrie- als auch in Entwicklungsländern helfen, in der Forschung und bei einer weiterführenden Ausbildung zusammenzuarbeiten.[28] Eine Initiative jagte die nächste. Das Problem der Konservierung und Untersuchung von mikrobiellen Genpools in Entwicklungsländern führte zu einem Netzwerk von Microbiological Ressource Centres (MIRCENS), die seit 1975 mit der Unterstützung vom United Nations Environment Program und der UNESCO gegründet wurden.[29] Die erste Entwicklung war die zentrale Registrierung der weltweiten Kultursammlungen im australischen Brisbane. Bis 1991 gab es 24 Microbiological Ressource Centres.

Die Betonung von Genpools spiegelt das wachsende Interesse an der industriellen Bedeutung der Genetik wider, das im nächsten Kapitel besprochen wird. 1982 wurde die Bewegung durch die Gründung des International Centre for Genetic Engineering and Biotechnology (ICGEB) einen weiteren Schritt vorangebracht. Förderer war die United Nations Industrial Development Organization, die seit 1975 daran arbeitete, den Anteil der Entwicklungsländer an der Weltindustrieproduktion bis zum Ende des Jahrhunderts auf 25 % anzuheben. Die Unterstützung der Biotechnologie wurde als die beste Anwendung der begrenzten Ressourcen angesehen. Hedén war beauftragt worden, ein Arbeitspapier zu schreiben, dem er den Titel „Die mögliche Auswirkung der Mikrobiologie auf Entwicklungsländer – Hoffnungsquelle oder Liste verspielter Chancen" gab.[30] Obwohl Eile geboten war, und die Gründung der ICGEB bei einem internationalen Treffen in Madrid 1983 akzeptiert worden war, führte kleinliches Gezänk zwischen möglichen Gastländern zu einer Verzögerung von einem weiteren Jahr. Eine Aufspaltung zwischen Triest und Neu-Delhi wurde schließlich 1984 für die neue Organisation akzeptiert. In Triest wollte man sich mit der Umwandlung von Biomasse, Kohlenwasserstoff-Mikrobiologie, Fermentation im Industriemaßstab und Proteintechnik beschäftigen. In Delhi würde man sich auf die biologische Stickstoff-Fixierung und auf Bodenbakterien konzentrieren. Impfstoffe und Immunologie bei Tieren und Menschen sollten dort ebenfalls untersucht werden. Diese Themen gehörten zu den dauerhaften Aufgaben der Biotechnologie in Entwicklungsländern. Die Projekte, die sich mit Rhizobien, Energieproduktion und Einzellerproteinen beschäftigen, würden besonders dringend sein.

Rhizobien

Das Geheimnis, wie die in den Wurzelknöllchen von Leguminosen eingenisteten Rhizobien atmosphärischen Stickstoff in Ammoniak umformen, wurde von Sir Harold Hartley als eine „der größten und lebenswichtigen Unbekannten" der Weltwirtschaft beschrieben.[31] Wenn der Mensch nun diesen Vorgang beim Getreide nachahmen könnte, würde sich der Bedarf an Kunstdünger in Luft auflösen. 1960 zog die amerikanische Firma Du Pont mit ihrer Untersuchung dieser möglichen Herausforderung für ihren chemischer Markt die Aufmerksamkeit auf sich. Die Forscher identifizierten aktive zellfreie Extrakte eines Bakteriums, das Stickstoff „fixieren" konnte. Shell stellte zu Du Ponts Arbeiten Nachforschungen an und suchte entweder ein Fermentationsverfahren für Ammoniak oder ein Verfahren zur Ammoniaksynthese unter geringem Druck.[32] Obwohl die Forschung nur in zweiter Linie auf bakterielle Dünger ausgerichtet war, stimulierten derartige Möglichkeiten die Forscher, die sich mit ärmeren Ländern beschäftigten. Bei der Arbeit von Du Pont erkannte der Prüfer von Shell „einen optimistischen Ansatz". Als er der Gruppe andeutete, daß es zwanzig Jahre dauern könnte, bis sich ihre Anstrengungen auszahlten, gab es einen „spontanen, beinahe verzweifelten Protestschrei von Dr. Carnahan .... Ich dachte, sie würden an fünf Jahre (oder weniger) denken." Ungeachtet des Tons, konnte der

170

Bericht Shell nicht dazu bringen, die Forschung an dem Projekt zu unterstützen. Er wurde jedoch an das Britain's Agricultural Research Council weitergeleitet, wo man voller Begeisterung eine Pilotanlage errichtete. Die Gruppe von Joseph Chatt an der damals neuen Universität von Sussex sollte ihre eigenen und gut bekannten Erfolge haben. Trotz vieler wissenschaftlicher Durchbrüche liegt das Ziel eines sich selbst düngenden Getreides noch in weiter Ferne. Frühe Erfolge verblaßten. Während der nächsten vier Jahrzehnte flackerten wiederholt Hoffnungen auf, Gene auf Getreide zu übertragen, die der Leguminosen-Saat so wunderbare Kräfte verliehen. Die ehrgeizigen Pläne sind bis heute nicht erfüllt worden, obwohl die Animpfung von ausgelaugtem Land ein nützliches Verfahren ist.

Die Bedeutung dieser Arbeit wurde klar, als die Kosten für synthetisch hergestellten Stickstoffdünger von 30 Dollar im Jahre 1972 auf 140 Dollar zwei Jahre später anstiegen.[33] Seit Beginn des MIRCENS-Programms 1975, zur Zeit der ersten Ölkrise, waren die Rhizobien eine Hauptbeschäftigung. Von den 15 bis 1980 aufgestellten MIRCENS-Zentren beschäftigten sich bereits fünf (in Brasilien, Kenia, Senegal und zwei in den Vereinigten Staaten) mit der Rhizobien-Technologie und untersuchten die reichen Gen-Reserven der Tropen, um ein wirkungsvolleres Bakterium zu erhalten.

Biogas und „Gasohol"

Die Suche nach dem Geheimnis der Rhizobien war teilweise eine Antwort auf die eskalierenden Ölpreise. Diese wirkten sich auf ärmere Länder direkter aus, als nur durch die Erhöhung der Kosten für Ammoniak. Energie wurde teurer. Die Biotechnologie konnte durch „Biogas" und „Gasohol" einen Beitrag leisten.

Die Idee, Gas kommerziell durch die Verwendung von verrottendem Dung eines Bauernhofes zu produzieren, war bereits ein Jahrhundert alt. Sie wurde ursprünglich in China und Indien entwickelt, wo ihre Geschichte in die Zeit vor dem Zweiten Weltkrieg zurückgeht. Der ersten kommerziellen chinesischen Methanverwerter wurden 1920 von Luo Guorui entwickelt, der eine Firma zur Vermarktung dieser Neuerung gründete.[34] 1937 wurden dampferzeugende Biogasreaktoren hergestellt, die auch ein halbes Jahrhundert später noch arbeiteten. Konstruktionen wallten in den 50er und nochmals in den 70er Jahren auf. Vor nicht allzulanger Zeit haben sich die Anstrengungen der industriellen Verwendung zugewandt. 1985 zählte China sechs bis sieben Millionen ländlichen Verarbeitungsbetrieben in Familiengröße, 600 Biogas Energiefabriken mit einer Kapazität von 6 MW und 1 200 biogasbetriebenen Elektrizitätsgenerator-Stationen mit einer Kapazität von 16 MW.

Andernorts erhielt Biogas das Image einer zweitrangigen Technologie. In der Tat hieß es, daß in den frühen 80er Jahren nur noch die Hälfte der chinesischen Biogasreaktoren betrieben wurden. Dennoch war ihre Anziehungskraft als dezentralisierte Energiequelle in den frühen 80er Jahren äußerst mächtig. Indien bewilligte 62 Millionen Dollar für einen Fünfjahresplan zwischen 1981 und 1986, um beinahe eine halbe Million Biogasreaktoren als Teil ihrer landwirtschaftlichen Entwicklungspolitik einzuführen.

Ein Charakteristikum der Biotechnologie ist die Verwendung reichlich vorhandener Rohmaterialien tropischer Länder. Von diesen tropischen Ländern war Brasilien 1970 das ehrgeizigste und am schnellsten vorankommende Land. Dort hat das Zuckerrohr seit der portugiesischen Invasion vor 500 Jahren ganze Wälder ersetzt. 1974 überzeugte der Zukkermagnat Urbano Stumpf seinen Präsidenten, daß aus Zucker hergestellter Alkohol ohne Zusatz von Öl alle brasilianischen Autos antreiben könne und so 80 % des Dieselkraftstoffs ersetzen würde. Dazu würden 31 Milliarden Liter Ethanol benötigt. Zuerst wurde Alkohol als eine 10 %ige Lösung mit konventionellem Treibstoff gemischt. Aber von 1979 an wurden Autos hergestellt, die mit 100 % Gasohol betrieben werden konnten. Im darauffolgenden Jahr erreichte die Produktion 4,1 Milliarden Liter.[35]

Brasilien stellte für dieses Programm große Rohstoffmengen zur Verfügung. 1980 wurde es als ein Modell für die ganze Welt angesehen. Später jedoch, als die Weltölpreise sanken, fiel der Glaube an diesem Modell recht steil. Andere tropische Länder, von Costa Rica bis Indien, beabsichtigten diesem Beispiel nachzueifern. Amerikanische Delegationen kamen zu Besichtigungen, denn in der aufkeimenden Ölkrise waren die USA auch an einer Wiederbelebung dessen interessiert, was Hale „Agri-crude" genannt hatte und jetzt „Gasohol" hieß. Die Geschichte dieses alternativen Treibstoffes wird im nächsten Kapitel im einzelnen erzählt werden, denn dieses Produkt trug entscheidend zum Schwung amerikanischer Entwicklung bei.[36]

Einzelzellprotein

Die Verschiebung biotechnologischer Lösungen von Problemen der Armen hin zum Einsatz in den reichen Industrieländern kann an der Entwicklung von Einzeller-Proteinen abgelesen werden, die zunächst als die entscheidende Quelle der Ernährung angesehen wurden. Selbst wenn durch Stickstoff-fixierende Bakterien konventionelle Pflanzen billiger produziert werden könnten, so schien es, daß auch alternative Proteinquellen gesucht werden müßten. Schnell wachsende Algen (an der Wasseroberfläche gezüchtet), traditionell fermentierte Nahrungsmittel und – als ehrgeizigstes Ziel – Bakterien, die in Petroleum wuchsen, schienen Kandidaten für eine Lebensmittelrevolution zu sein. 1950 setzte man große Hoffnungen auf die Grünalge Chlorella, die man in Japan und der Tschechoslowakei mit Hilfe verfahrenstechnischer Methoden züchtete, obwohl sie auch nach 15 Jahren immer noch versuchsweise produziert wurde. Bis 1967 erzeugten die Japaner etwa 110 Tonnen.[37] Im Fernen Osten benutzte man traditionell fermentierte Sojabohnen und in Indonesien „Tempeh", das zum Modenahrungsmittel in den Vereinigten Staaten wurde. Sojabohnen selbst konnten so verarbeitet werden, daß sie künstliches Fleisch ergaben.

Vor allem die Möglichkeit, Mikroorganismen auf Öl zu züchten, fesselte die Vorstellungskraft von Wissenschaftlern, Politikern und der Wirtschaft. Natürlich war die Idee nicht neu, Hefe als Nahrungsmittel zu züchten. Schließlich hatte Max Delbrück Hefe als einen eßbaren Pilz bezeichnet. Sowohl amerikanische als auch deutsche Wissenschaftler folgten den deutschen Anstrengungen im Ersten Weltkrieg und setzten Untersuchungen über die Anwendung der Hefe als Trockenfutter fort. In Deutschland herrschte ein besonderes Interesse an der Verwendung der Sulfitlauge, die in Papiermühlen als Abfallprodukt entsteht. Diese Arbeiten wurde durch die Isolation während des Zweiten Weltkrieges verstärkt. Bei Kriegsende arbeiteten sechs Anlagen mit neuer Technologie und produzierten jährlich 15 000 Tonnen Hefe.[38]

Die Briten interessierten sich auch für die Herstellung von Nahrungsmitteln, aber ihnen standen weder Sulfitlauge aus der Papierherstellung noch Stärkeabfall aus der Getreideproduktion zur Verfügung. Statt dessen identifizierte ein Kriegskomitee hochkonzentrierte Zukkerabfälle, die bei der Herstellung kolonialer Produkte wie Bananen, Kochbananen und Zucker in Kolonien wie Westindien anfielen. Thaysen, der während des Ersten Weltkrieges für Weizmann gearbeitet hatte, leitete ein Projekt zur Züchtung von Hefe auf den Nebenprodukten der Zuckerfabrikation als Nährboden. Eine Laborvorführung verlief erfolgreich, und 1944 wurde entschieden, auf Jamaika eine Versuchsanlage zu errichten. Diese wurde 1947 eröffnet und arbeitete ein Jahrzehnt lang.[39] Ähnlich wie Dr. Johnson im 18. Jahrhundert den in Schottland verzehrten Haferbrei als Tierfutter bezeichnet hatte, wurde der technische Erfolg bei Hefe zunichte gemacht, weil das Produkt nicht als menschliches Nahrungsmittel akzeptierbar genannt wurde. Die kosmetische Bezeichnung des Produktes als „Nahrungsmittel-Hefe", um sie von der „Trockenfutter-Hefe" zu unterscheiden, konnte nicht überzeugen. Außerdem verursachte ein leicht unangenehmer Beigeschmack durch das Entschäumungsmittel, die konservative Einstellung des Verbrauchers. Eine Konsumbeschränkung von unverarbeiteter Hefe auf 7 g pro Tag bewirkte schließlich den Zusammenbruch des Projektes.[40]

Ebenso bemühte man sich, nach neuen Nahrungsmitteln zu suchen, die sich nach Belieben erzeugen ließen. Die ehrgeizigsten Pläne richteten sich dabei auf Mikroorganismen, die auf Öl wachsen könnten. Seit dem 19. Jahrhundert war bekannt, daß bestimmte Bakterien auf Kohlenwasserstoffen leben können. Während des Zweiten Weltkrieges stellten die Deutschen bereits Öl aus Kohle her, indem sie zunächst die Kohle mit Dampf zur Erzeugung von Kohlenmonoxid und Wasserstoff zerlegten (Lurgi-Verfahren) und dann die Bestandteile unter hohem Druck im sogenannten Fischer-Tropsch-Verfahren wieder zusammenfügten. Ließ man die Bakterien auf dem Produkt wachsen, könnten sie möglicherweise effizient Nahrungsmittel aus Kohle herstellen.[41] 1947 berichteten Felix Just und Willy Schnabel, die am Delbrück Institut für Gärungsgewerbe zu Hause waren, über Versuche, die bewiesen, daß sowohl Hefe als auch Bakterien auf einem Paraffin-Produkt aus dem Fischer-Tropsch-Verfahren wachsen konnten. Obwohl dies ein interessanter Wissenschaftsbereich war, schloß W. Hoerberger, Wissenschaftler an der Universität Köln, 1955, daß der damalige Wissensstand die Hoffnung auf eine wirtschaftlich erfolgreiche Anwendung dieses Verfahrens nicht stütze. Der Sauerstoffbedarf wäre groß, und die regulierende Hefe hätte einen hartnäckig öligen Geruch.

Dennoch dauerte es nur weitere zwei Jahre, um einen Weg in die richtige Richtung zu finden. Die Erfahrung des französischen Pioniers Alfred Champagnat ist es wert, hier näher geschildert zu werden. Seine Arbeit und die seines Arbeitgebers British Petroleum (BP) waren nicht nur bedeutend, sondern sie ermutigten auch die meisten anderen Öl-Konzerne das gleiche zu tun.[42] In den Laboratorien von BPs französischer Tochterorganisation untersuchte Champagnat die Mikrobiologie des Petroleums, um Spuren von Kohlenwasserstoffen aus dem Abwasser der Raffinerie zu beseitigen. Da er Hilfe benötigte, arbeitete er mit Jacques Senes von den CNRS Laboratorien in Marseille zusammen. Nach 18monatiger Arbeit war das Projekt immer noch unvollständig und schien dem Untergang geweiht zu sein. Dann, so erinnert sich Champagnat, hatten beide bei einem Treffen mit Senez die Idee, die Hefe zu verwenden, die sie erfolgreich als Nahrungsmittel auf dem Öl gezüchtet hatten. Das Spektrum der Aminosäuren war vollständig, und deshalb würde das Produkt die weltweiten Anforderungen nach mehr Proteinen erfüllen. Dennoch trafen sie auf massive Skepsis – Erdöl war karzinogen, mikrobiologische Verfahren liefen nur langsam ab und die Preise würden zu hoch sein. Außerdem lag noch Hoerbergers negative Studie vor, ohne eine andere von Raymond überhaupt zu erwähnen. Unbeirrt argumentierte Champagnat, daß die Probleme eher technischer als mikrobiologischer Natur seien und daß die Technologie noch nicht ausreichend untersucht worden war. Die Möglichkeit der kontinuierlichen Fermentation war bis dahin vernachlässigt und eine toxikologische Untersuchung noch nicht durchgeführt worden. Außerdem mußte bei Millionen hungriger Menschen ein Markt vorhanden sein. Die Erdölindustrie könnte mit ihrem multinationalen Konzerngeflecht Fermentationsprodukte genauso serienmäßig herstellen wie Petrochemikalien.

1962 konnte BP im südfranzösischen Cap de Lavèra eine Versuchsanlage errichten und das Produkt „Toprina" (ein nahes Anagramm von Protein) vermarkten. In den nächsten fünf Jahren wuchs das Interesse enorm. BP selbst nahm sich des Projektes an und startete zusätzlich zu der Unterstützung Champagnats in Großbritannien ein abweichendes

Verfahren. Bis dahin gab es noch keine allgemein akzeptierte Bezeichnung für das neue Nahrungsmittel. Aber 1966 wurde der Begriff „Einzelzellprotein" (SCP, engl.: single-cell protein) am MIT (von Scrimshaw) geprägt, um einen sowohl akzeptablen als auch aufregenden neuen Titel für ein altes Produkt einzuführen und gleichzeitig die wenig werbewirksamen Attribute „mikrobiell" oder „bakteriell" zu vermeiden. Dieser Name wurde am MIT ein Jahr später bei einer Konferenz vorgestellt.[43] Das schnelle Wachstum dieses Bereiches wird durch die Anzahl von Artikeln zum Thema Fermentation von Erdöl verdeutlicht: 92 im Jahre 1962 und 163 im darauf folgenden Jahr (ohne sowjetische und japanische Veröffentlichungen). 1974 konnte Champagnat einige Dutzend Projekte in zehn Ländern auflisten.

Die ehemalige Sowjetunion war bei der Produktion von Einzeller-Proteinen auf verschiedenen Ausgangssubstraten besonders aktiv und steigerte sie von 58 000 Tonnen im Jahre 1963 auf 1,1 Millionen Tonnen bis zum Ende der 70er Jahre.[44] Die Japaner planten ebenfalls Anlagen in Italien und Rumänien. Seit 1955 waren die Vereinten Nationen über Nahrungsmittelbelange von einer internationalen Kommission mit dem Titel Protein Advisory Group beraten worden. Sie waren jetzt beeindruckt von den Zukunftsaussichten der SCP und beschäftigten eine große Anzahl von Arbeitsgruppen mit Studien der Sicherheit des Produktes, das als eine Lösung für den Hunger in der Welt angesehen wurde.[45]

Im Westen schien BP zuerst der stärkste Anwärter zu sein. Mitte der 70er Jahre waren bereits 40 000 Tonnen des Produktes getestet und vermarktet worden, und die Gesellschaft war bereit, die Produktion weiter zu erhöhen. Eine Anlage in Sardinien mit einer Produktionsrate von 100 000 Tonnen pro Jahr wurde bereits 1973 angekündigt. Neben BP stiegen auch andere europäische Gesellschaften wie Shell, Hoechst und ICI in das Rennen zur Vergrößerung der Biomasse auf Kohlenwasserstoffbasis ein, wobei sie Bakterien und Pilze untersuchten. Shell gab auf, noch bevor das Verfahren über den Labormaßstab hinausging. Hoechst investierte 80 Millionen DM in den Bau einer Versuchsanlage zur Züchtung von Bakterien in Methanol. Ein sehr ähnliches Verfahren wurde von ICI – Großbritanniens größter Chemiefirma – entwickelt. Es ging über das Maß einer Versuchsanlage hinaus und lancierte den größ-

176

ten Fermenter der Welt mit einer Kapazität von 50 000 Tonnen pro Jahr, um sein bakterielles Produkt „Pruteen" herzustellen. Genau wie BP gab die Konzernführung mehr als 100 Millionen britische Pfund für diese Spekulation aus.[46] Doch hatte dieses Unternehmen erst in den späten 60er Jahren, also ein Jahrzehnt nach dem bei BP begonnen und erreichte erst in den späten 70er Jahren einen entscheidenden Punkt.

Bis dahin hatte sich das kulturelle Klima komplett verändert, denn das Interesse war entgegen dem im Wandel begriffenen wirtschaftlichen und kulturellen Umfeld gewachsen. Zunächst stieg der Ölpreis 1974 katastrophal an, so daß die Kosten pro Barrel fünfmal höher lagen als zwei Jahre zuvor. Zweitens begannen sich trotz des nicht endenden Hungers in der Welt, die prognostizierten Märkte zu verändern. Das Programm hatte mit der Vorstellung begonnen, Nahrungsmittel für Menschen in der Dritten Welt zu erzeugen und BPs Werbung zeigte Champagnat beim Verzehr von Keksen, die aus Toprina hergestellt worden waren. Statt dessen wurde das Produkt in den Industrieländern als Tierfutter eingeführt. Die unglaublich schnell wachsende Nachfrage in diesem Bereich ließ den Markt als wirtschaftlich attraktiv erscheinen. Die Nachfrage beim Tierfutter wuchs aufgrund der schlechten Verwertung durch die Masttiere sogar schneller als der Lebensmittelbedarf der Bevölkerung. Ein Huhn verbraucht zur Produktion von 2 kg Protein bereits 8,4 kg Eiweiß. In Japan verdreifachte sich zwischen 1963 und 1975 der Verbrauch von Mischfutter für Tiere. Während der Bedarf an Proteinen zur direkten Versorgung von Menschen und zur Fütterung von Tieren 1980 annähernd gleich war, erwartete man in den darauffolgenden 20 Jahren beim Bedarf für Tiere einen Anstieg um das 2,47fache, etwa 50 % mehr als das erwartete Wachstum der Bevölkerung um 61 %.[47]

Die Erzeugung von Tierfutter war unproblematischer, weil Menschen nur geringe Mengen von unverarbeiteter Hefe einnehmen können und die Entfernung von Nukleinsäuren (RNS), die Gicht verursachen können, kostspielig ist. Nur eine westliche Firma hat ein Nahrungsmittel für den Menschen kommerziell produziert und dies mit besonderer Motivation und historischem Hintergrund. Als Champagnats Arbeit in der frühen 60er Jahre bekannt wurde, leitete der idealistische Methodist Lord Rank die britische Brotfabrik Ranks Hovis Macdougall. Mit Arnold Spicer beschäftigte er einen brillanten Forschungsdirektor, der die überschüssige Stärke, die in der Gesellschaft anfiel, als mögliches Nährmedium für das Wachstum von Mikroorganismen für die Produktion von Nahrungsmitteln ansah. Anders als die Wissenschaftler in den Ölkonzernen war der Nahrungsmittel-Technologe Spicer der Ansicht, sein Produkt müsse „köstlich zu verzehren" und angenehm in der Struktur sein.[48] Deshalb suchte er nach einem Organismus mit natürlicher Beschaffenheit und wählte einen langfaserigen Mikropilz aus, an dem schon lange gearbeitet worden war. Lord Rank betrachtete das spekulative und extrem teure Projekt auch als eine persönliche Mission für die Armen dieser Welt. Er bot seine Hilfe an, wann immer sie benötigt wurde. 1970 fand man einen geeigneten Organismus. Es dauerte jedoch noch mehr als zehn Jahre, bis dieser zu einem wohlschmeckenden Produkt umgewandelt worden war, das keine RNS mehr enthielt und dessen biologische Sicherheit bestätigt worden war. Selbst danach wurde Mykoprotein erst 1985 eingeführt, eher um britischen Vegetariern und Patienten mit einem zu hohen Cholesterin-Spiegel ein ansprechendes Lebensmitteln zu liefern, als den Hunger in Entwicklungsländern zu bekämpfen. Außerdem erforerte die Wirtschaftlichkeit der Prozedur, daß das Produkt nicht auf der Grundlage von Abfallprodukten aus der Bäckerei produziert wurde, sondern aus importiertem amerikanischen Mais, der ursprünglich zur Herstellung von Glucose-Sirup verwendet worden war. Zur Züchtung des Pilzes verwendete Ranks Gruppe den von ICI entwickelten Fermenter, in dem das Pruteen entwickelt worden war. An diesem Punkt übernahm ICI das Projekt.

Ranks Erfahrungen zeigten, wie schwierig es war, ein neues Nahrungsmittel für den Menschen herzustellen. Die einfachere Alternative, die von anderen Gesellschaften gewählt wurde, nämlich auf die Herstellung von Tierfutter zu setzen, hatte ironische Konsequenzen. Es stellte sich heraus, daß es einen schnell wachsenden Markt mit einem Potential sowohl in industrialisierten als auch in armen Ländern gab, der profitorientierte multinationale Konzerne wie BP anzog. Als Teil ihrer Marketing-Strategie hatte BP große Tierfutter-Gesellschaften aufgekauft, um wichtiger Lieferant kommerzieller Produkte zu werden. Die Einfachheit des Tierfutters, welche große Firmen anzog, trug zum Untergang der Technologie bei. Das neue Produkt stieß auf die Konkurrenz von natürlich angebauten Mitteln. Hier traf es vor allem die rasch wachsende Sojabohnen-Industrie. Während der Ölpreis anstieg, fielen die Preise für Sojabohnen. Argentinische und brasilianische Produkte kamen auf den Markt und verdreifachte die Produktion von den frühen 60er Jahren bis in die späten 70er Jahre.

Werbung für Mycoprotein: Kräftig gerührtes und anschließend gebackenes Quorn®
in Blackbean Sauce. Mit freundlicher Genehmigung von Marlow Foods.

David Sharp, in den 70er Jahren Sekretär der britischen Society of Chemical Industry, hat eine sorgfältige vergleichende Analyse der Wirtschaftlichkeit von SCP und dem Konkurrenzprodukt Sojabohne durchgeführt. Natürlich gab es große Probleme mit einem landwirtschaftlichen Produkt zu konkurrieren, dessen Preis durch die einfache Vergrößerung der Anbaufläche verringert werden konnte. Der ansteigende Ölpreis und der abnehmende Preis des landwirtschaftlich produzierten Proteins beeinträchtigte die Wirtschaftlichkeit des auf Öl erzeugten SCP derart, daß die Zustimmung der Öffentlichkeit nicht ernsthaft getestet wurde. Selbst als das wirtschaftliche Gleichgewicht kippte, gab es in Form des öffentlichen Widerstandes einen anderen, nicht finanziellen Faktor gegen auf Ölbasis erzeugten Nahrungsmittel. Dieser Protest wurde besonders in Italien und Japan laut, in Ländern also, in denen die Produktion der Reife nahe stand. Trotz all ihrer gewohnten Begeisterung für Neuerungen und dem traditionellen Interesse an mikrobiell erzeugten Nahrungsmitteln waren die Japaner die ersten, die die Produktion verboten, und die Planungen der Fabriken von Dainippon und Kanegfuchi wurden beendet. Kei Arima, einer der Pioniere der japanischen Biotechnologie, stellte fünf kritische Fragen und Aussagen zusammmen, die von Zeitungen und Konsumentengruppen gestellt wurden.[49]

1 – Warum wird die Öffentlichkeit gezwungen, Erdöl und Mikroorganismen, in diesem Fall Hefe, zu essen? (Emotionale Opposition)
2 – Nahrungsmittel kamen ursprünglich aus der natürlichen Welt und es sollten diejenigen sein, die seit frühester Zeitrechnung verzehrt werden. (Regel der Erfahrung)
3 – Die Sicherheitsdaten wurden nur von der industriellen Seite präsentiert. (Mißtrauen in Unternehmen, die das Problem der Umweltverschmutzung mit einbeziehen)
4 – Petro-Proteine allein können das Problem der Nahrungsmittelverknappung nicht lösen. Erdöl wird in kurzer Zeit aufgebraucht sein. (Problem der Ressourcen)
5 – Landwirtschaft und Fischerei werden durch die Entwicklung der SCP-Industrie zerstört werden. (Politische Opposition)

In allen Punkten hatten die japanischen „Petro-Protein"-Hersteller versäumt, die Idee von ihren neuen „natürlichen" Nahrungsmitteln vom chemiebehafteten Image des Erdöls zu trennen.[50]

Diese Argumente entstanden vor dem Hintergrund des Mißtrauens gegenüber der Schwerindustrie. Die Firmen gaben der Technologie einen so schlechten Namen, daß die biologischen Wurzeln nicht ausreichten, um sie zu rechtfertigen. In Italien herrschte das gleiche Problem. Die Angst vor winzigen Erdölspuren wurde mit den schrecklichen Schäden in Verbindung gebracht, die bei der Explosion der Anlage von Seveso entstanden und die die Umwelt mit toxischen PCBs überschwemmte. Die Biotechnologie war metaphorisch und literarisch mit allen „Wohlgerüchen" der chemischen Industrie assoziiert worden. Weder die für BP und ihren italienischen Partner, die Holdinggesellschaft ENI, errichtete Anlage noch eine nach japanischen Entwürfen errichtete Fabrik durfte in Betrieb genommen werden.

180

Aus Arimas vorsichtiger Aufzählung geht hervor, daß der Widerstand eher von der Verbindung mit der Industrie als von der Ignoranz gegenüber bestimmten wissenschaftlichen Ergebnissen herrührte. Man hätte annehmen können, daß die vegetarische Bewegung das von Rank entwickelte Mykoprotein, so wie es wissenschaftlich und offiziell anerkannt war, in ihr Herz geschlossen hätte. Daß dies nicht eingetreten ist, liegt vielleicht sowohl daran, daß das Produkt von Organismen hergestellt wird, die in den Fermentern des ICI Chemiekonzerns in Billingham gezüchtet wurden, wie auch am Einsatz von Tieren zur Sicherheitsprüfung dieses Produktes. Die Angst im Hinblick auf die Sicherheit dieses Produktes wurde durch den Verdacht gegenüber denjenigen erzeugt, die zu einem früheren Zeitpunkt alle Ängste in den Wind geschlagen hatten, nur um sie dann bei vielen anderen Menschen wieder zu finden. Bei diesen Ängsten handelte es sich um das Gefühl, das Verfahren sei unnatürlich und würde wirtschaftliche Schwankungen verursachen, wenn es erfolgreich wäre. Ein Jahrzehnt später würden genau dieselben Probleme wieder in Fragen zu Produkten erwähnt werden, die durch rekombinante DNS-Techniken entstanden.

Zusammenfassung

Nach einem halben Jahrhundert, in dem intellektuelle Ideen zur Biotechnologie als einer Art von Technologie, die einen neuen Bedarf deckt, vorangetrieben hatten, schien in den 60er Jahren der richtige Zeitpunkt gekommen zu sein. Der neue Bedarf war dringlich der Hunger in der Welt. Radikale Maßnahmen würden notwendig werden, um ihm zu begegnen. Die Biotechnologie schien darauf die angemessene Antwort zu bieten. Dennoch erwiesen sich die Lösungen entweder als zu teuer oder als nicht akzeptabel. Die Behebung des Hungers in der Welt durch SCP-Nahrungsmittel und die Technologie der Stickstoffixierung durch Getreide erschienen als Trugbilder. In den 70er Jahren folgte der Nahrungsmittelverknappung die Ölkrise, der schien die Biotechnologie eine Lösung für die Armen zu bieten, aber wieder einmal waren die Kosten dann doch zu hoch, da die Ölpreise in den 80er Jahren stark zurückgingen. So konnte die eigentliche Bedeutung dieser Technologie nicht in der Praxis getestet werden.

Dennoch fand dieser Ansatz seine Anhänger, besonders als die Gentechnologie eine Möglichkeit zur Erzeugung neuer Organismen anzubieten schien. 1982 faßte der holländische Veteran der Mikrobiologie la Rivière die anhaltende Anziehungskraft der Biotechnologie zusammen, die damals und auch heute noch berechtigt ist. Niedrige Kosten, ländliche Natur und kleiner Maßstab zielten nach seinen Aussagen auf den „ethischen" Weg der holländischen Entwicklungspolitik ab, die sich an die Ärmsten der Bedürftigen dieser Welt richtete. Auf nationalem Niveau zog die mögliche Steigerung landwirtschaftlicher Produktion die Befürworter eines „rationalen" Weges in der holländischen Politik an.[51]

Diese Unterscheidung „rational ↔ ethisch" ist ein brauchbarer Indikator für die beidseitige Anziehungskraft der Biotechnologie. Es würde dennoch einen falschen Eindruck erwecken, wenn man vorschlüge, die ethische Seite könnte erst in zweiter Linie berücksichtigt werden. Es waren die Beiträge dieser beiden Merkmale, die die Ambitionen des frühen 20. Jahrhunderts in die 70er Jahre übertrugen. Andernorts war die Verwendung dieser Technologie in ärmeren Ländern möglicherweise wünschenswert, aber noch immer zweitrangig. Für die Biotechnologie dagegen spornten solche Aufgaben zum Ausbau und zur Stabilisierung internationaler biotechnologischer Verbindungen an. Die Verschiebung des Schwerpunktes von den Entwicklungsländern an die Heimatfront, die sich in den 70er Jahren abspielte, verdeutlichte den tragischen Fehlschlag der Integration von ethischen und rationalen Wegen in diese Technologie. Aber die rekombinanten DNS-Techniken, die in den 70er Jahren auftraten, ließen auf eine „wunderbare" Umkehr hoffen. Die Verlagerung hin zu Bedürfnissen der westlichen Welt sowie die Vereinigung von Industrieller Mikrobiologie und Genetik werden in den nächsten drei Kapiteln untersucht werden.

7

Von der fachlichen zur politischen Dimension

Ist die Biotechnologie wirklich revolutionär? Können industrielle Erzeugnisse aus Natur- und Abfallprodukten wirtschaftlich hergestellt werden? Was genau gehört alles zum Gebiet der Biotechnologie? Das jüngste Treffen der Royal Society bot einige Antworten auf die Fragen.

(Pearce Wright, 1979)[1]

Die Überschrift dieses Kapitels deutet auf einen neuen Ansatz der Biotechnologie hin, auch wenn Lösungen für diesen Übergang schwerer zu finden sind, als man vermuten könnte. In der Vergangenheit waren viele vorschnell der Meinung, Biotechnologie werde die „nächste Evolutionsstufe" einer vom Menschen vorangetriebenen Technologie sein. Auf die Frage, wie sich eine solche Entwicklung verwirklichen ließe, verschwendeten sie allerdings nur wenig Aufmerksamkeit. Selbst in den 60er Jahren proklamierten eher Missionare als Manager den Wechsel. Dennoch wurde die Biotechnologie in den 70er Jahren zum erklärten Ziel staatlicher Förderpolitik. Zuerst klammerten sich Regierungen in Japan, kurz danach auch in Deutschland, dann in der gesamten heutigen Europäischen Union (EU) und schließlich in Staaten auf der ganzen Welt an den Vorsatz, daß sowohl eine stärkere industrielle Grundlage für diesen Wandel notwendig sei als auch ein größeres Umweltbewußtsein.

Die Lektionen eines Jahrhunderts der Prophezeiungen führten zu einem tiefgreifenden Umbruch: Das bestehende Technologiesystem war veraltet und mußte erneuert werden. Zwei Erhöhungen der Ölpreise in den Jahren 1974 und 1980 ließen die Energiekosten der westlichen Welt um das Zehnfache ansteigen. Aber selbst in den Jahren zuvor waren die Industrieländer besorgt gewesen, daß vorhandene Industriezweige den Höhepunkt ihrer Entwicklung bereits überschritten hatten. Dann kam zur Angst vor einem Rückgang des industriellen Wachstums, das den Aufschwung beispielsweise durch die Produktion neuartiger Chemikalien, durch Schiffsbau und Automobilkonjunktur in den Nachkriegsjah-

183

ren bestimmt hatte, eine wachsende politische Besorgnis über die von diesen Branchen verursachte Umweltverschmutzung. Als Antwort darauf griffen Funktionäre und Politiker nach dem Konzept der Biotechnologie. Die mit diesem Konzept verbundenen Hoffnungen, erwachsen aus einem eher theoretischen Gedankengebäude, arbeiteten sie in ihr industrielles Entwicklungsprogramm ein. Die Auswirkungen (und Subventionen) wurden von kleinen Anlegern und großen Unternehmen geprüft.

So wurde die Biotechnologie durch Programme und eine neu entstehende Industrie charakterisiert, die kommerziell, administrativ und politisch gebunden war. Die werbewirksame Metapher von der „nächsten industriellen Revolution" traf den Ton anderer Slogans wie beispielsweise dem „Informationszeitalter". Schlagworte, die sich immer häufiger in den Überschriften von Tageszeitungen wiederfinden ließen. Verblüffende wissenschaftliche Fortschritte schienen immer mehr zu bestätigen, daß die 100 Jahre alten Versprechen der Biologie sich durch das auszahlen würden, was in Japan „Life science", in Europa „Biotechnologie" und in den Vereinigten Staaten „Bioressourcen" genannt wurde. Während die meisten Historiker, die sich mit der Biotechnologie beschäftigen, in technischen Fortschritten selbst den Grund für einen Wechsel sahen, scheint es mir wichtig zu wiederholen, daß Wortprägungen immer auch durch das Verhältnis der öffentlichen Meinung zu neuen wissenschaftlichen Techniken geschaffen wurden. Die nach der Gentechnologischen Revolution entstandenen Hoffnungen auf Segnungen der Biotechnologie verbreiteten sich weiter und führten Mitte der 70er Jahre dazu, daß die forschungspolitische Unterstützung nicht erlahmte.

Dieses Interesse war eine Antwort auf die Herausforderung der Vereinigten Staaten, die lange Zeit die Weltwirtschaft dominierten und deren einflußreiche Kultur weltweit Reaktionen provozierte.[2] Vier Beispiele beeinflußten andere Industrieländer entscheidend: die Umweltschutzbewegung, die sich herausbildende Philosophie, daß Enzyme in zunehmendem Maße Bestandteil der Entwicklung biologischer Rohstoffquellen sind, das Ausmaß der Forschung auf dem Gebiet „Life science" und das Modell „Silicon Valley".

Historisch betrachtet haben Probleme der Landwirtschaft das Nachdenken über die Biotechnologie angeregt. Dieses Muster wiederholte sich in den 70er Jahren, obwohl bei dieser Gelegenheit die Themen am lautstärksten von Gruppen außerhalb der wissenschaftlichen Gemeinschaft verkündet wurden und aus der Umweltschutzbewegung erwuchsen. Ihren Anfang machten sie mit Rachel Carsons Feldzug gegen den Einsatz des Pestizids DDT, den sie mit ihrem 1963 veröffentlichten Buch *Silent Spring* einläutete. Besonders die Konsequenzen einer uneingeschränkten Verwendung nichterneuerbarer Rohstoffe führten im Zeitalter des *Whole Earth Catalog* zu umfassenden Untersuchungen. Am bekanntesten wurde der 1972 veröffentliche Bericht einer Gruppe von MIT-Wissenschaftlern mit dem Titel *Grenzen des Wachstums*, der zeigte, daß ein exponentiell steigender Verbrauch an Erdöl und Mineralien nicht weiter anhalten dürfe.[3] Als sich wenig später während der ersten Ölkrise mit explodierenden Kosten und langen Schlangen vor Tankstellen die Folgen sich verknappender Ressourcen einstellten, glaubten die Leser dieses Berichtes, daß die Prophezeiung noch eher eintreten würden, als erwartet worden war.

Als Antwort bot der mittlere Westen der USA große Mengen von Naturerzeugnissen und damit Bioressourcen an. 1971, also noch vor der Ölkrise, zeigten Tests alkoholischer Treibstoffe durch das Nebrasca Agricultural Products Industrial Utilization Committee, daß sich eine 10 %ige Mischung aus der Vorkriegszeit auf dem Markt halten könne. Ein Jahr später prägte William Scheller, Professor an der Universität von Nebraska, den Begriff „Gasohol“. Der Staat profitierte von seiner Arbeit und führte ein Warenzeichen dieses Namens ein. Der Treibstoff erhielt die Zustimmung des Kongresses sowie des Präsidenten und wurde weiter bekannt. Der Wendepunkt kam 1979, als die Sowjetunion ihre Truppen nach Afghanistan entsandte und die Carter-Regierung als Vergeltungsmaßnahme die Lieferung von Naturerzeugnissen stoppte. Wie in den 30er Jahren mußten Getreideerzeugnisse jetzt industriell verwendet werden, wollten amerikanische Landwirte überleben, und angesichts einer neuen drohenden Ölkrise war Gasohol die beste Lösung. Am 11. Januar 1980 zielte ein Programm zur Nutzung alkoholischen Treibstoffes auf eine Erhöhung der Ethanol-Produktion um 600 % innerhalb von zwei Jahren ab. Im Juni verabschiedete der Kongreß ein Gesetz über synthetische Treibstoffe, das 1,27 Milliarden Dollar für die US-weite Hilfe zur Nutzung des Alkohols und anderer aus Biomasse erzeugter Treibstoffe vorsah. Bevor sich diese neue Politik verwirklichen ließ, änderte sich die Windrichtung erneut. Die Reagan-Regierung kam am 20. Januar 1981 an die Macht und entzog der Industrie angesichts sinkender Ölpreise in den 80er Jahren jegliche Unterstützung, noch bevor diese überhaupt geboren worden war.[4]

Die Förderung des Gasohol-Programmes war für die amerikanische Regierung ein ungewöhnlicher Schritt in der Geschichte ihrer Industriepolitik. Verstärkte industrielle Forschung und Entwicklung sowie das Festhalten an der Marktwirtschaft haben wiederholt Staatsoberhäupter daran gehindert, „zukunftsweisende" Technologien formal festzulegen und zu fördern. Statt dessen vergaben die Bundesregierungen Fonds für Grundlagenforschungen, die nicht verdächtigt werden konnten, den Markt nicht eintscheidend zu beeinflußten und einzelne Unternehmen der zivilen Industrie auch nicht unangemessen zu bevorzugten. Diese uneigennützigen Verfügungen erstreckten sich nicht auf das Gesundheitswesen, die militärische Forschung oder auf Raumfahrtprogramme und während der 70er Jahre gab es unter dem Druck fachwirtschaftlicher Organisationen einen ersten Ansatz zur Unterstützung anderer Technologien.[5] 1971 gründete die National Science Foundation (NSF) ein beschränktes Forschungsprogramm mit dem Titel Research Applied to National Needs (RANN), in dem die Enzymtechnologie von Anfang an ihren eigenen Etat hatte. Die bewilligten Summen waren nur gering und stiegen von einer halben Million Dollar zu Beginn auf knapp über zwei Millionen 1976.[6] Die möglicherweise entscheidende Rolle der Enzymtechnologie bei der Herstellung des wirtschaftlich wichtigen Gasohols und die energetische Wirksamkeit enzymatischer Verfahren bedeutete, daß das Enzym-Programm in das Energiekonzept von 1977 aufgenommen wurde. Dort verlor es seinen unabhängigen Stand und die Zahl der Befürworter nahm ab. Obwohl die Vereinigten Staaten wichtige Forschungsarbeiten förderten und hauptsächlich US-Firmen in den 70er Jahren Enzyme einsetzten, unterstützte die Regierung die Biotechnologie nicht besonders schöpferisch. Dennoch baute die Existenz des RANN-Programms und gleichzeitige Investitionen der Industrie ein Bild auf für vielfältige Anwendungen der Enzyme in Gesundheitswesen, Landwirtschaft, Umwelt, Industrie und Energie. Zusammenkünfte und wissenschaftliche Beiträge der RANN-Mitglieder trugen zur Entwicklung und

186

Veröffentlichung von Modellen zur zentralen Rolle von Enzymen bei, die ein Jahrzehnt später völlig vertraut wirkten.

Obwohl die Landwirtschaft mit ihren Probleme weiterhin ein wichtiger Stimulus für die Biotechnologie war, so wurden die „Life sciences" aufgrund ihrer Bedeutung für die Medizin zunehmend gefördert. In den Vereinigten Staaten untermauerte das wachsende Interesse an Gesundheitsfragen, das andernorts in eine „Sozialmedizin" mündete, ein enormes Forschungswachstum. 1930 waren die Hälfte der zivil beschäftigten Chemiker der Bundesregierung im Department of Agriculture angestellt. 1978 waren nur noch knapp 13 % dort angestellt, verglichen mit annähernd der doppelten Anzahl im Gesundheitswesen, Bildungssystem und im Sozialbereich. Dieser Sozialbereich existierte 1930 noch nicht einmal.[7]

Das 1930 zur Verteilung öffentlicher Gelder im Gesundheitswesen gegründete National Institute of Health (NIH) sah seinen Etat von 3 Millionen Dollar (1946) auf 70 Millionen Dollar (1953) und dann auf 1,1 Milliarden Dollar (1969) anwachsen.[8] Die Ausgaben für Grundlagenforschung an Hochschulen im Fachbereich „Life sciences" verdoppelten sich zwischen 1964 und 1972 beinahe, während die Unterstützung der physikalischen Forschung im gleichen Zeitraum nur um etwa 50 % anstieg.[9] Herzkrankheiten, Geisteskrankheiten und Krebs blieben mächtige Herausforderungen für die Amerikaner, die bei der Entwicklung von technologischen Lösungen für so unterschiedliche Dinge wie die Wolfram-Glühwendel, die Atombombe und die Landung auf dem Mond so erfolgreich gewesen waren. Zwei Jahre nach dem letzten dieser großen Erfolge, rief Präsident Nixon 1971 zum Feldzug gegen den Krebs auf. Das neue Krebsgesetz autorisierte ihn, für die Krebsforschung in drei Jahren 1,59 Milliarden Dollar auszugeben. Bis 1975 waren mehr als 660 000 Menschen an dieser Kampagne beteiligt, von Nobelpreisträgern, die weit von den Patienten entfernt arbeiteten, bis hin zu Trostspendern direkt am Krankenbett.[10] Inzwischen wurden Molekularbiologie, deren vielfältige Einflüsse besonders für die Entwicklung neuer Arzneimittel sowie Mittel zur Regulierung von Stoffwechselvorgängen intensiv erforscht. Das Ausmaß der Grundlagenforschung im Bereich „Life science", sowohl auf öffentlichem wie privatwirtschaftlichem Boden, beeindruckte die Welt.

Im gleichen Maße wie die biomedizinische Forschung in den Vereinigten Staaten die lebhafte Unterstützung durch die Regierung demonstrierte, schien der Elektronikboom im nordkalifornischen Santa Clara Valley, bekannt als Silicon Valley, eine Veränderung der Form industrieller Organisationen anzukündigen. Kleine Firmen, die sich mit wenig Kapital auf Hochtechnologie spezialisierten schienen die wirtschaftliche Grundlage der Zukunft zu werden.[11] Allein 1968 wies der Markt dreizehn neue Chiphersteller auf. Die eindrucksvollste Geschichte war die der Heimcomputer-Hersteller: 1977 riefen Stephen Jobs und Stephen Wozniak in einer Garage die Firma Apple Computer ins Leben, die bis 1980 zu einer 100-Millionen-Dollar-Firma angewachsen war. Die Halbleiter-Industrie, kaum einige Jahrzehnte alt, hatte bis 1979 einen Umsatz von 6 Milliarden Dollar erreicht. Jedes Land strebte nach seinem eigenen „Silicon Valley". 1982 trug ein berühmter Text über den Aufschwung der Elektronik den Titel *The New Alchemists*. Ähnliche Titel waren für Bücher über die Biotechnologie geläufig, weil es dort ähnliche Bestrebungen gab. Würde es dort eine Parallele zum Wirtschaftswunder des Silicon Valley geben, wodurch wissenschaftliche Ergebnisse zu Geld gemacht werden konnten? Eine Antwort war dringend notwendig, weil ausgereifte Wirtschaftszweige nach neuen Grundlagen für ihr zukünftiges Wachstum suchten.

Japan

Die Vorstellung einer Technologie, deren Grundlagen der Chemie sehr ähnlich sind, die aber gleichermaßen den Bedürfnissen der industriellen Erneuerung sowie der Umweltverträglichkeit entgegenkommt, machte die Biotechnologie in den beiden Erfolgsländern der Nachkriegszeit, Japan und Deutschland, beliebt. Bis 1970 hatte Japan nach den Vereinigten Staaten und der Sowjetunion weltweit das drittgrößte Bruttosozialprodukt erreicht. Diese Leistung war durch ein industrielles Wachstum von jährlich 14 % ermöglicht worden, wobei sich der Energieverbrauch in den 60er Jahren verdreifachte. Da das Land klein und seine bewohnbare Fläche noch kleiner war, waren Industrie und ihre Abfälle flächenweise konzentriert. Der Kupferverbrauch war pro Quadratkilometer beinahe zehnmal so hoch wie 1969 in den Vereinigten Staaten. Sowohl die Luft als auch das Wasser waren in den meisten Fällen unannehmbar verschmutzt. Bis 1970 enthielt beinahe das gesamte frische Oberflächenwasser industrielle Abwässer. Die Flüsse, die durch die großen Städte Tokio, Osaka, Fukuoka und Nagoya flossen, waren stärker kontaminiert als es staatliche Grenzwerte zuließen.[12]

Diese chronischen Probleme wurden durch örtliche Emissionen und eine Reihe von nationalen Skandalen auf die Spitze getrieben. Die „Minamata"-Krankheit, benannt nach dem Ort, an dem sie zum ersten Mal auftrat, wurde durch eine Quecksilber-Vergiftung ausgelöst. Diese entstand beim Verzehr von Fisch aus verunreinigtem Wasser. Seit 1964 häuften sich die Beweise und bis 1972 waren sechzig Tote und beinahe dreihundert Erkrankungen offiziell registriert worden. Itai-Itai, eine andere Krankheit, verursacht durch den Verzehr von in Cadmium-verseuchtem Wasser angebautem Reis, fielen bis 1972 insgesamt 34 Tote zum Opfer. Während die Menschen in früheren Jahrzehnten bereitwillig akzeptierten, was die Regierung beschlossen hatte, änderte sich dies in den späten 60er Jahren. Das Ergebnis wurde von den Japanern „*kogai mondai*" genannt. Bennett und Levine schrieben diesem japanischen Begriff die gleiche allgemeine und Widerhall findende Bedeutung zu, wie sie dem Ausdruck „ecology" im amerikanischen Umgangsenglisch zukommt: Es ist ein Symbol für den Raubbau, den der Mensch an der Umwelt verübt sowie für die damit verbundenen sozialen Gefahren und Bedenken."[13] Diese Bedenken prägten Diskussionen innerhalb des japanischen Handelsministerium (MITI), das zugleich Wissenschafts- und Technologieorganisation ist, sowie in großen Firmen. In dem im Jahre 1977 veröffentlichten *White Paper on Science and Technology* war nachzulesen, daß die Menschen erwarteten, daß „Wissenschaft und Technologie die ‚Sicherheit, Erhaltung und Integrität gegenüber der Umwelt' garantiere, statt ‚Produktionsgeschwindigkeit, niedrige Kosten, Quantität und Bequemlichkeit' in den Vordergrund zu stellen".[14] Die wachsende Übereinstimmung war, daß die Entwicklung neuer umweltfreundlicher Technologien und gut gebildete Arbeiter notwendig seien. Während der frühen 60er Jahre waren eine überwältigende Zahl von 87 % der mit Preisen ausgezeichneten japanischen Entwicklungen ausschließlich auf Leistungsfähigkeit ausgerichtet. Das Ziel Umweltverträglichkeit war nur in 3 % der Fälle preiswürdig, die Erhaltung der Umwelt nur in 4 % der Fälle. In den frühen 70er Jahren hatten Umwelttechnologien 13 % der

Auszeichnungen erlangt und Maßnahmen zur Umwelterhaltung 7 %, während der Anteil von Projekten zur Steigerung der Leistungsfähigkeit auf 69 % gesunken waren.

Ehrgeizige Reformprojekte tauchten erstmals während der frühen 70er Jahre in der japanischen Gesellschaft auf, vor allem weil sich der Schock der Ölkrise in einem Land ohne eigene Ölreserven nachhaltig auswirkte. Das Bewußtsein, eine neue Art von Industrie zu benötigen, führte am dramatischsten zur Konzentration im Bereich neuer Informationstechnologien, deren Erfolg die Eroberung weltweiter Märkte war. Weniger bekannt sind die neuen Produktionsphilosophien, beispielsweise der 1976 geprägte Begriff „Mechatronics". Ein Wort, das die Integration mechanischer und elektronischer Technik zum Ausdruck bringt.

Die „Life sciences" waren ein weiterer Vorteil für die japanische Neubewertung. Wie so oft bei der Entwicklung der japanischen Industrie, begann die Prüfung industrieller Aussichten mit einer neuen Auswertung gesammelter Erfahrungen. Dabei setzte man ebenso wie in westlichen Industriegesellschaften auf die Symbiose von Biologie und Technik. Obwohl verschiedene Begriffe verwendet wurden, war der Zeitgeist der gleiche. Dies erklärte Sakaguchi, der große Mann der angewandten Mikrobiologie in Japan, 1970 ohne Scheu in einem Zeitschriftenbeitrag:

Die Tendenz, die angewandte Mikrobiologie hier als annähernd synonym mit der Fermentationswissenschaft vorzustellen, mag dem westlichen Leser seltsam erscheinen. Dennoch wird der japanische Begriff „hakko", auch wenn er im Grunde mit dem englischen Wort Fermentation identisch ist, benutzt, um ein breiteres Gebiet von Phänomenen zu beschreiben. Seine grundlegende Idee ist die Herstellung nützlicher Stoffe (und die Zerstörung schädlicher) durch mikrobielle Aktivität. Von manchen wird er auch noch weitreichender auf nichtabbauende Prozesse angewendet ... und fördert so ein Konzept, das bei einer wörtlicher Übersetzung „synthetische" Fermentation heißen würde.[15]

Um 1970 fühlten sich die Japaner längst sicher in ihren Erfolgen und ihrer Tradition einer angewandten Mikrobiologie. Das Fachgebiet war viel deutlicher abgegrenzt als in den Vereinigten Staaten oder in Europa. Dies ging auch aus einem offiziellen Band mit dem weit gefaßten Titel *Profiles of Japanese Science and Scientists* hervor, der auch Sakaguchis Beitrag enthielt. Er wies unter seinen sechzehn Kapiteln Essays wie „Angewandte Mikrobiologie in Japan", „Aminosäure-Produktion im Fermentationsverfahren", „Molekulare Struktur und Funktion lebender Materie" und andere Artikel zur Chemie von Naturprodukten auf.[16]

190

Die Angewandte Mikrobiologie war deshalb für die Chemische Industrie ein willkommenes Mittel, gegen ihren schlechten Ruf als Umweltverschmutzer zu kämpfen. 1971 gründete die Mitsubishi Chemical Company ein Institut für „Life sciences".[17] Diese Forschungseinrichtung wurde in den 70er Jahren vom Council for Science and Technology zu einem der wichtigsten Bereiche erklärt. In seinem 1971 verfaßten Bericht mit dem Titel „Fundamentals of Comprehensive Science and Technology Policy in the 1970s" wurden dem Ministerpräsidenten Handlungsweisungen erteilt. In diesem Bericht hieß es, daß strategische Fragestellungen vereinbart und die wissenschaftliche Infrastruktur verbessert werden sollte. Derartige Bestrebungen wurden in Angriff genommen als zwei Jahre später das Committee for the Promotion of the Life Sciences zur Koordination von Tätigkeiten innerhalb der Regierung und innerhalb der Science and Technology Agency gegründet wurde. Ein spezielles Büro zur Förderung der „Life sciences" wurde errichtet, um die Pläne innerhalb von RIKEN, dem Institut für Physik und Chemie, auszuführen. Das Engagement der Regierung wurde in die Tat umgesetzt, wie das *White Paper on Science and Technology* von 1971 zeigt: „Die „Life sciences" dienen besonders dem Studium von Phänomenen des Lebens und biologischer Funktionen, die für industrielle, medizinische, landwirtschaftliche und Umweltzwecke nutzbar gemacht werden sollen. Deshalb wird erwartet, daß dieses Forschungsgebiet das Tempo für die nächste Runde des technischen Fortschritts vorgibt."[18]

Die Richtungsdiskussionen in den ersten Jahren dieser Dekade hatten die speziellen Erfahrungen in das Konzept einer neuen allgemeinen Zukunftstechnologie überführt. In typisch japanischer Art und Weise kam es in den 70er Jahren zu zwei parallel verlaufenden Prozessen. Während die dynamische enzymproduzierende Industrie sich ganz im Sinne wirtschaftlicher Richtlinien entwickelte, entwarf das Office of Life Science Promotion eine Philosophie zur Enzymtechnologie und ein Programm, um dem Konzept des Bioreaktors zum Durchbruch zu verhelfen. Ein Bericht von Professor A. Wada, dem Leiter des Office for Life Science Promotion, aus dem Jahre 1975 in *Nature* spiegelt die damalige Technikeuphorie für Roboter wider. Unter dem Titel „One Step from Chemical Automatons" erklärte es die Philosophie der Bioreaktorenforschung, die in zwei japanischen Berichten im darauffolgenden Jahr noch weiter ausgeführt wurde.[19] Diese Warnung vor einem Sprung in die industrielle Zukunft wurde von den Europäern genau untersucht. Die späteren Berichte prophezeiten folgendes:

> Die industrielle Anwendung enzymatischer Reaktionen, die eine zentrale Rolle in hoch organisierten und wirkungsvoll arbeitenden biologischen Organismen spielen, ist in den vergangenen Jahren als eine der wichtigsten und dringendsten Aufgaben zum Wohl der Menschen erkannt worden. Einige der größten Vorteile, die die menschliche Gesellschaft erwarten kann, wenn eine solche Anwendung erst einmal möglich sein wird, sind: (1) Ein reduzierter Energieverbrauch, (2) eine Chemische Industrie, die in wäßrigen Lösungen bei normalen Temperaturen und Drucken arbeitet, (3) rationalisierte Verfahren komplizierter chemischer Reaktionen, (4) sich selbst kontrollierende chemische Reaktionen und (5) eine minimale ökologische Belastung.[20]

Aus diesem Modell entwickelte sich eine komplexe Analyse, die die vielfältigen Verzweigungen der Bioreaktor-Technologie aufzeigte. Obwohl das von Professor Wada entwickelte Schema beeindruckend war, so war es doch nicht völlig neu. Statt dessen vereinigte es bereits anerkannte Denkstrukturen zu einem zusammenhängenden Netzwerk. Westliche Länder wurden durch japanische Errungenschaften alarmiert. Fernöstliche Denkweise und strategisches Vorgehen der Japaner sowie Indikatoren für die wirtschaftliche Entwicklung, zu denen die scheinbar beeindruckenden (möglicherweise aber überbewerteten) Patentstatistiken gehörten, ließen Japans industrielle Anstrengungen als weltweit dominierend erscheinen.

Deutschland

Die japanische Einordnung der „Life sciences" als Richtungskategorie stand im Gegensatz zur amerikanischen Beurteilung der Biotechnologie als ein Gebiet der angewandten Wissenschaft. Aber in jedem dieser beiden Länder stand das Konzept der Biotechnologie auf schwachen Füßen und wurde in Japan zu jenem Zeitpunkt noch nicht einmal verwendet. Es waren die Deutschen, die wissenschaftliche und politische Dimensionen zusammenbrachten und dem Begriff „Biotechnologie" zum ersten Mal eine richtungsentscheidende Bedeutung beimaßen.

In den zwei Jahrzehnten nach dem Zweiten Weltkrieg war die deutsche Wirtschaft aufgeblüht, indem sie Chemikalien, Stahl, Automobilien und Elektronik von besonderer Güte herstellte. 1967 aber schien die wirtschaftliche Wiedergeburt zu Ende zu gehen. Dies war der Zeitpunkt, als Amerikaner bei der Entwicklung neuer Technologien in Bereichen

192

wie Computertechnik und Luft- und Raumfahrt bahnbrechende Arbeit leisteten. Wenig später dominierten sie diese Gebiete.[21] Deutschland schaute voller Neid auf Amerika. Doch in den späten 60er Jahren nahm noch ein zweiter Faktor für die Förderung der deutschen Biotechnologie an Bedeutung zu: der Umweltschutz. Die Umweltschutzbewegung der Bundesrepublik kann auf eine bewegtere Geschichte zurückblicken als dies in irgend einem anderen Land der Fall ist. In den Jahren nach Ende des Vietnam Krieges entzündete sich die Kritik der Bewegung vor allem an Kernkraftwerken. *„Atomkraft – nein danke"* war immer wieder auf Stickern zu lesen. Die chemische Industrie, die den Rhein seit über einem Jahrhundert verschmutzt hatte, wurde von der Generation der radikalen Studenten des Jahres 1968 nicht minder heftig als Unhold verunglimpft. Wie in Japan, waren Umweltfragen mit Programmen politischer Organisationen verbunden. Als Antwort auf das umweltverschmutzende Industriezeitalter fingen die Deutschen einen Teil des romantischen Idealismus der 20er Jahre wieder ein. Obwohl die „grüne" Bewegung offiziell noch nicht gegründet worden war und auch der Name bis zum Frühjahr 1978 noch nicht existierte, brütete man über einzelnen Programmpunkten schon Jahre vorher nach. Bis 1972 gab es angeblich 7 000 verschiedene Gruppen, die sich dem Umweltschutz verschrieben hatten. Ihrer Politik lagen acht Schwerpunkte zugrunde: Dezentralisation, Mitwirkung, Einschränkung politischer Macht, schonende Verwendung natürlicher Ressourcen, umweltbewußtes Verhalten, gesunde Technologie, Gewaltfreiheit und Pluralismus. Also bevorzugte die entstehende grüne Umweltbewegung eine Technologie, die auf erneuerbare Rohstoffe setzte, mit Verfahren verbunden war, die wenig Energie verbrauchten und deren Produkte und Abfall biologisch abbaubar war. Daneben befaßte man sich mit globaler Gesundheit und Ernährung.[22]

Die Anhänger der Grünen waren keine Befürworter der Biotechnik. Bis zum Jahre 1985 war diese Umweltbewegung auch noch keine politisch mächtige Kraft. Immerhin stellte sie für die etablierten Parteien eine Herausforderung dar, besonders für die Sozialdemokraten, deren Linie sich viele der mehr linksgerichteten Mitglieder der Grünen andernfalls angeschlossen hätten. Nachdem 1969 eine sozialdemokratische Regierung unter Bundeskanzler Willy Brandt gewählt worden war, entstand drei Jahre später das Bundesministerium für Forschung und Tech-

nologie (BMFT) mit seinem heutigen Zuständigkeitsbereich, der – so
die Politwissenschaftlerin Sheila Jasanoff – „eine sehr umfangreiche Definition des öffentlichen Interesses, die Gesundheit, Ernährung und
Umweltfragen mit einbezog".[23]

Nach der erfolgreichen Landung der Amerikaner auf dem Mond,
wurde ein an die Mission gebundenes großes Projekt als wirksames Mittel des technologischen Fortschritts betrachtet. Von diesen Ereignissen
waren die Deutschen beeindruckt. In einer Analyse aus dem Jahre 1970
mit dem Titel *Erster Ergebnisbericht des ad hoc Ausschusses „Neue Technologien"* richtete man die deutsche Forschung nach den Vorteilen aus, die
man sich von neuen Technologien versprach.[24] Drei Zielrichtungen der
Forschungsförderung waren erkennbar: Bedürfnisse wie Nahrung oder
Rohstoffe, infrastrukturelle Aufgaben wie Transport und das Interesse an
Umweltfragen. 1972 wurde beim neuen BMFT ein Programm für Biologie und Technologie eingerichtet. Sechs Gebiete stufte man als vor-
rangig ein: Sicherheit von Lebensmittel- und Nahrungsmittelvorräten,
Einschränkung der Umweltverschmutzung, pharmazeutische Produk-
tion, Entwicklung neuer Wege zur Nutzbarmachung von Rohstoffen,
Chemikalien und Metallen, die Entwicklung biotechnologischer Verfah-
ren sowie die Grundlagenforschung. Die enge Anlehnung an das New
Technologies Programme war deutlich. Zu einer Zeit, in der Umweltfragen zunehmend mehr Bedeutung erlangten, wurde deutlich, daß sich die
Biotechnologie mit allen sechs Gebieten beschäftigte.

Die Infrastruktur war dennoch unzureichend. Fermentation und
Biologie konnten dem Status der Chemie nicht gleichkommen, und als
eigenständiges Fach war die Chemietechnik kaum entwickelt. Im Unterschied zu den Vereinigten Staaten, wo schon zu der Zeit des Zweiten
Weltkrieges die Chemietechnik ein ausgereiftes akademisches Berufsfeld
war, das dann seine Grenzen ausdehnen und die Biochemie mit einbeziehen konnte, waren chemisch-technische Arbeiten in Deutschland bis
vor kurzem noch das Ergebnis einer engen Zusammenarbeit von Chemikern und Technikern. Erst jetzt überdachte man ernsthaft mögliche
Grundlagen eines Fachgebietes für eine Verbindung der Technologie mit
anderen Wissenschaften nach.

In diesem dynamischen Zusammenhang schien der Begriff
„Biotechnologie" ein nützliches Schlagwort zu sein, um die Bedeutung

der Entwicklung neuer Industriebereiche deutlich zu machen. Der erste begeisterte Anhänger war wohl der Stuttgarter Professor Konrad Bernhauer. Er ist Autor des klassischen Vorkriegstextes über die Fermentationschemie.[25] Während der 30er Jahre hatte er in Prag unterrichtet und interessierte sich mehr und mehr für die Biochemie. Nach dem Einmarsch der Deutschen nahmen seine Lehrverpflichtungen in Biochemie, Fermentation und Ernährung zu. Mit dem Verständnis von Fermentation in Flüssigkulturen (ein Thema, das auch in seinem Buch behandelt wird) arbeitete er während des Krieges an der Herstellung von Penizillin. Drei Jahre nach der deutschen Niederlage zog er nach Stuttgart, wo er für die Arzneimittelfirma Hoffmann-La Roche arbeitete. Dort konzentrierte er sich auf Vitamin B und die Herstellung von Cobalamin. Seit 1960 trug er den Ehrentitel eines Professors für Biochemie und vier Jahre später benannte er seine Arbeitsgruppe in „Biochemie und Biotechnologie" um.[26] Bernhauer hatte enge Verbindungen zur Penizillin-Industrie und es scheint, als sei seine Verwendung des Begriffes „Biochemie" als ein Import aus den Vereinigten Staaten zu interpretieren. Gleichzeitig war er aber vor dem Krieg so aktiv, daß ihm die frühere Verwendung dieses Begriffes im Deutschen gut bekannt gewesen sein könnte. Bernhauer war kein moderner Molekularbiologe. Er reihte sich unmittelbar in die technologische Linie von Delbrück und Lindner ein (dessen Name der erste ist, den er in seinem Buch aus dem Jahre 1936 zitierte). Die Geschichte der Fermentationschemie war für ihn die Geschichte der Hefe und deren Verwendung bei der Alkohol- und später auch Lebensmittelherstellung. Pasteur wird in der dreiseitigen Zusammenfassung seines Vorkriegstextes kaum erwähnt.

Hanswerner Dellweg, ein früherer Kollege Bernhauers, wurde 1967 Direktor des Berliner Institutes für Gärungsgewerbe. Er glaubte, daß der Anwendungsbereich des Institutes, dessen Wurzeln in der Brauerei lagen, erweitert werden müßte. Um so große und moderne Industrien, die in der Lage waren, große Mengen Penizillin herzustellen, mit einzubeziehen, folgte er dem Beispiel Bernhauers und benannte Delbrücks Institut in „Institut für Gärungsgewerbe und Biotechnologie" um.[27] Als Titel einer so großen Organisation hatte der Begriff Biotechnologie Deutschland „erreicht". Ironischerweise mußte das Wort „Biotechnologie", das schon vor dem Krieg in angesehenen deutschen Lexika auftauchte, erst in

die Vereinigten Staaten und wieder zurück nach Deutschland „reisen",
um Bedeutung zu erlangen und mußte außerdem mit einer neuen, dort
entwickelten Industrie, der Herstellung von Antibiotika, in Verbindung
gebracht werden.

Ein erstes Symposium über Industrielle Mikrobiologie wurde 1969
durchgeführt. Beim Folgetreffen im darauffolgenden Jahr forderte der
Mikrobiologe H.-J. Rehm bessere Kooperation von Biochemikern, denen die Technik unbekannt war, und Ingenieuren, denen die Biochemie
unbekannt war: „Ein zukünftiges Ziel sollte es deshalb sein, die Lücken
durch eine angemessene Ausbildung zu schließen, über die klassische
Fermentationstechnologie hinaus zu gehen und eine moderne Wissenschaft der biochemisch-mikrobiologischen Technik aufzubauen".[28] Etwa
zur selben Zeit erschien im Fachblatt *Nachrichten aus Chemie und Technik* ein Bericht mit dem Titel „Biotechnik und Bioengineering". Mit
dem Argument, daß in Deutschland sowohl die Angewandte Mikrobiologie als auch die Biotechnik jämmerlich hinter den Vereinigten Staaten,
Japan und Großbritannien herhinke, forderte der Artikel neue Organi-
sationsformen für Forschung und Lehre, die dieses neue Gebiet abdeck-
te, dessen Name bisher aber noch nicht gefestigt war.[29]

Diese wissenschaftlich angeregten Forderungen ergänzen eine industrielle Bewegung, die auf die umweltbewußteren nationalen Bedürfnisse
reagierte.[30] 1972 richtete der Chemiekonzern Bayer ein Zentrum zur
Erforschung der Biotechnik ein, das *„Biotechnikum"*. Im gleichen Jahre
beauftragte das BMFT die Deutsche Gesellschaft für chemisches Apparatewesen, chemische Technik und Biotechnologie e.V. (DECHEMA),
eine Vereinigung deutscher Chemiefirmen, die bereits die Initiative er-
griffen und eine Arbeitsgruppe gegründet hatte, auch formal, eine Untersuchung über die Zukunft der Biotechnologie durchzuführen.[31] Die
Untersuchung begann mit dem Kommentar, daß das Wort
„Biotechnologie" eine Vielzahl von Bedeutungen habe und daß man
biomedizinische Zusammenhänge nicht berücksichtigen wolle. Die Definition des Begriffes „Biotechnologie" der DECHEMA-Studie sollte
später viele europäische Ideen beeinflussen: „Die Biotechnologie behandelt den Einsatz biologischer Prozesse im Rahmen technischer Verfahren
und industrieller Produktionen. Sie ist also eine anwendungsorientierte

196

Wissenschaft der Mikrobiologie und Biochemie in enger Verbindung mit der technischen Chemie und der Verfahrenstechnik".[32]

Die Studie untersuchte systematisch die Erfolgschancen dieses Gebietes und bemängelte, daß Deutschland im Vergleich mit Großbritannien, den Vereinigten Staaten und selbst der Tschechoslowakei die Anwendung der Mikrobiologie unterschätzt hatte. Jetzt machten mögliche Produkte und umweltfreundliche Methoden sie zu einem vorrangigen Forschungsziel, denn die Biotechnologie war eng mit den Wünschen der kurz zuvor formulierten Wissenschaftspolitik vereinbar.

Die Auswirkungen dieses Berichtes wuchsen mit seiner Rechtzeitigkeit, denn sein Erscheinen traf 1974 mit dem endgültigen Verlust des Glaubens an preiswertes Öl zusammen. Die Organisation Erdöl exportierender Länder (OPEC) hatte einen Ölboykott beschlossen und dies war die Grundlage für eine Reihe von Plänen des Forschungsministeriums, die zur Aufwertung der deutschen Arbeit auf diesem Gebiet entworfen worden waren. Zwischen 1974 und 1979 stieg die finanzielle Förderung des Biotechnologie-Programmes von 18,3 Millionen DM auf 41,3 Millionen DM an.[33] Die vorhandenen Fördermitteln der Bundesregierung ermutigten die Chemische Industrie zusätzlich, dieses Fachgebiet zu einer Zeit ernst zu nehmen, in der petrochemische Firmen wie Dinosaurier erschienen und die Chemie selbst gegenüber der auf sie gegründeten Industrie zu versagen schien.

Die Begeisterung für die Biotechnologie führte auch zur Übernahme eines wichtigen Institutes. 1965 hatte die Volkswagen-Stiftung 11 Millionen DM für Kauf und Umwandlung eines Laborkomplexes in Braunschweig zur Verfügung gestellt, um die Forschungsfront der Molekularbiologie zu beleben. Auf diesem Gebiet schien Deutschland ins Hintertreffen geraten zu sein. Das Institut wurde als Gesellschaft für Molekularbiologische Forschung (GMBF) bekannt und erreichte 1968 seine Unabhängigkeit. Zur gleichen Zeit dachte die Bundesregierung über die Zukunft des Instituts nach und bei einem Treffen im Mai 1969 wurde beschlossen, daß eine Versuchsanlage notwendig sei. Mit dieser eher pragmatischen Ausrichtung unterstützte der Staat das Institut bereitwillig und übernahm es 1975 sogar.[34] Sein Name wurde in Gesellschaft für Biotechnologische Forschung (GBF) geändert, weil sich auch seine Rolle änderte. Die GBF sollte sich nicht mehr mit Grundlagenfor-

schung auf dem Gebiet der Molekularbiologie beschäftigen, sondern mit
der Vermittlung von Kenntnissen zwischen Hochschule und Industrie.
Sein Leiter, Professor Fritz Wagner, war ein weiterer Schüler Bernhauers.
In der Einleitung zu einer Festbroschüre über die GMBF/GBF sprach
Forschungsminister Hans Matthöfer von einem Jahrhundert der Hoff-
nung und kündigte an, daß das Institut die bessere Nutzung natürlicher
Rohstoffe und den Umweltschutz unterstützen werde.[35]

Ungeachtet ihrer Ausrichtung auf Umweltfragen konzipierten die
Deutschen eine Biotechnologie, die überwiegend industriell orientiert
war. Das Konzept wurde in den späten 70er Jahren von H.-J. Rehm,
dem früheren Vorsitzenden der DECHEMA, mit Inhalt gefüllt. Seiner
Meinung nach hatte sich das Thema über vier Generationen weiterentwickelt: Zunächst existierte das historische Brauereiwesen, dann verfolgte
man den durch Pasteurs Generation angeregten wissenschaftlicheren
Ansatz, dem das Penizillin-Zeitalter folgte. Die folgende, vierte Generation unterschied sich von den vorangegangenen durch ihr Verständnis
biochemischer Techniken und Technologien, die immobilisierte Enzyme
einsetzten und die Prinzipien mikrobieller Genetik nutzten. Ungleich
utopischer Visionen, die man früher in diesem Jahrhundert fand und
auch später in derselben Dekade sehen sollte, regte dieser Ansatz, der die
einzelnen Entwicklungsphasen der Biotechnologie in Generationen ein-
teilte, keine revolutionäre Veränderung an. Statt dessen beschrieb er eine
langsame, wenn auch in ihrer Gesamtheit beeindruckende Verbesserung
der menschlichen Fähigkeit, nützlich mikrobielle Verfahren zu kontrollieren.

Der deutsche Einfluß

Die deutschen und japanischen Vorstellungen der 70er Jahre wurden
entwickelt, noch bevor die vollen Auswirkungen der neuen rekombinanten DNS-Technik erkannt waren. Sie spiegelten eine Biotechnologie
wider, die, während sie von vielen Neuerungen und Entdeckungen profitierte, genauso von praktischen Bedürfnissen gezogen war wie von der
Wissenschaft getrieben wurde. Es war ein interdisziplinäres Thema.
Funktionäre der DECHEMA siedelten die Biotechnologie an der
Schnittstelle von Chemietechnik, Mikrobiologie und Biochemie an.
Aber sie war zugleich eine bemerkenswerte konventionelle Technologie,

geformt nach dem Vorbild der Chemie und verbessert durch die traditionellen Formen industrieller Forschung. Dieses Modell erwies sich als stabil und einflußreich, es veränderte sich während der 70er Jahre nur langsam, als sich neue Ergebnisse in den molekularbiologischen Laboratorien ergaben, und hielt sich bis in die 80er Jahre. Aus amerikanischer Sicht stellten die biotechnologischen Richtlinien bis dahin entweder eine schreckliche Bedrohung (in Japan) oder einen sonderbaren Fall von Korporalismus (in Deutschland) dar. Ihre historischen Wurzeln, die in der Antwort auf die Umweltbewegung lagen, sind dabei in Vergessenheit geraten.

Dennoch waren Rehms Philosophie und der von ihm zusammengestellte Bericht in den 70er Jahren für ganz Europa von Bedeutung. Ein Besuch Robert Finns von der Cornell Universität, der in den frühen 50er Jahren eines der ersten biochemisch-technischen Programme unterstützt hatte, beschleunigte die Aktivitäten in Europa. Bei einem Aufenthalt an der angesehenen Eidgenössischen Technischen Hochschule (ETH) in Zürich erkannte Finn, wie uneinig sich europäische Bio- und Chemieingenieure waren. Er schlug die Gründung einer europäischen Biotechnologie Gesellschaft vor, um sie zusammen zu bringen. Ungeachtet der anfänglichen Unterstützung von Wissenschaftlern, deren Namen sich in Verbindung mit dem Vorschlag herumsprachen, war die Idee nach einem Treffen von Mikrobiologen in Berlin zum Scheitern verurteilt. Finn beschrieb die allgemeine Stimmung mit den Worten „Du kannst nicht gleichzeitig nach zwei Melodien tanzen". Die Saat war dennoch ausgesät, und die DECHEMA befand sich in einer guten Position, um aus dem Versuch, der Biotechnologie eine institutionelle Heimat zu geben, Kapital zu schlagen. Durch die Zusammenarbeit mit der britischen Society of Chemical Industry und ihrem französischen Gegenstück, dem Institut de Chemie Industrielle, schuf sie eine nicht auf Mitglieder beschränkte Organisation, die European Federation of Biotechnology (EFB), deren erstes Treffen 1978 stattfand.[36] Obwohl es ein europäischer Verband ist, befindet sich sein Sekretariat bei der DECHEMA, das auch die EFB-Rundschreiben veröffentlicht (zuerst herausgegeben von Klaus Buchholz, der Sekretär der ursprünglichen Arbeitsgruppe für Biotechnologie innerhalb DECHEMA war). Die DECHEMA war es auch, die als Gastgeberin beim ersten Treffen in Innsbruck fungierte. Rehm und Fiechter von der ETH organisierten dieses Treffen zu Themen über immobilisierte Enzyme, Bioreaktoren und Biochemietechnik. Die Definition ihres Fachgebietes, die von der EFB 1981 übernommen worden war, entstammte eindeutig der deutschen Formulierung aus dem vergangenen Jahrzehnt: „Die Biotechnologie ist die integrierte Anwendung von Biochemie, Mikrobiologie und Ingenieurwissenschaften, um den technologischen Einsatz mikrobieller Fähigkeiten, kultivierter Gewebezellen und einzelner Zellteile zu erreichen".[37]

Das zweite internationale Treffen der EFB fand im englischen Badeort Eastbourne statt, was die Bedeutung Großbritanniens für die Organisation widerspiegelte. Großbritanniens Entwicklung stellt eine interessante Parallele zu der in Deutschland dar. Seine Wissenschaftler hatte eng die Entwicklung der Biotechnologie verfolgt. Schon 1972 hatte die Society of Chemical Industry das Fachblatt *Journal of Applied Chemistry* in *Journal of Applied Chemistry and Biotechnology* umbenannt. Britische Firmen hatten bei der Entwicklung von Antibiotika eine bedeutende Rolle gespielt: Zeugnis dafür ist Beechams Beitrag zur Geschichte des halbsynthetischen Penizillins. Außerdem waren britische Unternehmen beim Versuch, neue Proteinnahrungsmittel zu produzieren, in der Welt führend. Etablierte Institute in Deutschland und Großbritannien – das Institut für Gärungsgewerbe und das Microbiological Research Establishment – unterstützten pragmatische Konzepte der Biotechnologie als Grundlage einer Entwicklung, die in Deutschland ein wirtschaftliches Vermächtnis fortführte oder in England den Abstieg umkehren sollte. Natürlich gab es auch Unterschiede: In Deutschland handelte die Regierung früh, während sie in Großbritannien bis 1979 wartete. Zu dem Zeitpunkt konnte sie schon von den neuen gentechnischen Erkenntnissen profitieren, auch wenn ihr Programm aus den Ideen des vergangenen Jahrzehnts herangereift war. Das britische Beispiel liefert deshalb einen interessanten Einblick, wie das in Deutschland aufgegriffene Modell mit neuen Entdeckungen in Einklang gebracht werden konnte.

Großbritannien

Britische Entwicklungen wurden durch das Erbe dieses Landes – durch seinen Status als Großmacht und weltweiten Kolonialstaat – geprägt.

Diese Erbschaft hinterließ dem Land unverhältnismäßig große Forschungsinstitute der Regierung, große Öl- und Chemiekonzerne, die nun versuchen, ihre Produktpalette zu erweitern und einer landesweiten Zerrissenheit zwischen der Furcht vor einem wirtschaftlichen Abschwung und der Hoffnung auf technologische Größe. Obwohl das Interesse für Umweltprobleme im Vergleich zu Deutschland und Japan relativ klein war, bedeutete die lange Tradition der Biologie sowie die Hoffnung auf und die Erfahrung mit ihren industriellen Möglichkeiten, daß die Biotechnologie als ein Mittel zu wirtschaftlicher Neubelebung angesehen wurde. Industriell war die Arbeit mit Enzymen in Großbritannien im Vergleich zu internationalen Standards unbedeutend, wie Berichte immer wieder zeigten. Gleichzeitig bedeutete das Interesse an Einzeller-Proteinen der Firmen BP, Shell, ICI und Ranks Hovis Macdougall, daß die Briten auf einem anscheinend zentralen Markt eine Schlüsselrolle spielten. Das Fachwissen auf dem Gebiet kontinuierlicher Fermentation, das sich von Porton aus verbreitet hatte, lieferte auch das Know-how für die Bioreaktortechnologie. Im Hintergrund boten ausgezeichnete Leistungen des Landes auf dem Gebiet der Molekularbiologie Hoffnung für die nächste Generation.

Trotz des militärischen Sieges bekam Großbritannien in der Nachkriegswelt in vielen industriellen Bereichen den bitteren Nachgeschmack von einer Niederlage zu spüren. Im Falle der Biotechnologie war dieses Versagen nicht so entscheidend. Die Chemietechnik entwickelte sich mit einer Geschwindigkeit, die nur hinter der der Vereinigten Staaten zurücklag. Großbritannien baute schnell eine eigene Antibiotika-Industrie auf und konnte auf dem Gebiet der Angewandten Mikrobiologie ohnehin auf eine lange Tradition zurückblicken. In den Jahrzehnten nach Kriegsende befürwortete man mehrfach hoffnungsvoll, diese wesentlichen Bestandteile zu vereinen, obwohl die Möglichkeiten, die so große Regierungsinstitute wie das Microbiological Research Establishment boten, vielfach nicht genutzt wurden.

Die Bühne war von Sir Harold Hartley, einem Befürworter der Biotechnologie, schon vor dem Zweiten Weltkrieg vorbereitet. In einer häufig zitierten Ansprache des Präsidenten an das Institute of Chemical Engineers aus dem Jahre 1951, forderte er den schnell wachsenden Berufszweig auf, die Aussichten der biochemischen Technik ernst zu nehmen.[38] Er argumentierte, daß Enzyme als Biokatalysatoren enorme Möglichkeit hätten. Zwei Jahre später wiederholte er seinen Aufruf mit gemischtem Erfolg bei einer weiteren Ansprache.[39] Während der 50er Jahre schossen einige Abteilungen für biochemische Technik aus dem Boden und obwohl ein wichtiges Labor geschlossen wurde, schien es, als ob ein internationales Zentrum in Großbritannien eine Chance haben könnte.

Manchester, das industrielle Zentrum, wo auch Weizmann gearbeitet hatte erlebte eine biochemische Renaissance unter T.K. Walker, einem von Weizmanns Schülern, der nach dem Ersten Weltkrieg dort seine Arbeit begonnen hatte. Als Chemiker war er in der Biochemie, die traditionell ein medizinisch ausgerichtetes Fachgebiet war, gewissermaßen deplaziert. Als 1958 neue Fermentationsanlagen aus dem Boden schossen, gründete er seine Abteilung unter dem Titel „Biochemical Engineering" neu.[40] An der Universität von Birmingham erweiterte die alte British School of Malting and Brewing ihr Fachgebiet in einer Weise, die Orla-Jensen gefallen hätte. Zugleich wurde sie zum Department of Biochemical Engineering (passenderweise war Orla-Jensens heutiger Nachfolger Professor O.B. Jørgensens, ein Absolvent der Abteilung in Birmingham). Am University College in London wurde innerhalb des Department of Chemical Engineering eine Arbeitsgruppe gebildet, von wo aus Donald und Crook die Gründung von Gadens Journal forderten. Die dramatischste und sicherlich auch auffallendste Neuerung führte Professor Ernst Chain am Londoner Imperial College ein. Zeitweise erschien Chain als eine Karikatur des brillanten osteuropäischen Wissenschaftlers – er war oft temperamentvoll, ungeduldig gegenüber der Unfähigkeit anderer und von ihrem Neid überzeugt. Er war über den Mißerfolg Großbritanniens bei der Patentierung des Penizillins während des Krieges verärgert. Als Nobelpreisträger (zusammen mit Flory und Fleming) für die Entdeckung des Penizillins, ging er nach dem Krieg an ein üppig ausgestattetes Institut in Italien, das für seine persönliche Verwendung vorgesehen war. Dort entwickelte er zunächst allein, später in Zusammenarbeit mit Beecham sein Programm zur industriellen Herstellung von Penizillin. Er kehrte schließlich an ein Institut am Imperial College zurück, das ihm angeboten wurde und nach seinen Angaben gebaut worden war. Innerhalb dieses Institutes war eine große Ver-

202

suchsanlage installiert worden, die größte an einer britischen Hochschule. Sie wurde von dem Industriemagnaten Lord Rank finanziert.[41]

Diesen Erfolgen mußte der Fehlschlag des Regierungsteams am Chemical Research Laboratory gegenübergestellt werden, ein weiterer Teil des Weizmann-Erbes. Bei der Entwicklung des Aceton-Butanol-Verfahrens im Ersten Weltkrieg wurden Mitarbeiter ausgebildet, die sowohl Erfahrung auf dem Gebiet der Biochemie als auch der Technologie erworben hatten. Die Marine hatte eine kleine Forschungsgruppe an ihrer Versuchsanlage in Holton Heath in Dorset zusammengestellt. Zu dieser Gruppe gehörten der enthusiastische dänische Mikrobiologe Thaysen, der vorher am Lister Institut gearbeitet hatte, H.J. Bunker und L.D. Galloway. 1932 wurden sie in das Chemical Research Laboratory umquartiert und führten dort im Auftrag der Regierung viele Studien zum mikrobiellen Abbau durch. Nach dem Zweiten Weltkrieg wurde das Labor noch bedeutender. Es war führend in Untersuchungen an Schwefel-verdauenden Bakterien. Wie wir gesehen haben, mußten sich die Wissenschaftler jedoch für ihr Fachwissen über die kontinuierliche Fermentation in Porton erwerben. Trotzdem die Begeisterung des Augenblicks die Möglichkeiten der Fermentation hochbeschworen hatte, wurde das Chemical Research Laboratory am Ende abgeschafft, nachdem das Personal und der Etat in den Wirtschaftsplänen der Regierung in den späten 50er Jahren gekürzt worden waren.

Bis zur Mitte der 60er Jahre besaßen die Briten eine Vielzahl von Instituten, die sich mit biochemischer Technik beschäftigten. Die meisten waren aus Abteilungen entstanden, die sich speziellen Berufsausbildungen widmeten. Ihnen fehlten Größe und nationales Format, um eine mit dem deutschen Institut für Gärungsgewerbe oder der neuen GBF vergleichbare Rolle zu übernehmen. Einen Kandidaten gab es dennoch, dessen Zukunft immer wieder hervorgehoben wurde. Typisch für Großbritannien scheint zu sein, daß dies das Microbiological Research Department (MRD; auch Microbiological Research Establishment) in Porton Down war, da das Land einen ungewöhnlich großen Anteil seines Forschungsetats für militärische Zwecke ausgegeben hatte und nach dem Zweiten Weltkrieg eine größere Kontinuität erlebt als andere europäische Staaten.[42] In den späten 50er Jahren schien die militärische Rolle des MRD zu verblassen. Der erfolgreiche Test der britischen Wasserstoffbombe und ein Verteidigungsbericht schlugen vor, daß eine führende Rolle bei der biologischen Kriegführung in der Zukunft weniger entscheidend sein würde. 1959 schien eine Abschaffung seines verantwortlichen Ministeriums, dem Ministry of Supply, eine Möglichkeit zu eröffnen, das Labor zivilen Zwecken zu übergeben und ein National Institute of Applied Microbiology zu schaffen. Die Gesellschaften Chemical Industry, Applied Bacteriology und General Microbiology bildeten zusammen einen Ausschuß, der nach einer sorgfältig durchgeführten Analyse zu dem Schluß kam, daß ein solches Institut irgendwo notwendig wäre.[43] Doch es gab Probleme: Der vorgeschlagene Schirmherr, das Department of Scientific and Industrial Research (DSIR), hatte bis dahin nur selten die „Life sciences" unterstützt, und der Direktor des MRD, David Henderson, der an die Medizin gebunden war, wehrte sich gegen eine Einbindung seines Institutes in das DSIR. „Schwefel und Abwasser" schnaubte er verächtlich.[44] Dennoch schien es 1962, als habe man eine akzeptable Formel ausgearbeitet: Porton Down würde weltweit das beste zivile Labor für Angewandte Mikrobiologie werden. Im letzten Moment wurde der Plan durch die Verschärfung des Kalten Krieges nach der Kubakrise zu Fall gebracht. Dennoch lieferte Porton Ideen und Personal für dieses Fachgebiet an Universitäten sowohl in Großbritannien als auch in Übersee. Porton wurde die Verantwortung zur Herstellung spezieller Chemikalien für Forschungszwecke übertragen, als das Medical Research Council (MRC) sein Zentrum zur Penizillin-Produktion 1962 schloß. In dieser Position stellte es wichtige Fermentationsprodukte her wie beispielsweise große Mengen des Enzyms Asparaginase für die Behandlung akuter lymphoplastischer Anämie. Es lieferte auch t-RNS für die Molekularbiologen am Cambridge Laboratory of Molecular Biology, das als der Geburtsort des Doppelhelix-Modells berühmt wurde.[45] Typischerweise schlug ein Wissenschaftler von Porton, John Pirt, der Society of Chemical Industry den Titel „Biotechnologie" vor. Dies war 1972, dem Jahr, in dem Pirt an das Queen Elizabeth College in London wechselte, um eine ruhmreiche akademische Karriere zu beginnen. Zehn Jahre früher, 1962, – in diesem Jahr benannten sie das Journal *Biotechnology and Bioengineering* neu – hatten die Britten beschlossen, kein nationales Institut zu gründen.[46] Fünf Jahre später wurde erneut eine Initiative von dem nun 85jährigen Chemieingenieur Harold

Hartley ins Leben gerufen.[47] Er war sich genauso sicher wie 15 Jahren zuvor, daß das, was er „biochemische Technik" nannte, der Weg der Zukunft war. Er räumte jedoch auch ein, daß er die Rolle des Chemieingeniers überbewertet und die des Biologen heruntergespielt hatte. Obwohl es ihm nicht mehr gut ging, hatte er noch ungeheuer viele Kontakte, die vom Ehemann der Queen, Prinz Philip, bis hin zum Chemieingenieur Leo Hepner reichten, der das Werbemagazin *Process Biochemistry* konzipiert hatte und herausgab.

In einem Zeitalter des technologischen Dirigismus bedrängte Hartley das National Research and Development Council, das als Antwort darauf die Gründung des nationalen Vorkämpfers kommerzieller Enzymproduktion, Whatman Biochemicals, unterstützte.[48] Wieder einmal wurde Porton Down als nationales Zentrum vorgeschlagen, aber die Idee setzte sich nicht durch, und kein Professor war dominant genug, daß sein Labor eine akzeptable Alternative geboten hätte.[49] Obwohl Hartleys Energie aufgebraucht war, kämpften andere weiter. Ernst Chain, der am Imperial College arbeitete, überzeugte das Science Research Council davon, einen speziellen Etat für Angewandte Mikrobiologie einzurichten. Das Programm wurde nach vier Jahren aufgrund qualitativ unzureichender Anwendungen aufgelöst. Diese Begründung spiegelte die Dominanz der exzellenten und reinen britischen Biochemiker und Molekularbiologen wider. Das geringe Ausmaß biochemisch arbeitender Unternehmen wurde 1976 in einem Bericht deutlich: Es existierten lediglich vier Abteilungen von Weltklasse am University College London, in Birmingham, Manchester und Swansea.[50]

Die Gemeinschaft dieser Wissenschaftler war zwar klein, dennoch aber gehörten ihr einige Fachleute an, die sich Gehör verschaffen konnten, wie beispielsweise der Molekularbiologe Brian Hartley, Chains Nachfolger am Imperial College, John Bu'Lock an der University of Manchester, John Pirt am Queen Elizabeth College in London und der Biochemiker John Ashworth, der wissenschaftlicher Ratgeber im Kabinett war. Ashworth befand sich in einer strategisch besonders günstigen Position, um das Dauerproblem, was mit Porton Down geschehen sollte, sowie dessen Verbindung mit der Biotechnologie im Bewußtsein wach zu halten. Als das Labor aufgrund seiner Erfahrungen im Umgang mit pathogenen Organismen zum Public Health Laboratory Service verlegt und in Centre for Applied Microbiology & Research (CAMR) umbenannt wurde, prallten Kulturen aufeinander und die Unzufriedenheit wuchs. 1978 wurde die Einsetzung eines Untersuchungsausschusses zur Biotechnologie durch den Secretary of State, Shirley Williams bekanntgegeben. Ungewöhnlicherweise wurde dies von einem Beratungsgremium der Regierung, dem Advisory Council for Applied Research and Development (ACARD) sowie von der Forschergemeinschaft, durch das Advisory Board for the Research Councils (ABRC) und durch die Royal Society gemeinsam unterstützt. Bei einem Treffen in der Royal Society im Juni 1979 einigten sich die Mitglieder der Gesellschaft auf eine übereinstimmende Meinung und vollendeten den sogenannten Spinks Bericht, der nach ihrem Vorsitzenden, dem Forschungschef von ICI, benannt wurde, im Herbst desselben Jahres.[51]

Der Bericht kann als ein Nachfolgedokument zur DECHEMA-Studie angesehen werden, die inzwischen sieben Jahre alt war. Er folgte dem allgemeinen deutschen Ansatz: Die Biotechnologie war danach die „Verwendung biologischer Organismen, Systeme oder Verfahren für die Produktions- und Dienstleistungsindustrie".[52] Er war außerdem der Ansicht Rehms sehr ähnlich, die in Großbritannien bereits in einer Studie der drei englischen Mikrobiologen Alan Bull (der bei Glaxo gearbeitet hatte), Derek Ellwood (ein Wissenschaftler von Porton) und Colin Ratledge (ein Fachmann für Entwicklungsländer von der Hull Universität) zum Ausdruck kam.[53] Der englische Bericht unterschied sich darin, daß er der Entwicklung neuer rekombinanter DNS-Techniken größere Bedeutung beimaß. Wie auch in Deutschland, wurde diese nicht isoliert betrachtet. Obwohl sie bereits sehr wichtig war, stellte die rekombinante DNS nur einen von mehreren neuen Bereichen der Biotechnologien dar, zu denen auch die Enzymtechnologie und die Fermentation gehörten, die in einem neuen Klima des Energie- und Umweltbewußtseins weitreichendere Konsequenzen hatten. Die Bereiche, die als wichtigste identifiziert wurden, waren Anwendungen der Gentechnologie sowie die Nutzung von Enzymen, von monoklonalen Antikörpern und Immunglobulinen, die Abfallbearbeitung, die Pflanzenzell-Kultur und Einzelzellproteine sowie die Produktion von Treibstoff (Ethanol und Methan) aus Biomasse. Bekannt wurde ein Artikel von Alan Bull und John Bu'Lock aus Manchester im Magazin *New Scientist*.

Illustration zum Thema Biotechnologie, die erstmals am 7. Juni 1979 im wöchentlich erscheinenden Magazin für Wissenschaft und Technologie *New Scientist*, London, veröffentlicht wurde. Mit freundlicher Genehmigung des *New Scientist*.

Einer der in diesem Beitrag enthaltenen lebhaften Kartoons, der ein Jahrzehnt lang Büros schmücken sollte, ist hier abgebildet.[54]

Diese britische Formulierung wurde ihrerseits einflußreich. Die Organisation für wirtschaftliche Zusammenarbeit und Entwicklung (OECD), also die internationale Gemeinschaft industrialisierter Länder mit ihrem Hauptsitz in Paris, sah sich nach Technologien um, die die Welt verändern würden. Der Analytiker Salomon Wald griff die Biotechnologie heraus, wie dies auch viele andere taten. Als ihm drei mögliche Autoren für einen Bericht vorgeschlagen wurden – der bedeutende britische Stratege Alan Bull, Holt von der Polytechnic of Central London und Malcolm Lilly vom Subdepartment of Biochemical Engineering des University College London – fand er, daß alle drei als Team zusammenarbeiten könnten. Der von ihnen 1981 veröffentlichte Bericht sollte zu einer viel zitierten klassischen Aufarbeitung eines halben Jahrhunderts europäischer und amerikanischer Technologiegeschichte werden. Sein Fazit: „Die Biotechnologie ist die Anwendung biologischer und technische Prinzipien zur Herstellung von Materialien durch biologische Wirkstoffe, die der Versorgung mit Waren und Dienstleistungen dienen".

Parallele Diskussionen in anderen europäischen Ländern wie beispielsweise den Niederlanden und Frankreich, teilten die gleichen Gedanken, obwohl jedes Land in seine eigene Politik eingebettet war.[55] So veröffentlichten beispielsweise die Franzosen, die das Ansehen ihrer Wissenschaft verbessern und einen großen effektiven landwirtschaftlichen Sektor aufbauen wollten, drei Studien.[56] Der von drei hervorragenden Biologen veröffentlichte erste Bericht beschrieb eine neue Philosophie der Biologie und endete mit Betrachtungen zur Biologie und Gesellschaft. Ein Bericht, der sich mehr auf die wichtigsten Prioritäten Frankreichs konzentrierte, hob Aspekte wie Gasohol und die Stickstofffixierung hervor. Diesem folgte ein Bericht über die verwaltungsmäßige Durchführung. Das Ergebnis war ein finanziell sehr großzügig gefördertes nationales Biotechnologie-Programm.

Außer derart national gefärbten Rückblicken gab es ungewöhnlicherweise auch eine entscheidende europaweite Dimension. Die Europäische Kommission selbst untersuchte in immer größerem Umfang die Anforderungen an einen radikalen technischen Wandel sowie dessen wirtschaftliche und sozialen Auswirkungen. Damit kümmerte sich zum ersten Mal eine Organisation um die Biotechnologie, die sich bislang prinzipiell nur für Preise interessiert und eine kostspielige Landwirtschaftspolitik unterstützt hatte.

Die Europäische Kommission und die Bio-Gesellschaft

Während der 70er Jahre erwuchs das Interesse an der Biotechnologie innerhalb der Kommission aus zwei unterschiedlichen Richtungen: Langzeitplanung und Forschungsförderung. Da die zwei Initiativen erst in den 80er Jahren miteinander verbunden wurden, werden sie hier getrennt betrachtet mit der Behandlung des Schubs der Gentechnologie im nächsten Kapitel. 1975 wurde eine Arbeitsgruppe mit dem Titel „Europe Plus Thirty" unter den Auspizien von Ralf Dahrendorf gebildet. Sie entwickelte die eigene Prognoseeinheit FAST (Forecasting and Assessment in Science and Technology) der Europäischen Kommission. Die 1979 gegründete FAST-Gruppe identifizierte drei Arten von Veränderungen und drei Zeithorizonte: Die Zukunft von Arbeit und Beschäftigung war ein unmittelbares Problem. Eine Informationsgesellschaft auf der Grundlage der Computer- und Telekommunikationstechnologie würde innerhalb von zehn bis 15 Jahren grundlegende Veränderungen bewirken. Innerhalb von 30 Jahren konnte man dann von der neuen Biotechnologie entscheidende Umwandlungen erwarten. Die Rohstoffverknappung schien mit Ausnahme der Bereiche Energie und Landwirtschaft interessanterweise kein generelles Problem für die Gemeinschaft zu sein. Dies stand im Gegensatz zu den Ängsten, die zu Beginn des Jahrzehnts in *Limits to Growth* – Grenzen des Wachstums – zum Ausdruck kamen.

Das Programm wurde in einer einleitenden Arbeit *The Old World and the New Technology: Challenges to Europe in a Hostile World* von Godet und Ruyssen erläutert.[57] Europa lief Gefahr, hinter Japan und den Vereinigten Staaten zurückzufallen. Deshalb war es wichtig, daß die Initiative besonders auf dem Gebiet der größten Herausforderungen wiederbelebt wurde. Die FAST-Gruppe versah die drei Technologiefelder mit den folgenden Überschriften: „Beschäftigung und Arbeit", „Informationsgesellschaft" (die momentan moderne Redewendung) und „Bio-Gesellschaft". Das Konzept der Bio-Gesellschaft wurde von zwei Nichtbiologen vorgestellt: Mark Cantley war ein Ulster-Scot Mathematiker, der am Internationalen Institut für Systemanalyse in Wien gearbeitet hatte. Ken Sargeant war ein britischer Chemiker, der vom Microbiological Research Establishment in Porton Down kam, nachdem dieses vom Health Department übernommen worden war.

Jeder brachte seine eigene, sehr breite Sichtweise über die Möglichkeiten
der Biotechnologie ein.

Zu Cantleys ersten Handlungen gehörte ein Gespräch mit Bu'Lock
in Manchester, der ihn an Behrens, den Leiter der DECHEMA, wei-
terempfahl. Von Anfang an wurde Cantley so in die Tradition der europäischen Biotechnologie eingeführt. Die Intensität dieser Verbindung
wurde durch die zeitgleiche Gründung der EFB noch erhöht, die sich als
mächtiger industrieller Partner für Cantleys „Biosociety"-Gruppe erwies.
In einem ersten Artikel dieser Gruppe wird eine Definition der
„Biotechnologie" aus dem damals neuesten Artikel „The Living Micro
Revolution" der britischen Mikrobiologen Bull und Bu'Lock zitiert.
Diese Definition ähnelte sehr jener der DECHEMA und wurde zur
Grundlage für den OECD-Bericht, dessen Co-Autor Bull zwei Jahre
später war:

> „Die Bedeutung, die von den meisten akzeptiert wird, ist die der industriellen Ver-
> arbeitung von Materialien durch Mikroorganismen und anderen biologischen Wirkstof-
> fen zur Erzeugung von wünschenswerten Waren und Dienstleistungen. Das umfaßt die
> Fermentation und Enzymtechnologie, Wasser- und Abfallreinigung sowie einige Aspekte
> der Lebensmitteltechnologie. Anwendungsbereich und Möglichkeiten sind deshalb gi-
> gantisch, und genau wie vorher schon bei der Mikroelektronik wird über neue Ideen und
> greifbare Vorteile mit immer größerer Geschwindigkeit berichtet." ... und mit dem Auf-
> treten von Techniken der Gentechnologie kann die *Veränderung* solcher Mikroorga-
> nismen mit in die Liste aufgenommen werden. Auch sollte die „industrielle Herstellung"
> die Anwendung der Biowissenschaften auf die Landwirtschaft und andere nicht-indu-
> strielle Gebiete keineswegs ausschließen.[58]

Das erste von der FAST-Gruppe behandelte Thema war „A Community Strategy for European Biotechnology". Es wurde von der
DECHEMA koordiniert, aus deren Bericht von 1974 es sich entwickelt
hatte. Sieben Problembereiche sowie sechs Waren- und Verfahrensge-
biete wurden benannt, die von besonderen Chemikalien bis hin zum
Thema Energie reichten. Der Bericht erwähnte die Gentechnologie jedoch kaum. Auch neue Proteine wie beispielsweise das humane Insulin,
das gerade von Eli Lilly auf den Markt gebracht worden war, blieben
unberücksichtigt.[59] In der Tat wiederholte der gesamte FAST-Bericht
jene Formulierungen zur Biotechnologie, die bereits durch die
DECHEMA in den frühen 70er Jahren vorgestellt worden waren.[60] Der
intellektuelle Rahmen für das europäische Wirken in den frühen 80er

210

Jahren war eher das Ergebnis einer langsamen Evolution als einer radikalen Revolution, wie sie in den Vereinigten Staaten erlebt wurde.

Zusammenfassung

Die Biotechnologie, die als ein Abkömmling der Zymotechnologie angesehen wurde, kann man als eine der bedeutendsten Entwicklungen der 70er Jahre ansehen. Prinzipiell wurde die biologische Fabrikation als ein Mittel zur Umwandlung von Rohmaterialien von geringem Wert in hochwertige Produkte angesehen, die ältere, gröbere und abfallintensivere Herstellungsmethoden ablösten. Neue und vielversprechende Techniken waren entwickelt worden. Nichtsdestoweniger knüpften Hoffnungen und Visionen bei den Entwicklungen an, die vor langer Zeit durch das Institut für Gärungsgewerbe in Berlin ausgedrückt worden waren, und für die sich Karl Ereky und selbst von Julius Wiesner schon vor einem Jahrhundert Gehör verschafft hatten. Aus ihrer industriellen Randposition um 1900, war die Biotechnologie zum Thema von Diskussionen um staatliche Unterstützung geworden. Dies galt gleichermaßen für erfolgreiche Volkswirtschaften wie in Deutschland und in Japan (die nach einer Veränderung der Prioritäten suchten) und für wenig erfolgreiche Volkswirtschaften wie beispielsweise in Großbritannien (wo man glaubte, daß eine Veränderung der Richtung wieder einmal dringend notwendig sei). Staatliche Verwaltungen, die eine erfolgreiche Führungsposition suchten, wie die Europäische Kommission, die OECD und Regierungen in den Vereinigten Staaten machten da keine Ausnahme.

Die Versprechungen der Forscher auf mögliche Leistungen der Biotechnologie in Europa wurden durch Befürchtungen getrübt, man könne nicht am Boom beteiligt werden. Dies wurde durch die Hast bei der Eingliederung der Informationstechnologie in die Industrie besonders deutlich. Das sich bereits abzeichnende Muster der Gewinner und Verlierer konnte sich stets aufs Neue wiederholt werden. Abnehmende Wachstumsraten in der Wirtschaft, die Möglichkeiten der Fermentation und das Modell der Forschung auf dem Gebiet der „Life sciences" in den Vereinigten Staaten, machten die Biotechnologie in Europa und Japan mächtig, noch bevor die Auswirkungen der rekombinante DNS-Technologie zum Tragen gekommen waren. Dringlichkeit wurde durch die

Ölkrisen geboten und auch durch Erfahrungen, die man mit der Informationstechnologie gemacht hatte. Jetzt bedeutete die „Biotechnologie" weit mehr als eine Fortführung früherer Zymotechnologie. Julian Huxley hatte den Begriff in seiner Einführung zu Hogbens mehr landwirtschaftlich orientierten Schrift 1936 achtlos zur Beschreibung seiner Vorstellung von der Biotechnologie am Menschen verwendet. In den späten 70er Jahren würden die Konzepte der Biologie und Gentechnologie dann wieder mit dem Konzept der Biotechnologie verwoben werden.

8
Hochzeit mit der Genetik

Auch wenn wir diese Tatsache nur vage wahrnehmen, befinden wir uns heute am Beginn der Biologischen Revolution – einer Revolution des 20. Jahrhunderts, die unser Leben wesentlich stärker beeinflussen wird als die Industrielle Revolution des 19. Jahrhunderts oder die Technische Revolution, die wir gerade durchleben.
(Gordon Rattray Taylor, 1968)[1]

Der Mikrobiologe Arnold Demain hielt beim 1. internationalen Symposium zur Genetik der Industriellen Mikrobiologie 1970 die Eröffnungsrede, die sich mit der „Hochzeit" zwischen Genetik und Industrieller Mikroorganismen beschäftigte. Gegenwärtig schien es, so Demain damals, als ob beide Partner sich noch nicht entschieden hätten, an ihrem Eheglück zu arbeiten. Sollte die Vereinigung allerdings jemals vollzogen werden, so könnten wir uns auf eine strahlende Zukunft freuen.[2] Rückblickend betrachtet war die Verbindung mit der Genetik dann aber so erfolgreich, daß zehn Jahre später der Beginn der 70er Jahre regelmäßig als ein Zeitalter charakterisiert wurde, in dem die Biotechnologie kaum bekannt war. Obwohl inhaltlich falsch, ließ sich die Ansicht nicht ausrotten, Biotechnologie sei das Ergebnis gentechnischer Manipulationen. Dabei war die grundlegende Idee, sich mit Veränderungen des Erbgutes zu beschäftigen, bereits lange bekannt. In der Folge begann dann die Gentechnologie die 40 Jahre alte technologische Tradition vom Auswählen, Züchten und Veredeln natürlich vorkommender Organismen in den Schatten zu stellen. Obwohl sich vielerlei Hoffnungen auf Bioreaktionen in bereits existierenden Fabriken durch die Biotechnologie erfüllten, blieben die Trennungslinien zur mehr „konventionellen technologischen Tradition" scheinbar erhalten. Ungeachtet der Bedeutung beider Partner wurde die „Hochzeit" zwischen Genetik und industrieller Mikrobiologie häufig zu einseitig gefeiert. Man beschränkte sich in der historischen Rücksicht der Biotechnologie ausschließlich auf die Gentechnologie. Dieses Kapitel beschäftigt sich deshalb mit der Romance, die zu dieser scheinbar einseitigen Beziehung führte.

Während der jüngste Aufwärtstrend der Biotechnologie von Deutschland und Japan ausging, erwuchsen neue Erwartungen aus einer von den Amerikanern dominierten Wissenschaft. Zu wissenschaftlichen Meilensteinen wurden zwei bedeutende Ereignisse: Die Aufklärung der DNS-Struktur durch James Watson, heute Direktor des angesehenen Cold Spring Harbor Labors auf Long Island, und Francis Crick vom Molekularbiologischen Labor in Cambridge (England) im Jahre 1953, stellt eines dieser Schlüsselereignisse dar. Das zweite war die Entdeckung der rekombinanten DNS-Technik durch Cohen und Boyer (Kalifornien) im Jahre 1973. Bei dieser Technik wurde ein DNS-Bereich aus einem Plasmid des *E. coli*-Bakteriums herausgeschnitten und in die DNS eines anderen Plasmids eingebaut. Das Verfahren könnte Bakterien prinzipiell befähigen, neue Gene anderer Organismen (sogar des Menschen) aufzunehmen und dadurch auch deren Proteine bei Bedarf zu produzieren. Allgemein wird diese Wissenschaft als „Gentechnologie" bezeichnet und stellt die Grundlage einer neuen Biotechnologie dar.

Das zwangsläufige Emporschnellen dieses einzelnen Bereichs zu einer wirtschaftsbelebenden Industrie war phantastisch. Notwendigerweise stellte die Gentechnologie andere Gebiete weit in den Schatten. Elmer Gaden, Pionier der Chemietechnik, nahm 1980 zu „einem abgeschwächten Entwicklungstempo der Biotechnologie" in den 70er Jahren Stellung.[3] Obwohl seine Befürchtungen für viele andere, die durch die Versprechungen der rekombinanten DNS-Technologie von Ehrfurcht erfüllt waren, 1980 exzentrisch erscheinen mochten, so zeigten sie doch eine grundlegende Verschiebung innerhalb der Biotechnologie. Hatte bisher die Verbesserung chemisch-technischer Verfahren bei dieser Entwicklung im Mittelpunkt gestanden, so bestimmte nun das biologisch Machbare die Grenzen des Wachstums. Eine Untersuchung über die Verwendung des Begriffs „Biotechnologie" in wissenschaftlichen Veröffentlichungen zeigte ein stetig exponentielles Wachstum in den Jahren 1969 bis 1984 im Index von *Chemical Abstracts* gegenüber einem explosiven Aufstreben seit 1983 im biologischen Index *Biosis Preview*. Daß Biotechnologie plötzlich auch für breite Schichten der Öffentlichkeit ein

Thema war, beweisen steigende Zahlen im *National Newspaper Index* und in einer Investment Datenbank (*Investest*).[4]

Wenngleich die wissenschaftliche Grundlage 1980 neu war, wurden die Segnungen der Biotechnologie mit altbekannten Begriffen gepriesen; Begriffe, die schon lange vor der rekombinanten DNS-Technologie existierten. Die neun Kapitel eines 1981 viel beachteten Buches mit dem Titel *Leben zu verkaufen* lauteten beispielsweise: „DNS wird zu Gold", „Das Geschäft mit dem Leben boomt", „Neues Zeitalter der Wunderdrogen", „Die nächste industrielle Revolution", „Den Hunger der Welt stillen", „Das Zeitalter der Humangenetik", „Wie sicher ist die Gentechnologie – Diskussion ohne Ende?", „Wem gehört das Leben – und andere simple Fragen" sowie „Epilog".[5] Obwohl die Betonung der Genetik noch neu war, existierten bereits Vorhersagen über eine neue Industrielle Revolution. Dies wurde in der Aufregung von vielen plötzlich mit dem Thema Biotechnologie konfrontierten Menschen übersehen. Die Kapitelüberschriften aus *Leben zu verkaufen* zeigen, daß im Grenzgebiet „Biotechnologie" die biologische Seite an Gewicht zunahm, wie dies bereits vor dem Zweiten Weltkrieg in Europa der Fall gewesen war, aber sie zeigten keine Anzeichen der früheren lyrischen Visionen, daß hier ein Weg sei, fundamentale Probleme älterer Technologien zu überwinden.

Zum Teil muß dies mit Unwissenheit erklärt werden. Der Aufwärtstrend der neuen Biotechnologie verlief so schnell, daß keine Zeit blieb, sich an alte Traditionen zu erinnern. Stattdessen wurde auf die bekannten Gesetze der Nazis über Versuche zur Rassenveredelung und auf den Zynismus des Vietnamkrieges verwiesen. Die chemische Industrie, einst als Quelle einer sauberen modernen Technologie verherrlicht, wurde jetzt mit Explosionen, umweltverschmutzenden Produkten und noch gefährlicheren Abfällen gleichgesetzt. Alles überschattend aber gab es die noch nie dagewesene Angst vor der Atomkernspaltung. Einst wurde der Einsatz von Atomkraft mit der Hoffnung auf unendliche Energie gleichgesetzt. Jetzt aber fühlte man sich eher an Goethes Gedicht vom „Zauberlehrling" erinnert und fürchtete, die einmal gerufenen Geister nicht wieder loszuwerden. Als Folge entwickelten Ingenieure Reaktoren, die einem „größten anzunehmenden Unfall (GAU)" standhalten sollten. Trotzdem fürchtete sich die Bevölkerung weiterhin vor dem „China Syndrom".[6] Es gab Parallelen zwischen Nuklearwaffen und biologischer

Kriegsführung, aber die Metapher ging bedeutend weiter. Das negative Vorbild der Physiker vor Augen, die die Atombombe bauten ohne über deren weitreichende Auswirkungen auf die gesamte Menschheit nachzudenken, hofften die Biologen, es bei der Entwicklung der Biotechnologie besser machen zu können. Je mehr Parallelen zwischen Nukleartechnik und Biotechnologie aber gezogen wurden, um so stürmischer verlief diese Diskussion.

Nach den Erfolgen im Silicon Valley erschien es paradox, gleichzeitig traumatische Ängste zu durchleben, wie auch darauf zu hoffen, DNS in Gold verwandeln zu können (beschrieben in *Leben zu verkaufen*). Noch seltsamer war, daß sowohl Hoffnungen als auch Ängste zur selben Zeit zunahmen. Das Zusammentreffen wachsender Erwartungen im Hinblick auf die kommerzielle Nutzung der Gentechnologie mit einer Periode tiefer Besorgnis über deren Risiken beschreibt der Zeitzeuge, Historiker und Wissenschaftsanalytiker J.R. Ravetz. Der schlechte Ruf dieses wissenschaftlichen Gebietes ging so weit, daß ein hemmungsloses Machtstreben vieler Forscher von der Bevölkerung für möglich gehalten wurde.[7] So tauchte schon bald die Forderung nach Restriktionen bei der Industrie auf. Ergebnis dieser Haltung war die Einführung der „Technikfolgenabschätzung„ im Bereich der kommerziellen Nutzung der Gentechnologie.

Wissenschaftler, Industrie und in zunehmendem Maße auch Regierungen begegneten den weitverbreiteten Bedenken, indem sie einen möglichen Machtmißbrauch beim Umgang mit rekombinanter DNS durch technologische Sicherheitsbarrieren zu verhindern versuchten. Obwohl in den 70er Jahren und bereits vorher dieser neuen Technologie vielfältige Vorteile zugeschrieben worden waren, hatte die Grenze zwischen Biologie und Technik zumindest in kommerzieller Hinsicht Bestand gehabt. Angesichts der spektakulären Möglichkeiten, die ständig betont und hervorgehoben wurden, begann sich diese Grenze nun aufzulösen.

Die Spieleinsätze

Trotz des großen Interesses an der Biotechnologie in Europa und Japan in den 70er Jahren verschmolzen Biologie und Technik in den Vereinig-

216

ten Staaten am schnellsten. Längst waren die Biowissenschaften zu einem der größten Wirtschaftsbereiche geworden. In den populären *Megatrends* wies Naisbitt 1982 darauf hin, daß die Biowissenschaften in Zukunft die grundlegende Technologie sein würden.[8] US-Investitionen für Forschung im Bereich der Biowissenschaften mögen anfangs in erster Linie der Gesundheitsverbesserung gedient haben. Aber schon in den 70er Jahren waren immer neue lohnende Entwicklungslinien absehbar. Wiederholt besannen sich die Mitglieder des amerikanischen Repräsentantenhauses auf die strategischen Vorteile für die amerikanische Industrie. Deren Handelserfolge schienen von bahnbrechenden wissenschaftlichen Forschungsergebnissen, gefördert durch das National Institute of Health (NIH), abzuhängen. Die Biotechnologie würde die Grundlage für einen derartigen Umbruch darstellen.

Diese Vorstellung rechtfertigte nicht nur eine gewaltige finanzielle Unterstützung durch das NIH, sondern sie lenkte auch das öffentliche Bewußtsein von den beängstigenden Konsequenzen des technologischen Fortschrittes ab. Vielen erschien die Gentechnologie wie eine „biologische Zeitbombe". Früher oder später, so fürchteten sie, werde sich der Mensch als Gott aufspielen und sich selbst wie andere Arten nach Belieben verändern. Als in den 60er Jahren die Ängste in der Gesellschaft zunahmen, wurde das Schlagwort von der „Gentechnologie" wie zur Vorkriegszeit ausschließlich auf Manipulationen am menschlichen Erbgut bezogen. Eine Auffassung, die in den 80er Jahren nicht mehr existierte. Bereits früh bestand allerdings Einigkeit in einem wichtigen Punkt: Die Gesellschaft stand am Beginn einer neuen Entwicklungsstufe der Evolution, die sich wesentlich schneller vollziehen würde, als es selbst mit den Methoden der Eugenik möglich gewesen wäre. Gewissenhafte Forscher fürchteten, ebenso wie viele Wissenschaftler, die an der Kernspaltung gearbeitet hatten, verurteilt zu werden. Deshalb empfanden sie große Verantwortung, als es darum ging, die gentechnologischen Neuerungen sozial verträglich zu gestalten.

Die Genetik

Bahnbrechende Erfolge schufen in den 70er Jahren den Nährboden für mit der Genetik verbundene Hoffnungen und Befürchtungen. Obwohl die genetische Forschung in den Vereinigten Staaten zu den sehr gut entwickelten Teilbereichen der Biologie gehörte, wurde sie viel eher mit der Tier- und Pflanzenzucht, als mit der Biochemie in Verbindung gebracht.[9] In den darauffolgenden Jahren verringerte sich der Abstand zwischen diesen beiden Disziplinen jedoch rapide. Die von Watson und Crick in Cambridge aufgeklärte „Doppelhelix"-Struktur der DNS, wurde zum bekanntesten Bindeglied zwischen beiden wissenschaftlichen Bereichen, weil sie die molekularen Einzelheiten der Vererbung mit einem Schlag erklärte. Obwohl diese unvergessene Leistung bis heute von überragender Bedeutung ist, war sie zugleich Ausdruck der stürmischen Entwicklung jener Jahre. So hatte der Genetiker George Beadle zusammen mit dem Mikrobiologen Edward Tatum bereits in den 40er Jahren gezeigt, daß ein Gen die Bildung nur eines Enzyms kontrolliert.

Mit der Annäherung von Biochemie und Genetik verringerten sich zugleich die Unterschiede zwischen Genetik und Mikrobiologie, die bis dahin als eine eigenständige Entwicklung betrachtet wurden.[10] So ausgezeichnete Wissenschaftler wie Julian Huxley und Oxfords Cyril Hinshelwood hatten sogar bezweifelt, daß Bakterien überhaupt Gene enthalten. Joshua Lederberg entdeckte 1948 den Austausch von genetischen Informationen zwischen Mikroorganismen. Für diese Entdeckung erhielt er 1958 zusammen mit Beadle und Tatum den Nobelpreis. Thomas Brock, ein Historiker der Bakteriengenetik, kritisierte, daß trotzdem „bis in die späten 50er Jahre Lehrbücher der Genetik kaum Informationen über Bakterien, und Lehrbücher über Bakteriologie kaum Informationen über Genetik enthielten".[11] Erinnern wir uns an die zu Beginn dieses Kapitels zitierten Aussagen von Demain: Bis hinein in die 70er Jahre gab es zwischen Genetik und Industrieller Mikrobiologie zwar eine Annäherung, aber noch keine feste Zusammenarbeit. Aus heutiger Sicht erscheint die Verbindung zwischen Genetik und dem Studium einzelner Zellen „selbstverständlich". In den 50er Jahren dagegen war sie neu und aufregend. Zu atemberaubend erschienen die möglichen Auswirkungen. Der erste spektakuläre Schritt war ein Nachdenken über gentechnologische Veränderungen am Menschen statt an Mikroorganismen. Erst später beschränkten sich die Wissenschaftler aufgrund der kommerziellen und medizinischen Rahmenbedingungen einerseits, sowie politischer

Zurückhaltung und ethischer Bedenken andererseits auf die Arbeit an Mikroorganismen.

Edward Tatum war in einer Familie aufgewachsen, in der die praktische Bedeutung der Wissenschaft regelmäßig für Gesprächsstoff sorgte. Als bekannter Pharmazeut arbeitete sein Vater für die Industrie und die University of Wisconsin. Deshalb war er wahrscheinlich einer der ersten, der sich eher dem technologischen Konzept der Biotechnologie als der rein wissenschaftlichen Molekularbiologie zuwandte.[12] Angeregt von einer Rede anläßlich einer Nobelpreisverleihung schuf Tatum die Voraussetzungen für die biotechnologische Revolution von 1950.[13] Begeistert von der Möglichkeit, Erbkrankheiten auszumerzen, rief er die Menschen auf, über die Chancen der Biotechnologie nachzudenken. Zehn Jahre später scharte Tatum seine Zuhörer während der Einweihung neuer Laboratorien der Pharma-Riesen Merck, Sharp und Dohme mit einem Liedchen um sich:

Die Zeit ist reif, so scheint es,
zu träumen von vielen Dingen;
von Genen, vom Leben, von menschlichen Zellen,
von Medizin und Königen.[14]

Als dieses alarmierende Lied komponiert wurde, war bereits eine öffentliche Diskussion im Anschluß an Tatums Nobelpreisrede entbrannt. Ungeachtet der tragischen Experimente während der Nazizeit, verlief die Auseinandersetzung um Manipulationen am menschlichen Erbgut in den 60er Jahre überraschend optimistisch, vergleichbar mit der positiven Grundhaltung vieler Eugeniker vor dem Krieg. Viele der Beteiligten waren dabei dieselben: Julian Huxley, J.B.S. Haldane, Theodore Dobzhansky und H.J. Muller. Erst während zweier zukunftsweisender Tagungen in den Jahren 1962 und 1963 begannen auch zahlreiche andere Molekularbiologen, sich mit dem Thema Eugenik auseinanderzusetzen. Dabei trafen die nun älter werdenden Eugeniker auf eine neue Generation von Molekularbiologen. Das erste dieser Treffen war vom ehrwürdigen Gregory Pincus (ein gläubiger Anhänger des Anfang des 20. Jahrhunderts lehrenden Radikal-Reduktionisten der Biologie, Jacques Loeb) vorgeschlagen worden, der 1962 als Vater der Antibabypille bekannt wurde. Auf seinen Vorschlag hin war dieses Treffen von der Londoner CIBA-Stiftung unter dem Titel „Die Menschheit und ihre Zukunft" organisiert worden.[15]

Die Tagung ermöglichte eine Annäherung zwischen den „Vorkriegspionieren" der Eugenik und der jüngeren Forschergeneration (Huxley hielt dabei das erste und J.B.S. Huldane das zweite Referat). Haldane erinnerte an die ‚guten alten Tage' und an die Besorgnis der vorangegangenen Generation im Hinblick auf Fragen der Abstammung. Das Treffen kann als Wendepunkt in der modernen Biotechnologie angesehen werden, bei dem sich die jüngere Generation ihrer Verantwortung bewußt wurde. Der Stanford-Professor und Nobelpreisträger Joshua Lederberg betonte, man müsse sich auf die Heilung von Menschen konzentrieren, und wandte sich damit gegen rassistische Träume der älteren Forschergarde.

Joshua Lederberg. Mit freundlicher Genehmigung von Joshua Lederberg.

Lederbergs Referat über die „biologische Zukunft des Menschen", das in gekürzter Form in *Nature* für alle jene erschien, die nicht an der Konferenz teilnehmen konnten, und auch sein nachfolgendes Buch nicht gelesen hatten, begann: „Darwins Theorie stieß eine Diskussion von historischer Bedeutung über den Ursprung des Menschen an. In der neuen Biologie spiegelt sich heute seine Zukunft wider".

Die Rede war dazu angetan, eine schlafende Welt zu alarmieren: „In dem Maße wie die Biotechnologie die individuellen menschlichen Grenzen auflöst und in die Geheimnisse des Fortbestehens seiner Art eindringt, sind wir mit der Definition eines Menschenbildes konfrontiert, das seine psychosozialen Nachkommen mit einbezieht [das Wort psychosozial wurde ursprünglich von Huxley geprägt]".[16] Er wies darauf hin, daß Molekularbiologen eines Tages möglicherweise die menschlichen Gene verändern könnten, „was wir übersehen haben, ist die ‚Euphenik‘, die Technik der menschlichen Entwicklung". Das Wort *Euphenik* war aber keine neue Vokabel für die Eugenik: Seine wirkliche Bedeutung wies auf Lederbergs Bestreben hin, den Phänotyp nach der Befruchtung zu verändern, wobei zukünftige Generationen anders als bei Manipulationen am Genotyp nicht beeinflußt werden. Genau wie andere Pioniere der Biotechnologie zog Lederberg Parallelen zu früheren Revolutionen: zur Entwicklung von Sprache, zur Einführung der Landwirtschaft, zum Entstehen politischer Parteien oder zu Technologien, die auf physikalischen Entdeckungen beruhen. Die Embryologie, so erklärte er, „steht heute an der gleiche Schwelle, wie die Atomphysik im Jahre 1900; nach einer ehrbaren und erfolgreichen Geschichte ist sie im Begriff, neu zu beginnen".

Die neue „Biologische Revolution" wurde bereits während des zweiten Treffens an der Wesleyan Universität (Ohio) von Tatum selbst eingeläutet. Um vor der Gentechnologie zu warnen, ging er dabei sogar noch weit über den Begriff ‚Biotechnologie‘ hinaus. So scheint während dieses Treffens in gespannter Atmosphäre die Basis für eine moderne Tradition geschaffen worden zu sein.[17] Tatums Visionen waren dazu angetan, Wissenschaftler und Öffentlichkeit mehr als ein Vierteljahrhundert lang gleichermaßen zu begeistern wie zu ängstigen, obwohl die Rede selbst schnell in Vergessenheit geriet.

Biotechnologie läßt sich in drei Hauptkategorien unterteilen, die dazu dienen, Organismen zu verändern. Im Einzelnen sind das:

1. Die Rekombination vorhandener Gene (Eugenik)
2. Das Herstellen neuer Gene durch gezielte Mutationen (Gentechnologie)
3. Die Veränderung oder Kontrolle der Genexpression (die Übernahme von Lederbergs vorgeschlagener Terminologie „euphenic engineering")[18]

Die Wirkung dieser Worte trat mit zweijähriger Verzögerung ein, weil die Tagungsberichte von 1965 erst später veröffentlicht wurden. Deshalb erschienen sie gleichzeitig mit einer ausführlichen Kritik eines älteren Genetikers, der zwei Jahre vorher an der Ohio-Konferenz teilgenommen hatte. In „Das böse Omen der Gentechnologie" appellierte Rollin Hotchkiss an die Gemeinschaft der Wissenschaftler, angesichts vieler Ungewißheiten nicht übereilt zu handeln.

Auch wenn in Amerika durch die wohl einzigartige Kombination von uneigennützigem Handeln und ausgeprägtem Geschäftssinn so vieles bewegt werden kann, darf sich niemand angesichts solch vermeintlicher Wohltaten täuschen lassen. Obwohl kaum wahrnehmbar, handelt es sich dabei doch um eugenische Maßnahmen. Begehrte DNS-Sequenzen werden von unserer aggressiven Industrie hergestellt werden und für jeden heroischen oder ambitionierten Mediziner verfügbar sein.[19]

Als Hotchkiss seinen Artikel, zwei Jahre nachdem Rachel Carson in *Stiller Frühling* (*Silent Spring*) vor den Gefahren von DDT gewarnt hatte, veröffentlichte, befürchtete er, die Gentechnologie könnte sich, wie Pestizide, anders aber als die Atombombe unbeobachtet einschleichen. Deshalb müsse die verantwortungsvolle Gemeinschaft der Wissenschaftler dies verhindern.

Die Gemeinschaft verantwortungsbewußter Wissenschaftler hatte mit dem Beitrag Mullers im *Bulletin of Atomic Scientist* das Jahr 1964 begonnen. Für alle, die diesen Artikel damals lasen, mußten die Warnungen Hotchkiss' besonders bedeutungsvoll erschienen sein. Wie bereits in einem Vortrag während der CIBA-Konferenz kurz zuvor schloß er mit der Prophezeiung, daß sich „die Menschheit genetisch selbst übertreffen" werde.[20] Doch in einem Abschnitt davor ging er auf meinen Gedanken ein. Dieser war überschrieben mit „Unbegrenzte Möglichkeiten der Biotechnologie". In einem Satz, auf den Raoul Francé stolz gewesen wäre, appellierte er an seine Zuhörer: „Was wir von anderen Lebewesen lernen können, läßt sich für eine Vielzahl technischer Erfindungen nutzen." Darüber hinaus erweise sich die praktische Bedeutung der neuen Biologie im Prinzip als noch viel größer: „Die Möglichkeiten, Mikroorganismen, Pflanzen und Tiere zu unserem ökologischen wie ökonomischen Nutzen zu verändern, sind dermaßen unbegrenzt, daß wir sie trotz aller Versuche hier nicht darstellen können." Der Abschnitt schloß mit einem Hinweis auf Lederbergs „Euphenik„. Die Verbindung zwischen dieser Vision und der Vergangenheit wurde schließlich durch ein Zitat von Jacques Loeb, dem Lehrer von Muller und Pincus, deutlich.

Lederberg teilte den Wunsch, das öffentliche Interesse für die neue biochemische Genetik zu wecken. Bereits 1962 sprach er sich jedoch öffentlich gegen Eingriffe in die menschliche Keimbahn aus. Grundlegende Veränderungen genetischer Abstammungslinien betrachtete er als weder wünschenswert noch überhaupt praktisch durchführbar. 1966 wandte er sich erneut diesem Thema zu und kritisierte die Idee von der Veränderung des Genotyps als genetische Alchemie oder „Algeny„.[21] Lederbergs Bedenken bezogen sich bei dieser Warnung ausschließlich auf den Menschen. Er plädierte hier ausschließlich für Veränderungen des Phänotyps, schloß aber die Möglichkeit nicht aus, bei Tieren, Bakterien und Pflanzen Methoden der Klonierung einzuführen. Lederbergs Ansatz war noch immer medizinisch ausgerichtet und ging über bloße Spekulationen hinaus. Er freundete sich mit dem Chemiker Carl Djerassi an, der Progesteron, ein bei der Empfängnisverhütung wichtiges Hormon, erstmals synthetisiert hatte. Als er ihn von der Schlagkräftigkeit der Molekularbiologie überzeugt hatte, erhielt er Laborräume, um in Djerassis Firma „Syntex" die Auswirkungen dieser neuen Biologie zu untersuchen. Die Firmengeschichte, die im Jahre 1966 veröffentlicht wurde, schließt mit der Zusicherung, ihren Beitrag zur „Euphenik" zu leisten: Man wolle die Funktionsweise von Hormonen, Nukleinsäuren sowie die Wirtsresistenz gegenüber Fremdorganismen aufklären. Neue Einblicke in die Reproduktionsmedizin und verbesserte Methoden der Fruchtbarkeitskontrolle bei Menschen, Tieren und Pflanzen gehörten zu den weiteren Zielen der Firma.[22]

Mitarbeiter in anderen großen pharmazeutischen Unternehmen begannen über ähnliche Dinge nachzudenken. 1967 beschäftigten sich die Biochemiker Brian Richards und Norman Carey, beides Mitarbeiter des britischen Labors von G.D. Searle, mit der wirtschaftlichen Umsetzung der Biotechnologie. In einer für die Zeit typischen Art und Weise versuchten sie, genetisches Material zwischen höheren Organismen zu übertragen. Auch wenn ihre Techniken sich als nicht durchführbar erwiesen, bot ein damals visionärer Blick in die Zukunft einen interessanten Vorgeschmack auf bevorstehende Entwicklungen. Ein Memorandum schlug vier Möglichkeiten zur Nutzung vor:

1. Lebenslange Heilung von Erbkrankheiten beim Menschen;
2. Behandlung maligner Tumore;
3. die Vermeidung von Abstoßungsreaktionen bei Gewebe- oder Organtransplantationen;
4. genetische Verbesserung der ökonomischen Bedeutung von Haustieren und Pflanzen, „Tiefsee- und Weltraum-Farmen" eingeschlossen.

Öffentliche Bedenken

Angesichts des technischen Fortschrittes wuchs das Mißtrauen der Öffentlichkeit gegenüber den Absichten der Wissenschaftler. Im Dezember 1967 erinnerte die erste Herztransplantation durch Christian Barnard daran, daß die körperliche Identität des Menschen zweifelhafter wird. In der poetischen Vorstellung erschien das Herz ständig als der Altar der Seele. Nun existierte zum ersten Mal die Möglichkeit, durch das Herz eines anderen seine eigene Identität vermeintlich zu verlieren. Im gleichen Monat gab Arthur Kornberg bekannt, ihm sei die biochemische Replikation eines viralen Gens gelungen.[24] „Leben ist synthetisiert worden", kommentierte der Direktor des NIH, Präsident Johnson, der durch zunehmende innenpolitische Spannungen im Gefolge des Vietnamkrieges unter Druck geraten war, er bejubelte dies als eine der größten Errungenschaften der Menschheit. Die Gentechnologie hatte nun endgültig die wissenschaftliche Bühne betreten. Mehr noch: Es war möglich geworden, genetische Ursachen von Krankheiten wie der Beta-Thalassämie und der Sichelzellanämie zu durchschauen.

Solchen wissenschaftlichen Errungenschaften begegneten Kritiker mit Kulturpessimismus. Der *New Scientist* berichtete über Khoranas erste erfolgreiche DNS-Synthese, als Resonanz auf Johnsons Wahlslogan unter der Überschrift „All the way with DNA."[25] Wissenschaftler, ihre Fachkenntnisse und sogar ganz allgemein Forschungsergebnisse wurden mißtrauisch beobachtet. Diese Stimmung fing James Watson in einer zynischen Beschreibung seiner bahnbrechenden Entdeckung der DNS-Struktur (*Die Doppelhelix*) im Februar 1968 ein.[26] Einen Monat später zeigte sich mit dem My- Lai-Massaker an vietnamesichen Zivilisten durch US-Truppen eine noch blutigere Seite des amerikanischen Zynismus. Die Zunahme gesellschaftlicher Spannungen in Westeuropa führte dazu, daß diese sehr unterschiedlichen Ereignisse während der Studentenunruhen von 1968 in einen Zusammenhang gebracht wurden. Im Mai eskalierte die Situation an europäischen Hochschulen. In Paris wurden Häuserwände mit Warnungen vor den Bedrohungen einer wissenschaftlichen Pseudoobjektivität besudelt. In den Vereinigten Staaten verunglimpfte man Veröffentlichungen von Professoren als „Schund".

In der Atmosphäre jener Tage erweckte Präsident Johnsons Empfehlung ebensoviel Mißtrauen wie Zuspruch. Das augenblicklich extrem erfolgreiche und populäre Werk des britischen Journalisten Gordon Rattray Taylor, die *Biologische Zeitbombe* erschien zur gleichen Zeit, und wurde zum Buch des Monats gewählt. Im Vorwort beschreibt Taylor die Entwicklung nach Fertigstellung seines Buches. Er betrachtete dabei Kornbergs Entdeckung als Vorbote des jüngsten Gerichts. Der Klappentext des Verlegers zu diesem Buch warnte, man könne innerhalb von zehn Jahren,

Einen halb-synthetischen Mann oder eine Frau heiraten ... das Geschlecht eines Kindes aussuchen ... Schmerzen aushalten ... die Erinnerungen verändern ... und bis zu einem Alter von 150 Jahren leben, falls uns die wissenschaftliche Revolution nicht schon vorher zerstört.[27]

Obwohl der Text des Buches gemäßigter war, kam die Botschaft beim Leser an. Das Kapitel mit dem Titel „Die Gentechnologie" führte den Leser von der Entdeckung der DNS über die „neuen Eugeniker" und über die „Ausmerzung von Defekten" hin zu den „Möglichkeiten einer genetischen Kriegsführung". Es endete mit einem Kapitel über „Die Zukunft – Falls es sie denn gibt". Die Bedenken waren nicht auf den sensationslustigen Teil der Bevölkerung beschränkt. 1969 publizierte Großbritanniens drittes Programm, der BBC-Radiokanal für Intellektuelle, ein Buch mit dem seriösen Titel *Gentechnologie* zu einer Serie des Senders.[28] Berichterstattungen über aktuelle Forschungsergebnisse und Wissenschaftstendenzen im Kino sind dagegen eher selten. Aber in jenem „Krieg der Sterne"-Zeitalter, schienen Science-fiction und wissenschaftliche Tatsachen miteinander zu verschmelzen. Der Begriff „Klonierung" wurde zu einem populären Schlagwort. Woody Allen beschrieb in der Satire vom *Schläfer*, die Klonierung eines Menschen aus einer Nase. Die Auferstehung Hitlers aus einigen überlebenden Zellen war Thema des Buches und späteren Films *Die Jungs von Brasilien*. Gewürzt wurden die cineastischen Werke mit der Bedrohung durch Außerirdische. Merkwürdige und fremdartige Organismen waren ebenso groß in Mode.

„Tankstelle Natur": Gentechnologie wie sie der *National Enquirer* am 1. Juli 1980 illustrierte. Nachdruckgenehmigung durch die National Enquirer, Inc. (Copyright 1980).

Lederberg bemühte sich, die Bevölkerung aufzuklären und begann eine Kolumne in der *Washington Post* zu schreiben. Mit Blick auf das Raumfahrtprogramm zog er die Möglichkeit einer Umweltverschmutzung durch außerirdische Organismen in Betracht und verbreitete den Begriff „Exobiologie", den er selbst vorher geprägt hatte. Immense Investitionen wurden getätigt, um sich vor Infektionen zu schützen, die verseuchte Astronauten möglicherweise hätten einschleppen können. Der erfolgreiche Film *Der Andromeda Nebel* von 1971, dessen Handlung

Handlung dem gleichnamigen Buch entnommen ist, „porträtiert die Invasion von todbringenden Mikroorganismen, die die Welt zu zerstören drohten". Lederberg erkannte in dem fiktiven Charakter des Wissenschaftlers Stone seine eigene Biographie wieder.[29] Kalifornien hatte zu diesem Zeitpunkt bereits seine bemerkenswerte Fähigkeit gezeigt, die Phantasien von Hollywood und Stanford zu vereinigen.

Als 1971 die beiden kalifornischen Unternehmer Ronald Cape und Peter Farley eine Gesellschaft für wissenschaftliche Forschung gründeten, wählten sie dafür den Namen des dem Andromeda am nächsten gelegenen Sternbildes Cetus.[30] Obwohl der Schwerpunkt der Forschung zunächst bei Screening-Techniken lag, die ihn nicht so sehr interessierten, beriet Lederberg den Verwaltungsrat. Später war er es, der innerhalb der Firma auf die Arbeit von Cohen und Boyer hinwies und vermutete, daß „dies die größte Entwicklung sein wird, seitdem es geschnittenes Brot gibt".[31] Lederberg wollte auch das große öffentliche Interesse nutzen, um für Verständnis im amerikanischen Kongreß zu werben. 1971 schlug er die Gründung einer zehn Millionen Dollar Projektgruppe für Genetik vor, um Krankheiten wie die Cystische Fibrose auszurotten.[32] Das britische Magazin *New Scientist* kommentierte, seine Kongreßaussage „verkünde den Beginn eines Zeitalters, indem begonnen werden könne, die spektakulären Forschungsergebnisse der Molekularbiologie zur Korrektur genetischer Abnormitäten beim Menschen einzusetzen".[33] Dies war vielleicht eine Überbewertung, insbesondere weil am Ende kein spezielles Förderprogramm beschlossen wurde. Doch spiegelte diese Bewertung die Aufregung über das molekularbiologische Potential in ernst zu nehmenden Gruppen schon 1971 wider.

Die Entwicklung erwies sich als so rasant, daß Vorreiter wie Lederberg innerhalb weniger Jahre von einer jüngeren Forschergeneration, die neue wissenschaftliche Methoden der rekombinanten DNS vorantrieben, an den Rand gedrängt wurden. Studenten der Biologie betätigten sich in den späten 60er Jahren in dieser völlig neuen radikalen Wissenschaft, hinterfragten aber zugleich kritisch ihren Nutzen. Sie wollten ihre Forschung weiterbetreiben ohne Langzeitschäden zu erzeugen. Die Idee, die Gentechnologie würde große Konsequenzen für den Menschen und die Wirtschaft haben, wurde 1973 bei einer Tagung auf Hawaii deutlich. Dort trafen Cohens Wissen über Plasmide und Boyers Fachkenntnisse im Umgang mit Enzymen, die DNS schneiden und wieder zusammenfügen konnten, somit also zu rekombinanter DNS führten, zusammen.[34]

Die Entwicklungen Cohens und Boyers wurden zu jener Zeit als bahnbrechend angesehen und sie haben bis heute nichts von ihrer Bedeutung eingebüßt. Dennoch bestimmten Vorurteile das gesellschaftliche Ansehen der Gentechnologie. Zuerst reagierten Forscher, die glaubten, die Konsequenzen dieser Wissenschaft seien potentiell zu unheilvoll, und die Gesellschaft würde sie ohne vollständige Kontrolle nicht akzeptieren. Viele junge Biologen hatten die potentiellen Auswirkungen des wissenschaftlichen Fortschritts seit einigen Jahren diskutiert. Leon Kass, ein promovierter Harvard-Absolvent, berief bereits 1967 eine Diskussionsgruppe ein, um die Vorteile der biomedizinischen Fortschritte zu hinterfragen.[35] Als Vorstandssekretär des Komitees für Life Science beim US National Research Council schrieb er 1970 an seinen Freund Paul Berg, sie hätten die berufliche Verantwortung, der Öffentlichkeit die Ideen der „Gentechnologie" nahezubringen und schlug vor, Briefe an Magazine wie *Science* zu schicken.[36] Er betrachtete die Gentechnologie immer noch als ein Mittel zur genetischen Veränderung des Menschen und erinnerte an Paul Ramsays damals neu erschienenes Buch *Der Künstliche Mensch*.

Im Juli 1974 schrieb eine Gruppe bedeutender Molekularbiologen unter dem Vorsitz von Berg an *Science*, um auf die potentielle Gefahr dieser Arbeit hinzuweisen. Sie forderten ein Memorandum bis die Auswirkungen genau analysiert worden seien. Diese Hinweise wurden bei einem Treffen im folgenden Februar auf der kalifornischen Halbinsel Monterey untersucht, das durch die Wahl des Tagungsortes Asilomar für immer unvergessen blieb. Unabhängig davon, wie der *New Scientist* drei Jahre vorher Lederbergs Kongreßrede über den Beginn einer neuen Welt kommentiert hatte, wurde in Asilomar diese neue Welt aus der Taufe gehoben. Das historische Ergebnis war eine noch nie zuvor erhobene Forderung auf Unterbrechung der Forschung. Sie sollte erst wieder aufgenommen werden, wenn eine Form der Reglementierung gefunden war, die die Besorgnisse der Öffentlichkeit zerstreuen konnte. Tatsächlich folgte der Tagung eine sechzehnmonatige Einstellung der Forschungsarbeiten bis Mitte 1976 NIH-Richtlinien erhältlich waren.

Die Ereignisse von Asilomar wurden in einem halben Dutzend Büchern festgehalten. So detailliert und reflektierend diese auch sein mögen, tendieren sie doch dazu, diesem Ereignis eher das Image einer Gründungsversammlung für das Biotechnologie-Zeitalter zu verleihen. Von einer zwei Jahrzehnte lang andauernden Auseinandersetzung um Gefahren und Bedrohung durch die Gentechnologie ist darin wenig zu spüren. Zumindes teilweise ist dies auf die dominierende Rolle der jüngeren Generation zurückzuführen.[37] In der klassischen Beschreibung dieses Treffens durch den Politikwissenschaftler Sheldon Krimsky in seinem Buch *Genetische Alchemie* wurde Joshua Lederberg nur dreimal zufällig erwähnt, obwohl er den Begriff *Genetische Alchemie* geprägt hat (eine von Krimsky nicht erwähnte Tatsache).[38] Der Beitrag Lederbergs wurde hauptsächlich als Opposition gegenüber formalen Kontrollen bewertet. Er fühlte sich sogar dazu bewogen, der *New York Times* zu schreiben und lautstark sein Interesse an einer sozialen Kontrolle kundzutun. Teilweise hat sich die Diskussion seit den Debatten der 60er Jahre weiterentwickelt, obwohl deren Vermächtnis nicht vergessen werden konnte, denn in Asilomar war die Gentechnologie am Menschen explizit von der Diskussion ausgeschlossen worden. Leon Kass wies darauf hin, wie der Schatten dieser Konferenz die öffentliche Diskussion angeheizt hatte, und sich die Wissenschaftler wegen ihrer Angst bei der Anwendung des Wissens über Genetik auf Sicherheitsaspekte konzentrierten. Genau zu diesem Zeitpunkt wurde der Begriff „Gentechnologie" nicht mehr ausschließlich für die Manipulation am Menschen verwendet, sondern auf jeden Organismus ausgedehnt.[40]

Ironischerweise standen die Molekularbiologen von Asilomar nur in lockerem Kontakt mit Mikrobiologen und anderen, die wirklich praktische Interessen vertraten. Während die in früheren Kapiteln erwähnten Wissenschaftler sowohl gesellschaftlich als auch intellektuell miteinander in Verbindung standen, traf dies nicht auf die Molekularbiologen zu.[41] Selbst als der Diskussion von Asilomar unverzüglich Experimente an Bakterien folgten, benutzten die Mikrobiologen diese Mikroben nur als Organismen, mit denen man leicht experimentieren konnte. Ihnen wurde vorgeworfen, sie hätten kein Gefühl für diese Organismen. „Wissenschaftstrampel" war nur eine der wenig schmeichelhaften Beschreibungen für sie.[42]

Eher als ausgedehnte Bestimmungen, forderte E.S. Anderson vom britischen Public Health Laboratory eine „technologische Umschulung des durchschnittlichen Molekularbiologen. Ihre Manipulationen von Bakterien lasse selbst all denen, die den Umgang mit Pathogenen gewohnt sind, das Blut in den Adern gefrieren".[43] Diese Stellungnahme wurde zwei Wochen nach dem Brief von Paul Berg veröffentlicht als dieser eine vom Fernsehen übertragene Diskussion zur Kontrolle der Forschung am London's Royal Institute leitete. Anderson wurde aus dem Auditorium von John Pirt, einem berühmten Schüler von Porton unterstützt. Pirt war am Microbiological Research Establishment daran gewöhnt, Mikroorganismen zu manipulieren, von denen ein einziges Bakterium schon tödlich wirken konnte. Für ihn stellte die fachliche Zurückhaltung das einzige Problem dar. Diese Konfrontation war Ausdruck der andauernden Spannung zwischen Mikrobiologen und Molekularbiologen. Sie sollte sich in der Folge auf die Ausgabe von Lehrplänen und die Bewertung neuer Forschungsmethoden ausdehnen. Als Ernst Chain erkannte, daß er als Professor für Biochemie, verantwortlich für die Pilotanlage eines Fermenters am Imperial College, durch den Molekularbiologen Brian Hartley abgelöst werden sollte, drohte er dem College mit einer Anklage wegen Verantwortungslosigkeit.[44]

Was die Bedeutung für die Industrie angeht, spiegelte die Diskussion von Asilomar die Bedenken über die heftige Wirkung der Wissenschaft auf die Öffentlichkeit wider. Im nachhinein betrachtet schienen die Wissenschaftler damit beschäftigt gewesen zu sein, sich einen Zwang aufzuerlegen, um danach ohne weitere gesellschaftliche Verpflichtungen arbeiten zu können. Die Teilnehmer schienen kaum an der praktischen Bedeutung der von ihnen entwickelten Techniken interessiert zu sein. Einer der wenigen industriellen Mikrobiologen in Asilomar war A.M. Chakrabarty von General Electric. Er hatte schon 1972 ein manipuliertes Öl-abbauendes Bakterium zum Patent angemeldet. Seither hatten sich seine Interessen geändert. Wie er im Oktober 1974 schrieb, hoffte er, durch die Übertragung eines geeigneten Plasmids von *Pseudomonas* auf *E. coli* herauszufinden, wie Tiere mehr Energie aus Zellulose gewinnen können. Wie viele seiner uneigennützigen Zeitgenossen, die an Einzellerproteinen arbeiteten, suchte er nach einem Weg zur besseren Nutzung von Trockenfutter.[45]

Aber Chakrabarty war ein außergewöhnliches Mitglied der Wissenschaftlergemeinde. Seine unerwartet offene Haltung wurde 1970 während einer Diskussion über die biologische Revolution bei einem Londoner Treffen deutlich. An dieser von Nobelpreisträger Maurice Wilkins organisierten Zusammenkunft nahmen so renommierte Molekularbiologen wie Watson, Monod und Perutz teil. Jon Beckwith, ein junger radikaler Molekularbiologe aus Harvard mit durchaus industriefreundlicher Gesinnung, ergriff Partei für einen isoliert dastehenden und heftig kritisierten Industrieforscher mit dem Kommentar: „Dr. Hale steht als Repräsentant der Industrie allein. Bei einem Treffen dieser Art fehlt der Kontakt zur Industrie weitgehend, die wir im wesentlichen ausgegrenzt haben."[46] Wie in London standen wichtige wirtschaftliche Anwendungen nur gelegentlich im Mittelpunkt der Diskussion von Asilomar.

Lederberg war hier die große Ausnahme. Immer wieder, wie schon in den Jahren zuvor, wies er auf die möglichen Vorteile einer Zusammenarbeit mit der Industrie hin. Bereits in den frühen 60er Jahren leitete Lederberg bei Syntex ein molekularbiologisches Labor. Während der Konferenz von Asilomar, in einer von Vorurteilen und Reglementierungen geprägten Atmosphäre, verteilte er ein Rundschreiben, in dem er Pessimismus und Ängsten vor dem Mißbrauch der Gentechnologie eine deutliche Absage erteilte. Zugleich führte er Skeptikern die Vorteile eines erfolgreichen Einsatzes dieser Technik vor Augen. In dem Schreiben hieß es unter anderem:

Der Anfang für eine Technologie von ungeahnter Bedeutung in der medizinischen Diagnostik und Therapie (ist gemacht): die einfache Produktion einer unbegrenzten Anzahl menschlicher Proteine. Analoge Anwendungen kann man sich auch beim Fermentationsverfahren vorstellen, um essentielle Nahrungsmittel preiswert herzustellen. Dies gilt auch für die Weiterentwicklung von Mikroorganismen zur Herstellung von Antibiotika und spezieller industrieller Chemikalien.[47]

So untypisch Lederbergs Ansichten in Asilomar auch waren, so beflügelten solche Visionen dennoch schon bald die Entwicklung der biotechnologischen Industrie. Während der nächsten zwei Jahre wuchs mit dem öffentlichen Interesse an den Gefahren der rekombinanten DNS-Forschung auch das Interesse an deren technischer Anwendung. Zwar gehörte es weiter in das Reich der Science-fiction, genetische Erkrankungen zu heilen, doch versprach die Produktion menschlicher Proteine ein gutes Geschäft zu werden.[48] Insulin, eines der kleineren und sehr gut bekannten Proteine, wurde bereits seit mehr als einem halben Jahrhundert zur Behandlung von Diabetes eingesetzt. Bis dahin war es, verglichen mit menschlichem Insulin, in einer chemisch geringfügig veränderten Form aus Tieren isoliert worden. Dies war zweifellos eine Herausforderung. Könnte jemand humanes Insulin herstellen, so würde er in der Lage sein, mit einem offensichtlich besseren Produkt, dessen Genehmigung relativ einfach zu erreichen wäre, eine gigantische Nachfrage zu befriedigen.

Die Diskussion um Insulin in der Zeit zwischen 1975 und 1977 verdeutlichte das Streben nach neuen Produkten, die mit der „Neuen Biologie" hergestellt werden konnten. Die Zahl anderer praktisch anwendbarer und gentechnisch herstellbarer Präparate war klein und die Fabrikationsmöglichkeiten waren vielfach noch nicht genau bekannt. Eine Forschergruppe in Harvard versuchte humanes Insulin nicht in *E. coli*, dem späteren Standardsystem, sondern in Maus-Tumoren zu produzieren. Ein konkurrierendes Team an der University of California in San Francisco verwendete *E. coli* und verkündete im September 1978 seinen Erfolg. Auch die Zusammenarbeit mit Herbert Boyer, der im April 1976 die Firma Genentech (*Gen*etic *En*gineering *Tech*nology) gründete, hatte zu diesem Durchbruch beigetragen. [49]

Derlei in der Praxis wichtige Entwicklungen sind oft getrennt von der gleichzeitig wachsenden Besorgnis in der Bevölkerung betrachtet worden. Doch einige Studien haben gezeigt, daß 1977 erhebliche Anstrengungen unternommen wurden, um die durch die Medien verbreitete Besorgnis abzubauen und die möglichen praktischen Vorteile herorzuheben.[50] Angesichts des Drucks auf die Forscher, ihre Arbeiten von Beginn an zu verteidigen, wurden bereits vor 1977 — allerdings recht allgemeine — Handlungsanweisungen niedergeschrieben, um das Gebiet vor weitergehenden Einschränkungen zu schützen. Anwendungen der rekombinanten DNS-Technologie wurden öffentlich diskutiert, lange bevor die meisten von ihnen in der Praxis realisiert werden konnten. Damit versuchte man sicherzustellen, daß industrielle Entwicklungen nicht erschwert werden konnten. Ein Beispiel waren Lederbergs Darstellungen in Asilomar. Bereits im September 1974, also einige Monate nach seinem berühmten Brief an *Science*, hatte Berg während einer Debatte in der London Royal Institution über diese Problematik laut nachgedacht: „Vielleicht hat das Wort Gentechnologie bisher aufgrund übertriebener und irreführender Ansprüche von Wissenschaftlern und der Presse, nicht zuletzt auch angesichts seiner Zukunftsperspektiven, Entsetzen wie gleichermaßen Interesse erweckt." Berg erklärte dann das damals neue Verfahren der rekombinanten DNS und wies auf die wissenschaftlichen Früchte sowie die „weitreichende praktische Bedeutung" hin. Seine Liste möglicher Produkte sollte überaus bekannt, sogar alltäglich werden. Denkt man heute über diese Früchte der Gentechnologie nach, so läßt sich ihre Bedeutung nur dann richtig einordnen, wenn man sich an Bergs damalige Argumentation erinnert. Nicht kurzfristige Gewinne wie in einem unternehmerischen Geschäftsplan waren sein Ziel, wohl aber grundlagenorientierte Forschungsarbeiten:

> Warum können diese einfachen Organismen nicht zu einer Fabrik werden, die einige der von der Gesellschaft am häufigsten benötigten Produkte wie beispielsweise Antibiotika, Hormone und sogar Nahrungsmittel herstellen? Und für diejenigen, die an den wildesten Spekulationen Gefallen finden, bestehen tatsächlich die aufsehenerregenden Möglichkeiten, neue Gene in menschliche Zellen einzubringen, um damit dann eine Heilung bestimmter Erbkrankheiten zu versuchen.[51]

Im weiteren Verlauf seiner Rede verglich Berg diese weit in der Zukunft liegenden Wohltaten mit den gleichermaßen ungewissen Risiken der Gentechnologie wie der Entwicklung von Antibiotika-resistenten Bakterien oder der Umwandlung von harmlosen in toxische Organismen. Er konnte sich dabei auf eine Liste aus dem Jahre 1974 stützen, die mögliche Vorteile den zu erwartenden Risiken gegenüberstellte.

Edward Kennedy leitete im April 1975 die erste öffentliche Debatte zur Gentechnologie im Senate Health Subcommitee. Mehr als ein Jahr danach, im Juni 1976, endete das sechszehnmonatige Forschungsmoratorium mit der Veröffentlichung von NIH-Richtlinien, die zumindest experimentelle Arbeiten einschränkten. Sie stuften bestimmte Versuchsdurchführungen auch in Risiko-Gruppen ein. Angemessene physikalische Sicherheitsvorkehrungen wurden verbindlich vorgeschrieben. Die NIH-Richtlinien enthielten zusätzlich eine Liste jener Experimente, deren Durchführung für zu gefährlich gehalten worden war. Außerdem durften veränderte Organismen nicht außerhalb eines Laboratoriums untersucht werden oder gar ins Freie gelangen.[52] In der Praxis waren diese Richtlinien nur für die vom NIH geförderten Forschungsprojekte verbindlich. Die Industrie befolgte sie jedoch freiwillig. Im Herbst veranstaltete die Stadt Cambridge (Massachusetts) eine Reihe öffentlicher Anhörungen, um zu entscheiden, ob die Harvard University eine Erlaubnis zur Einrichtung eines Labors für rekombinante DNS erhalten sollte. Den Diskussionen im gesamten Land folgten Kongreßdebatten. Mehr als 16 Gesetzesvorlagen zur Kontrolle der gentechnologischen Forschung wurden in den Jahren 1976 und 1977 auf dem Capitol Hill diskutiert. [53] Die öffentlichen Anhörungen erreichten im März 1976 mit einer Debatte an der National Academy of Sciences ihren Höhepunkt.

Dieses Treffen sollte die letzte große Auseinandersetzung mit gentechnologischem Inhalt sein. An die bisherige Kontroverse erinnerten Studenten als sie sangen „Wir wollen nicht geklont werden" („We shall not be cloned"). Der neugewählte Oppositionsführer und populäre Schnellsprecher Jeremy Rifkin sparte nicht mit Kritik. Er warnte davor, daß nichts Geringeres als das Leben selbst auf dem Spiel stehe und appellierte an seine Zuhörer, unmenschliche Forschung in Schranken zu halten. Auf die Bedeutung der Gentechnologie, so wie sie im Jahre 1960 gesehen wurde, anspielend, benutzte er das 1966 von Lederberg geprägte Kunstwort „Algeny„ als Titel eines Buches. Ein Begriff, der sonst sicherlich in Vergessenheit geraten wäre. Rifkin, so sah es jedenfalls J.R. Ravetz, berührte mit Anspielungen auf die religiösen Gefühle der Amerikaner das emotional gespannte Verhältnis zwischen konservativer Schöpfungslehre und Abneigung gegenüber der Biologie ebenso wie die „ursprünglichen Ängste" gegenüber liberalen, intellektuellen und oftmals jüdischen Biologen.[54] Noch im gleichen Monat lud der Unterausschuß des US-Repräsentantenhauses für Wissenschaft, Forschung und Technologie zu Anhörungen, um die forschungspolitischen Auswirkungen der neuen Wissenschaft auszuloten. Die Stimmung jener Tage drückt ein Blick auf das Kreuzverhör aus, dem der liberale kalifornische Senator George Brown den Forschungsdirektor der Pharmafirma Eli Lilly aussetzte: „Viele Menschen glauben, wir besäßen eine Erbanlage, die uns Gut und Böse erkennen läßt. Setzt die Forschung nun an der falschen Stelle an, wird sie diese Erbanlage so verändern, daß Gutes nicht mehr erkannt und nur noch Grausames in die Tat umgesetzt wird."[55] Irving Johnson, Mitarbeiter der Firma Eli Lilly, hatte natürlich eine ganz andere Auffassung von den Dingen: „Ich glaube, man muß den Anreiz und die Ursachen einer solchen Forschung näher betrachten.

Für die Industrie sind diese sehr genau festgelegt. Hier geht es um die Herstellung eines wirtschaftlich erfolgreichen Produktes, und ich glaube einfach nicht, daß einige der genannten Projekte diesen Anforderungen besonders gut entsprechen." In einem Interview im hausinternen Eli Lilly-Magazin, *Lilly News*, das während der Kongreßanhörung in voller Länge vorlag, hatte Johnson bereits sprachlich eine Strategie zur Bekämpfung moralisch verwerflicher Forschungsarbeiten ausgearbeitet. Das Interview war haargenau darauf ausgerichtet, den Befürchtungen und „Mißverständnissen" im Zusammenhang mit der Kongreßanhörung entgegenzuwirken.

Wie in seiner Antwort auf George Browns Fragen, stellte Johnson die wirtschaftliche Bedeutung der Wissenschaft in den Mittelpunkt seiner Erklärungen. Im folgenden Wortwechsel entwickelte sich eine Argumentation, die später recht populär werden sollte. Sie ist auch exakt in dieser Reihenfolge im Buch *Leben zu verkaufen* wiedergegeben, das am Anfang dieses Kapitels zitiert wurde. Hier sind die Argumente vor allem deshalb interessant, weil sie als Reaktion auf die Gesetzgebung ausführlich erörtert wurden. Der firmeneigene Journalist stellte zunächst einige einführende Fragen, die Johnson halfen, einen thematischen Bogen zu spannen von den Methoden der Gentechnologie („Wie wird fremde DNS in ein Bakterium eingebaut?") bis hin zu Vorteilen für den Menschen („Was können Sie damit erreichen?") und wieder zurück zur grundsätzlichen wissenschaftlichen Einordnung der neuen Disziplin („Die praktischen Vorteile scheinen phantastisch zu sein. Wird diese Technik irgendeine Anwendung in der Grundlagenforschung finden?") Vorher von überragender Bedeutung, wurden Sicherheitsprobleme und alle übrigen ethischen Streitfragen plötzlich auf das Problem angemessener Sicherheits-Bestimmungen reduziert. „Wie steht es mit der Sicherheit? Stellen die NIH-Richtlinien wirklich einen ausreichenden Schutz dar?" „Könnten Sie uns eine kurze Zusammenfassung dieser Richtlinien geben?", lauteten einige der Fragen. Johnson antwortete ausführlich und zerstreute alle Sicherheitsbedenken. Zurück zur Sache: „Die Sicherheitsbestimmungen scheinen sorgfältig ausgearbeitet zu sein. Aber welche Forschungsinteresssen verfolgt Lilly im Augenblick mit rekombinanter DNS?"

So schloß Johnson mit einer Beschreibung handfester Perspektiven der Gentechnologie:

> Die theoretischen Möglichkeiten – um mehr handelt es sich im Augenblick ja nicht – muten an wie Sience-fiction. Einige der am häufigsten genannten Dinge sind: maßgeschneiderte Mikroorganismen zur Energieproduktion und Müllbeseitigung; Pflanzen, die gegenüber Krankheiten, Schädlingen und Trockenheit resistent sind; eine Reihe Hybridpflanzen, wie zum Beispiel der „pomato"-Strauch, der überirdisch Tomaten und an seinen Wurzeln Kartoffeln trägt; Rinder, Schweine und Geflügel mit beinahe beliebigem Geschmack, deren Wachstumgeschwindigkeit gentechnisch reguliert werden kann; völlig neue Pflanzen- und Tierarten; und schließlich auch die Heilung von Erbkrankheiten durch den Austausch defekter DNS.[56]

Das Interview war nicht veröffentlicht worden, um öffentliche Gelder zu beschaffen oder die finanziell vorteilhaften Zukunftsausichten dieser neuen „Werkzeuge" aufzuzeigen. Es sollte einzig und allein dazu dienen, den Kongreß von einem Gesetz gegen die von Lilly beabsichtigen Forschungsvorhaben abzubringen. Die Argumentation erwies sich als zwingend. Allmählich änderte sich daraufhin die Einstellung der Kongreßmitglieder. Edward Kennedys Vorschlag der Kontrolle durch eine nationale Komission, deren Mitglieder vom Präsidenten berufen werden sollten, fand keine Mehrheit. Dieses Umdenken bedeutete aber keineswegs, daß Leben zum Spielball technologischer Interessen werden sollte. Vielmehr hatte die Philosophie des „Silicon Valley" (also die konsequente Vermarktung einer neuen nützlichen Technologie) über Ängste und Befürchtungen wie im Falle der Atomenergie gesiegt.

Mit der Weiterentwicklung der mikrobiellen Biotechnologie wurden jedoch schnell wieder Befürchtungen laut, die neuen Methoden der Manipulation könnten auch am Menschen ausprobiert werden. Schließlich versuchte das Office of Technology Assessment (OTA), dem Trend durch eine eigens dafür angefertigte Studie entgegenzuwirken. Einst als neutrales Beratergremium für den Kongreß gegründet, hatte sich der Einflußbereich der OTA in den frühen 70er Jahren mit immer hitziger verlaufenden Umwelt-Debatten langsam ausgedehnt. Bereits 1976 hatten 30 Abgeordnete eine Bewertung rekombinanter DNS gefordert.[57] Durch vorsichtiges Taktieren war es der OTA bis 1979 gelungen, diesem Druck immer wieder auszuweichen. Dann übernahm sie selbst die Initiative, wie ihr Bericht mit dem Titel „Wirkungen der angewandten Genetik" aus dem Jahre 1981 zeigt. David Dickson, der spätere Herausgeber des Fachmagazins *New Scientist*, verwies in seinem Buch *Die neue*

Wissenschaftspolitik darauf, wie sich dieser Bericht auf industrielle Interessen beschränkt, die schwierigen Fragen einer Nutzung der Gentechnologie beim Menschen aber unbeantwortet läßt.[58] So wie Kritiker nur auf die extremsten denkbaren Gefahren aufmerksam machten, lotete die OTA-Studie zum Ausgleich auch das Vermarktungspotential aus. Die Projektleitung wurde von Ratsuchenden bestürmt und erhielt zugleich Informationen im Überfluß. Zsolt Harsanyi, zuständig für die Studie, verglich die Rolle der OTA in jenen Tagen mit der des „Olymps", dem Hausberg griechischer Götter. Der von ihr vermittelte Interessenausgleich zwischen Gegnern und Befürwortern der Gentechnik fiel entsprechend autoritär aus.[59]

Paradoxerweise entsprang die Studie zur Vermarktung gentechnologischer Produkte der Debatte um Sicherheitsrichtlinien. All das geschah, kurz bevor die Gentechnologie von den Medien und der Wall Street 1979 entdeckt wurde und bei allen Beteiligten hohe Erwartungen weckte. Als die mikrobielle Herstellung von menschlichem Insulin schließlich im September 1978 angekündigt wurde, war das weit mehr als die Vorstellung eines neuen Produktes unter vielen. Es bedeutete zugleich den Anfang einer neuen Welt. Im Dezember verkündete das einflußreiche Wirtschaftsmagazin *Economist* diese neue Revolution unter dem Titel „Die Industrie steigt mit offenen Augen in das Geschäft mit der Biologie ein".

Der *Economist* bezog sich bei seiner Berichterstattung weder auf wenige herausragende Produkte noch auf das begrenzte Interesse großer Firmen. Er hatte die Entwicklung einer neuen innovativen, auf der Biologie basierenden Zunft ausgemacht. Die Firma Genentech lieferte mit der Produktion menschlichen Insulins einen unbestreitbaren Beweis für diesen Trend. Im Schatten der bereits existierenden Biotechnologie wurde 1971 die Firma Cetus gegründet. Angeregt durch denselben Glauben an die Nützlichkeit von Mikroorganismen, entstand wenige Jahre später die Deutsche Gesellschaft für Chemisches Apparatewesen, Chemische Technik und Biotechnologie e.V. (DECHEMA). Die Gentechnologie sollte vorhandene Fähigkeiten bereichern, nicht aber ersetzen. Betrachtete man die Firmenpolitik und hörte dem philosophisch denkenden Präsidenten Ronald Cape aufmerksam zu, so wurde bei Cetus versucht, die inzwischen überall gleich große Hoffnung beim Einsatz von Mikroorganismen mit den immer klarer zu Tage tretenden Vorstellungen von der Gentechnologie zu verknüpfen. In den späten 70er Jahren war man bei Cetus als Folge der Zusammenarbeit mit den National Destillers bemüht, einen verbesserten Mikroorganismus für die alkoholische Gärung zu finden. Dieses Bakterium sollte hohe Temperaturen überleben, so daß Produkte schon während ihrer Herstellung destilliert werden konnten. Dies war ein wichtiger Schritt, da Cetus die drei neuen Gesellschaften Genentech, Biogen und Genex beeinflußte. Jede von ihnen beschäftigte sich mit den wissenschaftlichen Aspekten der Biologie und verwertete sie mit unternehmerischem Geschäftssinn.

Entgegen aller Behauptungen, daß die Molekularbiologie auf die Industrie revolutionär wirken würde, richtete sich das Hauptaugenmerk nach der Entdeckung des Insulins auf die potentiellen finanziellen Renner in der pharmazeutischen Industrie: das menschliche Wachstumshormon und Interferon, ein potentielles Wundermittel zur Heilung von Virusinfektionen. Krebs war bereits in den 70er Jahren zu einer großen Herausforderung für die Wissenschaft geworden. Immer häufiger wurden verschiedene Viren mit der Erkrankung in Verbindung gebracht. Sie sollten, so wurde vermutet, Krebs auslösen können. Bis zu diesem Zeitpunkt hatten sich Viruserkrankungen als schlecht heilbar erwiesen. Obwohl seit dem 18. Jahrhundert Impfstoffe bekannt waren, konnte man dennoch auf kein Krebs-Vaccin zurückgreifen.[61] Produkte wie Laetril, deren Wirksamkeit nicht nachgewiesen war, erlangten plötzlich den Ruf von Wunderdrogen, und todgeweihte Patienten zahlten in Mexico erstaunlich hohe Summen für ein in den Vereinigten Staaten verbotenes Arzneimittel.

Die Aufmerksamkeit ernstzunehmender Wissenschaftler richtete sich dagegen auf Interferon, ein körpereigenes Protein, um Viren abzuwehren. Es war 1957 von dem britischen Forscher Alick Isaacs entdeckt worden. Sein Interesse galt vor allem den Grippeviren, und eine Reihe von Firmen zeigte Interesse für seine Entdeckung. Interferon kommt im Blut jedoch nur in sehr geringen Mengen vor. In den frühen 70er Jahren benötigte der weltweit größte Hersteller, das Staatliche Seruminstitut in Helsinki, das Blut von 90 000 Spendern, um daraus ein Zehntel Gramm Interferon zu isolieren. Weltweit entmutigten diese hohen Kosten und die keineswegs eindeutigen Ergebnisse, die mit diesem wertvollen Material erreicht wurden. Im Treibhausklima der amerikanischen Krebsforschung konnten selbst solche Probleme gemeistert werden. Im April 1975 unterstützte die American Cancer Society ein Treffen, bei dem der mögliche Nutzen von Interferon im Mittelpunkt stand. Innerhalb der Gesellschaft war man von der Bedeutung des Interferons überzeugt, und am Ende ging es nur noch darum, den Stoff kostengünstig herzustellen. Schließlich gelang der von Walter Gilbert (Harvard) und Charles Weissmann (Zürich) gegründeten Firma Biogen 1980 die Interferon-Produktion auf der Basis rekombinanter DNS.

Die problemlose Verfügbarkeit von Interferon und damit die Hoffnung auf eine Krebstherapie ließ Forschungsgelder in großem Umfang fließen. Selbst sonst zurückhaltende Wissenschaftler verfielen damals in Euphorie. Der auf die pharmazeutische Industrie spezialisierte Finanzanalyst Nelson Schneider nutzte die Chance, Risikokapital zu investieren. Weil ein neues Steuergesetz den Spitzensteuersatz für Kapitalerträge zur gleichen Zeit von 50 % auf 25 % gesenkt hatte, hätte der Zeitpunkt kaum günstiger sein können.[62] Schneider, der nicht in New York (wie man es von einem führenden Finanzanalysten hätte erwarten können), sondern in Washington D.C. arbeitete, war daher mit den von der OTA durchgeführten Arbeiten vertraut. Obwohl er kein Wissenschaftler war, beeindruckten ihn die mit Insulin verbundenen Hoffnungen und die eindrucksvolle Fülle neuer Techniken, die – so hatte man ihm gesagt – durch rekombinante DNS revolutioniert werden würden. Eli Lilli, anerkannt führender Insulin-Hersteller, hatte damals von einer nicht einmal drei Jahre alten Firma eine Lizenz für die Produktion ihres Spitzenproduktes erworben.

Auf Empfehlung von Peter Farley (Cetus) besuchte Schneider in Juni 1979 die Konferenz der Royal Society in London. Unter dem Titel „Neue Horizonte der industriellen Mikrobiologie" kamen dort viele Befürworter einer Disziplin zusammen, die man in Europa schon „Biotechnologie" nannte. Auch die Gentechnologie wurde bereits erwähnt. Sie war Hauptthema der letzten Veröffentlichung und wurde extrem gefühlsbetont diskutiert. Hauptsächlich deshalb, weil die Redner über fehlende staatliche Unterstützung für ihre wie sie meinten bahnbrechende Wissenschaft klagten.[63] Schneider kehrte mit der festen Überzeugung (nach Washington) zurück, daß es dort etwas völlig Neues gäbe.

Eine ganze Reihe wichtiger Technologien würde sich künftig mit Hilfe der rekombinanten DNS verändern. Das Konzept, so glaubte er, würde seine eigene Firma, das Hochtechnologie Investmenthaus E.F. Hutton, vermarkten können.

Für Schneider war diese Erfahrung sein persönlicher Beitrag zur Gestaltung der modernen Biotechnologie. Er vermarktete die Idee an der Wall Street und sorgte in Amerikas Medien für öffentliche Resonanz. Am 1. August 1979 schrieb Schneider an die Investoren seiner Firma und malte seine Vision von der „genetischen Revolution durch DNS" aus. Er beschrieb das Potential des Insulins, die lange Liste anderer industrieller Bereiche, die nach Meinung der OTA von dieser Entwicklung profitieren würden, die Hoffnungen kleinerer Firmen, die bereits von der neuen Technologie abhängig waren und die ehrgeizigen Pläne größerer Firmen wie Eli Lilly. Die Tragweite seines Schreibens wurde am 17. September 1979 klar. Damals hatte Schneider einen Raum im New Yorker Plaza Hotel gemietet, um sein Konzept einigen wenigen Investoren vorzustellen. Unter den Vortragenden waren ein leitender Angestellter der Firma Hutton, der Wissenschaftler Herbert Weissbach (Roche), Zsolt Harsanyi (OTA) und schließlich der Direktor des „Office of Recombinant DNA Activities", dem staatlichen Koordinierungsbüro für alle Arbeiten rund um rekombinante DNS. Für den Nachmittag dieses Tages waren Reden der Leiter der vier führenden neuen Biotechnologie-Firmen (Cetus, Genentech, Biogen und Genex) vorgesehen. Eine Ankündigung, die statt erwarteter 30 Teilnehmer 500 interessierte Beobachter anzog. Dabei galt das Hauptinteresse dem Interferon.[64] Finanzanalysten, die ein Gen nicht von einem Protein unterscheiden konnten, wußten, daß es sich dabei um das Herstellungsverfahren für ein Anti-Krebsmittel handelte, für das man bis dahin tausende von Litern Blut benötigt hatte. Schneider prophezeite, daß dies das erste von vielen ähnlichen Produkten sein würde, die in den nächsten 30 Jahren entwickelt werden und dann einen Anteil von bis zu 70 % am Bruttosozialprodukt erreichen würden.[65]

Der Erfolg war erstaunlich, aber keineswegs unvorhergesehen. Das Wachstum der Gentechnologie war die Idee des Augenblicks, und das zu einem Zeitpunkt, als die Informationstechnik boomte. Hutton war die Idee von einer Schlüsseltechnologie keineswegs neu. Man organisierte bereits Seminare, die sich mit den Auswirkungen der „Mikroprozessortechnologie" beschäftigten. Nun schien es, als sei die Biotechnologie auf dem gleichen Wege. Allerdings existierte keine Sprache, mit der man das Marketing-Konzept beschreiben konnte. Der Begriff „Biologische Technologie" klang wenig verheißungsvoll. Darum prägte Schneider erneut den Begriff „Biotechnologie", um das neue industrielle Konzept vermarkten zu können. Auf der Suche nach einem Titel für ein Rundschreiben an seine potentiellen Investoren, ließ Hutton den Begriff „Biotechnologie" im Dezember 1979 nach juristischer Prüfung als Warenzeichen in jedem größeren Journal eintragen.[66] Zsolt Harsanyi, zu jener Zeit selbst ein Mitarbeiter von Hutton, dachte 1982 bei einem Treffen laut über die allgemeine Meinung in den Vereinigten Staaten nach und erklärte pauschal: „Die Biotechnologie ist eine Wortneubildung".[67] Schneider schuf in Unkenntnis der jüngsten Verwendung dieses Wortes ein neues Fachgebiet in einer für den Augenblick angemessenen Art und Weise.

Schneiders Parallele zur Informationstechnologie registrierten Zukunftsforscher und Politiker weltweit. Die Verhältnisse in den Vereinigten Staaten waren ungewöhnlich, weil sich der Enthusiasmus mit großer Geschwindigkeit ausbreitete. Erst im Februar 1978 beschwerte sich Ronald Cape, ein Mitarbeiter von Cetus, bei der jährlichen Tagung der „American Association for the Advancement of Science" (AAAS) über den – wie er meinte – unglaublichen Konservatismus der amerikanischen Industrie, die sich lange gegen eine Beteiligung gesträubt hatte.[68] Auch verwies er darauf, daß sich Profite erst in den 90er Jahren einstellen würden. Innerhalb von nur zwei Jahren, nachdem die Insulin-Herstellung perfektioniert worden war und sich die Interferon-Herstellung am Horizont ausmachen ließ, hatte sich die Welt grundlegend verändert. Genentech kam 1980 nur zwei Jahre nach Capes Rede auf den Markt. Ihre Aktien schossen von 35 Dollar auf 89 Dollar und verzeichneten damit den bis dahin schnellsten Anstieg aller Aktiengesellschaften in der Geschichte des New Yorker Kapitalmarktes.

1981 wurde der OTA-Bericht über die *Wirkung der Angewandten Genetik* veröffentlicht. An jene Befürchtungen, Ängste und Diskussionen über Sicherheitsrichtlinien in den späten 70er Jahren, denen er seine Existenz verdankte, konnte sich kaum noch jemand erinnern. Statt auf die wissenschaftlichen Perspektiven des Augenblicks einzugehen, standen langfristige Nutzungsmöglichkeiten im Mittelpunkt des Berichtes. Selbst strittige Fragen, dazu geeignet, eine Konfrontation mit Kongreßabgeordneten heraufzubeschwören, wurden nicht ausgelassen. Ausführlich beschäftigten sich die Autoren der Studie mit der älteren europäischen Definition des Begriffs „Biotechnologie" („Dem Einsatz lebender Organismen oder ihrer Bestandteile bei industriellen Herstellungsverfahren."), beschworenen Vorstellungen von einer nahe bevorstehenden Revolution herauf („In verschiedenen Industriezweigen hatte man gelernt, Bakterien als „natürliche Fabriken" einzusetzen.") und verwiesen darauf, daß die angewandte Genetik in der Lage sei, zu einer verbesserten Gestaltung derartiger Fabriken beizutragen.[69] Gentechnisch veränderte Bakterien könnten zur Extraktion von Metallen aus minderwertigen Erzen oder zur Beschleunigung der Abfallbeseitigung eingesetzt werden. Vorteile bei der Fermentationstechnologie, bei der Herstellung pharmazeutischer Produkte in der Chemischen Industrie, bei der Lebensmittelveredelung sowie bei Umwelteinflüssen und in der Landwirtschaft stellte die OTA in ihren kurz- und langfristigen Prognosen den Sicherheitsaspekten gegenüber. So wurde das vertraute Modell der Biotechnologie als Antwort auf Fragen im Kongreß offiziell dargestellt, entwickelt und publiziert. Darüberhinaus sollte es auch die Forschung mit rekombinanter DNS rechtfertigen.

Ein Blick über die Grenzen der Vereinigten Staaten

Es waren die Vereinigten Staaten, in denen der Streit zwischen Gegnern und Anhängern der Biotechnologie zuerst entbrannte. Während die einen den potentiellen Segen der neuen Technik priesen, forderten die anderen strengere Auflagen für die Industrie. Die rekombinante DNS-Technik war in den USA mit einem riesigen Forschungsaufwand vorangetrieben worden, so daß das Land weltweit zu den führenden Nationen auf diesem Gebiet gehörte. 1979 wurden allein für die biomedizinische Forschung der Hochschulen mehr als 2 Mrd. US-Dollar ausgegeben, und die Kompetenz amerikanischer Wissenschaftler war größer als irgendwo sonst auf der Welt (vielleicht mit Ausnahme Großbritanniens).[70] Andernorts existierten Reglementierungen, die es verhinderten, die potentiellen Vorteile der rekombinanten DNS zu nutzen. In Japan war beispielsweise eine auf rekombinanter DNS beruhende Forschung bis zum Jahre 1979 untersagt.[71] Hinzu kam, daß Amerikas Akademiker viel eher bereit waren, sich an wirtschaftlichen Unternehmen zu beteiligen als ihre Kollegen in Europa oder Japan. 1975 führte in Großbritannien das Versäumnis, die monoklonalen Antikörper nicht patentiert zu haben, zu einem landesweiten Skandal. Die Versuche britischer Forscher, Politiker wachzurütteln und ihnen die potentielle Bedeutung der Forschungs-ergebnisse vor Augen zu führen, waren vergeblich gewesen, und so wurde die britische Wissenschaft im Vergleich zu den boomenden Forschungs-stätten Amerikas mehr und mehr demoralisiert. 1979 endete der offizi-elle Bericht der „Royal Society" mit dem Titel „Neue Horizonte der Industriellen Mikrobiologie" mit den nichtssagenden Worten: „Wir sind vorsichtig optimistisch und hoffen, daß einige der Erfolge, die während dieses Treffens präsentiert worden sind, zu mehr Unterstützung der In-dustriellen Mikrobiologie ermutigen werden".[72]

Noch 1984 erinnerte der Analytiker Edward Yoxen an das Portrait Herbert Boyers auf dem Titel des *Times* Magazins aus dem Jahre 1981 und blickte voller Neid auf den davon ausgehenden amerikanischen Enthusiasmus: „Diese Art der Faszination beim Aufbau einer neuen In-dustrie hat in Großbritannien sichtlich gefehlt... Hierzulande verhinderte eine Reihe politisch motivierter Richtlinien zu gentechnischen Erfindun-gen einen breiten Konsens bei der Bewertung der Technologie".[73] Im Jahre 1979 herrschten ausgewogene Ansichten zum Thema genetische Forschung (32 % der Befragten hielten sie für sinnvoll und 36 % fürch-teten sich vor ihren Risiken). Bestimmungen wurden von einem Ge-heimausschuß empfohlen, der sich einer offenen Debatte, so wie sie in den Vereinigten Staaten ablief, nicht stellte. Ravetz, Mitglied der British Genetic Manipulation Advisory Group (GMAG), berichtete bei einem Treffen der GMAG von seiner Rückkehr aus dem amerikanischen Treibhausklima jener Jahre. Die Mitglieder fanden Kopien des Official Secrets Act an ihrem Platz zur Unterschrift vor, die ihnen eine Ent-hüllung der Tagungsvorgänge untersagte.[74]

Während die amerikanischen Richtlinien in weiten Teilen Europas akzeptiert wurden, waren Wissenschaftler dort jedoch nicht in gleicher Weise bemüht, nach industriellen Möglichkeiten zu suchen wie ihre Kollegen jenseits des Atlantiks. In Deutschland arbeiteten Molekularbiologen hauptsächlich in der Grundlagenforschung.[75] Außerdem war die beklemmende Angst vor der Gentechnologie vielfach so groß, daß kein auch noch so hoher Verdienst die Alpträume vom Einsatz der Gentechnik am Menschen hätte ausgleichen können. Bei einer europaweiten Umfrage im Jahre 1979 hielten 22 % der Deutschen die gentechnische Forschung für sinnvoll, während 45 % die Risiken nicht akzeptieren wollten.[76] Die Industrie übte bis 1981 keinen nennenswerten Druck zur Durchführung weiterer Forschungen aus. Selbst 1983 existierten nur 29 von der Industrie finanzierte gentechnologische Forschungsprojekte.[77]

Wieder reagierte die Europäische Komission zurückhaltender als es vielen euphorischen Befürwortern lieb gewesen wäre. Trotz der Wachsamkeit der Analytiker des zur Europäischen Komission gehörenden Teams für „Forecasting and Assessment in Science and Technology" (FAST) vergingen sechs Jahre, bis die Europäische Komission sich zur Unterstützung eines wenig umfangreichen Genetikprogramms entschließen konnte. Bis dahin hatte sich die Wissenschaft innerhalb der Komission ausschließlich mit Atomkraft beschäftigt, und Molekularbiologen versuchten den Mechanismus aufzuklären, nach dem Mutationen durch Radioaktivität entstanden. Natürlich richtete sich deren Augenmerk auch auf die neuen Entdeckungen. 1975 warb der französiche Botaniker Dreux de Nettancourt in der Komission um offizielle Unterstützung. Er entwarf einen 1977 fertiggestellten Bericht mit dem Titel „Angewandte Molekular- und Zellbiologie: Hintergrundinformationen über mögliche Handlungsweisen der Europäischen Gemeinschaft in bezug auf die optimale Anwendung der Grundlagen dieser neuen Biologie".[78] Darin waren die wissenschaftlichen Aussichten in drei Bereichen umrissen: Enzymtechnologie und Bioreaktoren, Austausch von genetischem Material zwischen verschiedenen Organismen (Gentechnologie) und das Verständnis der Pathologie auf molekularer Ebene. Zugleich brachte er dies mit den vier aktuellen Problemen dieser Welt in Verbindung: Bevölkerungswachstum, Nahrungsverknappung, Umweltverschmutzung und Energiemangel.

Erstes Ergebnis war ein ausführlicher Bericht, der von den oft im Originalentwurf zitierten Personen in Auftrag gegeben wurde: Thomas von der Universität Compiègne berichtete über Enzymtechnologie, Rösch über Gentechnologie und de Duve über molekulare Pathologie.[79]

244

Diese Arbeit führte zur Gründung eines Programms für Biomolekulare Technik (BEP), das allerdings so beschränkt war, daß es nur symbolischen Charakter hatte. Innerhalb der Gemeinschaft wurden zwischen 1982 und 1985 rund 15 Millionen Ecu Gründung des „Biomolecular Engineering Programme" (BEP), das aller (ein Ecu entspricht etwa 2 DM) ausgegeben, um den Engpaß bei der Anwendung der modernen Biochemie und Molekulargenetik in Landwirtschaft und Lebensmittelindustrie zu beseitigen.

Obwohl dieses erste Programm nur einen geringen Umfang aufwies, wurde es dennoch zum Vorboten für eine bessere Förderung. Die Entwicklung zeigte auch, daß die mit rekombinanter DNS einhergehende Begeisterung dem deutschen und japanischen Interesse an der Enzymtechnologie entsprungen war. Dies wurde durch den bereits erwähnten Vorschlag Nettancourts und die Veröffentlichung weiterer Bücher zum Thema deutlich. So behandelte Rörsch das japanische Konzept der „Life science"- Forschung und Wadas Ideen für den Einsatz von Enzymen recht ausführlich. Thomas erinnerte an ein amerikanisches Modell zur Enzymtechnologie, das bereits 1975 während eines RANN-Treffens (Abkürzung für: „Research Applied to National Needs", ein Programm der „National Science Foundation") vorgestellt worden war. Auch darin wurden die facettenreichen Dimensionen der biotechnologischen Revolution deutlich, noch bevor die ausgedehnten Segnungen einer rekombinanten DNS-Technologie überhaupt entwickelt worden waren. So entstand ein Umfeld für die Interpretation dieser neuen Entwicklung.

Zusammenfassung

Während der 70er Jahre verlagerten sich in den Vereinigten Staaten die Grenzen der Technologie in Richtung Elektronik. Für Ingenieure war die Biologie in der Tat weniger bedeutend als noch in den 30er Jahren. So befand sich diese Technologie im Kielwasser des Vietnamkriegs in einem tiefen Tal. Inzwischen war die Gesundheitsversorgung zu einem schnell wachsenden Industriezweig geworden, weshalb die 70er Jahre wahrscheinlich einen entscheidenden Wandel brachten: Die Biotechnologie war in Europa zu einer eigenständigen Disziplin geworden, während sie in den Vereinigten Staaten ein Problem innerhalb der Biologie darstellte. In den 70er Jahren entstammten die Aussagen zur Gentechnik

einer hauptsächlich mit Veränderungen am Menschen beschäftigten
Bewegung, und das, obgleich sie sich bereits ganz anders entwickelt hatte
als in den Jahren zuvor.

Der radikale Bedeutungswandel der „Gentechnologie" von einer
Betonung angeborener Eigenschaften des Menschen hin zur kommerziellen
Protein-Produktion, ist Joshua Lederberg zuzuschreiben. Seine weitreichenden Interessen an der Gentechnologie wurden seit den 60er Jahren durch seine Begeisterung für die Wissenschaft, durch mögliche Vorteile für die Medizin, durch den Arbeitseifer seines Freundes Djerassi in
der Zymotechnik bei „Syntex" und auch durch die Entrüstung gegenüber Vorschlägen zur Keimbahnveränderung durch frühere Generationen, genährt. Mit einer Vision zum möglichen Nutzen, die der Bewertung dieser Technologie in den 70er Jahre entsprach, trat er der Forderung nach strengeren Richtlinien entgegen. Den Befürchtungen, neue
Technologien bedeuteten unübersehbare Konsequenzen für Menschheit
und Umwelt, stand ein wachsender Konsens in Fragen des wirtschaftlichen Wertes der rekombinanten DNS gegenüber. Natürlich bezog sich
diese Einschätzung auf die Vorstellung, die von der Biotechnologie-Be-
wegung gentechnisch veränderten Bakterien würden nur für ungefährli-
che Zwecke verwendet. In der Tat hatten Biologen um 1980 in den
Vereinigten Staaten diese ein Jahrhundert alte technologischen Versprechen übernommen.

In Europa mag die Beziehung zwischen Mikrobiologen und Molekularbiologie genau umgekehrt erschienen sein. Die bereits etablierte
Biotechnologie übernahm dabei die neuen Techniken. Selbst in den
frühen 80er Jahren wurde die Biotechnologie zu beiden Seiten des Atlantiks deutlich unterschiedlich bewertet.[80] Zusätzlich unterlagen die
verschiedenen Bewertungen anhaltenden politischen Einflüssen. Unabhängig von den jeweiligen Schwerpunkten in den USA und in Europa
schlossen sich Genetik und Industrielle Mikrobiologie 1970 zusammen,
und viele erkannten in dieser Verschmelzung ein ungeheures wirtschaftliches Potential. Für viele Investoren wie Politiker schien damit das
Zeitalter einer neuen Hochtechnologie begonnen zu haben.

Stets erinnerte man sich in den Vereinigten Staaten und Europa jedoch auch an den Mißbrauch der neuen Biologie durch Methoden der
Eugenik. Immer wieder flammten Urängste auf, und Bedenken – wie sie

246

von führenden Wissenschaftlern in den 60er Jahren geäußert worden
waren – bestimmten die öffentliche Meinung. Weil die Bevölkerung
dem schnellen Wechsel der Forschungsinhalte nicht folgen konnte und
auch nicht bereit war, den Wissenschaftlern zu glauben, kam es zu einem
Dialog zwischen Befürwortern und Gegnern der Biotechnologie, bei
dem niemand dem anderen zuhören wollte.

9

Die 80er Jahre: Zwischen Forschung und Industrie

> Die Biotechnologie wird eine durchdringende Wirkung haben. Sowohl das öffentliche Interesse als auch die Reaktion der Regierung werden bei der Festlegung gesetzlicher Rahmenbedingungen von entscheidender Bedeutung sein. Das gilt auch für Umfang, Richtung und Verbreitung dieser Technologie. Der Einfluß der öffentlichen Meinung darf keineswegs unterschätzt werden. Beispielsweise können durch Ablehnung derartig erzeugter Produkte seitens der Verbraucher sowie durch Sicherheitsbedenken und Angst vor einer zunehmenden Umweltverschmutzung die wirtschaftlichen Perspektiven dieser neuen Technologie ernsthaft eingeschränkt werden.
>
> (Advisory Council on Science and Technology, UK, 1990)[1]

Der gesamte bisher in diesem Buch dargestellte Zeitraum kann als „Vorgeschichte" der Biotechnologie angesehen werden, denn erst in den 80er Jahren wurde die Biotechnologie international anerkannt. Jetzt erlangte der Forschungsbereich auch wirtschaftliche Bedeutung, bei der nationale Investitionen und mögliche Gewinne sorgfältig gegeneinander abgewogen wurden. 1990 enthielt die Liste der *Books in Print* siebzig Titel mit dem Begriff Biotechnologie.[2] Zu Beginn behandelte dies Buch Konzepte, die nur von wenigen diskutiert wurden. In den 80er Jahren wurden Umfragen zum Thema Biotechnologie durchgeführt, als handle es sich um wichtige politische Interessen.

Als die Bedeutung der Biotechnologie allmählich akzeptiert wurde, wichen zuvor klare Vorstellungen von ihrer Anwendung einem Mißklang zwischen verschiedenen Interessenvertretern, die jeweils nur an ihren eigenen Vorteil dachten. Diese Meinungsverschiedenheiten waren es, die mehr noch als irgend eine andere Philosophie das Bild der „Biotechnologie" bestimmten. Je nach Standort war dieser Begriff mit gänzlich unterschiedlichen Bedeutungen verbunden. Das galt für die Wirtschaft, mit meist positiver Einstellung zu neuen Technologien, für die Gegner der Biotechnologie, die darin eine Perversion sahen, und für

248

den Gesetzgeber. Obwohl verwirrend, machten diese vielfältigen Bedeutungen den Sinn des Wortes „Biotechnologie" aus. Wer die neue Disziplin entweder als ein Gebiet mit außergewöhnlichen technischen Möglichkeiten betrachtete oder so tat, als wäre es nur ein überflüssiger Begriff, der ignorierte die Lehre des Wirtschaftsanalysten Gregory Daneke: Das amerikanische Wirtschaftssystem, bemerkte er, „sei sicherlich von Mythen und Metaphern durchsetzt, die kaum etwas mit der Realität gemeinsam haben. Trotzdem wirken sie nachhaltig auf Parameter politischer Veränderungen".[3]

Das Ausmaß der Diskussion, von dem der zehn Jahre zuvor verstorbene Lancelot Hogben beeindruckt gewesen wäre, rechtfertigt sie beinahe als eine eigene Industrie (vielleicht eine „Metaindustrie", eine Industrie also, die sich in der Übergangsphase befindet). Aufgrund der vielen wissenschaftlichen Durchbrüche des vergangenen Jahrzehnts und trotz des Gefühls des völlig Neuen muß diese Debatte in einem historischen Zusammenhang gesehen werden, denn sie war eine Folge eines Jahrhunderts der Diskussionen. Bis dahin ungelöste Probleme führten zu zwei Fragen, die dringend geklärt werden mußten. Die erste betraf die Suche nach Forschungsrichtlinien: In welchem Ausmaß ist die Biotechnologie ein Zweig der Technik, die normalerweise dem Einfluß des Managements ausgesetzt ist, und in welchem Ausmaß ist sie eine angewandte Wissenschaft? Die eher praxisfernen Regierungsbeamten hatten sich öffentlichen Fragen zu stellen: Ist die Biotechnologie nur ein Abkömmling der angewandten Zymotechnologie oder vereinen sich in ihr das Vermächtnis und die Bestrebungen der ersten Befürworter einer auf den Menschen ausgerichteten biologischen Technologie?

Die Industrie

Bevor diese Fragen erörtert werden können, ist es notwendig, die augenfälligsten Merkmale der Biotechnologie in den frühen 80er Jahren näher zu betrachten: Sie schien schon damals eine aufkeimende „richtige" Industrie zu sein, die den entstehenden Handelsorganisationen wie beispielsweise der Industrial Biotechnology Association und der Association of Biotechnology Companies zu ihren Namen verhalf.[4] Obwohl sowohl die Beziehungen zu anderen Industriezweigen als auch die Zukunftsperspektiven oft überbewertet wurden, übten Dynamik und

Druck der industriellen Entwicklung einen entscheidenden Zwang auf Politiker und Öffentlichkeit aus, die begannen, die Rolle der Biotechnologie zu überdenken.

Obwohl ursprünglich große Unternehmen ihr Interesse an der Biotechnologie bereits angemeldet hatten bevor wissenschaftlichen Durchbrüche in der Genetik bekannt geworden waren, verblaßten die Hoffnungen der frühen Jahre auf eine Belebung durch konventionelle Produkte der biochemischen Technologie sehr schnell. Als die Ölpreise wieder zu fallen begannen, schien die Weiterentwicklung alternativer Energiequellen wie beispielsweise „Gasohol" und Biogas weniger wichtig. Die Industrie wandte sich auch von der Nahrungsmittelherstellung aus Einzelzellproteinen ab als klar wurde, daß geeignete Absatzmärkte kaum erschlossen werden konnten. Selbst industriell hergestellte Enzyme, noch in den 60er Jahren Pionierprodukte auf diesem Gebiet, hatten bis 1985 einen Anteil von nur 500 Millionen Dollar am gesamten Weltmarkt.[5] Andererseits wurden bekannte Produkte durch neue wie beispielsweise die „Biosensoren" ergänzt, deren Entwicklungspotential zu den aufregendsten Aspekten der Biotechnologie in den 80er Jahren gehörte. Mehr noch durch neue Forschungsergebnisse der Wissenschaftler angeregt als durch technologische Fortschritte von Ingenieuren keimte die Hoffnung auf einen neuen bedeutenden Industriezweig.

Sowohl rekombinante DNS-Technologie, als auch − im Falle der Pharmazeutischen Industrie − die Hybridoma-Technik, weckten Hoffnungen auf therapeutisch einsetzbare Proteine und genetisch veränderte Organismen wie beispielsweise Pflanzensamen, Bakterien zur Erzeugung von Pestiziden, Hefen und manipulierte menschliche Zellen zur Gentherapie von Erbkrankheiten. Vom Standpunkt kommerzieller Sponsoren aus betrachtet, ergänzten sich wissenschaftliche Erfolgsmeldungen, industrielle Verpflichtungen und politische Zustimmung, so daß die Biotechnologie zu einem anerkannten Bestandteil der Wirtschaft wurde. Schon früh in diesem Jahrzehnt wurde der Biotechnologie in Marktanalysen eine erfolgreiche Zukunft vorausgesagt, unter anderem auch durch die von T.A. Sheets 1981 veröffentlichte und später vielzitierte Prognose über den wirtschaftlichen Einfluß der Biotechnologie bis zum Jahre 1990. Sie kam zu dem Ergebnis, daß der Marktanteil biotechnologischer Produkte von damals 25 Millionen Dollar pro Jahr bis zum Jahre 2000 auf das 2,592fache ansteigen und schon 1990 die 20-Milliarden-Dollar-Grenze erreichen würde. Die Kalkulation bezog jedes nur denkbare Fermentationsprodukt mit ein. Genetisch veränderte Organismen sollten danach in nahezu allen Bereichen genutzt werden können. Am Beispiel der Antibiotika läßt sich erläutern, wie Sheets zu seinen Umsatzzahlen gelangte. Für diesen Teilbereich hatte er auf dem Weltmarkt ein jährliches Wachstum von 7,5 % bis zum Jahre 2000 angenommen, was insgesamt eine Summe von 33,5 Milliarden Dollar ergibt. Der Anteil der „Biotechnologie" – womit durch gentechnisch veränderte Organismen hergestellte Produkte gemeint waren – könnte, so die Studie, auf 10 % steigen, also auf mehr als drei Milliarden Dollar. Zwar wurde der Aussagewert der Sheets-Prognose von Antibiotikaspezialisten von Ralph Bechelor von der Firma Beecham heruntergespielt, dennoch aber zeigte sie die potentielle Macht, die in einer Vereinigung zymotechnischer Verfahren mit der Technik rekombinanter DNS steckten könnte.[6]

Skeptiker mögen auf die offensichtlich sehr großen Unterschiede zwischen Erwartungen und Realität hinweisen. Im Jahre 1990 klagte der *Boston Globe*: „Wenn wir den gesamten Reklameschwindel links liegen lassen, ist die biotechnologische Industrie im nationalen Wirtschaftsgefüge nicht mehr als als ein interessanter kleiner Fliegenfleck. Biotech[nologie] ist für die nationale und lokale Wirtschaft genauso wichtig wie beispielsweise die Pferdezucht."[7] Derartige Skepsis zählte man inzwischen zu eher radikalen Ansichten. Jene, die die Biotechnologie aus wirtschaftlichen und technologischen Gründen befürworteten, wurden nicht länger als Bilderstürmer angesehen. Man hatte ihre Botschaft verstanden, und Regierung wie Industrie förderten die neue Technik. In den Vereinigten Staaten und anderen Ländern berichteten bis 1986 10 % der 500 größten Firmen, daß sie mit Biotechnologie beschäftigt seien.[8] Sicherlich lag das Schwergewicht auf zukünftigen Erwartungen, und der erhoffte Wohlstand ließ auf sich warten.[9] Obwohl Biotechnologie und Informationstechnologie im Bewußtsein der Öffentlichkeit wirtschaftlich als nahezu gleichbedeutend eingestuft wurden, war diese Einschätzung noch immer Folge von Zukunftsprognosen (oder -bedrohungen) als von wirtschaftlich nutzbaren Anwendungen.

Die Pharmakologie war die erste Branche, in der sich die Investitionen zu amortisieren begannen. Der Lohn des Erfolges innerhalb dieser traditionell chemisch ausgerichteten Branche ist gewaltig. Allein das ursprünglich chemisch hergestellte Arzneimittel zur Behandlung von Magengeschwüren, Zantac, erreichte 1990 Verkaufszahlen von mehr als 2 Milliarden Dollar, was die Herstellerfirma Glaxo zu einer der weltweit größten Aktiengesellschaft wachsen ließ.[10] Das enorme Ausmaß der Krebserkrankungen in den 70er Jahren und die Aids-Infektionen der 80er Jahre boten ein überaus großes Marktpotential für erfolgversprechende Therapien und bereits vorher für eine Fülle von Diagnosetests auf der Basis von monoklonalen Antikörpern. Gleichzeitig wuchs das Marktvolumen für bisher aus Blut isolierte Proteine. 1984 erinnerte sich Walter Gilbert, der zum damaligen Zeitpunkt den bereits ums Überleben kämpfenden Konzern Biogen verließ, daran, daß er sechs Jahre zuvor große Hoffnungen in eine Vielzahl neuer Produkte beschränken. Biogen mußte seine Aktivitäten damals jedoch fast ausschließlich auf pharmazeutische Produkte beschränkt: „Jetzt konzentrieren wir unsere Anstrengungen auf die Biotechnologie, weil wir sie als ein völlig neues Fachgebiet ansehen, in dem die Technologie in den nächsten 10 bis 15 Jahren wirtschaftlich am gewinnbringendsten sein wird. Wir glauben nicht, daß diese Technologie in der Chemischen Industrie sowie in der Nahrungsmittel- und Getränkeindustrie in dem genannten Zeitraum gleichermaßen erfolgreich sein wird".[11]

Selbst bei pharmazeutischen Produkten verliefen Entwicklungen langsamer und viel kostenintensiver als man ursprünglich gedacht hatte, obwohl sie immer noch enorme Gewinne versprachen. Bis zum Jahre 1988 erkannte die FAD nur fünf von genetisch veränderten Zellen produzierte Proteine als Arzneimittel an: Insulin, menschliches Wachstumshormon, Hepatitis-B-Oberflächenantigen (Impfstoff), IFN-α_2 (Interferon Alfa) und Gewebe-Plasminogen-Aktivator (tPA) zum Auflösen von Blutgerinnseln.[12] Der anfängliche Favorit Interferon, erwies sich in der klinischen Erprobung als Enttäuschung. Viele Firmen verlagerten daraufhin ihre Forschungsaktivitäten, obwohl das Interferon möglicherweise als antivirales und Anti-Krebs-Arzneimittel (trotz seiner gelegentlichen Nebenwirkungen) wirtschaftliche Bedeutung hätte erlangen können. Nach Angaben des *Economist* betrugen die Einnahmen durch gentechnisch hergestellte Produkte im Jahre 1988 400 Millionen Dollar.[13] 1991 lag die Voraussage für die nächsten zwei Jahre bei 4 Milliarden Dollar.[14] Die ursprünglich sehr einfachen Vehikel für rekombinante DNS, Plasmide meist in *E. coli* Bakterien, waren durch komplexere Organismen, ja sogar durch Tiere, die man zur Herstellung sonst seltener Proteine verändert hatte, ergänzt worden. Zusätzlich waren monoklonale Antikörper, die man eher durch die Verschmelzung von Zellen als durch genetische Veränderungen herstellte, zu nützlichen diagnostischen Werkzeugen geworden, wenn sie nicht sogar bereits therapeutische Bedeutung erlangten. Ihr Umsatz hatte bis 1988 300 Millionen Dollar erreicht.[15]

Mit einer neuen Generation biotechnologischer Verfahren begann dann erneut eine Phase der Nachdenklichkeit. Diese Veränderung beschrieb 1990 ein Bericht im britischen „science advisory committee" ACOST. „Konzentrierten sich die wissenschaftlichen Anstrengungen bisher auf die Herstellung biologisch wichtiger Moleküle, wird die nächste Phase wahrscheinlich zur Erzeugung komplexerer biologischer Organismen führen – zur gentechnischen Veränderung von Reaktionswegen und Zellen".[16] Es gab sogar Vorstellungen von neuen „gentechnisch veränderten" Proteinen, die durch veränderte Gene erzeugt werden sollten. Eine Unterscheidung zwischen Arzneimitteln biologischen Ursprungs und ihren chemisch hergestellten Analoga wurde immer häufiger zur Formsache. Die Entwicklung einer biochemischen Methode zur Herstellung rekombinanter DNS, der PCR Polymerase-Kettenreaktion (PCR), führte dazu, daß in den späten 80er Jahren zur Vervielfachung bestimmter DNS-Bereiche eine Klonierung nicht mehr unbedingt erforderlich war. Im Bereich der Industrie verschwamm die deutliche Abgrenzung der frühen 70er Jahre zwischen chemischen und biologischen Techniken wieder. Die traditionellen Screening-Methoden blieben wichtigste Quelle neuer Arzneimittel. Von 14 neuen durch die FAD anerkannten Arzneimitteln wurde 1990 nur eines gentechnisch hergestellt.[17]

Die Integration der Biotechnologie in chemische Verfahren läßt sich auch an einer Neustrukturierung der Industrie ablesen. Nach einem anfänglichen Boom, der zur Gründung zahlreicher Biotechnologie-Firmen führte, wurden Betriebe später nach den Großunternehmen benannt, für die sie arbeiteten. Die Mikroelektronik hatte bereits das öffentliche Interesse für zumeist kleine Hightech-Unternehmen geweckt, die auf dem Wissen risikofreudiger und akademisch ausgebildeter Unternehmer beruhten. Beinahe während der gesamten 70er Jahre arbeiteten nur die vier Unternehmen Cetus, Genentech, Biogen und Genex ausschließlich auf dem Gebiet der Biotechnologie. 1980, als Cohen und Boyer sich die Technik rekombinanter DNS patentieren ließen und Genentech entstand, wurden 23 Biotechnologiefirmen gegründet. Ein Jahr später folgten weitere 40. Diesem Boom folgte eine Phase der Desillusionierung mit nur 23 Neugründungen im Jahr 1982.[18]

Bis 1988 gehörte die Biotechnologie zum unternehmerischen Repertoire von mehr als tausend amerikanischen Firmen. Winzige, von wenigen Wissenschaftlern bestimmte Firmen, gehörten der Vergangenheit an.[19] Diese Desillusionierung wurde in der Öffentlichkeit besonders deutlich, als sich Biogen 1984 von Nobelpreisträger Gilbert trennte. Zunehmend leiteten eher erfahrene Geschäftsleute als Naturwissenschaftler die Industriebetriebe, obwohl sich enge Beziehungen zwischen Universitäts- und Industrielaboren entwickelten, die auch anhielten. Eine Untersuchung über amerikanische Firmengründer im Bereich Biotechnologie zeigte, daß zwischen 1971 und 1980 doppelt so viele Betriebe akademischen wie wirtschaftlichen Ursprungs waren. Bis Mitte der 80er Jahre kamen bereits zwei Drittel aus der Wirtschaft.[20] Während einer Kongressanhörung im Jahre 1981 bezweifelte der Chemiker Carl Djerassi die geschätzte Marktgröße, die man der Biotechnologie und gleichzeitig der Gentechnologie zuschrieb. Mit einer Analogie zur Autoherstellung karikierte er verbreitete Meinungen.[21] Nur weil Schweißen bei der Autoherstellung wichtig ist, würde man die finanzielle Bedeutung des Schweißens nicht mit der jährlichen Autoproduktion gleichsetzen. Djerassi sollte recht behalten. Wie auch in anderen Industriezweigen stets ganz verschiedene Fähigkeiten benötigt wurden, so konnte die Biotechnologiebranche nicht einfach auf die Technik der rekombinanten DNS reduziert werden. Wissenschaftliche Verfahren zur genetischen Veränderung wurden während des folgenden Jahrzehnts in komplexe Entwicklungen, Produktionen und Marketingverfahren eingegliedert.

Zunehmend entwickelten sich Biotechnologiefirmen entweder zu „Forschungs-Boutiquen" oder sie versuchten zu einem Pharmakonzern heranzuwachsen.[22] Das entstehende Muster strategischer Verbindungen zwischen kleinen amerikanischen Betrieben und großen, oftmals ausländischen Pharmakonzernen symbolisierte die Integration der Biotechnologie in die pharmazeutische Industrie. Als Genentech, die größte der neuen Gentechnologiefirmen im Jahre 1989 durch den Schweizer Pharmakonzern Hoffmann-La Roche übernommen wurde, begrub man feierlich die Vorstellung, die neuen Biotechnologiefirmen würden sich von ihren ersten Anfängen (allein auf dem Nährboden der Wissenschaft) bis hin zu lukrativen Wirtschaftsunternehmen entwickeln. Zwei Jahre später verkündete Cetus, die erste der neuen Biotechnologiefirmen, sie würde sich mit ihrem Konkurrenten, Chiron, zusammenschließen.

Die kleinen Gesellschaften erreichten eine besondere Bedeutung, weil das Interesse etablierter pharmazeutischer Gesellschaften langsamer wuchs. Der Leiter der ICI- Samen-Sparte sagte: „Beinahe von Anfang an betrachteten die großen Firmen die „neue Biotechnologie" nicht als einen „neuen Geschäftszweig", sondern als eine Sammlung sehr mächtiger Techniken, die mit der Zeit das Wissen über biologische Vorgänge radikal verbessern würden. Dieses neue Wissen wurde als eine Beschleunigung von Innovationen angesehen und nicht als Ersatz für erprobte und getestete Wege zum Erreichen klar definierter Ziele".[23] Zunächst wurde die Reaktion der Pharmaindustrie durch die Dominanz der Chemiker innerhalb ihrer Organisationen gedämpft. Noch 1987 bedauerte Arthur Kornberg, der Pionier der Polynucleotidsynthese, „immer noch sind Chemie und Biologie zwei getrennte Kulturen und der Graben zwischen ihnen ist ebenso tief wie unerwünscht und kontraproduktiv".[24] Ein Umdenken war dringend notwendig. In einer Analyse des Department of Commerce aus dem Jahre 1984 wurde bei der amerikanischen Chemischen Industrie eine Überkapazität von 40 % festgestellt.[25] Während der 70er Jahre erzielten die großen deutschen Gesellschaften nur kleine Gewinne. Im Jahre 1981 meldete die britische Firma ICI Verluste. Die amerikanische Firma Du Pont, die seit den 30er Jahren „bessere Lebensbedingungen allein durch chemische Fortschritte" versprochen hatte, gab ihre hartnäckige Suche nach einem chemischen Nachfolger für Nylon auf. Ihr in Großbritannien geborener Präsident Edward Jefferson las im *Economist*, daß die Biologie der Weg der Zukunft sei und konzentrierte die zukünftige Forschungsarbeit seiner Gesellschaft auf diesen Bereich.[26]

Pharmazeutische Produkte stellten einen wichtigen Bereich für Expansionen dar und dies galt, wenn auch in geringerem Umfang, für die Landwirtschaft. Agrarchemikalien wurden zu einem wichtigen, wenn auch kontroversen Aspekt der Chemischen Industrie. Sie würden möglicherweise durch herbizidresistente Pflanzen und Samen ergänzt, die genetisch so verändert werden sollten, daß sie ihre eigenen Nährstoffe enthielten oder selbst herstellen konnten. Seit den frühen 70er Jahren versuchten Ölgesellschaften, ihre Aktivitäten in vielfältiger Weise auf neue Produktbereiche auszudehnen. Ölsamen gehörten zu den ersten Zielen, da ihre Märkte denen spezialisierter Chemikalien sehr stark ähnelten, mit denen Gesellschaften wie Shell längst vertraut waren. Außerdem verlieh der Plants Varieties Protection Act aus den 70er Jahren in den Vereinigten Staaten Investoren zunehmend mehr Macht gegenüber den Bauern. Auch Monsanto hatte sich längst diesem neuen Markt zugewandt. Mitte der 80er Jahre investierte Nachzügler ICI 150 Millionen britische Pfund in den Erwerb von Saatgutgesellschaften.[27] Doch in einer Zeit des Überflusses konnte die Landwirtschaft keine Aussichten auf hohe kurzfristige Gewinne bieten (wie ungerechtfertigt dies auch war), wie sie für die erste Generation Risiko-Kapital-unterstützter Gesellschaften nötig waren. Die zunehmende Bedeutung zukünftiger landwirtschaftlicher Märkte für die Biotechnologie führte in der Folge zu Identitätsproblemen in der Industrie. Ein Herausgeberkommentar im Magazin *Bio/technology* aus dem Jahre 1990 lautete deshalb:

> Ein scharfsinniger und oft zitierter Wall-Street-Analyst sagt gern, die Gesundheitsversorgung sei revolutionär, die Landwirtschaft dagegen evolutionär. Neue Landwirtschaftsprodukte sollten nur Zuwachsraten aufweisen, die auf traditioneller Grundlage basieren, um so von der Industrie übertroffen und vom Verbraucher akzeptiert zu werden. (Durch Verallgemeinerung dieser Ansicht würde dasselbe auch für andere Produkte zutreffen, die in die Umwelt freigesetzt werden.) Anders ausgedrückt müßte die Biotechnologie ihre Gangart verändern und eher reaktionär als revolutionär werden.[28]

Als die OECD auf die wachsende Bedeutung der Biotechnologie für die Landwirtschaft hinwies, rief sie unbeabsichtigt in einem Bericht wieder die Gedanken Erekys wach: „Ihre direkten und indirekten Auswirkungen können in einer *zunehmenden Annäherung landwirtschaftlicher und industrieller Praxis* wahrgenommen werden".[29] Kaum waren die Techniken der Biotechnologie ausgefeilter, wurde sie ironischerweise von anwendungsbezogenen Wirtschaftsbereichen wie der pharmazeutischen und landwirtschaftlichen Industrie integriert und verlor ihre industrielle Eigenständigkeit. Dennoch war sie in der Lage, so kritische Bereiche persönlichen und nationalen Lebens wie die Medizin und Landwirtschaft tiefgreifend zu beeinflussen und ist schließlich zu einer vitalen bürokratischen und kulturellen Kraft aufgestiegen. Finanzieller Unterstützungen auf der einen und einschränkenden Gesetzen auf der anderen Seite folgten Hoffnungen auf eine große wirtschaftliche Dynamik einerseits sowie Bedenken einer mißtrauischen Bevölkerung andererseits. Nicht eine überbrückende philosophische Theorie, sondern das Wechselspiel kontroverser Kräfte führte schließlich zu einer Definition des Begriffes Biotechnologie.

Eine Industrie im Wandel

In jenem halben Jahrhundert, seit dem die Biotechnologie als die größte Hoffnung der Menschheit angesehen wurde, entwickelte sie sich viel schneller weiter als die gesellschaftlichen Verhältnisse, mit denen sie vor dem Zweiten Weltkrieg verknüpft war. Der Harvard Professor Bernhard Davis erläuterte den Gegensatz:

> Die Essays von J.D. Bernal und J.B.S. Haldane ermutigten all diejenigen, die in den 30er Jahren anfingen, sich mit der Biologie zu beschäftigen. Sie prophezeiten, das Zeitalter der Biologie würde schon bald kommen. Mit gleicher Sicherheit sagten sie wissenschaftlichen Lösungsmodellen in wirtschaftlichen wie politischen Fragen einen ähnlich großen Erfolg voraus. Kaum vorhersehbar, zumal für meine Studentengeneration, war der schnelle Aufstieg der Biologie zu einem derart wichtigen Fachgebiet, wobei das erhoffte soziale Zukunftsparadies weiter entfernt war denn je.[30]

Obwohl zentral geplante Wirtschaftsformen nur wenig effektiv waren, nahm auch im Westen die Planung einen immer größeren Raum ein. Die beiden skandinavischen Analysten Baark und Jamison behaupteten: „Ansichten über neue Technologien werden durch Konfrontationen, institutionelle Neuerungen und politische Grundsatzdiskussionen gefiltert, bevor sie in die Politik Einzug halten.[31] In den 80er Jahren sorgte die Biotechnologiedebatte für unzählige Bücher und Berichte, die sich mit Förderung, Reglementierung und kommerziellen Untersuchungen sowie mit eher indirekten Konsequenzen wie den Wechselbeziehungen zwischen Wirtschaft und Hochschulen beschäftigten. Der 1985 erschienene Bericht über ein Treffen, das von der U.S. National Academy of Sciences zum zehnjährigen Jubiläum der Konferenz von Asilomar organisiert worden war, begann mit einer euphorischen Einleitung. Auch wenn noch niemand sang „Wir werden nicht geklont werden.", verdeutlichte dieses Treffen von Wissenschaftlern, Rechtsanwälten, Journalisten, Vorsitzenden und Vizepräsidenten, von Aktiengesellschaften, Volkswirten, Verwaltungsbeamten der Hochschulen, Regierungsbevollmächtigten, einem amerikanischen Senator und Mitarbeitern des Weißen Hauses das einzigartige Spiel gesellschaftlich relevanter Kräfte, durch die der Begriff Biotechnologie in den Vereinigten Staaten mit Inhalt gefüllt werden sollte. Befürworter der Biotechnologie bestimmten also nicht länger allein über die Bedeutung der Fachrichtung.[32]

Die Politiker sollten zwei völlig gegensätzliche Meinungen miteinander in Einklang bringen. Dies paßt gut zu einem Fachgebiet wie der Biologie, das ursprünglich durch unvorhergesehene wissenschaftliche Erfolge in der Grundlagenforschung zu gesellschaftlichen Spannungen geführt hatte. In ähnlicher Weise sollte diese Problematik auch auf die Biotechnologie zutreffen, die als programmierbare Antwort auf die technologische Evolution gilt. Egal, ob es sich um parlamentarische Gesetzentwürfe, um das Inkrafttreten von Reglementierungen oder um die Abwicklung von Patentrechten durch Fachanwälte handelte, stets mußte der Gesetzgeber zwischen Anhängern und Skeptikern der Biotechnologie vermitteln. Die Anhänger sahen enthusiastisch eine zum Modell der Informationstechnologie analoge Entwicklung eines ausschließlich auf Erkenntnissen der Biologie aufbauenden Industriezweiges voraus. Dagegen waren die besorgten Skeptiker eher von den Kosten des „Faustschen Handels" beeindruckt. Sie entschieden darüber, wer die Freisetzung genetisch veränderter Organismen kontrollieren und nach welchen Kriterien oder ob überhaupt bestimmte Forschungsarbeiten ausgeschlossen werden sollten. Diese Position verpflichtete nicht nur zur Definition „sicherer" gesetzlicher Rahmenbedingungen für einen solchen Industriezweig, sondern sie mußte die Gesellschaft auch von deren Wirksamkeit überzeugen. Der Gesetzgeber mußte ein Gleichgewicht zwischen wünschenswertem gentechnischen Fortschritt und biologischen Risiken festlegen, das von Gesellschaft, Wissenschaft und Industrie gleichermaßen akzeptiert werden konnte. Dies war letztlich die treibende Kraft bei der Suche nach einer Definition der Biotechnologie in der modernen Gesellschaft.

258

Obwohl die Biotechnologie zu Beginn der 80er Jahre die Zustimmung vieler genoß, konnte man sich international nicht auf einen übereinstimmenden Inhalt einigen. Für einige war sie die industrielle Anwendung der Technik rund um rekombinante DNS, für andere eine Mischung aus Mikrobiologie, Chemischer Technologie und Biochemie. Mit zunehmender wirtschaftlicher Erfahrung näherten sich 1985 die Vorstellungen unterschiedlicher Industriezweige an: Fachleute für biochemische Verfahrenstechnik erkannten die ungeheure Bedeutung der Gentechnik, die die Grenzen ihner wissenschaftlichen Möglichkeiten neu festsetzten. Man verstand die fundamentale Rolle der Ingenieurwissenschaften bei der Kontrolle chemischer Reaktionen immer besser.

Probleme der Forschungspolitik standen plötzlich im Mittelpunkt weitreichender Fragen des wirtschaftlichen Überlebens. Die 80er Jahre begannen mit einer Ölkrise, ausgelöst durch die Furcht vor einem Anstieg der Rohölpreise. „Würde der iranisch–irakische Krieg zu einer schrecklichen Zerstörung von Versuchsanlagen führen?" fragten Lieferanten als sie ihre Lager aufstockten. Der Ölpreis erreichte 35 Dollar je Barrel, also ein Zehnfaches des Preises einer Dekade zuvor. Einige Länder sahen sich inzwischen bereits mit einer Hyperinflation konfrontiert. Als die Ölkrise abflaute, und die Preise wieder auf 15 Dollar je Barrel zurückfielen, erschien mit dem weltweiten wirtschaftlichen Konkurrenzkampf eine neue Bedrohung. In den dreißig Jahren nach dem Zweiten Weltkrieg waren die Vereinigten Staaten die weltweit führende Wirtschaftsmacht. Die Wahl Reagans im Jahre 1980 kennzeichnete die Zuversicht der Wähler, dieser Zustand könne weiterhin andauern. Der amerikanische Erfolg in der Hochtechnologie, so glaubte man in weiten Kreisen, wäre der Schlüssel dazu. Tausende von Meilen entfernt waren europäische Unternehmer und Länderregierungen verunsichert, als sie über die Zukunft ihrer Industrie nachdachten. In der öffentlichen Meinung Amerikas wurde Japan mehr und mehr zu einer wirtschaftlichen Bedrohung und ersetzte damit die Sowjetunion. Weltweit untersuchten Regierungskommissionen die Bedeutung industrieller Zukunftstechnologien, wobei Informatik, Forschung an neuen Materialien und die Biotechnologie regelmäßig hinzugerechnet wurden. Damit wurde die Verbindung von Biologie und Technologie zu einer Herausforderung für das Management.

Japan

Nahezu gleich hohe finanzielle Unterstützung erfuhr die Biotechnologie von den Regierungen der Industrieländer, deren Interesse an der Hochtechnologie genügend groß war. Die größten europäischen Länder sowie Japan investierten Mitte der 80er Jahre ungefähr 100 Millionen Dollar jährlich, die Vereinigten Staaten gaben etwa das Sechsfache aus.[33] Damit bewiesen die USA ihr Interesse an einer breiten wirtschaftlichen Technologieförderung, wohl auch angeregt durch das Konzept der japanischen Schwerpunktförderung von zukunftsträchtigen Forschungsbereichen.

Im Jahre 1981 bezeichnete Japans Ministerium für Handel und Technologie (MITI) die Biotechnologie als eine Schlüsselindustrie der Zukunft. Derartige Technologien, die auch neue Materialien und die Informatik einschlossen, gehörten zu den Gewinnern staatlicher Förderpolitik (die Biotechnologie erhielt ca. 25 Milliarden Yen, was etwa 200 Millionen Mark entsprach). Von größerer Bedeutung war das wachsende Interesse der Industrie. Entwicklungspläne für mehrere Dekaden wurden ausgearbeitet, und die Biotechnologie wurde in Japan zu einem neuen Begriff. Gleichzeitig profitierte sie von der amerikanischen Begeisterung für die Gentechnologie. So sagt man der MITI-Initiative nach, sie sei durch die Patenterteilung für Cohen und Boyers Entwicklung der Technologie rekombinanter DNS stimuliert worden.[34] Dennoch war der Initiative ein Jahrzehnt intensiver Arbeit vorausgegangen, die vom Amt für Wissenschaft und Technologie (STA) im Rahmen ihres „Life science“-Projektes gefördert worden waren. Nach einer Beschreibung von Michael Rogers, dem britischen Wissenschaftsattaché in Tokio, interessierte sich das MITI für „Feinchemikalien zu Analysezwecken, alternative Verfahren zur Erzeugung von Petrochemikalien, Kunstdünger, enzymkatalysierte Reduktions- und Oxidationsreaktionen, Recycling von Co-Enzymen usw. sowie für die allgemeine Anwendung der Biotechnologie in der chemischen Industrie und damit auch für Probleme der Massenproduktion.“[35] Im Zusammenhang mit dem Emporschnellen der Ölpreise in den frühen 80er Jahren waren diese Pläne weit mehr darauf ausgerichtet, diese hohen Ölpreise auszugleichen, als die medizinisch ausgerichteten Interessen des STA-Projektes zu verfolgen. So wur-

260

de das Fach definiert als „Bioreaktoren für die industrielle Verwendung", „Zellkultur in großem Maßstab" und „angewandte rekombinante DNS-Technologie".

Für jedes dieser Programme wurde eine Reihe industriell anwendbarer Ziele definiert, die sich wiederum zu Forschungsthemen wandelten. So war eines der Ziele in der „Bioreaktor-Technologie" die „Verwirklichung einer Neuerung in der Chemischen Industrie weg von den konventionellen Hochtemperatur-, Hochdruck- und energieverbrauchenden Herstellungsprozessen hin zu Verfahren, denen niedrige Temperaturen sowie niedrige Drucke ausreichen und die gleichzeitig ressourcen- und energiesparend ablaufen." Dies ging fließend in die „Entwicklung von „Bioreaktoren zu Synthesezwecken" über. Jedes dieser Themen wurde nach und nach in verschiedene Forschungsgebiete unterteilt, wie beispielsweise die „Untersuchung von Mikroorganismen oder Enzymen". Die Forschung in jedem Teilbereich wurde für einen Zeitraum von zehn Jahren geplant. In einer Anfangsphase (1981-84) untersuchte man Mikroorganismen, die begehrte Enzyme produzieren konnten. Anschließend sollten dann die Kulturbedingungen dieser ausgewählten Organismen erforscht werden.

In einer getrennten Initiative richtete das MITI im Mai 1980 ein „Biomass Policy Office", das sich mit fortgeschrittener Alkoholfermentationstechnik beschäftigen sollte, ein und stattete es mit einem Sieben-Jahresetatplan aus. Im Jahre 1982 wurde diese Einrichtung zum „Bioindustry Office". Damit noch nicht genug: Das „Ministry of Agriculture, Forestry, and Fisheries" gab 1981 sein eigenes Biotechnologie- Programm bekannt. Genauso wie das MITI konkurrierende Regierungsaktivitäten anregte, ermutigte seine Führung viele Firmen dazu, es ihnen gleich zu tun. Fünf der größten Firmen hatten 1980 eine Konferenz zum Thema Biotechnologie ins Leben gerufen. Innerhalb eines Jahres wurde die „Research Association for Biotechnology" gegründet, der vierzehn Mitglieder angehörten, darunter auch traditionelle Fermentations- und Chemiefirmen.[36] Außerdem erhofften sich andere Organisationen, die ebenfalls durch die Biotechnologie angelockt wurden, in einem profitablen neuen Bereich einbrechen zu können. In den frühen 80er Jahren war Daini Seikosha einer der ersten von der STA „Life science Project"-Gruppe angestellten Mitarbeiter. Er ist besser bekannt als Hersteller von Seiko Uhren. Seine Firma litt unter der Konkurrenz billigerer Produkte aus Hongkong und so suchte er nach Wegen, fortschrittliche biotechnologische Ausstattungen zu produzieren.[37]

Nach Ansicht des MITI dauerte diese Gründungsperiode der Industrialisierung bis 1985. Daran schloß sich eine Zeit der Errichtung industrieller Infrastruktur an, in der Richtlinien für die industrielle Anwendung der rekombinanten DNS-Technologie eingeführt wurden. Gleichzeitig konnte man eine zunehmende Internationalisierung beobachten. Bis in die späten 80er Jahre wurde die gesamte biotechnologische Forschung nachweislich „in jedem Jahr mehr als verdoppelt" und man erwartete, daß der Trend anhielt.[38] Nach 1989 lag ein großer Schwerpunkt auf Grundlagenforschung und Lehre, denn tatsächlich beeinflußte das mit reichhaltigen Forschungsprogrammen ausgestattete und durch das MITI kontrollierte „New Generation Basic Technology Programme" kaum industrielle Anstrengungen.[39] Gleichzeitig erkannte man, daß die Bioindustrie „Technologie, Produkte und industrielle Systeme verkörperte, die für den Menschen und die Umwelt vorteilhaft waren".[40] Diese Sichtweise der Biotechnologie zeigte, welches Gewicht dieser Disziplin inzwischen beigemessen wurde (in Japan bevorzugte man oft die Bezeichnung „Life sciences"). 1987 wurde ihr Anwendungsbereich noch erweitert, als die Japaner als Antwort auf die vom Militär und von Physikern dominierte „Strategic Defence Initiative", die eine nukleare Zerstörung verhindern wollte, ihr „Human Frontier Programme" verkündete. Dieses Programm unterstützte ausländische Forscher, deren Arbeiten auf ein Ende aller menschlichen Krankheiten abzielten.

Dieses Programm war jedoch nicht sonderlich umfangreich und befaßte sich hauptsächlich mit Nervenheilkunde. Als es erstmals bekannt gegeben wurde, schien es sich dabei ausschließlich um Sequenzierung von Genen zu handeln. Wadas chemisches Automatisierungsprogramm der 70er Jahre hatte zur Entwicklung einer ersten Generation automatischer Sequenziergeräte geführt. Zugegeben, sie waren für die amerikanischen Modelle offensichtlich keine Konkurrenz. Aber gleiches traf auch für Japans erste Autos zu. Würden die Japaner nun ihre Programmierkünste und technologischen Vorgehensweisen zur Nutzung wissenschaftlicher Fachkenntnisse aus dem Westen einsetzen, um sich dem, wie es damals schien, entscheidenden Gebiet der Biotechnologie zuzuwenden – dem Verständnis des menschlichen genetischen Codes?[41] Von dort aus würde es nur ein kleiner Schritt sein, die 4000 Einzelgen-Defekte zu behandeln, die bei 1 % der Bevölkerung gefunden werden. Noch lohnender wäre sogar eine Behandlung von Krebs.

Vereinigte Staaten

In den frühen 70er Jahren betrachtete man die japanische Industriepolitik andernorts mit Neid und Bewunderung. Dennoch wirkten sich lokale Begleitumstände auf den Wetteifer aus. In den Vereinigten Staaten herrschte eine Interpretation der Biotechnologie vor, bei der ihre Verwurzelung in der Grundlagenforschung betont wurde. Diese Interpretation stand mit dem limitierenden Konzept der US-Bundesregierung für den gesamten Bereich der Industriepolitik im Einklang. Deutlich wurde diese Logik im 1984 veröffentlichten einflußreichen OTA-Bericht: *Commercial Biotechnology: An International Analysis.*[42] Charakteristischerweise schloß er mit der Feststellung, Japan sei bei der kommerziellen Nutzung der Biotechnologie der ernstzunehmenste Konkurrent der Vereinigten Staaten überhaupt. Dabei wählte man in diesem Bericht aber eine im Vergleich zu den Japanern völlig andere Argumentationsweise.

Der amerikanische Schwerpunkt lag eher bei einer durch wissenschaftliche Erkenntnisse vorangetriebenen Industrie, als bei einem Gleichgewicht zwischen industrieller Nachfrage und wissenschaftlichem Angebot, wie es die Japaner anstrebten. Den Richtlinien des vorangegangenen OTA-Berichtes folgend, konzentrierte sich die Grundlagenforschung auf rekombinante DNS. Der Index des 612 Seiten umfassenden Berichtes hebt den Unterschied hervor. Die Worte „Öl" und „Petroleum" erscheinen überhaupt nicht. Einen separaten Eintrag billigt man der Energie nicht zu. Sie wird nur auf einem Dutzend Seiten erwähnt, das dem Thema „Handelschemikalien und Energie" gewidmet ist. Im Gegensatz dazu wurden jedoch vierzehn Universitäten – von British Columbia bis Wisconsin – mit eigenen Einträgen erwähnt. Selbst wenn man den Autoren zugute hält, daß Pharmaprodukte schneller Profit abzuwerfen schienen als Energiequellen, war der Unterschied zum japanischen Ansatz auffällig. Eine elektronenmikroskopische Aufnahme von *E. coli*-DNS erschien in diesem Bericht als Abbildung auf der ersten Seite des ersten Teils.

Man erklärte den Schwerpunkt in der Grundlagenforschung mit einem historischen Modell. Die Biotechnologie bewege sich danach auf einem vorbestimmten „Weg von Neuerungen", der von der Grundlagenforschung über die in einzelnen Gebieten angewandte Forschung bis hin zur angewandten Forschung führe.[43] Der Bericht gab zu, daß eine bessere Bioprozeßtechnik notwendig wäre. Ein solcher vorgezeichneter Weg sei, eher für die höheren Sphären der vorbestimmten Abfolge von Neuerungen symptomatisch, als daß er von Anfang an ein Kernstück des Erfindungsprozesses darstelle, so wie es in Japan gesehen wurde. Man kann den grundlegenden Unterschied an der Definition der Biotechnologie in diesem Bericht erkennen, für die drei Sitzungen notwendig waren, bevor sich die Organisatoren einigen konnten.[44] Die Autoren brachten damit eine evolutionäre Einordnung der Biotechnologie zum Ausdruck, die von weitreichendem Einfluß sein sollte. Nachdem sie den Fachbereich in sehr allgemeinen Worten definiert hatte, beschloß die OTA zwischen der „alten" Biotechnologie, deren Ursprünge auf die Brauerei zurückgingen, und der „neuen" Biotechnologie, die so betrachtet wurde, als umfasse sie die beiden Lieblinge der Investmentgesellschaft – rekombinante DNS und Zellfusion (zu der die monoklonalen Antikörper gehören) - zu unterscheiden. Der Bericht hatte auch Bioprozeßtechniken zum Inhalt und tatsächlich wurde der Behandlung dieses Themas (basierend auf einem von Elmer Gaden – unter Nebenvertrag – geschriebenen Bericht) der meiste Raum zur Verfügung gestellt. Aber diese Ansichten waren dazu verdammt, in späteren Beurteilungen der neuen Biotechnologie vernachlässigt zu werden. Sie wurde später so definiert, daß sie nur noch die Gentechnologie sowie monoklonale Antikörper umfaßte. Innerhalb weniger Monate nach der Veröffentlichung dieses Berichtes sagte Professor Silver von der Washington University in St. Louis auf einem Treffen in Deutschland, bei dem über die Verflechtungen der Biotechnologie nachgedacht wurde, daß diese beiden Bereiche die neue Biotechnologie ausmachen und daß die Technologie lediglich zweitrangig sei. In der Grundlagenforschung würden sich neue Möglichkeiten ergeben, so Silver, und verwies damit ausdrücklich auf eine von der industriell orientierten GBF gelieferte Analyse.[45] Oberflächlich mag eine Ähnlichkeit zwischen dem von DECHEMA Mitarbeiter H.-J. Rehm erläuterten Vier-Generationen-Modell und dem Zwei-Generationen-Bild der alten und neuen Biotechnologie bestanden haben. Dennoch stellte Rehms Ansicht eine Evolution in der Partnerschaft zwischen Wissenschaft und Technik dar, wogegen die amerikanische Vorstellung eine entscheidende Wende hin zu einer von Wissenschaft vorwärts getriebenen Biotechnologie war.

Der OTA-Bericht trat dafür ein, die amerikanische Bioprozeßtechnik sicherzustellen und kritisierte die fehlende Unterstützung von Forschung und Ausbildung in der Allgemeinen Mikrobiologie. Er zeigte, daß die amerikanische Regierung hauptsächlich durch das National Institute of Health 510 Millionen Dollar pro Jahr in die mit der Biotechnologie verwandte Grundlagenforschung investierte. Dennoch betrug der Anteil bei der allgemeinen und der speziellen angewandten Forschung nur 1 %, also etwa 5 Millionen Dollar. Die Unterscheidung zwischen europäischen Ansätzen und dem größten Teil der amerikanischer Initiativen wurde durch einen von unabhängigen Autoren verfaßten Vergleich von Biotechnologie und Halbleiterindustrie dem OTA-Bericht angehängt. Er benannte die Ursprünge für den wissenschaftlichen Antrieb der Biotechnologie, dem die große Nachfrage bei Halbleitern gegenüberstand und mißbilligte das Fehlen angewandter Forschung sowie von Vorzeige-Projekten in den Vereinigten Staaten.

Die OTA-Analyse spiegelte eine aufkommende Übereinstimmung in bezug auf die Unterstützung der Technologie während der Reagan Administration wider. Er eröffnete der Regierung einen Weg, um die Biotechnologie so durch die Steigerung der Forschung zu unterstützen, wie sie es gerne bei jeder Industrie tat. Dennoch fehlt den Vereinigten Staaten keineswegs eine unmittelbarer wirkende Industriepolitik, die auf staatlicher Ebene durchgeführt wurde.[46] 1988 wurden vierzig staatliche Biotechnologie-Zentren mit Forschungsgeldern in Höhe von insgesamt 83 Millionen Dollar unterstützt, wobei 60 % direkt von den einzelnen Bundesstaaten selbst kamen.[47] Ein Staat wie North Carolina, der sehr stark vom Tabak abhängig war und neue wirtschaftliche Grundlagen suchte, setzte auf seine landwirtschaftliche Tradition und auf ein Wissenschaftszentrum, das sich speziell mit der Biotechnologie beschäftigte. In Massachusetts berichtete der *Boston Globe*: „Wir liegen flach auf unserem

Rücken und schnappen nach jedem Silberstreif am Horizont. Jeder hat eine Lösung – einen Tunnel für einen dritten Hafen, die Kandidatur von John Silber, die trotzige neue Welt der Biotechnologie – bei der momentanen Flaute ist ein Vorschlag phantastischer als der andere". [48]

Die Bestrebungen der einzelnen Staaten hatten möglicherweise lokale und industrielle Bedeutung. Ihr Ausmaß ist jedoch klein, verglichen mit den mehr als einer Milliarde Dollar, die die amerikanische Regierung für mit der Biotechnologie verwandte Arbeiten verteilte. Im Jahre 1988 wurde darauf hingewiesen, daß 75 % der Unterstützungen für die Biotechnologie eher aus öffentlichen als aus privaten Quellen kamen und diese wurden von der NIH dominiert.[49] Außerdem gab es einen Versuch, den amerikanischen Schwerpunkt, der bei der Grundlagenforschung auf dem Gebiet der Biomedizin lag, in die „großen Wissenschaften" einzugliedern, bei denen die Amerikaner in den Gebieten Raumfahrt und Militärwesen Pioniere waren und die mit so weitreichenden wirtschaftlichen Auswirkungen von den Japanern übernommen wurden. Dies war das menschliche Genomprojekt, das Produkt einer Zusammenarbeit zwischen dem traditionellen Gönner in der Medizin, NIH, und dem ursprünglichen Geldgeber der „großen Wissenschaft", dem Departement of Energy (DOE, das jetzt auch die Atomic Energy Commission beinhaltet). Lange Zeiten an große Projekte gewöhnt, wurde die DOE, als sie von ihrer Mission zur Schaffung der amerikanischen Energie-Unabhängigkeit entbunden worden war, von Robert Sinsheimer gedrängt, einem Pionier-Denker auf dem Gebiet der Gentechnologie während der 60er Jahre und zu dem Zeitpunkt Leiter der University of California in Santa Cruz. Er suchte nach einem Weg zur Umgruppierung von Kapital, das ursprünglich von der DOE einem dann abgesagten Teleskop zugewiesen worden war. Die Kartierung von Funktionen bestimmter Regionen des menschlichen Genoms und die Identifizierung der genaueren Anordnung seiner drei Milliarden Basenpaare erschien als ein grundlegendes wissenschaftliches Projekt, das die amerikanische Biotechnologie noch bis in das nächste Jahrhundert beschäftigen würde.[50] Zur gleichen Zeit hat das Projekt trotz seiner wissenschaftlichen Forschungsziele einen organisierten Forschungsstil angenommen, der eher für die Industrie charakteristisch ist als für Hochschulen.

Europa

Der OTA Bericht aus dem Jahre 1984 stufte die Europäer als Konkurrenten im Vergleich zu Japan auf den zweiten Platz ein. Jedes Land entwarf seine eigenen Entwicklungsprogramme. Zusätzlich ergab sich jedoch bei der Kooperation im Bereich der Informationstechnologie, bei der Europa in den 70er Jahren ins Hintertreffen geraten war, ein Präzedenzfall. Dieser ermöglichte es der Eurpäischen Kommission, eine ungewöhnlich führende und aktive Rolle zu übernehmen.[51] Hier gab es in der Tat eine Gelegenheit, die zeitgenössische europäische Kultur zu formen. Das Modell einer gesunden Biotechnologie-Industrie wurde zu einem entscheidenden gesellschaftlichen Ziel, und wieder einmal führte dies zu einer gemeinsamen Definition des Begriffs sowie der damit verbundenen Richtlinien.

Die abschätzige Stellungnahme der Vereinigten Staaten faßte die Bedenken gegenüber der europäischen Konkurrenzfähigkeit zusammen, die seit einem Jahrzehnt heranwuchs. Mark Cantley, verantwortlich für den Aufbau der Initiative zu einer Biogesellschaft innerhalb von FAST arbeitete daran, seine Botschaft verständlich zu machen.

Ein vorläufiger Bericht von Cantley, seinem Kollegen Ken Sargeant und dem Leiter des Programms, Riccardo Petrella, mit dem Titel „Biotechnology and the European Community: The Strategic challenges (Die Biotechnologie in der Europäischen Gemeinschaft: Eine strategische Herausforderung)" wurde 1982 innerhalb der Gesellschaft diskutiert. Die Autoren des Berichtes schlugen vor, daß die Biotechnologie jetzt aus den folgenden drei Gründen wichtig sei: die Anwendung in vielen verschiedenen Bereichen, die Einsparung von Rohstoffen, die sie mit sich brachte, sowie die weltweiten Herausforderungen an die Vereinigten Staaten und Japan mit der Möglichkeit, der Dritten Welt zu helfen. Diese drei Punkte schrieb man der biologischen Revolution der vergangenen zwanzig Jahre zu, die die Nutzung von Mikroorganismen sowie pflanzlicher und tierischer Zellen beinhaltete. Eine wegweisende Gruppe bildete sich beim Zusammenschluß des „Directorate General", das sich mit dem „International Market and Industrial Affairs" (DG III) beschäftigte, und der FAST, bei der Cantley Sekretär war. Die Initiative wurde ein Jahr später weiter vorangetrieben. Am 8. Februar 1983, nur wenige Monate nachdem der Abschlußbericht der FAST veröffentlicht worden war, hielt Gaston Thorn, Präsident der Kommission, eine Rede mit einem gerade eine Zeile langen Kommentar. Danach würde die Kommission für die Biotechnologie den gleichen Ansatz wählen wie sie es in dem sogenannten ESPRIT-Programm zur Stimulierung der Informationstechnologie getan hatte.

Diese Rede lieferte jene Marschrichtung, auf die die Verantwortlichen gewartet hatten.[52] Innerhalb von zwei Tagen kam es zu einem Treffen zwischen DGIII und dem Wissenschaftsdirektorat (DGXII), bei dem darüber verhandelt wurde, wie man Thorns Vorschlag „in die Tat" umsetzen könne. Weil man so argumentierte, daß landwirtschaftliche Anwendungen wichtig waren und die DGIII sich nur mit Belangen der Industrie befaßte, war die DGXII wie geschaffen dafür, die Führung zu übernehmen. Sie war am FAST-Verfahren beteiligt gewesen und nahm gegenüber den einflußreichen Direktoren in Industrie und Landwirtschaft eine neutrale Position ein. Bis zum Juni wurde eine „Community Strategy for Biotechnology" und im Oktober das entscheidende Dokument zur „Biotechnology in Community" veröffentlicht.[53] Im darauf folgenden Frühling wurde die „Concertation Unit for Biotechnology in Europe" (CUBE) mit Cantley und Sargeant von der FAST gegründet.

Inzwischen ging das erste Programm einer wissenschaftlichen Schirmherrschaft, das „Biomolecular Engineering Programme", seinem Ende entgegen. 1985 folgte ihm das große „Biotechnology Action Programme„ (BAP) mit 50 Millionen Ecu. In diesem Programm wirkten die umfassenderen Konzeptionen der FAST-Gruppe und die speziellen Forschungsinteressen der Biologen zusammen. Im Gegensatz zu seinem Vorgänger sah das BAP die Entwicklung einer Infrastruktur vor – eine sich mit der Datenerfassung, der Datenbearbeitung sowie der Software beschäftigende Bioinformatik und Kulturensammlung. Das Programm förderte außerdem die Zusammenarbeit zwischen nationalen Laboren, eine Politik internationaler Beziehungen, bemühte sich um ein Konzept von „Laboratorien ohne Wände" und um die Einbeziehung der Industrie. Die Folge dieses Programms war eine noch viel umfangreichere Initiative mit dem Titel BRIDGE (Biotechnology Research for Innovation, Development, and Growth in Europe), wobei großer Wert auf die notwendige Ausgewogenheit zwischen Industriebedürfnissen und dem notwendigen Maß an Pilotforschung gelegt wurde. Diesmal nahmen

Risikoanalyse und Genkartierung einen wesentlich größeren Raum ein, während die Biotransformation in ihrem Ausmaß stark reduziert wurde.

Neben dem Wissenschaftsprogramm, erforschte die Gemeinschaft die landwirtschaftlichen Veränderungen. Seit den 70er Jahren hatte sie darum gekämpft, sich von der Rolle der dominierenden landwirtschaftlichen Forschung zu befreien, der jede andere Verantwortung nur untergeordnet würde. Beim Stuttgarter Gipfel des Jahres 1983 entschied man, die Kosten der „Common Agricultural Policy" dürften nicht unbegrenzt wachsen. Die Biotechnologie schien dafür eine Antwort bereit zu halten. Eine für die Europäische Gemeinschaft durchgeführte Studie aus dem Jahre 1984 begann mit der Voraussage einer Ernte von 58 Millionen Tonnen Getreide in der Gemeinschaft für das Jahr 2000. Die Studie kam auch zu dem Ergebnis, daß der Preis für eine Tonne Mais von einem Gegenwert von 40 Barrel Rohöl in den frühen 60er Jahren auf den Gegenwert von 5 Barrel gefallen sei. Solche Futterpflanzen konnten daher möglicherweise als konkurrierende industrielle Rohstoffe angesehen werden. Im Bericht hieß es, die amerikanischen Hersteller würden von ihren niedrigeren Preisen sogar profitieren.[54] Obwohl die Ölpreise sogar noch weiter fielen und extremere Bestrebungen sich als nicht praktikabel erwiesen, wie Ken Sargent von CUBE bei einer britischen Parlamentsanhörung bestätigte, „ist die Landwirtschaft eine von der Industrie völlig verschiedene Welt und wir glauben, diese beiden Welten müssen enger zusammengebracht werden".[55]

1986 veröffentlichte die Kommission einen Bericht, in dem sie argumentierte, daß die Hochtechnologie spezielle Verwendung für landwirtschaftliche Erzeugnisse habe, weil die Biotechnologie die Integration landwirtschaftlicher Verfahren in die Industrie fördert.[56] Diese Bewegung führte im Jahre 1987 zur Entwicklung der unter den Namen ECLAIR (European Collaborative Linkage of Agriculture and Industry Research) und FLAIR (Food Linked Agro-Industrial Research) bekannten Programme. Den Politikern in Brüssel bot sich eine phantastische Möglichkeit, die Stellung der Gemeinschaft in der Welt zu verbessern (genauso wie wohlklingende Acronyme herzustellen). Neue Technologien ebneten den Weg, akute gegenwärtige Probleme mit zukünftigen Möglichkeiten zu verbinden.

Deutschland und Großbritannien

Die Bestrebungen der Europäischen Gemeinschaft zeigen eine Annäherung zwischen zwei eher unterschiedlichen politischen Denkweisen: zum einen der von Cantley, einem Mitarbeiter der FAST-Gruppe, und zum anderen der von Dreux de Nettancourt, einem Molekularbiologen. Die Verhandlungen zwischen denjenigen, die für die Molekularbiologie schwärmten, sowie den etablierten Befürwortern der Biotechnologie wiesen in jedem Land Analogien auf. In Deutschland war 1981 inmitten nationaler Bestürzung die Entscheidung des multinationalen Chemiekonzerns Hoechst eine Zusammenarbeit mit der Harvard University Medical School einzugehen, das kritische Ereignis. Als Gegenleistung für eine finanzielle Förderung in Höhe von 67 Millionen Dollar erhielt Hoechst in den nächsten zehn Jahren das Vorrecht zur wirtschaftlichen Umsetzung der Forschungsergebnisse am Harvard Massachusetts General Hospital. Während der 80er Jahre näherte sich die amtliche deutsche Definition der Biotechnologie derjenigen, die aus den Vereinigten Staaten nach Europa gelangte. Die Betonung des Nachfrageschubs scheuend, trug das Vorwort des deutschen Regierungsplans den Titel „Angewandte Biologie und Biotechnologie, 1985-1988" und begann „Die Grundlagenforschung in Molekularbiologie, Genetik und Mikrobiologie resultierend in angewandter Forschung in der Gentechnologie und Biotechnologie ist gegenwärtig in einer extrem produktiven und dynamischen Entwicklungsphase".[57] 1989 setzten mehr als 400 deutsche Firmen die Biotechnologie ein.

Großbritannien, dessen Kultur sowohl von Europa als auch von den Vereinigten Staaten beeinflußt wird, näherte sich der Biotechnologie aus völlig unterschiedlichen Richtungen. Dem Spinks Bericht von 1980 folgend, entwickelte die Regierung drei getrennte Initiativen. Das Department for Trade and Industry gründete eine Abteilung für Biotechnologie, um den „direkten Markt oder die konkurrierende Seite der F & E" zu unterstützen, sowie die beiden wichtigsten Forschungskommitees: das Science and Engineering Research Council (SERC) und das Medical Research Council (MRC). Jedes dieser Komitees machte entscheidende Vorstöße in verschiedene Richtungen. Das SERC behandelte, genau wie die DECHEMA zuvor, die Biotechnologie als eine Technologie. 1981 richtete sie ein Direktorat für Biotechnologie unter dem Vorsitz von

Geoffrey Potter, dem Leiter des technischen Verwaltungsrates, ein. Sein Ausschuß wählte einen für Ingenieure traditionellen Denkansatz: Sie bestimmten einen Bedarf und arbeiteten dann aus, welche Forschungsarbeiten diesen decken konnten. Zunächst unterstützte diese neue Gruppe finanziell Gebiete, die die technologische Betrachtungsweise der Biotechnologie widerspiegelten, wie sie in den 70er Jahren vorherrschte. Im November 1981 waren die Prioritäten folgende: Ausgangsstoffe für chemische Verfahren, Fermentation, Enzyme und adhärente Zelltechnologie, Separations- und Konzentrations-Technologie, Produktaufarbeitung, Abfallbeseitigung und Verwendung von Nebenprodukten, automatisierte Produktion und erst ganz zum Schluß die „Molekularbiologie und Technologien, die sie ermöglichen."[58]

MRC schlug einen völlig anderen, viel amerikanischeren Weg ein. Sie betrieb das Labor für Molekularbiologie in Cambridge, einen der heiligsten Orte der Wissenschaft. Mit sieben Nobelpreisträgern über einen Zeitraum von mehr als dreißig Jahren, konnte das MRC behaupten, sein Stil sei erfolgreich. Unter den Preisträgern waren auch Crick und Watson, die Entdecker der Doppelhelix. Das MRC legte großen Wert auf Forschungsfreiheit, stattete erstklassige Wissenschaftler mit dem notwendigen Handwerkszeug aus und ließ sie dann unbehelligt arbeiten. Es könne, gab MRC zu, Informationsdefizite zwischen Hochschule und Industrie geben, wie sich durch die vernachlässigte Patentierung der von ihnen entdeckten monoklonalen Antikörper im Jahre 1975 gezeigt hatte. 1981 wurde Celltech mit der Absicht gegründet, daß es mit speziellen Möglichkeiten zur Auswertung des Fachwissens am MRC zu einem britischen Analogon der neuen amerikanischen Biotechnologiefirmen werden würde.[59]

Obwohl MRC und SERC daher sehr verschiedene Philosophien vertraten, glichen sich im Laufe der Zeit die Tagesordnungen aneinander. Die „Department of Trade and Industry Biotechnology Unit" der Regierung interessierte sich immer mehr für eine Unterstützung der Grundlagenforschung. Das SERC setzte seinerseits einen Schwerpunkt bei der Genetik und weniger bei der Fermentationstechnologie. 1985 dehnte das Direktorat seinen Ansatz auf das neue wissenschaftliche Gebiet der Proteintechnik aus. Diese Technik war zum größten Teil durch das Laboratory of Molecular Biology entwickelt worden. Bemerkenswert für ein Land, in dem derartige Streitigkeiten normalerweise in den abgeschlossenen Räumlichkeiten eines Herrrenclubs ausgetragen wurden, brach zwischen MRC und SERC ein öffentlicher Konflikt sowohl über das Fachgebiet – wem gehörte die Proteintechnik? – als auch über den Stil des Managements aus. Der Unterschied der Betrachtungsweisen wurde einerseits an den Differenzen zwischen deutscher und amerikanische Auffassung von der Biotechnologie als auch andererseits an der technischen oder aber wissenschaftlichen Betrachtungsweise von Neuerungen deutlich.[60] Nachdem man über eine geschicktere Lösung nachgedacht hatte, die für sich alleine betrachtet bedeutende Umwälzungen und Spannungen innerhalb eines einzigen Forschungsapparates mit sich gebracht hätte, entschied die Regierung sich, beiden Organisationen die Entwicklung ihres eigenen Stils zu gestatten.

Prinzipiell schien die Biotechnologie eine Lösung für zwei der wichtigsten Probleme des Jahrhunderts zu liefern: das starre System der Landwirtschaft und die etablierte traditionelle Industrie. Weltweit haben Befürworter der Biotechnologie in gleichem Maße für ihre Sache gekämpft, wie dies isolierter dastehende Philosophen und polemische Denker vor ihnen taten, um der Grenzrolle der Biotechnologie einen Sinn zu geben. Sie bewegte sich zwischen der Biologie als einer Wissenschaft, deren überraschende Entdeckungen sie unbeherrschbar machen, und der Technologie mit ihrer wirtschaftlichen Tradition. Zunehmend haben es Verwaltungen jeder politischen Ausrichtung als notwendig empfunden, eine Vielzahl von Lösungen zuzulassen. Wenn die Biotechnologie durch die Beziehung zwischen Biologie und Technik definiert worden ist, so forderte die Abgrenzung und Nährung dieser Beziehung eine tolerante Interpretation der gängigen Praxis.

Opposition

Inzwischen entstand ein zunehmend erbitterter Gegensatz zwischen behördlichen und öffentlichen Konzepten der Biotechnologie. Auf der einen Seite kannte man die praktisch anwendbare Technologie an Mikroben sehr gut, aber auf der anderen Seite empfand man die Bedeutung einer grundlegend anderen Technologie jetzt als eine Bedrohung, die zu einer unberechenbaren ethischen und ökologischen Katastrophe führt könnte. Drittens versuchte man, die Spannungen zu lösen: den Besorgnissen über die Konzepte stellte man die Aussichten auf medizinische und technische Wunder entgegen. Diese anwendungsbezogene Sichtweise war bei Vorträgen zum Einwerben finanzieller Unterstützungen innerhalb von Organisationen besonders wertvoll. In ihrer Tendenz verdrängte sie jedoch frühere Überlegungen über die fundamentale Anziehungskraft, die ein biologischer Ansatz hätte.

Dennoch war die Öffentlichkeit nicht völlig von dieser Strategie überzeugt. Obwohl der Scharfsinn früherer Argumente oft fehlte, hatten Jahrzehnte wissenschaftlicher und industrieller Leistungen die Unterscheidung zwischen den Besonderheiten der Zymotechnologie und den unbegrenzten Möglichkeiten von Torniers *Biontotechnik* oder der *Biotechnik* von Francé, Goldscheid und Geddes immer noch nicht überwinden können. Es schien, als wären westliche Kulturen immer noch tief besorgt wegen der gegenseitigen Durchdringung der Bereiche von technologischer und biologischer „Schöpfung". Auf der einen Seite hoffte man auf die Biotechnologie als „Schlüsseltechnologie", hoffte auf eine spezielle Waffe, die von jedem Teilnehmer des internationalen wirtschaftlichen Wettstreites benutzt werden konnte. Auf der anderen Seite stellte sie aber das vage Bindeglied zwischen Leben und Technik dar. In Japan wies das Magazin *Bio/technology* darauf hin, daß „77 % der Leser des Wissenschaftsmagazins *Newton* voraussagten, daß sich die Biotechnologie zu der gleichen Art von „schwerem sozialen Problem" entwickeln wird „wie die Atomenergie". Dies bedeutet für japanische Verhältnisse schon eine Menge.[61]

Das negative Image, das die Biotechnologie in der Öffentlichkeit hatte, ist genauso aus ihrem Grenzcharakter wie aus den politischen Diskussionen der vergangenen Jahrzehnte entstanden. In seinem Werk *Daedalus* warnte Haldane siebzig Jahre zuvor, biologische Neuerungen seien eine „Blasphemie". Heute werden Biologen beschuldigt, sie wollten Gott spielen. Ihnen scheint vor allem zur Last gelegt zu werden, daß sie genau die Dinge auf eine industrielle und wirtschaftliche Anwendung reduzieren, die eigentlich davon ausgeschlossen werden sollten. Die Diskussion über das Milchproduzierende Hormon bST verdeutlicht die Verwirrung, die zwischen den verschiedenen Ansichten herrscht. In einem Artikel vermischte die angesehene englische Tageszeitung *The Independent* ganz charakteristisch die verschiedenen Ideen von einem chemisch hergestellten Hormon (dem bST), einem genetisch veränderten Bakterium (durch das dieses Hormon hergestellt wird) und dem Gespenst genetisch veränderter Rinder. Die Analyse endete mit der Anwendungsfrage von bST: „Mit anderen Worten formuliert: Wollen Sie, daß Sie Ihre Milch von Daisy oder einer genetisch veränderten Maschine bekommen?"[62] Als sich die beiden Welten der Landwirtschaft und der Industrie näherkamen, wurde die besondere kulturelle Herausforderung der Biotechnologie besonders betont.

Diese Herausforderung ist auf der ganzen Welt unterschiedlich interpretiert worden. Einige Einwände waren praktischer Natur, indem sie auf die Qualität der Kontrolle eingingen. Andernorts wurde die Ethik der modernen Biotechnologie von einer Opposition abgelehnt, die man „Fundamentalisten" nannte.[63] Diese Uneinigkeit spiegelt die Vielfalt der intellektuellen Erbschaften, Interessengruppen und Wege, auf denen gegensätzliche Taktiken ausgetragen werden, wider. Nationale Standpunkte sind sogar noch schwerer zusammenzufassen und zu vergleichen als Regierungsvereinbarungen. Sie sind noch vergänglicher und die verschiedenen Indikatoren, seien es nun Wahlen oder Medienanalysen, fallen den Methoden zum Opfer, die zur Datensammlung verwendet werden. Nichtsdestoweniger scheinen die beschrittenen Wege, besonders in den Vereinigten Staaten und Deutschland, oft sehr verschieden gewesen zu sein. Dies sind wertvolle Beispiele, an denen am besten die ständig neuen Interpretationen der Biotechnologie gezeigt werden können.

In den Vereinigten Staaten erkämpften recht kleine Interessengruppen vor verschiedenen Gerichten besondere Auflagen, die sich speziell auf die Umweltgesetzgebung bezogen. Jeremy Rifkin, der sich in den 70er Jahren gegen Experimente ausgesprochen hatte, leitete die Foundation for Economic Trends. Diese Stiftung kämpfte in den folgenden zehn Jahren erbittert gegen eine wirtschaftliche Nutzung dieser Experimente, besonders aber gegen die Freisetzung genetisch manipulierter Organismen in die Umwelt. 1986 zeigte ein Bericht, daß 44 % der amerikanischen Bevölkerung kaum oder weniger daran glaubten, daß „wir nicht mit der Natur herumspielen sollten".[64] Auch im Gesundheitswesen und der Landwirtschaft gab es Bedenken gegenüber unserem Recht, mit der Natur herumzuspielen. Diese Bedenken spiegelten sich in der Furcht vor gentechnischen Veränderungen am Menschen wider sowie in der Angst vor in die Umwelt ausgesetzten genetisch veränderten Organismen. Man betrachtete die Erzeugung veränderter und damit neuer Organismen als eine Bedrohung der natürlichen Umwelt. Sie wurde auch als eine Fortsetzung der Umweltverschmutzung angesehen, die der Mensch mit seinem Eindringen in die Wildnis begonnen hatte. Obwohl eine Meinungsumfrage zeigte, daß ein neues Medikament zur Krebsbekämpfung sehr begrüßt würde, war die Bevölkerung an so charakteristischen Produkten der biotechnologischen Industrie wie Getreide, das gegenüber Krankheiten resistent ist, und produktiveren Zuchttieren mit 53 % bzw. 37 % kaum interessiert oder zeigte lediglich milde Sympathie.

Der Antrag auf Freisetzung gentechnisch veränderter Organismen wurde im Zusammenhang mit einem Insekt, dem man den passenden Science fiction Namen „Ice Minus,, gegeben hat, ausgiebig diskutiert. 1982 forderten Stephen Lindow und Nickolas Panopoulos von der University of California in Berkeley die Erlaubnis für den Test eines neuen Bakteriums, das bei Erdbeerpflanzen die Frosteinwirkung durch die Unterdrückung der Eiskristallbildung verhindern würde. Sieben Monate später stellte die kommerzielle Gesellschaft für Biotechnologie, Advanced Genetic Systems, für ihren eigenen Stamm dieser Bakterienart den gleichen Antrag. Diskussionen mit Rifkins Foundation for Economic Trends und örtlichen aktiven Gemeindevertretern verzögerten Feldversuche bis 1987. Wie so oft gab es hier grundlegende Unterschiede zwischen den Konzepten von Befürwortern und Gegnern. In dieser Sache verweisen die Historiker Krimsky und Plough auf die Unterscheidung zwischen einer „technischen" und einer „kulturellen" Rationalität.[65] Viele Menschen glaubten, daß Wissenschaftler die Umwelt unbekümmert bedrohten. Frühere Bedenken gegenüber Kapitalisten, die das „Leben" kontrollieren, wurden weitgehend durch die Besorgnisse dieser Umweltschützer verdrängt und 1988 in einem einflußreichen Bericht der National Wildlife Federation mit dem Titel „Biotechnology and the Environment" hervorgehoben.[66]

Es gab auch noch allgemeinere Bedenken gegenüber einer neuen, durch große Gesellschaften manipulierten Hochtechnologie in der Landwirtschaft, die – wenn auch immer seltener – die Arbeit kleiner Familienbetriebe war. Jack Doyel, ständiger Kongreßabgeordneter für das Environmental Policy Institute, hat Schätzungen zitiert, nach denen im Jahre 2000 nur noch 1 % der amerikanischen Farmen die Hälfte der Nahrungsmittelproduktion der Nation bewältigen würde.[67] Private Gesellschaften schienen die historischerweise regional rechenschaftspflichtigen Experimentalstationen und die durch das Land unterstützten Colleges als grundlegende Wissenschaftsquelle zu ersetzen. Samen würden auf Kosten des selbständigen Farmers in den Vereinigten Staaten und in der Dritten Welt zum Privateigentum werden. So würde die Eingliederung der Landwirtschaft in die Struktur des amerikanischen Kapitalismus sowohl wirtschaftlich als auch technologisch beschleunigt werden.

Obwohl man sich der wirtschaftlichen Bedeutung der Landwirtschaft bewußt war, spiegeln in den Vereinigten Staaten die öffentlichen Bedenken möglicherweise die unvorhersagbare Antwort einer komplexen natürlichen Umgebung wider. Dagegen besteht in Deutschland, bedingt durch die bessere Erinnerung an Eugeniker, ein größeres Mißtrauen gegenüber der besonders mit der Genetik verbundenen menschlichen Arglist. Während der Begriff „Biotechnologie" in den Vereinigten Staaten vor 1980 kaum bekannt war und nicht von der Gentechnologie unterschieden werden konnte, wurde der deutsche Begriff „Gentechnologie" oft als ein von der *„Biotechnologie„* verschiedenes Konzept angesehen.[68]

Latente Bedenken wirkten sich in Deutschland und Dänemark entschieden stärker aus als jenseits des Atlantiks. *Gentechnologie* war in Europa in den frühen 80er Jahren zu einem Thema geworden, damit also später als in den Vereinigten Staaten und gerade zu der Zeit, als sich das Thema Kernkraft durchsetzte.[69] Sie wurde zum Schwerpunkt von Gruppierungen, die sich ohnehin schon während der Debatten über die Kernenergie gebildet hatten und weiterhin im Parlament – wo die Grünen zu einer mächtigen Kraft wurden – gegen die Biotechnologie kämpften. Die durch gewählte Repräsentanten zum Ausdruck gebrachte öffentliche Meinung spiegelte sich in einem starken parlamentarischen Druck auf allgemeine Gesetze wider. Die von Goldscheid geäußerte Grenze, die Produktion von Menschen mit definierten Eigenschaften, ist immer noch ein wichtiger Faktor bei der Würdigung des Begriffs durch die Deutschen.[70] Interessanterweise wurde Goldscheids Arbeit im Verlauf moderner Diskussionen über die Gentechnologie in Deutschland

„wiederentdeckt".[71] Selbst die Biotechnologie an Pflanzen wurde als das dünne Ende eines Keils bei der Vererbungstechnik interpretiert.[72] Das Gründungsdokument der deutschen Interessengruppe Gen-ethic Netzwerk verkündete öffentlich: „Wir müssen eine neue Ethik für den Umgang mit unserem Wissen entwickeln und können diese Aufgabe nicht nur den Wissenschaftlern, Politikern und sogenannten Experten anvertrauen, genauso wenig wie wir dies den Mechanismen der freien Marktwirtschaft und der internationalen Konkurrenz überlassen können".[73]

Eine Übersicht aus dem Jahre 1991 zeigt, daß die Deutschen den Vorteilen der Gentechnologie generell skeptischer und den Risiken besorgter gegenüberstehen als die Durchschnittseuropäer.[74] Als der Vorschlag gemacht wurde, neue Methoden der Biotechnologie und Gentechnologie auf den Menschen anzuwenden, ergab sich folgendes Meinungsbild: 46 % der Westdeutschen glaubten, daß „diese Forschung Risiken für die menschliche Gesundheit oder die Umwelt mit sich bringen könnte". Dagegen waren nur 20,8 % der befragten Briten und 30,7 % aller befragten Europäer definitiv der gleichen Meinung. Ein bedeutender Anteil der deutschen Bevölkerung mißbilligte sogar die Entwicklung von Medikamenten, entgegen dem europäischen Trend. Sowohl in Frankreich als auch in Deutschland ergab eine Gallup Meinungsumfrage, daß mehr als ein Drittel aller Befragten sich vor einer fehlerhaften eugenischen Anwendung fürchteten.[75] Das Vertrauen in eine nützliche Anwendung dieser Techniken war nur sehr klein. Benedikt Herlin, Mitglied der Partei „Die Grünen", berichtete im Namen des Europäischen Parlamentes, als es 1989 das menschliche Genomprojekt diskutierte:

Die Betonung, die auf die „internationalen Herausforderungen", auf den Beitrag zur Entwicklung der „Europäischen Biotechnologie-Industrie" und auf die zunehmende Konkurrenzfähigkeit der europäischen Industrie gelegt wurde, ist in diesem Kontext völlig fehl am Platz. Wenn es jemals universelle Aufgaben und Herausforderungen aus Gründen der Moral, Sicherheit und finanziellen Grundlage für internationale Kooperation sowie einen Verzicht auf Konkurrenz und Ausbeutung gibt, dann ist die Erforschung der genetischen Grundlagen des Menschen eine von ihnen.[76]

Die Dänen äußerten sogar eine noch größere Feindseligkeit gegenüber der „Gentechnologie" als die Deutschen, obwohl ihre Einstellung zur „Biotechnologie", die sie für eine umweltfreundliche, grüne Technologie hielten, weitaus positiver war. Dänemark ist ein Land, in dem das Brauereiwesen und enzymatische Herstellungsverfahren schon lange die vorherrschenden Industriezweige gewesen waren. Hier glaubten 69,1 % der Befragten, daß die Biotechnologie das Leben in den nächsten zwanzig Jahren verbessern würde, wogegen nur 44,5 % das gleiche von der Gentechnologie annahmen. Dennoch wurde andernorts auch die Biotechnologie herausgefordert, da insbesondere in der Landwirtschaft das neue Wissen Bedenken erzeugte. Als Yoxen und DiMartino über Einstellung der europäischen Bevölkerung nachdachten, glaubten sie in dieser kritischen Einstellung zur kommerziellen Biotechnologie ein deutliches Anzeichen verschiedener Bedenken gegenüber den wirtschaftlichen Auswirkungen der vorherrschenden Landwirtschaftspolitik und eine generelle „Anti–Moderne"-Haltung zu entdecken.[77]

Interessanterweise werden verschiedene europäische Standpunkte durch die Debatten im Europäischen Parlament deutlich. Das Interesse des Parlaments ist darüber hinaus bei der Entwicklung der Biotechnologie im europäischen Maßstab ein kritischer Faktor gewesen. Dieses Interesse bildete die Grundlage für die mächtige und fest etablierte sozialistische Tradition sowie für eine neue und zukunftsorientierte grüne Gruppierung auf dem Kontinent. Als Antwort auf die Pläne der Kommission, die durch den Einsatz der Biotechnologie die Agrarkrise lösen wollte, äußerte das Parlament seine Bedenken, daß das Landleben dadurch verändert würde. So wurde die Macht der Biotechnologie als sozial wirkende Kraft, wie sie von Befürwortern in den 70er Jahren gefördert worden war, wurde in den folgenden zehn Jahren bei der Diskussion von Fragen wie beispielsweise „bST" gegen sie verwendet. Sie war nicht nur eine kulturelle Bedrohung. Setzte man die Milchproduktion durch Kühe noch mehr der Hochtechnologie aus, würde bST die Anzahl notwendiger Kühe senken und damit den europäischen Familienbetrieb „Bauernhof" bedrohen. Als Reaktion auf die bedrohliche Situation von zurückgehenden Subventionen und höheren Investitionskosten wurde während einer Diskussion 1986 vor dem Europäischen Parlament klar, daß das Parlament „daran interessiert ist, den Familienbetrieb Bauernhof als Grundlage unserer Landwirtschaft aufrecht zu erhalten".[78] Daraus schloß man, die Biotechnologie müsse in vorhandene Maßnahmen eingegliedert werden – „einen rein biotechnologischen Ansatz dürfe es nicht geben“.

Wie die Diskussionen über bST und „Ice Minus“ gezeigt haben, vermischten sich die Dialoge zwischen Befürwortern und Gegnern im Zustrom programmatischer und fundamentalistischer Argumente. Nach den Aussagen von Meinungsforscher ist Mißtrauen sowohl in Europa als auch in den Vereinigten Staaten ein verbreitetes Ergebnis dieser Entwicklung. Einer neueren Umfrage der Europäischen Kommission zufolge, wird die Industrie als Informationsquelle über die Bio- und Gentechnologie nur von 6,4 % der europäischen Bevölkerung geschätzt. Gleichzeitig trauen auch etwa doppelt so viele der Befragten religiösen Würdenträgern zu, über dieses Thema objektiv zu informieren. Die Glaubwürdigkeit von Handelsvereinigungen oder politischer Organisationen ist auch nicht größer als die der Industrie. Genauso richteten sich die größten Bedenken in den Vereinigten Staaten gegen die Authentizität der Informationsquellen. Tests in kleinem Maßstab werden akzeptiert, aber nicht groß angelegte Freilandversuche, die von einer bemerkenswerten Skepsis gegenüber der Regierung und Gesellschaften als Informationsquellen oder Sicherheitsversprechen begleitet werden.[79]

Die Öffentlichkeit war von der Bedeutung der Life sciences beeindruckt (wenn auch negativ), zweifelte aber die Integrität der Gesellschaften an, die für sich das Recht in Anspruch nahmen, Leben zu manipulieren. In dieser Atmosphäre wurde die Frage, wem man vertrauen könne, zu einem zentralen Problem. Dies unterstrich die Bedeutung von offiziellen Reglementierungen.[80]

Die Regierungsbevollmächtigten

Gibt es irgendeine Gemeinsamkeit zwischen der Biotechnologie, die von Befürwortern nur als eine andere Technologie dargestellt wird, und der Biotechnologie, wie sie von der fundamentalistischen Opposition beschrieben wird? Krimskys und Ploughs Diagnose der „Ice Minus“-Affäre beleuchtet die grundlegende Zwangslage, zu der die Strategien der 70er Jahre führten. Die Regierung versuchte als Schiedsrichter zwischen den Ängsten und Erwartungen zu vermitteln. Richteten sich die Vermittlungsversuche gegen die fundamentalistische Kritik, waren sie größtenteils pragmatisch und sind oft fehlgeschlagen. Dabei verwendeten die

Regierungen das, was Krimsky und Plough die „technische" Rationalität nannten. Während der Diskussion zu einer Parlamentsanhörung beklagte sich 1986 die Kongreßabgeordnete Schneider: „Ich halte es für extrem wichtig, dieses Problem zu lösen. Und ich glaube, es muß gelöst werden – es kann nicht so weitergehen, daß die Wirtschaftsvereinigung behauptet, alles liefe bestens und Sie [Jeremy Rifkin] behaupten, alles sei entsetzlich."[81]

Für die Kontrolle der Biotechnologie ist nicht nur in der Öffentlichkeit und der Industrie gekämpft worden. Regierungskonflikte sind durch Konflikte zwischen Dienststellen verschlimmert worden. Genauso wie sich Abteilungen innerhalb nationaler Regierungen um das Recht gestritten haben, die Biotechnologie zu unterstützen, so wurde die Frage, wessen Regelungen in die Tat umgesetzt werden sollten, bis zum Punkt der Absurdität diskutiert. Während der 80er Jahre wurde die Biotechnologie in den Vereinigten Staaten das Opfer bürokratischer Auseinandersetzungen. Bei diesen auch als Kafkaresque beschriebenen Streitigkeiten zwischen etablierten Behörden konnte ein verantwortliches Büro für die schriftliche Genehmigung biotechnologischer Versuche oft nicht festgelegt werden. Das Journal *Bio/technologie* widmete Stephen Lindow und „all denjenigen, die nach dem Ruhm der Biotechnologie gestrebt hatten, nur um sich nach fünf Jahren harter Arbeit an der gleichen Stelle wieder zu finden" ein ausführliches Zitat von Lewis Carroll. – „Tut, tut Kind", sagte die Herzogin. „Alles hat seine Moral. Du mußt sie nur finden".[82] Die Moral war natürlich, daß traditionelle Maßstäbe genauso oft für die gesamte Kultur wie auch für die Industrie gebrochen wurden. Bei einem Versuch diese Probleme zu lösen, wurde 1985 das Biotechnology Science Coordinating Committee (BSCC) innerhalb des U.S. government's Office of Science and Technology Policy gegründet. Beinahe augenblicklich wurde die Einrichtung von Albert Gore, einem führenden Kongreßabgeordneten der Demokraten und heutigem Vizepräsidenten der USA, als ein zahnloser Diskussionstiger beschrieben. Für diesen Kommentar wurde er als „tobender Optimist" bezeichnet.[83]

Derartige Spannungen resultierten in einer Polarisierung und Politisierung des Begriffes „Biotechnologie". Als die Regierungen erst einmal große Organisationen rund um das Konzept errichtet hatten, mußten die damit verbundenen Ideen durch ihre Assimilation und Verbreitung mit

280

Hilfe der Bürokratie als Wahrheit definiert werden. Regierungsmitglieder und Analysten mußten Ausgaben in verschiedenen Ländern vergleichen und beschäftigten sich mit Definitionen, indem sie ordentliche Tabellenkalkulationen anfertigten. Aber damit allein war es nicht getan, denn die Einsätze waren höher. Für Staatsbeamte wurde die Definition der Biotechnologie zu einer finanziellen und machtpolitischen Frage. Das Aushängeschild „Biotechnologie" wurde verwendet, um so verschiedene Dinge wie die Entwicklung einzelner Gesellschaften und großer Industriezweige, Gefahrenkontrollen, Wissenschaftspolitik und kulturelle Beziehungen zu vereinheitlichen. Bei der Diskussion der amtlichen Haltung gegenüber der Biotechnologie mußte die OTA jeder Analyse die Definition der jeweiligen Abteilung voranstellen: „Vor dem derzeitigen politischen Hintergrund, durch den die Hochtechnologie erheblich gefördert wird, wirken sich die für die Biotechnologie verwendeten Definitionen stark aus. Die zur Beschreibung der Biotechnologie verwendeten Begriffe können die finanzielle Unterstützung der Forschung sowie die gesetzliche Behandlung potentiell kommerzieller Produkte beeinflussen".[84] In Europa bemerkte Ken Sargeant eher im Leid als im Ärger: „Meistens sind Definitionen der Biotechnologie zu einschränkend, spiegeln begrenzte Erkenntnisse und Interessen wider. Diese Interessen können so trivial sein, wie beispielsweise das Verlangen, die Unterstützung von Forschungsprojekten zu beeinflussen".[85] Das Beispiel einer bedrohten Karriere verleiht dieser Verallgemeinerung an Bitterkeit. Ein Forscher, Professor Gary Strobel, der entsprechend den USDA Regeln und Definitionen an der Gentechnologie von Organismen arbeitete, wurde strafrechtlich verfolgt, als er versehentlich die neu angenommene amtliche Definition der Gentechnologie als etwas jenseits der traditionellen Züchtungspraktiken ignoriert.[86]

Eine Lösung war es, den Versuch zu unternehmen, die Aussagen zu entwirren und das gesamte Konzept der Biotechnologie zu zerlegen. „Dieser Begriff ist inzwischen zu einem schwerwiegenden Mühlstein sowohl am Hals der Industrie als auch der Regierung geworden", argumentierte David Kingsbury von der National Science Foundation. Zusammen mit Henry Miller und Frank Young von der Food and Drug Adminstration drängte er darauf, diesen Begriff aus dem amtlichen Vokabular zu streichen.[87] Auf der anderen Seite machte das Ausmaß der

Vorteile, die die Kosten übertreffen könnten, dieses unbegrenzte Konzept um so verlockender. Bei einem von der OECD geförderten Arbeitstreffen im Jahre 1987 „weigerten sich einige Teilnehmer (Frankreich, EEC), den Begriff vollständig zu verbannen. Politiker mußten lernen, auch mit seinen negativen – genauso wie mit seinen positiven – Begleiterscheinungen fertig zu werden. Außerdem könnte eine allgemeinere Definition auch nützlich sein, denn sie führt möglicherweise in den Augen der Politiker und der Öffentlichkeit zu einer „Banalisierung" der Biotechnologie".[88] Dieser Versuch, die fundamentalistische Opposition der Biotechnologie zu untergraben, ist in der Öffentlichkeit nur ein seltenes Zeichen für ein privat weitverbreitetes Verfahren. Dort werden politische und wirtschaftliche Bedeutungen bestimmter Definitionen diskutiert, bevor sie veröffentlicht werden.

Reagans republikanische Regierung hatte beschlossen, kaum neue Gesetze und Organisationen ins Leben zu rufen. Deshalb wies sie auch die Annahme zurück, die Biotechnologie bringe grundlegend neue Probleme mit sich. Während die rekombinante DNS-Technologie für kapitalistische Unternehmer die Welt veränderte, wurden die neuen Methoden ironischerweise bei der Gesetzgebung unter den bereits existierenden Verfahren eingeordnet. Die Veränderung von Genen im Labor könne lediglich als eine alternative Methode zur traditionellen Züchtung oder zum Arzneimittel-Design angesehen werden. Dieser Ansatz war erfolgreich, und seit Mitte der 80er Jahre wurde die Reglementierung der amerikanischen Biotechnologie zur Routine.[89]

In der amerikanischen Öffentlichkeit fehlte die allgemeine Begeisterung für unkontrollierte Freisetzungen. Dennoch einigten sich die Gesetzgeber in den Vereinigten Staaten anscheinend erfolgreich darüber, daß die Biotechnologie bei einer umfassenden Kontrolle durch verantwortungsbewußte Wissenschaftler als ein Nachkömmling der Informationstechnologie angesehen werden kann. Jeremy Rifkins Interessen entwickelten sich weiter und 1990 wurde das BSCC als überflüssig angesehen. Es wurde durch das Biological Research Subcommittee ersetzt, dessen Ziele weniger mit den bis dahin anerkannten Gesetzgebungspraktiken zu tun hatte als eher mit den nicht-biomedizinischen Bereichen der biotechnologischen Forschung.

Man konnte eher den Bedarf nach einer Anregung als nach einer gesetzgebenden Rolle erkennen.[90] Die Besorgnis darüber, eine davongaloppierende Wissenschaft kontrollieren zu müssen, wurde durch die Dringlichkeit verdrängt, mit der neue Einsatzmöglichkeiten für technologische Fähigkeiten gefunden werden mußten.

In Europa sind die Befürworter weniger erfolgreich gewesen, als sie vorschlugen, daß die Biotechnologie nur eine weitere Hochtechnologie sei. Die Gentechnologie unterliegt sehr speziellen Regeln, in denen die Verfahren und nicht nur die Produkte unter die Lupe genommen werden. Während der frühen 80er Jahre konzentrierte Phili Viehoff, sozialistisches Mitglied des Europaparlamentes, das Interesse auf diese Problematik. Sie unterstützte das Konzept der Biotechnologie als eine sozial lenkbare Technologie, die zu großen Vorteilen führen konnte, solange sie auf sozial sinnvolle Anwendungen ausgerichtet wurde. Dazu gehörten beispielsweise auch die sogenannten „Orphan drugs", darunter auch der Malariaimpfstoff. (Orphan drugs sind Arzneimittel zur Behandlung seltener Erkrankungen. Die Definition wurde in den USA geprägt.) Ein von ihr im Frühjahr 1986 durch das Europäische Parlament veröffentlichter Bericht unterstützte beinahe in Gänze diesen Ansatz der Kommission. Gleichzeitig hob er aber auch die Notwendigkeit hervor, die sozialen Konsequenzen der Biotechnologie zu analysieren.[91]

Die europäische Gesetzgebung wirkte sich mit Kontrollen sowohl auf nationaler als auch auf regionaler Ebene in den frühen 80er Jahren noch einschneidender aus, als in den Vereinigten Staaten. In einigen Ländern waren Sozialisten und Grüne mächtig genug, um einschränkende Gesetze für die Herstellung von Erzeugnissen mit Hilfe der rekombinanten DNS einzuführen. Dänemark verhinderte beispielsweise 1986 mit seinem Umwelt- und Gentechnologie-Gesetz (außer in speziellen Fällen) bewußt die Freisetzung von durch rekombinante Methoden, Gendeletion oder Hybridisierung veränderten Organismen.

In Deutschland wiederholte sich die bereits in Amerika abgelaufene Technologie-Einschätzung und in den Jahren zwischen 1984 und 1987 wurden Kosten und Nutzen durch die vom Bundestag eingesetzte Enquete-Kommission zur Einschätzung von Chancen und Risiken der Gentechnik abgewogen.[92] Genau wie in den Vereinigten Staaten schien diese ausgedehnte Vorgehensweise das Medieninteresse für die Gefahren der Biotechnologie beruhigt zu haben.[93] Dennoch machte Deutschland Freisetzungsexperimente von regionalen Abstimmungen wie auch von Einzelfallprüfungen abhängig. Als 1990 in der gesamten Europäischen Gemeinschaft Rahmenbedingungen für die Kontrolle gentechnischer Arbeiten, zu denen die zurückhaltende und wohl überdachte Freisetzung von genetisch veränderten Organismen gehörte, vereinbart wurden, waren die Freisetzungskontrollen merklich strenger als in der amerikanischen Praxis, aber weniger einschränkend als die dänische Gesetzgebung.[94]

Die soziale Bedrohung, die man durch den Einsatz von bST wahrnahm, veranlaßte das Parlament, die drei traditionellen Forderungen für die Freisetzung neuer biologischer Materialien um eine vierte Bedingung zu erweitern. Bisher mußten neue Produkte den Anforderungen von Sicherheit, Qualität und Wirksamkeit genügen. Zu der Zeit, als dieses Buch 1991 geschrieben wurde, diskutierte man noch über die zusätzliche Forderung der „sozialen Notwendigkeit". Sein Gesetzeserlaß kam für frühe Enthusiasten in gewisser Weise unerwartet. Dabei wurde jedoch deutlich, daß man eine spezielle Macht erkannte, die von der Biotechnologie ausging, auch wenn dies eine destabilisierende Kraft war.

Die Unterschiede zwischen europäischen und amerikanischen Entscheidungen werden am Patentrecht deutlich, einem wesentlichen Bestandteil der Gesetzgebung. Derartige Patente sind wertvoll. Außerdem ist die Möglichkeit, Neuerungen zu sichern, ein wichtiger wirtschaftlicher Anreiz. Gleichzeitig hinterfragt die Entscheidung, ob wir das Leben selbst patentieren dürfen, unsere Bereitschaft, die Biologie in die Technik einzugliedern. Die zur Vermittlung zwischen so gegensätzlichen Interessen notwendigen Patentkanzleien haben sich in unterschiedlichster Weise verhalten. Der Beginn dieser Entwicklung Anfang der 80er Jahre kann direkt der amerikanischen Entscheidung zugeschrieben werden, ein Patent auf Cohens und Boyers Technik zur Klonierung von Genen und auf Chakrabartys neuen Organismus zu erteilen. Im Fall von *Diamond v. Chakrabarty* (16. Juni 1980) einigte sich der amerikanische Supreme Court, das Patent zu erteilen, weil ein neues, zwei energieerzeugende Plasmide enthaltendes Bakterium in der Natur noch nicht existierte. Sieben Jahre später stimmte er einer Patentierung von Säugern zu.

Dieser Liberalismus ist nicht neu: Die amerikanischen Gesetze ließen für derartige Möglichkeiten den größten Raum. Schon 1973 ließ Pasteur eine sterile Hefe in den Vereinigten Staaten patentieren. Im Gegensatz dazu schloß das Deutsche Patentamt schon vor dem Ersten Weltkrieg ausdrücklich die Behandlung von lebenden Wesen aus sowie die Prozesse, „deren Ergebnisse in erster Linie auf den unabhängigen Funktionen der belebten Natur beruhen".

Transgene Mäuse (patentiert 1988) aus der Sammlung des Science Museum. Mit freundlicher Genehmigung der Trustees of the Science Museum.

Dazu gehören beispielsweise sogenannte landwirtschaftliche Kulturverfahren, Verfahren zur Zucht von Pflanzen und Tieren sowie die Aufzucht und das Training von Tieren. Dies wurde in den frühen 20er Jahren abgeschwächt, als Deutschlands Gesetzgebung die Patentierung mikrobiologischer Neuerungen zuließ. Der Schutz von Pflanzenarten ist ständig verstärkt worden. Dennoch glaubte man lange Zeit, Tiere ständen jenseits dieser Gesetzgebung.

In den Vereinigten Staaten änderte sich dies, als die Harvard University 1988 ein Patent für eine transgene Maus erhielt. Für mehrere Jahre wurde dieses Patent in Europa abgelehnt. Artikel 53(b) des Europäischen Patentgesetzes erklärte, daß „europäische Patente nicht im Hinblick auf ... Pflanzen- oder Tierarten gewährt werden sollen oder für entscheidende biologische Verfahren bei der Erzeugung von Pflanzen oder Tieren. Diese Maßnahmen gelten nicht für mikrobielle Verfahren

285

und die dabei erzeugten Produkte".[95] Goldscheids Vorstellung von einem Menschen mit definierten Eigenschaften oder sogar Tieren erzeugte zu viele Ängste. Obwohl der „Harvard"- Maus 1992 ein europäisches Patent zuerkannt wurde, war dies nur eine besondere Ausnahme. Patentgutachter wurden zitiert, die sich eine transgene Katze wünschten, die die transgene Maus fräße. Denn in der europäischen Patentgesetzgebung wird die Biotechnologie noch immer völlig anderes behandelt als andere Technologien.[96] Allgemein werden Lebensformen als zu speziell angesehen, um das Eigentum einer einzigen Organisation oder Person zu werden.

Für Enthusiasten ist eine solche öffentliche Vorsicht in Anbetracht des technischen Fortschrittes nur schwer zu verstehen gewesen. Im Fall des menschlichen Genomprojektes ist der grundlegenden Bedeutung der beteiligten Aussagen seit 1986 in Europa und den Vereinigten Staaten viel direkter begegnet worden, als allgemein in der Biotechnologie. Das Verständnis der Programme, die der Entwicklung des Menschen zugrunde liegen, hat sich verbessert.

Jetzt fängt dieses Projekt an, hervorragende Perspektiven zu eröffnen, mit denen sich eine neue Dimension menschlicher Erkrankungen sowie eine Reihe von vererbten Behinderungen bewältigen läßt. Gleichzeitig reichen die biotechnologischen Methoden, genetischen Analysen von Individuen und die Veränderungen menschlicher Zellen gefährlich nah an die Konfrontationslinie zwischen Leben und Technologie heran. Drängender wurden Fragen dazu, was noch legitim patentiert werden kann und wer von dem genetischen Wissen profitieren darf – seien es zukünftige Eltern, Arbeitgeber oder Versicherungsgesellschaften. Bedeutende Anteile des amerikanischen und europäischen Etats für die Genetik am Menschen sind Ethik-Fragen zugeschrieben worden.

Zusammenfassung

Es ist zu früh, die Ergebnisse der Debatten aus den 80er Jahre zu protokollieren. Als die Teilnehmer über die Probleme einer Technologie der Biologie diskutierten, wurde im nachhinein klar, daß sie dabei nur alte und tiefgründige kulturelle Ansichten wiederbelebten. Eine Faszination über die Parallelen zwischen Tieren und Maschinen hat die Biotechnologie während des gesamten Jahrhunderts charakterisiert. Gibt es eine

sichere Grenze zwischen Menschheit und Industrie? Die inzwischen viel
spezielleren aktuelleren Aussagen haben heute natürlich einen enger ein-
gegrenzten Schwerpunkt gesetzt und der Diskussionscharakter hat sich
verändert, da heute viel mehr Menschen beteiligt sind, als in der Vergangenheit. Es stimmt immer noch, daß technische und wissenschaftliche
Durchbrüche innerhalb von mit vorherigen Interpretationen und Erwartungen beladenen Zusammenhängen aufgetreten sind. Man könnte sagen, die Biotechnologie beschreibt ein Erwartungsmuster. Nationale
Unterschiede bedeuteten sogar in Zeiten unverzögerter Kommunikation
immer noch, daß die Biotechnologie weltweit unterschiedliche Bedeutungen hat.

Gesetzgeber mußten sich mit unterschiedlichen Schwerpunkten innerhalb einzelner Gesellschaften zufrieden geben. Für Befürworter ist die
Besonderheit dieser Verbindung zwischen Biologie und Wirtschaft ver-
flogen.[97] Da heute die Erwartungen von denjenigen bestimmt werden,
die mehr Geschäftssinn haben als in der Vergangenheit, eröffnen sich
praktische Möglichkeiten zur Lösung dringender Probleme in der Ver-
mögensbildung, Landwirtschaft und Medizin. Biotechnologie bedeutet
zugleich auch eine Vielzahl verschiedener Produkte und Fachwissen auf
den verschiedensten Gebieten, die in unterschiedlichem Ausmaß durch
technische Verfahrensweisen bei der Fermentation, durch biologische
Verfahren bei der Genmanipulation oder durch Marketing und industrielle Stile miteinander verbunden sind. Die Bedrohung ist Science
fiction. Hoffentlich stehen die Profite unmittelbar bevor und sind die
Gesellschaften Gesetzen unterworfen.

Für breite Bevölkerungsschichten unterscheidet sich die Biotechnologie wegen ihrer besonderen Bedrohung von Umwelt und Kultur völlig
von jeder anderen Technologie. Diese Herausforderung an die traditionelle Landwirtschaft, die für Befürworter eine große Anziehungskraft
hat, kann besonders bedrohlich sein. Dennoch scheint die Biotechnologie durch ihre mit Mißtrauen angesehenen Kontrollinstanzen den Arbeiten anderer unbeliebter Fabrikationsbranchen wie beispielsweise der
Chemischen Industrie ähnlich geworden zu sein. Die Unterscheidung
zwischen Chemischer Technologie und Biotechnologie, die in den 70er
Jahren sorgfältig gepflegt wurde, ist verloren gegangen.

Wie typisch ist dieses Thema dann für die modernen Hochtechnologien im allgemeinen? Das Modell einer zwischen Technik und Wissenschaft stehenden Technologie, deren Abstammung im wechselnden Kräftegleichgewicht zwischen beiden gesehen werden kann, könnte möglicherweise auch andernorts angewandt werden. Als Antwort auf drängende Probleme ermutigten Regierungen während der 80er Jahre zu einer Reihe neuer Technologien mit vergleichbaren Wechselbeziehungen zwischen Industrie, Forschungspolitik und Gesetzen. Die Informationskontrolle und die Kontrolle der Atomkraft, um nur zwei andere Beispiele kontroverser Technologien herauszugreifen, haben ebenfalls lange Ahnenreihen mit einer über die reine Technologie hinausgehenden kulturellen Bedeutung.[98] Beide haben wiederholt Erklärungen angeregt, daß sie die Welt verändern würden. Hier lautete nun der Vorschlag, man müsse vorsichtig sein, Hochtechnologien vorschnell zu verallgemeinern. Modern mögen sie ja sein, aber jede für sich hat ihr eigenes Entwicklungsmuster und ihre eigene kulturelle Bedeutung. Die Biotechnologie unterschied sich durch reichhaltige weltoffene Erwartungen, die immer wieder technischen Veränderungen vorausgegangen sind. Die beiden Bereiche – Medizin und Landwirtschaft –, die am ehesten betroffen sein werden, haben besondere Stellungen in unserer Kultur. Während es in den 80er Jahren schien, als hätten Regierungsstellen schließlich mit der Biotechnologie Frieden geschlossen und sie nicht mehr mit einer Grenze zwischen zwei Berufsgruppen gleichgesetzt, so hatte die Abgrenzungen zwischen Biologie und Technik nicht an Bedeutung verloren. In jüngster Zeit stand bei der Debatte über die gesetzliche Kontrolle der Biotechnologie das Nebeneinander von Leben und Wirtschaft im Mittelpunkt. 1989 schloß eine dänische Diskussion über das menschliche Genomprojekt:

Einige Experten hoffen und glauben, daß das so gewonnene Wissen nur für nützliche Zwecke wie beispielsweise ein besseres Verständnis von Krankheiten und dadurch bessere Möglichkeiten für ihre Behandlung und Verhütung eingesetzt werden wird. Aber andere sind skeptischer und glauben, daß es immer schwieriger sein wird, dieses Wissen zu managen und zu kontrollieren.[99]

Epilog

In der heutigen Zeit, in der die Technologie die Realisierung lang gehegter Träume ermöglicht, erinnert man sich bemerkenswerterweise kaum noch an deren Vergangenheit. Dennoch ist es wichtig zurückzudenken, daß die allgemeine Bedeutung der Biotechnologie im Laufe des vergangenen Jahrhunderts eingehend betrachtet wurde. Obwohl in der Vergangenheit viele neu geweckte Hoffnungen letztendlich enttäuscht worden sind und wieder verblaßten, sind ihnen andere Visionen, Produkte und Verfahren gefolgt. Selbst heute gibt es weitverbreitete Diskussionen über den Nutzen einer Analyse des menschlichen Genoms. Noch eindringlicher wurde die Öffentlichkeit bedrängt, Skepsis und Vorsicht gegenüber einer neuen Technologie aufzugeben. Es ist zu den wichtigen Fragen der 90er Jahre geworden, ob die Überzeugungsarbeit geleistet werden kann, daß diese Macht verantwortungsvoll einsetzbar ist.

Ein anhaltend tiefverwurzeltes Mißtrauen sollte dennoch nicht überraschen. Bedenken breiter Bevölkerungskreise gegenüber der Erzeugung genetisch veränderter Organismen, Pflanzen und Menschen sind zu oft mit Zwängen des internationalen Wettbewerbs sowie mit dem Hinweis auf „offensichtlich" geringe Risiken abgetan worden. Zog man Parallelen zu Befürchtungen, die durch katastrophale Unfälle der Chemischen Industrie entstanden waren, mußten sich Kritiker von Verfechtern der Biotechnologie sagen lassen, daß dieser Wirtschaftszweig ähnlich große Bedeutung habe wie die Informationstechnologie. In der Diskussion zwischen fundamentalistischer Opposition, die um den Zustand der Natur besorgt war, und pragmatischen Befürwortern einer neuen Industrie ist das Wissenspotential von drei Generationen, die über die Natur der Technologie nachgedacht hatten, zu oft unberücksichtigt geblieben.

Hoffnung auf eine attraktivere Technologie, die das Bestreben von Goldscheid, Francé, Geddes und später auch Hedén waren, scheinen manchmal in den Hintergrund getreten zu sein. Ihre Visionen wirken wie sonderbare Fossilien eines vergangenen Zeitalters, war doch jeder ein Zeitgenosse des jeweils anderen. Eine kontinuierliche Entwicklungslinie bis hin zur modernen dynamischen Industrie war aber nicht festzustellen. Anders wirkten sich Karrieren und Einfluß solch intellektueller Pioniere wie Julian Huxley aus, die Generationen vom Beginn des Jahrhunderts bis hinein in unsere heutigen Zeit verbanden. Dieses Buch hat versucht zu zeigen, daß es intellektuelle und institutionelle Verbindungen zwischen der Vorkriegszeit, den 50er Jahren, in denen man glaubte, die biologische Technik decke alle Bereiche der Beziehung zwischen Biologie und Technik ab und dem gegenwärtigen Augenblick in der modernen Biotechnologie gibt.

Natürlich können und sollten Argumente der Vergangenheit nicht bestimmen, wie Auseinandersetzungen heute gelöst werden sollen oder welchen Regeln die Biotechnologie unterworfen wird. Ihr Beispiel kann dennoch eine Quelle für Diskussionen über die grundlegenden Eigenschaften und Gefahren der Biotechnologie sein und solchen Diskussionen um kurzfristige Vorteile, die die Handlungsweise bestimmen, aber einen Geschmack des Mißtrauens hinterlassen, eine zusätzliche Dimension verleihen. Die Biotechnologie muß weder wegen ihrer „Normalität" erklärt noch wegen ihrer „Banalität" verteidigt werden. Sie war im Hinblick auf ihre vorhergesagte Bedeutung für die Beantwortung von Schlüsselfragen im 20. Jahrhundert ein ungewöhnliches Fachgebiet. In diesem Buch wurden wegweisende Persönlichkeiten vorgestellt. Zu ihnen gehörten die beiden aktiven Politiker Chaim Weizmann aus Israel und Karl Ereky aus Ungarn. Sie schauten erwartungsvoll auf neue Industriezweige, die für ihre jeweiligen Gesellschaften von Bedeutung sein würden. In jüngerer Zeit, den 60er Jahren, hielt man die Biotechnologie besonders für Entwicklungsländer geeignet. Sie paßte zu ihren Kulturen, konnte ihre Ressourcen nutzen und damit ihren Bedürfnissen gerecht werden. Vielleicht waren dies optimistische oder gar naive Argumente. Dennoch sprachen sie Aufgaben an, die für die Stellung dieser Wissenschaft in der Welt von fundamentaler Bedeutung waren.

Vergangene Diskussionen sind immer noch in den verschiedenen Definitionen der Biotechnologie zu erkennen, die wir geerbt haben. Ist die momentane Unsicherheit auch peinlich, wenn sie akribisch in Tabellenform verglichen wird, können gerade die zahlreichen Bedeutungen uns in die Lage versetzen, auf fremdartige, aber eventuell vorhandene Perspektiven zu blicken. Erinnerungen an Technik, an die Biologie am Menschen oder an alternative Technologien mögen von der gegenwärtigen Betonung der rekombinanten DNS-Technologie weit entfernt erscheinen. Sie stehen jedoch alle mit Konzepten in Verbindung, die dazu bestimmt sind, der Menschheit einen Schritt nach vorn zu verhelfen. Die kennzeichnenden Antworten, die durch die Biotechnologie in den Vereinigten Staaten oder in Deutschland, Dänemark, Japan, Großbritannien und andernorts hervorgerufen wurden, sind nicht ausschließlich bürokratische Anomalien. In den unterschiedlichen Interpretationen werden jene Gedanken über die umstrittenen und veränderlichen Grenzlinien deutlich, die seit einem Jahrhundert zwischen Leben und Technik gelegen haben.

Anhang

Anmerkungen zu den Kapiteln

Anmerkungen zur Einleitung

1. Anneke M. Hamstra und Marijke H. Feenstra, *Consument en Biotechnologie: Kennisen meninvorming van consumenten over biotechnologie*, Report Nr. 85 (The Hague: Instituut voor consumentenonderzoek, 1989).
2. Diese Szenen sind auf einem Wandrelief in einer Gruft des Old Kingdom, jetzt in Leiden zu sehen. Sie werden von Pierre Montet, *Scènes de la vie privée dans le tombeaux égyptiens* (Straßburg: University of Straßburg, 1925), S. 245–52 diskutiert. Ich danke Carol Andrews vom Britischen Museum für die Erklärung der Ägyptologie.
3. Die Geschichte des Konzepts der „Biologie" finden sie bei Joseph A. Caron, „Biology" in the „Life Sciences", *History of Science* 26 (1989): 223–68. Er behauptet, daß T.G.A. Roose der Erste war, der im Jahre 1797 den Begriff verwendete. Es gab innerhalb weniger Jahre noch einige andere, möglicherweise unabhängige Wortprägungen durch Treviranus und Lamarck. Seinen modernen Begriffsinhalt erlangte es in T.H. Huxley's Fullerian Lectures, „The Principles of Biology", am Londoner Royal Institution im Jahre 1858.
4. Über die Faszination des Konzepts vom „cyborg" kann man in Donna Haraways Buch, *Simiam, Cyborgs and Women: The Reinvention of Women* (London: Free Association Books, 1991), insbesondere auf den Seiten 149–91 lesen, „The Cyborg Manifesto". Den allgemeinen Hintergrund für die Entwicklung des aufkommenden gemeinsamen Gedankens von Organismen und Maschinen kann man in David F. Channells Buch *The Vital Machine: A Study of Technology and Organic Life* (Oxford: Oxford University Press, 1991) nachlesen.
5. Spencer R. Weart, *Nuclear Fear: A History of Images* (Cambridge, Mass.: Harvard University Press, 1988).
6. U.S. Congress, Office of Technology Assessment, *New Developments in Biotechnology: U.S. Investment in Biotechnology – Special Report*, OTA-BA-360 (Washington D.C.: U.S. Government Printing Office, 1988), S. 28–29.

Anmerkungen zu Kapitel 1

1. *The Zymotechnic Institute* (Chicago: Zymotechnik Institut, 1891), S.1.
2. Die Destillation von Alkohol ist im Westen schon seit dem 12.Jahrhundert bekannt gewesen, aber war erst seit Ende des 13.Jahrhunderts weit verbreitet. Siehe auch Robert P. Multhauf, *The Origins of Chemistry* (New York: Franklin Watts, 1967), S. 110–11; Lynn Thorndike, *History of Magic and Experimental Science*, Band 3 (New York: Columbia University Press, 1934), S. 347–69. Dieser Zeitgeist wird mit unserem modernen Begriff „Spirituosen" wiedergegeben.
3. Emil Christian Hansen, *Practical Studies in Fermentation*, übersetzt von Alex K. Miller (London: Spon, 1896), S. 272.
4. Siehe Gerald L. Geison, „Pasteur, Roux and Rabies: Scientific *versus* Clinical Mentalities", *Journal of the History of Medicine and Allied Sciences* 45 (1990): 341–65.
5. Bruno Latour, *Microbes: Guerre et paix; suivie de irreduction* (Paris: A.-M. Méntailié, 1984).
6. E.W. Hulme, *Statistical Bibliography in Relation to the Growth of Modern Civilization* (London: Butler & Tanner, 1923), S. 45. Dies zeigt, daß die Chemie von insgesamt achzehn Wissenschaften in den ersten dreizehn Jahren des 20. Jahrhunderts mit 108 982 eingetragenen Autoren die drittgrößte Wissenschaft war. Sie wurde nur von der Psychologie und Zoologie überrundet.
7. Die Idee, die Biologie sei ein Ensemble, wurde von Joseph Caron in seinem Artikel „‚Biologie' in the Life Sciences", *History of Science* 26 (1989) auf den Seiten 223–68 entwickelt.
8. Ich danke Dr. L. Siorvanes vom Kings College London für die Möglichkeit, die klassischen Wurzeln der *zymotechnica* zu diskutieren.
9. Die klassische Arbeit über die Chemie Stahls ist immer noch Hélène Metzgers Buch *Newton, Stahl, Boerhaave et la doctrine chimique* (Paris: Alcan, 1930). Siehe „Etudes sur Hélène Metzger", *Corpus des oeuvres de philosophie en langue francaise* 8/9 (1988), herausgegeben von Gad Freudenthal. Siehe auch Wilhelm Strube, *Die Chemie und ihre Geschichte* (Berlin: Akademie Verlag, 1974).
10. Eine gute Abhandlung über die Anhänger Stahls kann man nachlesen in: Michael Engel, *Chemie im achzehnten Jahrhundert: Auf dem Weg zu einer internationalen Wissenschaft – Georg Ernst Stahl (1659–1734) zum 250. Todestag*, Ausstellung in der Staatsbibliothek Preußischer Kulturbesitz vom 29. Mai bis 7. Juli 1984, Ausstellungskatalog 23 (Berlin: Staatsbibliothek Preußischer Kulturbesitz, 1984). In Carl Hufbauers Buch *The Formation of the German Chemical Community (1720–1795)* (Berkeley: University of California Press, 1982), können sie auf den Seiten 10 und 11 Neumanns Rolle als Protégé Stahls nachlesen. Hierüber informiert auch A. Schrohe, *Aus der Vergangenheit der Gärungstechnik und verwandter Gebiete* (Berlin: Paray, 1917), S. 105–19 und S. 164–65.
11. Mary Shelley, *Frankenstein (Or, the Modern Prometheus)* (Erste Auflage 1818; Clinton, Mass.: Airmont, 1963), S. 50. Zum Thema Frankenstein und Naturwissenschaft siehe S.H. Vaspinders Buch *The Scientific Attitudes in Mary Shelley's Frankenstein* (Ann Arbor, Mich.: UMI Press, 1976), S. 69–73, in dem er dieses Zitat und die

mögliche Verbindung zu Davy diskutiert. Ich danke Dr. Judith Field für diese Quellenangabe.

12. N.D. Jewson, „The Disappearance of the Sick-Man from Medical Cosmology, 1770–1870", *Sociology* 10 (1976): 225–44.

13. Die genaue Bedeutung dieses Experiments ist lange umstritten gewesen. Die Diskussion wurde von J.H. Brooke in seinem Text „Organic Chemistry" in *Recent Developments in the History of Chemistry*, herausgegeben von C.A. Russell (London: Royal Society of Chemistry, 1985), S. 107–9 zusammengefaßt.

14. W.H. Brock, „Liebigiana: Old and New Prospectives", *History of Science* 19 (1981): 201–18.

15. T.E. Glas, *Chemistry and Physiology in Their Historical and Philosophical Relations* (Delft: Delft University Press, 1979); F.L. Holmes, „Introduction", Neuauflage von Liebigs Buch *Animal Chemistry* (New York: Johnson Reprint, 1964). Auf den Seiten vii–cxvi kann man Liebigs Ideen zur Physiologie nachlesen. Siehe auch Timothy O. Lipman „Vitalism and Reductionism in Liebig's Physiological Thought", *Isis* 58 (1967): 167–84; und Otto Sonntag, „Religion and Science in the Thought of Liebig", *Ambix* 24 (1977): 159–69. Zu Liebigs Vorstellung, daß die Chemie der Stein der Weisen sei, siehe auch seine *Familiar Letters on Chemistry in Its Relations to Physiology, Dietetics, Agriculture, Commerce and Political Economy*, 3. Auflage (London: Taylor, Walton & Mabberly, 1851), S. 46.

16. Siehe A.K. Balls „Liebig and the Chemistry of Enzymes and Fermentation", in *Liebig and After Liebig*, Herausgeber F.R. Moulton, AAAS Veröffentlichung 16 (Washington D.C.: AAAS, 1942), S. 30–39.

17. J.S. Muspratt and A.W. Hoffman, „On Toluidine", *Memoirs and Proceedings of the Chemical Society of London* 2 (1843–45), S. 368.

18. Siehe Emil Fischer, „Synthetical Chemistry in its Relation to Biology", *Journal of the Chemical Society* 91ii (1907): 1749–65.

19. „Die synthetische organische Chemie ist im wesentlichen erschöpft. [D]ie Gelehrten wenden sich der Erforschung der Naturprodukte zu;" Dieses Zitat stammt aus Eric Elliotts Werk, „The IG Farbenindustrie: Is there Science *Here* for the Historian of Science?" IG Farben Studiengruppe, *Newsletter* Nr. 2. Seine Quelle wird als Abschrift des Briefes an das Ministerium für geistliche und Unterrichts-Angelegenheiten der IG Farbenindustrie AG (gez. Bosch, Kurt H. Meyer) bezeichnet. Dies befindet sich im ehemaligen Zentralen Staatsarchiv (DDR), Dienststelle Merseburg, beim Ministerium für geistliche Unterrichts- und Medizinal-Angelegenheiten. „Generalia: Wissenschaften. Wisenschaftlichen Sachen. Abt. XI I. Teil 20. Der Verein zur Wahrung der Interessen der chemischen Industrie Deutschlands. Bd. I 1886–1927" 427[v]–473. Der Brief wird fortgesetzt „auch in der Industrie spielt das synthetische Auffinden neuer Farbstoffe und der gleichen nicht mehr die Rolle wie früher." In dem Brief wird argumentiert, daß in der Industrie mehr physikalische Chemiker benötigt werden.

20. Th. Curtius, „Wilhelm Koenigs" *Berichte der Deutschen Chemischen Gesellschaft* 45iii (1912) S. 3792.

21. Robert E. Kohler, *From Medical Chemistry to Biochemistry: The Making of a Biomedical Discipline* (Cambridge University Press, 1982). Siehe auch W. Coleman, „The Cognitive Basis of the Discipline: Claude Bernard on Physiology", *ISIS* 76 (1985): 49–70; T. Lenoir, „Science for the Clinic: Science Policy and the Formation of Carl Ludwig's Institute in Leipzig", in *The Investigative Enterprise: Experimental Physiology in Ninteenth-Century Medicine*, herausgegeben von W. Coleman und F.L. Holmes (Berkeley: University of California Press, 1988), S. 139–78.

22. Gottfried Reinhold Treviranus, *Biologie oder Philosophie der lebenden Natur für Naturforscher und Ärzte* (Göttingen: Rower, 1802).

23. Hans Querner, „Probleme der Biologie um 1900 auf de Versammlungen der Deutschen Naturforscher und Ärzte", in *Wege der Naturforscher, 1822–1972 im Spiegel der Versammlungen Deutscher Naturforscher und Ärzte*, herausgegeben von Hans Querner und Heinrich Shipperges (Berlin: Springer, 1972), S. 186–201.

24. Julius Wiesner, *Die Rohstoffe des Pflanzenreiches*, 2. Auflage, 2. Band (Leipzig: Engelmann, 1900). Band 1, S. 1. Das Werk *Nature as the Laboratory: Darwinian Plant Ecology in the German Empire, 1880–1900* (Cambridge University Press, 1990) bietet eine moderne Abhandlung der deutschen Botanik im späten 19. Jahrhundert.

25. Julius Wiesner, „Ihrem rohen Wesen nach ist die Rohstofflehre die Vermittlerin zwischen der organischen Naturgeschichte und der Technik, wie etwa die chemische Technologie die Vermittlerin zwischen der Chemie und den Gewerben ist." In „Bedeutung der technischen Rohstofflehre (techn. Warenkunde) als selbständige Disziplin über deren Behandlung als Lehrgegenstand an technischen Hochschulen", *Dinglers Polytechnisches Journal* 237 (1880), S. 403.

26. Für diese Beobachtung danke ich Dr. Bernadette Bensaude.

27. Zitiert in René Vallery-Radot, *The Life of Pasteur*, übersetzt von R.L. Devonshire (London: Consable, 1919) S. 374.

28. Michael Tracy, *Agriculture in Western Europe: Crisis and Adaptation since 1880* (London: Jonathan Cape, 1964).

29. Über die dänische Landwirtschaft kann man sich in Einar Jensens Werk *Danish Agriculture – Its Economic Development: A Description and Economic Analysis Centering on the Free Trade Epoch, 1870–1930* (Kopenhagen. Schulz 1937) informieren.

30. Tracy, *Agriculture in Western Europe*, S. 104.

31. Die Zahlen wurden der amerikanischen Volkszählen aus dem Jahre 1900 von John Just entnommen, „The Commercial Utilization of Milk Waste and the More Recent Products of Milk in a Dry Form", in 5. Internationaler Kongress für Angewandte Chemie in Berlin, 2.–8. Juni 1903, *Bericht* (Berlin, Deutscher Verlag, 1904). Band 3, S. 870–91. Das klassische Werk zur Schweinemast ist George Rommels Buch „The Hog Industry: Selection, Feeding and Management – Recent American Experimental Work, Statistics of Production and Trade", Bureau of Animal Husbandry, *Bulletin 47* (Washington D.C.: Government Printing Office, 1904).

32. Meiner Abhandlung über die deutschen Fachhochschulen für Landwirtschaft und landwirtschaftliche Versuchsstationen liegen die neueren ausführlichen Analysen von Ursula Schling-Brodersen, *Entwicklung und Institutionalisierung der Agrikulturchemie*

im 19. Jahrhundert: Liebig und die landwirtschaftlichen Versuchsstationen, Braunschweiger Veröffentlichungen zur Geschichte der Pharmazie und der Naturwissenschaften, Band 31 (Braunschweig: Universität Braunschweig, 1989) zugrunde.

33. Herbert Pfisterer, *Der Polytechnische Verein und sein Wirken im vorindustriellen Bayern (1815–1830)*, Miscellanea Bavaria Monacensia, Band 45 (München: Stadtarchive München, 1973). Ich danke Dr. Ernst Homburg für die Empfehlung dieses Buches.

34. Mark R. Finlay, „The German Agricultural Experiment Stations and the Beginning of American Agricultural Research", *Agricultural History* 62 (1988): 41–50.

35. Zur Landwirtschaftschemie in Amerika siehe Margaret Rossiter, *The Emergence of Agricultural Science in America: Justus Liebig and the Americans, 1840–1880* (New Haven, Conn.: Yale University Press, 1975).

36. Sir John E. Russell, *A History of Agricultural Sciences in Great Britain* (London: Allen & Unwin, 1966), S. 221.

37. Charles Rosenberg, „Science, Technology and Economic Growth: The Case of the Agricultural Experiment Station Scientist, 1875–1914" in *Ninteenth-Century American Science: A Reappraisal*, herausgegeben von George F. Daniels (Evanston, Ill.: Northwestern University Press, 1974), S. 181–209.

38. „Bierproduktion in den verschiedenen Ländern des Kontinents und in Nord Amerika." *Bayerische Bierbrauer* 19 (1884) Band 7 (neue Serie), S. 342.

39. Mikuláš Teich, „Science and the Industrialisation of Brewing: The German Case". Präsentiert auf der Konferenz mit dem Titel „Biotechnology: Long Term Development", The Science Museum, London, Februar 1984.

40. Peter Mathias, *The Brewing Industry in England 1700–1830* (Cambridge University Press, 1959), S. 557.

41. Zum Thema der sich weltweit verändernden Führung innerhalb des Brauereiwesens und der Rolle der Wissenschaft für die deutsche Brauerei siehe Kristoff Glamann, „The Scientific Brewer: Founders and Successors During the Rise of the Modern Brewing Industry", in *Enterprise and History: Essays in Honour of Charles Wilson*, herausgegeben von D.C. Coleman und Peter Mathias (Cambridge University Press, 1984), S. 186–98.

42. Siehe Robert Bud und Gerrylynn K. Roberts, *Science Versus Practice: Chemistry in Victorian Britain* (Manchester: Manchester University Press, 1984), S. 47–51.

43. Für die Entwicklung der Technologie im böhmischen Brauereiwesen danke ich Sona Strbánová, „On the Beginnings of Biochemistry in Bohemia", *Acta Historiae rerum naturalium nec non technicarum* Sonderausgabe 9 (1977): 149–221.

44. L. Aubry, „Hofrat Dr. Carl Lintner", *Zeitschrift für das Brauereiwesen* 23 (1900): 93–96.

45. Carl Lintner, „C.J.H. Balling's Leben und Wirken", *Bayerische Bierbrauer* 1 (1866): 29–35, 47–49 und 62–66.

46. Über Delbrück und sein Institut können Sie in F. Hayducks Werk „Max Delbrück", *Berichte der Deutschen Chemischen Gesellschaft* 53i (1920): 48A–62A mehr erfahren.

47. F. Hayduck, „Das Institut für Gärungsgewerbe in Vergangenheit und Zukunft", in *Das Institut für Gärungsgewerbe und Stärkefabrikation zu Berlin* (Berlin: Paul Parey, 1925), S. 1–15, hier besonders S. 4.

48. Dieses berühmte Zitat wird in René Dubos, *Louis Pasteur: Freelance of Science* (New York: Scribner, 1976), S. 67–68 erwähnt.

49. In Max Delbrück, „Über Hefe und Gärung in der Bierbrauerei", *Bayerische Bierbrauer* 19 (1884), S. 312. Über Delbrücks Achtung vor den *„Technologen"* siehe H. Dellweg, „Die Geschichte der Fermentation – Ein Beitrag zur Hundertjahrfeier des Instituts für Gärungsgewerbe und Biotechnologie zu Berlin", in *100 Jahre Institut für Gärungsgewerbe und Biotechnologie zu Berlin, 1874–1974: Festschrift* (Berlin: Institut für Gärungsgewerbe und Biotechnologie, 1974), S. 17–41.

50. Siehe, z.B., M. Delbrück und A. Schrohe (Hrsg.), *Hefe, Gärung und Fäulnis* (Berlin, Paul Parey, 1904); Schrohe, *Aus der Vergangenheit der Gärungstechnik und verwandter Gebiete* (Berlin: Paul Parey, 1917); und E. Borkenhagen, „Gesellschaft für die Geschichte und Bibliographie des Brauereiwesens" in *100 Jahre Institut für Gärungsgewerbe und Biotechnologie zu Berlin*, S. 245–52.

51. Siehe Thomas D. Brock, *Robert Koch: A Life in Medicine and Bacteriology* (Madison: Science-Tech Publishers, 1988).

52. Siehe Robert E. Kohler, „The Reception of Eduard Buchner's Discovery of Cell-Free Fermentation", *Journal of the History of Biology* 5 (1972), 327–53.

53. 1889, *Zymotechnisk Tridende* wurde umbenannt in *Zymotechnisk Tridsskrift*. Zu Jørgensen, siehe seinen Nachruf von J. Blom-Björner, *Journal of the Institute of Brewing* 32 (1926): 198.

54. E.C. Hansen, *Practical Studies in Fermentation*, übersetzt von A.K. Miller (London: Spon, 1896), S. 65.

55. Siehe [Alfred Jørgensen] „Alfred Jørgensen Gjaeringsfysiologiske Laboratorium", *Zymotechnisk Tiddsskrift* 19 (1903): 80 und sein „Ansættelser fra Laboratoriet i sidste Semester", *Zymotechnisk Tidsskrift* 23 (1907): 90.

56. Hansen, *Untersuchungen aus der Praxis der Gärungsindustrie* (München: Oldenburg, 1892) H II, S. 128.

57. Siehe Max Henius Memoir Committee, *Max Henius: A Biography* (Chicago:Privater Druck, 1936). Hansen, *Practical Studies on Fermentation*, S. 18, 71.

58. John P. Arnold und Frank Penman, *History of the Brewing Industry and Brewing Science in America: Prepared as a Memorial to the Pioneers of American Brewing Science, Dr John E. Siebel and Anton Schwartz* (Chicago: Privater Druck, 1933), S. 15–22.

59. [John E. Siebel], „The Zymotechnic College. A School for Brewers, Distillers, Maltsters, Wine and Vinegar-makers", *American Chemical Review and Zymotechnic Magazine* 4 (1884), S. 193.

60. Die Werbebroschüre „The Zymotechnic Institute" beginnt mit einem Vergleich zwischen landwirtschaftlichen Versuchstationen und Forschungszentren für Fermentation. Sie wurde von ausländischen Regierungen unterstützt und teilweise am Anfang dieses Kapitels zitiert.

61. Schwartz zählte bei jedem Kurs durchschnittlich 250 Mitglieder und etwa 30 Studenten. Diese Zahlen stammen von einem Manuskript ohne Titel und ohne Datum
aus dem Jahre 1901, das die Petition für die Aufnahme im selben Jahr unterstützte.
Es befindet sich im Besitz von Mr. W. Siebel. Ich bedanke mich für seine Unterstützung.

Anmerkungen zu Kapitel 2

1. Karl Ereky, *Biotechnologie der Fleisch-, Fett- und Milcherzeugung im landwirtschaftlichen Großbetriebe* (Berlin: Paul Parey, 1919), S. 5.
2. Dieser Unterschied wird recht ausführlich in dem klassischen Text zur chemischen
Technik von George E. Davis, *Handbook of Chemical Engineering* (Manchester: Davis
Bros., 1901–2), Band 1, S. 4 behandelt.
3. Max Delbrück, „Über Hefe und Gärung in der Bierbrauerei", *Bayerische Bierbrauer*
19 (1884): S. 304.
4. G.C. Ainsworth, *Introduction to the History of Mycology* (Cambridge University Press:
1976), S. 289–92. Siehe auch [F. Král], *Král's Bacteriologisches Laboratorium: Der gegenwärtige Bestand der Král'schen Sammlung von Mikroorganismen, März 1904* (Prag:
Privater Druck, 1904).
5. Paul Lindner, „Die botanische und chemische Charakterisierung der Gärungsmikro-
ben und die Notwendigkeit der Errichtung einer biologischen Zentrale", *Seventh International Congress of Applied Chemistry*, Abschnitt Vib, „Fermentation" (London:
Partridge & Cooper 1910), S. 169–72.
6. [Paul Lindner], „Förderung eines Institutes für Erforschung technisch-wichtiger
Mikroben in England", *Zeitschrift für technische Biologie* 8 (1920): 64–67.
7. W. Chaston Chapman, „The Employment of Micro-organisms in the Service of
Industrial Chemistry: A Plea for a National Institute of Industrial Microbiology",
Journal of the Society of Chemical Industry 38 (1919): 282T–86T.
8. David L. Hawksworth, „The Commonwealth Mycological Institute (CMI)", *Biologist*
32 (1985): 7–12.
9. Otto Rahn, „Theoretische Bakteriologie", *Naturwissenschaften* 9 (1921): 374–76.
10. Ib Gejl und Povl Vinding, „Gustav Hagemann", *Dansk Biografisk Lexicon* 5, 472–76.
11. H. Munch-Petersen (Hrg.), *Aarbog for Københavns Universiteter Kommunitet og den
polytekniske Læreanstalt, indeholdende Meddelelser for det akademiske Aar 1907–1908*
(Kopenhagen: Universitetebogytrykkeriat, 1912), S. 367, „Oprettelse af en fast
Lærerstilling i Gæringsysiologi of landbotanisk Kemi". Ich danke Professor O.B. Jørgensen von der Dänischen Technischen Universität für seinen Hinweis auf diesen
Abschnitt.
12. O. Rode, *Optegnelser efter Prof. Dr. Phil. Orla-Jensen: Efteraars Forelæsninger over
Bioteknisk Kemi* (Kopenhagen: Det Private Ingeniørsfonds forlag, 1915).
13. S. Orla-Jensen, *Lidt anvendt Filosofi* (Kopenhagen: Det Schønbergske Forlag, 1934),
S. 6.

298

14. „E.A. Siebel Co.", *Western Brewer and Journal of the Barley, Malt and Hop Trades* (Januar 1918): 25.

15. Zu Chicago's Bureau of Biotechnology siehe John P. Arnold und Frank Penman, *History of the Brewing Industry and Brewing Science in America: Prepared as a Memorial to the Pioneers of American Brewing Science, Dr John E. Siebel and Anton Schwartz* (Chicago: Privater Druck, 1933), S. 15–22. Es ist nicht korrekt, zu unterstellen, daß das Bureau of Biotechnology 1917 gegründet worden ist. In dem Artikel über Siebel gab es keinen Hinweis auf das Bureau of Biotechnology, „E.A. Siebel Co." Das Chicagoer Büro war nur eines von mehreren ähnlichen Unternehmen unter demselben Dach, die von E.A. Siebel unterstützt wurden. Es war anscheinend auch das Unbedeutenste. 1930 hatte es keinen Eintrag im Chicagoer Telefonbuch und nur eine geringe, wenn auch wahrnehmbare, Bedeutung in der Werbung beispielsweise bei E.A. Siebel and Company und Siebel Laboratories, Inc. „Achievement: Yesterday. Today. Tomorrow", n.d. Einzelheiten über Emil Siebel finden sie in *Who's Who in Chicago* (Chicago: A.N. Marquis, 1939). Ich danke Mr. W. Siebel und J.E. Siebel's Sons & Co. Inc. für ihre Hilfe beim Aufspüren der Firma ihres Onkel. Ich bedanke mich auch bei Leslie Ann Schuster von History Works Inc. für ihre Hilfe.

16. E.A. Siebel and Company und Siebel Laboratories, Inc., „Achievements: Yesterday. Today. Tomorrow", n.d. Chicago.

17. Der Übersichtsartikel im *Brewers Journal* vom 15. Dezember 1920 wurde nochmals in „Some Press Comments", *Bulletin of the Bureau of Biotechnology* 1 (1921): 83 abgedruckt.

18. Siehe beispielsweise F. A. Mason, „Microscopy and Biology in Industry", *Bulletin of the Bureau of Biotechnology* 1 (1920): 3–15.

19. Siehe E. Andreis, „Il ‚Bureau' per le ricerche biologiche e l'industria delle pelli", *La Conceria* 29 (1921): 164. Ich danke Professor Luigi Cerruti für diese sowie die folgende Literaturstelle „La biotecnologia e l'industrii dei Cuoi", *Rivista italiana del Cuoio dei Pellami*, 1921. Letzteres habe ich nicht selbst gelesen. Es ist aber in „Some Press Comments", *Bulletin of the Bureau of Biotechnology* (1921): S. 84 zitiert.

20. John Lukacs, *Budapest 1900: A Historical Portrait of a City and Its Culture* (New York: Weidenfeld & Nicholson, 1988), S. 63.

21. Zum Thema Budapest siehe Lukacs, *Budapest 1900*; Péter Gunst und Lászlo Gaál, *Animal Husbandry in Hungary in the 19th–20th Centuries* (Budapest: Akadamiai Kiado, 1977), S. 46. Antal Voros, „The Age of Preparation: Hungarian Agrarian Conditions between 1848–1914", in *The Modernization of Agriculture: Rural Transformation in Hungary, 1848–1975*, Herausgeber Joseph Held (Boulder, Colo.: East European Quarterly Press, 1975), S. 112.

22. Ereky, *Biotechnologie der Fleisch-, Fett- und Milcherzeugung im landwirtschaftlichen Großbetriebe.*

23. Siehe György Ranki et al. (Hrsg.), *Magyarorszag története*, Band 8 (Budapest: Akademai Kiado, 1976). Ich danke Frau Judit Brody, die früher bei der Science Museum Library beschäftigt war und Dr. Ferenc Szabadvary vom Hungarian Museum of Technology für ihre Durchsicht der ungarischen Quellen.

24. Für die Durchsicht der Korrespondenz stehe ich in Mr N.W. Piries Schuld (heute in der Bibliothek des Science Museums), der sich mit einer von Erekys Veröffentlichungen zum Thema *Transactions of the Bath and Western Agricultural Society* beschäftigte, in der über dessen Blatt-Protein berichtet wird. Diese ist offenbar nie erschienen.

25. Karl Ereky, „Die großbetriebsmäßige Entwicklung der Schweinemast in Ungarn" *Mitteilungen der Deutschen Landwirtschafts-Gesellschaft* 34 (25. August 1917): 541-50.

26. Ereky to John Hammond, 23. Februar 1924, Erekys Briefwechsel, Bibliothek des Science Museum.

27. M. Herter und G. Wilsdorf, *Die Bedeutung des Schweines für die Fleischverarbeitung,* Arbeiten der Deutschen Landwirtschafts-Gesellschaft, Band 270 (Berlin: Paul Parey, 1914), S. 205.

28. Herter und Wilsdorf, *Die Bedeutung des Schweines für die Fleischversorgung,* 202. Siehe auch die Erläuterungen und Beispiele, die Dr. Oermann-Seeste in seinem Werk „Schweinemastbetriebe, ihre Technik und wirtschaftliche Bedeutung", *Jahrbuch der Deutschen Landwirtschafts-Gesellschaft* 25 (1911): 956-68 aufführt.

29. Zu einem Überblick über moderne Schweinemast siehe David Goodman, Bernardo Sorj und John Wilkinson, *From Farming to Biotechnology: A Theory of Agroindustrial Development* (Oxford: Blackwell Publishers, 1987), S. 179.

30. Karl Ereky, *Nahrungsmittelproduktion und Landwirtschaft* (Budapest: Friedrich Kilians Nachfolger, 1917).

31. Mit der entscheidenden Rolle der Umwandlung von Rohstoffen beschäftigt sich Theodor Brinkmann, „Die Dänische Landwirtschaft: Die Entwicklung ihrer Produktion seit dem Auftreten der internationalen Konkurrenz und ihre Anpassung an den Weltmarkt Vermittels genossenschaftlicher Organisation", *Abhandlungen des Staatswissenschaftlichen Seminars zu Jena* 6, Teil 1 (1908), S. 41–42. Die gigantischen dänischen Schlachthöfe werden auf den Seiten 153–54 beschrieben. Brinkmanns Ideen zur Umwandlung landwirtschaftlicher Rohstoffe werden auch in der englischen Übersetzung diskutiert, die von Elizabeth T. Benedict, Heinrich Hermann Stippler und Mary Reed Benedict herausgegeben wurde: *Theodore Brinkmann's Economics of the Farm Business* (Berkeley: University of California Press, 1935), S. 120–62. Dieses Buch ist eine Übersetzung von Brinkmanns *Die Ökonomik des landwirtschaftlichen Betriebes,* das 1922 veröffentlicht wurde, dessen Manuskript aber das Datum von 1912 trägt. Zu Brinkmanns Stellung in der Geschichte der Agrarökonomie siehe Joseph Nou, *Studies in the Development of Agricultural Economics in Europe* (Uppsala, Schweden: Lantbrukshögskolan, 1967), in dem Brinkmanns Arbeit mit der von Aerobee verglichen wird.

32. Siehe Heinz Haushofer, *Die Agrarreform der Österreich-ungarischen Nachfolgestaaten* (München: Dresler, 1929), S. 20–21.

33. Ereky, „Die großbetriebliche Entwicklung der Schweinemast in Ungarn".

34. Ereky, *Biotechnologie der Fleisch-, Fett- und Milcherzeugung im landwirtschaftlichen Großbetrieb,* S. 84.

35. „Das Ziel seiner Bestrebungen ist, einen neuen Wissenszweig zu begründen, den er „Biotechnologie" nennt und der darauf hinwirken soll, die Produktion dieser wichtigen Nährmittel auf wissenschaftlicher Grundlage zu erhöhen", H. Pringsheim, Übersichtsartikel von Karl Ereky, *Biotechnologie ...*, *Die Naturwissenschaften* 7 (1919): 112.

36. Paul Lindner, „Allgemeines aus dem Bereich der Biotechnologie", *Zeitschrift für Technische Biologie* 8 (1920): 54–56.

37. „Diejenigen Gewerbestände, bei denen Lebewesen als Rohprodukte oder auch für die Umwandlung von Naturprodukten eine Rolle spielen, z.B. Gärungsindustrie." *Meyers Lexikon*, 7. Auflage von 1925, Band 2, S. 403. „Untersuchung und gewerbl. Verwendung der Lebenstätigkeit von Kleinlebewesen (Hefe, Gärungsorganismen)". *Der Große Brockhaus*, 15. Auflage, Band 2 (1929), S. 747.

38. Albrecht Hase, „Über technische Biologie: Ihre Aufgaben und Ziele, ihre prinzipielle und wirtschaftliche Bedeutung", *Zeitschrift für Technische Biologie* 8 (1920): 23–45.

39. E.C. Hansen, „Introduction" zu Franz Lafar, *Technical Mycology: The Utilization of Micro-organisms in the Arts and Manufactures*, übersetzt von T.C. Salter (London: Griffin, 1898), S. vii.

40. Raphael Meldola, *The Chemical Synthesis of Vital Products and the Interrelations Between Organic Compounds* (London: Arnold, 1904), Band 1, S. 1–19. Über Meldola siehe J.V. Eyre und E.H. Rodd, „Raphael Meldola", in *British chemists*, herausgegeben von Alexander Findlay und W.H. Mills (London: Chemical Society, 1947), S. 96–125.

41. Zum Thema des wiederbelebten Klärschlamms siehe H.H. Standbridge, *History of Sewage Treatment in Britain*, Teil 7. *Activated Sludge* (Maidstone: IWPC, 1977). Zu den Anfängen der biologischen Abfallbeseitigung, die eher auf ihre quacksalberischen Wurzeln hinweist, siehe Christopher Hamlin, „William Dibdin and the Idea of Biological Sewage Treatment", *Technology and Culture* 29 (1988): 189–218.

42. Max Delbrück, „Hefe ein Edelpilz", *Wochenschrift für Brauerei 27 (30. Juli 1910)*: 373–76.

43. *R. Braude, „Dried Yeast as Fodder for Livestock", Journal of the Institute of Brewing* 48 (Oktober 1942): 206–12.

44. A.J. Kluyver, „Microbiology and Industry" (Übersetzung von „Microbiologie en Industrie"), Antrittvorlesung in Delft, 18. Januar 1922. Nachgedruckt in *Albert Jan Kluyver: His Life and Work*, herausgegeben von A.F. Kemp, J.W. la Rivière und W. Verhoeven (Amsterdam: North Holland, 1959), S. 175.

45. H. Benninga, *A History of Lactic Acid Making: A Chapter in the History of Biotechnology* (Dordrecht: Kluwer, 1990).

46. O.E. May und H.T. Herrick, „Some Minor Industrial Fermentations", *Industrial and Engineering Chemistry* 22 (November 1930): 1172–76. W. Connstein und K. Lüdecke, „Über Glycerin-Gewinnung durch Gärung", *Berichte der Deutschen Chemischen Gesellschaft* 52ii (1919): 1385–91.

47. Siehe Jehuda Reinharz, *Chaim Weizmann: The Making of Zionist Leader* (Oxford University Press, 1985).

48. Austin Coates, *The Commerce of Rubber: The First 250 Years* (Oxford University Press, 1987), S. 146–53, behandelt den Preisanstieg in den Jahren 1905 bis 1910 als Antwort auf das brasilianische Kartell. Vor April 1910 stiegen die Preise auf 12/4 pro Pfund, sanken aber bis Oktober auf 6/- pro Pfund. Die malaischen Kosten lagen bei 1/- pro Pfund und die brasilianischen bei 4/- pro Pfund.

49. W.H. Perkin Jr., „The Production and Polymerisation of Butadiene, Isoprene and Their Homologues", *Journal of the Society of Chemical Industry* 31 (1912): 616–25, S. 620. Der von Perkin kalkulierte Endpreis für synthetischen Kautschuk wurde durch Austin Coates Abschätzung der Malayischen Produktionskosten für Naturkautschuk von 1/- pro Pfund bestätigt.

50. Zitiert in Reinharz, *Chaim Weizmann*, S.302.

51. Weizmann an Fernbach, 8. August 1910, Court Collection f.35, Weizmann Archives, Rehovot, Israel (danach zitiert als: Weizmann Archives).

52. Rowland Whincop to Weizmann, 4. April 1910, f.25, Weizmann Archives.

53. Schoen an Weizmann, 8. Dezember 1910, f.51, Weizmann Archives.

54. Strange an Perkin, 29. März 1912, f.232, Weizmann Archives.

55. H.E. Armstrong, „The Production of Rubber: With or Against Nature?" *Times Engineering Supplement*, 17. Juli 1912, S. 21.

56. „Nature and Art", *Times Engineering Supplement*, 17. Juli 1912.

57. Die Szene wurde von Edwin E. Slosson in seinem Werk *Creative Chemistry* (New York: Century, 1921), S. 148–53 heraufbeschworen.

58. Weizmann an Strange, 1. Januar 1911, f.67, Weizmann Archives.

59. Ich danke Professor Jehuda Reinharz, einem Biographen Weizmanns, für die Möglichkeit, diese Hypothese mit ihm zu diskutieren.

60. Strange an Mathews, 6. September 1911, f.131, Weizmann Archives.

61. „Commercial Solvents, Corporation v. Synthetic Products Company Ltd." *Reports of Patent, Design and Trade Mark and Other Cases*, Band 43, herausgegeben von F.G. Underlay (London HMSO, 1951), S. 218–19.

62. Die Episode wurde von J.H. Hastings in *The Pasteur Fermentation Centennial, 1857–1957*, herausgegeben von Charles Pfizer & Co. Inc (New York: Charles Pfizer & Co. Inc., 1958), S. 100–101 graphisch beschrieben.

63. G.A. Dummett, *From Little Acorns: A History of the A.P.V. Company Limited* (London: Hutchinson Benham, 1981), S. 30.

64. Keith Vernon, „Pus, Sewage, Beer and Milk: Microbiology in Britain, 1870–1940", *History of Science* 28 (1990): 289–325.

65. Sir William Pope, „Address by the President", *Journal of the Society of Chemical Industry* 40 (1921): 179T–82T.

66. Kemp, la Rivière und Verhoeren, *Albert Jan Kluyver*, 165–85.

67. Ellis I. Fulmer, „The Chemical Approach to Problems of Fermentation", *Industrial and Engineering Chemistry* 22 (November 1930): 1148–50.

68. Robert E. Kohler, *From Medical Chemistry to Biochemistry: The Making of a Biomedical Discipline* (Cambridge University Press, 1982), S. 210.

69. K. Bernhauer, *Gärungschemisches Praktikum*, 2. Auflage (Berlin: Springer 1939), S. iii. Henry Field Smyth und Walter Lord Obold, *Industrial Microbiology: The Utilization of Bacteria, Yeasts and Molds in Industrial Processes* (Baltimore: William & Wilkis, 1930).

70. J.F. Garrett, „Lactic Acid", *Industrial and Engineering Chemistry* 22 (November 1930): 1153–54.

71. O.E. May und H.T. Herrick, „Some Minor Industrial Fermentations", *Industrial and Engineering Chemistry* 22 (November 1930): 1172–76.

72. J.F. Richardson, *A Digest of Farm Chemurgy: Industrialisation of Farm Products. The Ways Out of American Agriculture.* Abschnitt 2, S. 20. Den Preis für Getreide entnahm ich „Agriculture, General, 9, August 1938, Research Division Republican National Committee. Gebunden in *Digest of Farm Chemurgy*, öffentliche Bibliothek von New York.

73. Die Geschichte der Namensgebung „Chemurgie" ist von Wheeler McMillenn, *New Riches from the Soil: The Progress of Chemurgy* (New York: Van Nostrand, 1946), S. 17–31beschrieben worden.

74. Zitiert in Christy Borth, *Pioneers of Plenty: The Story of Chemurgy* (Indianapolis; Ind.: Bobbs-Merrill, 1939), S. 84.

75. Carroll Pursell, „The Farm Chemurgic Council and the United States Department of Agriculture, 1935–1939", *Isis* 60 (1969): 307–17.

Anmerkungen zu Kapitel 3

1. Julian Huxley, „Chairman's Introductory Address", in Lancelot Hogben, *The Retreat from Reason: Conway Memorial Lecture Delivered at Conway Hall ... May 20, 1936* (London: Watts & Co, 1936), S. vii.

2. Zitiert in Henry Shefter, „Readers Supplement" der von ihm herausgegebenen Ausgabe von K. Capek's *R.U.R.* (New York: Simon & Schuster, 1973), S. 10. Selbstverständlich erweisen sich selbst Rossums Roboter als weitaus komplexer als gerade nur erbärmliche Maschinen, die unerwarteterweise selbst einige menschliche Eigenschaften entwickeln.

3. J.H. Randall, *Our Changing Civilization: How Science and the Machine are Reconstructing Modern Life* (London: Allen & Unwin, 1929), S. 7–8.

4. Gustav Tornier, „Ueberzählige Bildungen und die Bedeutung der Pathologie für die Biontotechnik (mit Demonstationen)", in *Verhandlungen des V. Internationalen Zoologen-Congresses zu Berlin, 12.–16. August 1901*, herausgegeben von Paul Matschie (Jena: Gustav Fischer, 1902), S. 467–500.

5. Wilhelm Roux et al. (Hrsg.), *Technologie der Entwicklungsmechanik der Tiere und Pflanzen* (Leipzig: Wilhelm Engelmann 1912), S. 66.

6. Ernst Kapp, *Grundlinien einer Philosophie der Technik* (Braunschweig: Westermann, 1877). Siehe auch Vitus Graber, *Die äußeren mechanischen Werkzeuge der Wirbeltiere* (Leipzig: Frentag, 1886). Siehe auch Brigitte Hoppe, „Biologische und technische Bewegungslehre im 19. Jahrhundert". In *Geschichte der Naturwissenschaften und der*

Technik im 19. Jahrhundert. Herausgegeben von B. Hoppe et a. (Düsseldorf: VDI, 1969), S. 9–35.

7. Siehe Friedrich Rapp, „Philosophy of Technology: A Review", *Interdisciplinary Science Reviews* 10 (1985): 126–39.

8. Zum Thema Maschinen und ihre Konkurrenten siehe Donna Jean Haraway, *Crystals, Fabrics and Fields: Metaphors of Organicism in Twentieth-Century Developmental Biology* (New Haven, Conn.: Yale University Press, 1976). Siehe L.R. Grote, „Wilhelm Roux in Halle a.S.", in *Die Medizin der Gegenwart in Selbstdarstellungen, 2 Bände* (Leipzig: F. Meiner, 1924), Band 1, S. 173–74.

9. Loebs Philosophie wird von Philip Pauly in *Controlling Life: Jaques Loeb and the Engineering Ideal in Biology* (Oxford University Press, 1987) ausführlich diskutiert.

10. Owsei Temkin, „Materialism in French and German Physiology of the Early Nineteenth Century", *Bulletin of the History of Medicine* 20 (1946): 322–27.

11. Siehe J. Herf, *Reactionary Modernism: Technology, Culture and Politics in Weimar and the Third Reich* (Cambridge University Press, 1984).

12. „L'absence ou le silence des instincts conservateurs exige la recherche des lois speciales de l'hygiène. Il nous faut un art, à defaut de nature; ou plutôt à cause de notre nature multiple, il y a pour elle seul une b*iotechnie* antropologique", J.J. Virey, *Hygiène philosophique ou de la santé dans le régime physique, moral et politique de la Civilisation moderne* (Paris: Crochard, 1828). Dies ist die erste Anwendung, die in *Trésor de la langue française* 4, 522 zitiert wird. Zu Virey siehe Alex Berman, „Romantic Hygeia: J.J. Virey (1775–1846),Pharmacist and Philosopher of Nature", *Bulletin of the History of Medicine* 39 (1965): 134–42. Claude Benichou und Claude Blanckaert, *Julien-Joseph Virey: Naturaliste et antropologue* (Paris: Vrin, 1988).

13. R.C. Grogin, *The Bergsonian Controversy in France* (Calgary: University Calgary Press, 1988), S. 81–82.

14. Zur großen Zahl der Bergson-Stipendien siehe Jean-Pierre Séris, „Bergson et la technique", in *Bergson: Naissance d'une philosophie. Actes du Colloque de Clermond-Ferrand 17 et 18 novembre 1987* (Paris: Presses Universitaires de France, 1990), S. 121–38. Bergsons Anteil an der Arbeit basierte natürlich auf einem über ein Jahrhundert wachsenden Interesse seit Smith und Ricardo, der neuen Physiologie von Milne Edwards, der Soziologie von Durkheim, dem Sozialismus von Marx und Bergsons Freund Jaurès und der moralischen Verletzung durch Zola. Siehe auch Henri Gouhier, *Bergson dans l'histoire de la pensée occidentale* (Paris: Vrin, 1989). Ich bedanke mich bei Madame Annie Petit für die Möglichkeit, über Bergsons Philosophie zu diskutieren.

15. Henri Bergson, *Creative Evolution*, übersetzt von Arthur Mitchell (London: Macmillan Press, 1954), 146.

16. Siehe Peter J. Bowler, „Theodor Eimer and Orthogenesis: Evolution by ‚Definitely Directed Variation'", *Journal of the History of Medicine and Allied Sciences* 34 (1979): 40–73 und id. *The Eclipse of Darwinism: Anti-Darwinian Evolution Theories in the Decades around 1900* (Baltimore: Johns Hopkins University Press, 1983).

17. A. Pauly, *Darwinismus und Lamarckismus* (München: Reinhardt, 1905). Zu Pauly siehe Hans Spemann, *Forschung und Leben* (Stuttgart: J. Engelhorns Nachfolger, 1943), S. 147–50, 157–68 R.G. Rinard, „Neo-Lamarckism and Technique: Hans Spemann and the Development of Experimental Embryology", *Journal of the History of Biology* 21 (1988): 95–118. Von Frank J. Sulloway wird in *Freud, Biology of the Mind: Beyond the Psychoanalytic Legend* (New York: Basic, 1979), S. 274–76 diskutiert, wie Freud in der Schuld Paulys steht.

18. Adolf Wagner, *Geschichte des Lamarckismus: Als Einführung in die psychologische Bewegung der Gegenwart* (Stuttgart: Franck, 1908).

19. Für eine Einordnung siehe R. Eisler, *Wörterbuch der Philosophischen Begriffe* (Berlin: Mittler, 1927), Band 1, S. 226. Interessant ist, daß Eislers Freundschaft in der Einleitung von Goldscheids Buch *Menschenökonomie* erwähnt wird.

20. Goldscheid selbst hatte einen komplexen Charakter. Seine Karriere begann als Dichter, dann wurde er ein monistisch-sozialistischer Reformer, Gründer der Deutschen Soziologischen Gesellschaft. Dennoch wurde er von Historikern nicht angemessen gewürdigt. Einige der ausführlichsten Behandlungen findet man in Doris Byers *Rassenhygiene und Wohlfahrtspflege: Zur Entstehung eines sozialdemokratischen Machtdispositivs im Österreich bis 1934* (Frankfurt am Main: Campus Verlag, 1988), S. 86–101. Siehe auch August M. Knoll, „Rudolf Goldscheid", *Neue Deutsche Biographie*, Band 6, S. 607–8. Peter Weingart, Jürgen Kroll und Kurt Bayertz bringen in *Rasse, Blut und Gene: Geschichte der Eugenik und Rassenhygiene in Deutschland* (Frankfurt: Suhrkamp, 1988), S. 255–59 Goldscheids Arbeit in einen Zusammenhang. Siehe auch Paul Weindling, *Health, Politics and German Politics between National Unification and Nazism, 1870–1945* (Cambridge University Press, 1989). Jürgen Kroll danke ich dafür, daß er mir Goldscheids Konzept seiner *Menschenökonomie* näher erläuterte.

21. Siehe Horst Zimmerman, „Fiscal Pressure on the ‚Tax State'" in *Evolutionary Economics: Application of Schumpeter's Ideas*, herausgegeben von Horst Hanusch (Cambridge University Press, 1988), 255–73. Goldscheids Arbeit wurde erneut als „A Sociological Approach to Problems of Public Finance", in *Classics in the Theory of Public Finance*, von R.A. Musgrave und A.T. Peacock (London: Macmillan Press, 1958), S. 202–13, herausgegeben.

22. Siehe Arnold Heertje „Schumpeter and Technical Change", in Hanusch, *Evolutionary Economics*, S. 71–89.

23. Edouard März, *Joseph Alois Schumpeter: Forscher, Lehrer und Politiker* (Wien: Verlag für Geschichte und Politik, 1983).

24. Henry Bergen, „Rudolf Goldscheid, einfache ‚Höherentwicklung' und Menschenökonomie'", *Eugenic Review* 3 (1911–12): 236–41.

25. Gertrud Kroeger, *The Concept of Social Medicine: As Presented by Physicians and Other Writers in Germany, 1779–1932* (Chicago: Julius Rosenwald Fund, 1937).

26. Siehe Paul Weindling, „Degeneration und öffentliches Gesundheitswesen, 1900–1930: Wohnverhältnisse", in *Stadt und Gesundheit: Zum Wandel von „Volksgesundheit" und kommunaler Gesundheitspolitik im 19. und frühen 20. Jahrhundert*, herausgegeben von Jürgen Reulecke und Adelheid Gräfin zu Castell Rüden-

hausen (Stuttgart: Frans Steiner Verlag, 1991), S. 105–13. Siehe auch Rudolf Thissen, *Die Entwicklung der Terminologie auf dem Gebiet der Sozialhygiene und Sozialmedizin im deutschen Sprachgebiet bis 1930* (Köln: Westdeutscher Verlag, 1969). Dorothy Porter und Roy Porter betrachten in „What was Social Medicine? An Historiographical Essay", *Journal of Historical Sociology* 1 (1988): 90–106 die Geschichtsschreibung aus britischer Sicht.

27. Alfred Grotjahn, *Soziale Pathologie: Versuch einer Lehre von den sozialen Beziehungen der menschlichen Krankheiten als Grundlage der sozialen Medizin und sozialen Hygiene*, 2. Auflage (Berlin: Hirschwald, 1915), S. 8–9.

28. Grotjahn, *Soziale Pathologie*, S. 326.

29. Goldscheid brachte seine Vorstellung von einer besseren Technologie in seinem Beitrag zu Ostwalds Festschrift zum Ausdruck. Siehe Rudolf Goldscheid, „Ostwald als Persönlichkeit und Kulturfaktor", in *Wilhelm Ostwald: Festschrift aus Anlaß seines 60. Geburtstages 2. September 1913*, herausgegeben vom Monistenbund in Österreich (Wien: Suschitzky, 1913), S. 57–82, besonders S. 67.

30. In vielerlei Hinsicht entwickelte Koestler (der in Budapest geboren wurde) mit seinem Interesse am Lamarckismus und an der Parapsychologie die Kultur seiner alten Vorfahren fort. Mit Kammerer befaßte er sich bei seinen Untersuchungen zum scheinbaren Betrug in seinem Werk *The Case of the Midwife Toad* (London: Hutchinson, 1971). Der kurze Zeitraum, über den Kammerer in der Sowjetunion bekannt war, wird von A.E. Gaissinovitch untersucht: „The Origins of Soviet Genetics and the Struggle with Lamarckism, 1922–1929", *Journal of the History of Biology* 13 (1980): 1–51.

31. Paul Kammerer, „Höherentwicklung und Biologie", *Archiv für Rassen und Gesellschaftsbiologie* 11 (1914): 222–33; gefolgt von W. Schallmayer, „Antwort auf P. Kammerers Plaidoyer für R. Goldscheid", S. 233–40. Kammerer's Ansprache vor der Berliner Wissenschaftlichen Gesellschaft im Jahre 1910 wurde übersetzt und unter dem Titel: „Adaptation and Inheritance in the Light of Modern Experimental Investigation", *Report of the Smithsonian Institution* (1912), S. 421–42 veröffentlicht.

32. Paul Kammerer, „Das biologische Zeitalter: Fortschritte der organischen Technik", *Monistische Bibliothek, kleine Flugschriften, Nr. 33* (Hamburger Verlag, 1920). Kammerer schrieb auch „Lebensbeherrschung: Grundsteinlegung zur organischen Technik", in *Monistische Bibliothek, kleine Flugschriften, Nr. 13* (1. Auflage 1919, 2. Auflage 1920). Ein Exemplar dieses Werkes konnte ich nicht finden.

33. Daniel S. Nadav, *Julius Moses und die Politik der Sozialhygiene in Deutschland*, Schriftenreihe des Instituts für Deutsche Geschichte, Tel Aviv (Geilingen: Belicher Verlag, 1985).

34. William H. Schneider, *Quality and Quantity: The Quest for Biological Regeneration in Twentieth-Century France* (Cambridge University Press, 1990).

35. Zitiert und übersetzt in Jacque Donzelots Werk *The Policing of Families*, übersetzt von Robert Hurley (London: Hutchinson, 1980), S. 186.

36. Mark B. Adams, „Eugenics as Social Medicine in Revolutionary Russia: Prophets, Patrons and the Dialectics of Discipline Building", in *Health and Society in Revolu-*

tionary Russia, herausgegeben von S. Gross Solomons und J. F. Hutchinson (Bloomington: Indiana University Press, 1990). S. 200–23. *Salamandr* siehe R.R.M. Short und Richard Taylor, „Soviet Cinema and the International Menace, 1928–1939", *Historical Journal of Film, Radio and Television* 6 (1986): 131–59. Ich danke Herrn T. Boon dafür, daß er mir diesen Artikel gezeigt hat.

37. Raoul H. Francé, *Der Weg zu Mir* (Berlin: Alfred Kröner, 1927).

38. Annie Francé-Harrar, *So war's um Neunzehnhundert: Mein Fin de Siècle* (München: Albert Langen, 1962).

39. Adolf Wagner, „Biotechnik und Plasmatik", in *Der Begründer der Lebenslehre Raoul Francé: Eine Festschrift zu seinem 50. Geburtstag* (Stuttgart: Walter Seifert, 1925), S. 7.

40. R.H. Francé, „Das biologische Experiment und seine Bedeutung für die Versuchstechnik", *Mitteilungen des K.K. Technischen Versuchsamtes* 7ii (1918): 15–21.

41. R.H. Francé, *Plants as Inventors* (London: Simpkin & Marshall, 1926), S. 62.

42. R.H. Francé, *Bios: Die Gesetzte der Welt* (München: Hofstaengle, 1921), Band 2, S. 81: auf Seite 126 zitiert er in den *K.K. Mitteilungen* das Jahr 1917 als das Jahr, in dem er zum ersten Mal am Thema Biotechnik arbeitete (obwohl es tatsächlich erst 1918 veröffentlicht wurde) – „Daß man das Jahr 1917, in dem diese Wende des Denkens einsetzte, dann auch als den Beginn einer neuen Epoche des Kulturlebens im Gedächtnis behalten wird, daran habe ich nicht den geringsten Zweifel, so unvollkommen auch heute noch die Gedanken sind, welche diese Aera eröffnen."

43. Francé-Harrar, *So war's um Neunzehnhundert*, 141.

44. Fritz Neumeyer, *Mies Van der Rohe – Das Kunstlose Wort: Gedanken zur Baukunst* (Berlin: Siedler, 1986), S. 138-40.

45. Stanislaus Van Moos, „The Visualized Machine Age", in *Lewis Mumford: Public Intellectual*, herausgegeben von Thomas P. Hughes und Agatha C. Hughes (Oxford University Press, 1990), S. 407.

46. Alfred Giessler, *Biotechnik* (Leipzig: Quelle & Meyer, 1939). K.E. Rothschuh hat die Geschichte des Konzepts der *Biotechnik* von Francé bis in die jüngste Zeit in seinem Artikel „Bionomie/Biotechnik", in *Historisches Wörterbuch der Philosophie*, herausgegeben von J. Ritter (Darmstadt: Wissenschaftliche Buchgesellschaft, 1971), Band 1, S. 946–47 behandelt.

47. Alan Seaman, „The Society for Applied Bacteriology: The First Fifty Years", *Journal of Applied Bacteriology* 50 (1981): 425–31.

48. Robert E. Kohler, *From Medical Chemistry to Biochemistry: The Making of a Biomedical Discipline* (Cambridge University Press, 1982), S. 82.

49. Vergleichen sie die Mitgliederzahl der Society of Economic Biology (283), den *Annals of Economic Biology* entnommen, mit den tausenden von Chemikern die jeder einzelnen Organisation dieses Fachbereiches angehörten und von Colin A. Russel, Noel G. Coley und Gerrylyn K. Roberts in *Chemists by Profession* (Milton Keynes: Open University Press, 1977), S. 330–31 aufgelistet worden sind.

50. Gary Werskey, *The Visible College* (London: Allen Lane, 1978), S. 165.

51. Ich bedanke mich bei N.W. Pirie, einem angesehenen Schüler von Gowland Hopkins, für die Möglichkeit, mich mit ihm über die Lektüre deutscher Texte jener Zeit zu unterhalten.

52. Stefan Zweig, *The World of Yesterday* (London: Atrium Press, 1987), S. 287.

53. Hogbens Antwort auf Smuts wurde in einer ausführlichen Form als *The Nature of Living Matter* (London: Kegan Paul, 1930) veröffentlicht. Als Erklärung, weshalb dies eine Vergeltung für Haldanes Weigerung war, ihn einen Vitalisten zu nennen, siehe Hogben an Julian Huxley, 3. November 1929, „Selected Correspondence", Huxley Papers, Rice University, Texas.

54. Hogben an Needham, datiert „1. Februar", Needham Archive, Box 4, Cambridge University Library. Auch wenn das Jahr nicht angegeben worden ist, scheint dieser Brief aus dem Jahre 1936 zu sein, da er einige Redewendungen enthält, die sich auch in einem Brief vom 10. Februar 1936 finden. Er wurde von Maurice Goldsmith in seiner *Sage: A Life of J.D. Bernal* (London: Hutchinson, 1980), S. 73 neu aufgelegt.

55. Siehe Patrick Geddes, *Cities in Evolution: An Introduction to the Town Planning Movement and the Study of Civics* (London: William & Norgate, 1915), S. 59.

56. J.A. Thomson, „Biological Philosophy", *Nature* 87 (12. Oktober 1911): 475–76.

57. Benton Mackaye, *From Geography to Geotechnics* (Urbana: University of Illinoise Press, 1968), S. 22.

58. V.V. Branford und P. Geddes, *The Coming Polity* (London: Le Play House, 2. Auflage, 1919), S. 267–68.

59. Geddes an Mumford, 25. Februar 1921, Mumfords Papers, Special Collections, Van Pelt Library, University of Pennsylvania.

60. Geddes an Marcel Hardy, 2. Oktober 1923, National Library of Scotland, coll. 19995, f. 111.

61. Patrick Geddes, „Ways of Transition Towards Constructive Peace", *Sociological Review* (Januar 1930): 2–3. Es wurde erneut in Philip Boardmans Werk *The Worlds of Patrick Geddes: Biologist, Town Planner, Re-educator, Peace-Warrior* (London: Routledge, 1978), 480–81 abgedruckt.

62. Geddes an Arthur Thompson, 21. Februar 1931. Ms. 10518, f.228, National Library of Scotland.

63. P. Geddes und J.A. Thomson, *Biology* (London: Home University Library, 1925).

64. J.A. Thomson, „Biology", *Encyclopaedia Britannica* Anhang der 11. Ausgabe, 1 (1926), S. 383–85.

65. Außerdem wurden sogar die sozialbiologischen Ideen Goldscheids von dieser Vision eingefangen. Thomson zeigte in einem Artikel aus dem Jahre 1926, wie Menschen in der Zukunft gesunder und glücklicher wären, wenn die Politik durch das „biologische Prisma" von Volk, Arbeit und Ort betrachtet würde. Der Artikel trägt den Titel „Biology and Social Hygiene", *Quarterly Review* 246 (1926): 28–48. Diese Politik sollte dann z. B. sowohl die Arbeit von Künstlern, „the salt of the earth", unterstützen als auch den Einkauf von Fisch, der die Fischer erhält.

66. L. Hogben äußerte sich in einem Brief an Julian Huxley abschätzig über Geddes, Juni 1931. „Selected Correspondence", Huxley Papers, Rice University.

67. „A Sheaf of Tributes to the Late Sir Patrick Geddes", *Supplement to the Sociological Review*, 24 (Oktober 1932): 349–400.

68. J.B.S. Haldane, *Daedalus or Science and the Future* (London: Kegan Paul, 1925), S. 1–2.

69. Haldane, *Daedalus*, S. 42.

70. Haldane, *Daedalus*, S. 77.

71. J.S. Huxley, „Biology and Human Life", 2. Vorlesung von Norman Lockyer, British Science Guild, 23. November 1926.

72. J.S. Huxley, „The Applied Science of the Next Hundred Years: Biological and Social Engineering", *Life and Letters* 11 (1934): 38–46.

73. Huxley, „Applied Science of the Next Hundred Years", S. 40. Man findet dort keinen zweideutigen Beweis dafür, daß Huxley tief in Goldscheids Schuld stand, aber der Einfluß von *Menschenökonomie* ist natürlich durch die Aussage impliziert „biological engineering will begin with the premiss that human beings are the most valuable asset of a nation, and human development the most important process of manufacture, with an elaborate technique to be mastered." S. 41.

74. Joseph Needham, „Notes on the Way", *Time and Tide* 12 (10. September 1932): 970–72.

75. „Aldous Huxley's Brave New World", Box 4, Needham Papers, Cambridge University Library.

76. Dies war die Verunglimpfung durch Hobhouse. Siehe José Harris, *William Beveridge: A Biography* (Oxford University Press, 1981), S. 287.

77. Die Zugangsnummer von Goldscheids *Höherentwicklung und Menschenökonomie* am LSE ist 48,359. Obwohl frühe Registrierungen jetzt fehlen, paßt dies zum Eingangsdatum von etwa 1920. Das Exemplar am LSE ist mit v.V. signiert.

78. Siehe Harris, *William Beveridge*. Zur Gründung des Lehrstuhls für Sozialbiologie siehe S. 286-87. Siehe auch Lord Beveridge, *Power and Influence* (London: Hodder & Stoughton, 1953), S. 176–77. Die Abteilung wird von Selma Ahmad in ihrer Dissertation „Institutions and the Growth of Knowledge: The Rockefeller Foundation's Influence on the Social Sciences Between the Wars" diskutiert, Manchester University, 1987. Siehe Janet Beveridge, „The Chair of Social Biology 1930–1931", Beveridge Papers, Anhang 4/8. Archive Collections, London School of Economics. Die Abteilung hat großes Interesse geweckt. Siehe Greta Jones, *Social Hygiene in 20th Century Britain* (London: Croom Helm, 1986).

79. „Copy of Memorandum Submitted in July 1925 by the London School of Economics and Political Science to the Trustees of the Laura Spelman Rockefeller Memorial Together with Appendix on the School of Economics Site". Beveridge Papers, Anhang 4/8. Archive Collections, London School of Economics.

80. Eine Beschreibung der komplexen Karriere Hogbens finden sie in G.P. Wells Werk "Lancelot Thomas Hogben", *Biographical Memoirs of the Royal Society* 24 (1978): 183–221.

81. Lancelot Hogben, „The Foundation of Social Biology", *Economica*, Nr. 31 (Februar 1931): 4–24.

82. Richard Soloway, *Demography and Degeneration: Eugenics and the Declining Birthrate in 20th Century Britain* (Chapel Hill: University of North Carolina Press, 1990), S. 226–58 befaßt sich mit Kuczynski. Siehe auch die von seinem Sohn geschriebene Biographie: Jürgen Kuczynski, *René Kuczynski: Ein fortschrittlicher Wissenschaftler in der ersten Hälfte des 20. Jahrhunderts* (Berlin: Aufbau Verlag, 1957).

83. Lancelot Hogben, „Prolegomenon to Political Arithmetic", in *Political Arithmetic: A Symposium of Population Studies*, herausgegeben von Lancelot Hogben (London: Allen & Unwin, 1938), S. 13–46.

84. „Biotechnologie", *Nature* 131 (29. April 1933): 597–99. In dem in der *Nature*-Bibliothek aufbewahrten Exemplar ist der Artikel mit den Initialen R.B. von Rainald Brightman gezeichnet, einem fest angestammten Kolumnisten von *Nature*. Ich danke *Nature* für diese Informationen.

85. Hogben an Needham, 10. Februar 1936, Needham Papers, Satz 4, Cambridge University Library.

86. Hogben, *The Retreat from Reason*, S. 43–49.

87. Gary Werskey, *The Visible College* (London: Allen Lane, 1978), S. 203.

88. Lancelot Hogben, "Look Back with Laughter", herausgegeben von G.P. Wells, Box A10., f.190, Birmingham University Archives.

89. Über Boyd-Orr können sie sich in seiner Autobiographie mit dem Titel *As I Recall* (London: McGibbon & Kee, 1966) informieren.

90. Siehe Madeleine Mayhew, „1930s Nutrition Controversy", *Journal of Contemporary History* 23 (1988): 445-64.

91. F.A.E. Crew et al., „Social Biology and Population Improvement", *Nature* 144 (16. September 1939): 521–22. Andere Unterzeichner waren: C.D. Darlington, J.B.S. Haldane, S.C. Harland, L. Hogben, J.S. Huxley, H.J. Muller, J. Needham, G.P. Child, P.R. David, G. Dahlberg, Th. Dobhzhansky, R.A. Emerson, C. Gordon, J. Hammond, C.L. Huskins, P.C. Koller, W. Landauer, H.H. Plough, B. Price, J. Schultz, A.G. Steinberg und C.H. Waddington.

92. Pnina Abir-Am, „The Biotheoretical Gathering, Transdiciplinary Auditory and the Incipient Legitimation of Molecular Biology in the 1930s: New Perspective on the Historical Sociology of Science". *History of Science* 25 (1987): 1–70.

93. Hogben, „Look Back with Laughter", f.185.

94. N.W. Pirie, „Recurrent Luck in Research", *Selected Topics in the History of Biochemistry: Personal Recollections*, herausgegeben von G. Semenza, Comprehensive Biochemistry, Band 36 (Amsterdam: Elsevier, 1986), S. 491–522.

95. Sir Harold Hartley, „Commentary", *Process Biochemistry* 2, Nr. 4 (April 1967): 3.

96. Harold Hartley, „Agriculture as a Source of Raw Materials for Industry?" *Journal of the Textile Institute* 28 (1937), S. 172.

Anmerkungen zu Kapitel 4

1. H.J. Sauer Jr. und R.G. Nevins, „Biotechnology and the Mechanical Engineer", *Mechanical Engineering* 87 (Dezember 1965), S. 36.
2. Ilana Löwy vergleicht das Image der Biotechnologie in der britischen und amerikanischen Literatur in ihrem Werk „Immunology and Literature in the Early Twentieth Century: *Arrowsmith* and *The Doctor's Dilemma*", *Medical History* 32 (1988): 314-32. Paul de Kruif kann man in W.C. Sellar und R.J. Yeatmans Werk *1066 and All That* (London: Methuen, 1. Auflage, 1930), S. 123 der Ausgabe von 1928 als Held erleben.
3. W.M. Kipliner, „Causes of Our Unemployment: An Employment Puzzle", *New York Times* 17. August 1930. Diskutiert wird dies von Peter J. Kuznick in *Beyond the Laboratory: Scientists as Political Activists in 1930s America* (Chicago: University of Chicago Press, 1987), S. 18.
4. „Charges Industry with Duty to Idle", *New York Times*, 16. Februar 1931.
5. Siehe D.J. Rhees *The Chemists' Crusade: The Rise of an Industrial Science in Modern America, 1907–1922*. Dissertation, University of Pennsylvania, 8714116 (Ann Arbor, Mich.: UMI, 1987).
6. William J. Hale, *Chemistry Triumphant: The Rise and Reign of Chemistry in a Chemical World* (Baltimore: Williams & Wilkins in Zusammenarbeit mit The Century of Progress Exposition, 1932), S. 127.
7. Zitiert in Christy Borth, *Pioneers of Plenty: The Story of Chemurgy* (Indianapolis: Bobbs-Merrill, 1939), S. 74.
8. Borth, *Pioneers of Plenty*, S. 28.
9. Thomson an Geddes, 29. April 1930, Ms. 10555 f.301, National Library of Scotland.
10. Arthur P. Molella, „The First Generation: Usher, Mumford and Giedion". in *In Context: History and the History of Technology: Essays in Honor of Melvin Kranzberg*, herausgegeben von Stephen H. Cutcliffe und Robert C. Post (Bethlehem, Pa.: Lehigh University Press, 1989), S. 88–105.
11. Lewis Mumford, „The Disciple's Rebellion", *Encounter* 27 (1966): 11-21. „Mumford on Geddes", BBC Radio Three, 22. August 1976, und im Fernsehen BBC Scotland, „,Eye' for the Future", 28. Dezember 1975. Hier verglich Mumford Geddes mit Leonardo.
12. Lewis Mumford, *Technics and Civilization* (New York: Harper, Brace & World, 1934). Siehe auch sein Werk „An Appraisal of Lewis Mumford's „Technics and Civilization" (1934)", *Daedalus* 88 (1959): 527–36.
13. Siehe W.E. Wickenden, „Technology and Culture", anfängliche Adresse Case School of Applied Science, 29. Mai 1929 und wiederholt in „Technology and Culture", *Ohio College Association Bulletin* (1933): 4–9.
14. Über Wickenden siehe David Nobel, *America by Design: Science, Technology and the Rise of Corporate Capitalism* (New York: Knopf, 1977) und Edwin R. Layton, *The Revolt of the Engineers: Social Responsibility and the American Engineering Profession*

(Cleveland: Case Western Reserve University Press, 1971), S. 232–34. Über Wickendens Abscheu, Nahrungsmittel verbrennen zu sehen, siehe W.E. Wickenden, „The Engineer in a Changing Society", *Electrical Engineering* 51 (Juli 1932): 467.

15. W.E. Wickenden, „Training Engineers for Positions of Responsibility", *Cleveland Engineering* (26. Dezember 1929): 3–5, 14.

16. W.E. Wickenden, „Final Report of the Director of Investigation, Juni 1933", in *Report of the Investigation of Engineering Education, 1923–1929*, Band 2 (Pittsburgh: Society for the Promotion of Engineering Education, 1934), S. 1059.

17. Nobel, *America by Design*, S. 82-83.

18. Robert E. Kohler, *Partners in Science, Foundations and Natural Scientists, 1900-1945* (Chicago: University of Chicago Press, 1991), S. 319.

19. Zu den Roosevelt Briefen siehe „Asks ‚Social Mind' in Engineer Study", *New York Times*, 23. Oktober 1936. Comptons Antwort wurde publiziert in „M.I.T. Head Fears ‚Relief Palliative' Hampers Science", New York Times, 25. Oktober 1936.

20. Karl T. Compton und John W.M. Bunker. „The Genesis of a Curriculum in Biological Engineering", *Scientific Monthly* 48 (Januar 1939): 5–15.

21. Im Titelbrief an die Rockefeller Foundation, in dem der Vorschlag für ein Stipendium auf dem Gebiet der biologischen Technik vorgetragen wurde, wies Compton auf die Parallelen zwischen biologischer und chemischer Technik hin. Karl Compton an die Rockefeller Foundation, 13. Februar 1939, MIT Office of the President, 1930-1958. (AC4) Institute Archives and Social Collections, MIT Libraries, Cambridge, Mass. (im Folgenden: Compton Papers).

22. Compton und Bunker, „Genesis of a Curriculum in Biological Engineering", S. 12.

23. „Biological Engineering at the Massechusetts Institute of Technology and an Application for a Grant in Support of It", „Exhibit A. Proposed Organization of Staff in biological Engineering Including Suggested Additions to Personnel at M.I.T." Compton Papers.

24. Vannevar Bush, „The Case for Biological Engineering", in *Scientists Face the World of 1942* (New Brunswick: Rutgers University Press, 1942), S. 39.

25. Detlev Bronk, „Commentary", *Scientists Face the World of 1942*, S. 74.

26. Persönliche Mitteilung von Professor Myron Tribus, der der Abteilung am UCLA kurz nach deren Gründung beitrat.

27. Craig L. Taylor und L.M.K. Boelter, „Biotechnology: A New Fundamental in the Training of Engineers", *Science* 105 (28. Februar 1947): 217–19.

28. Myron Tribus, Interview.

29. „How Hot Can a Man Get", *Life* 24 (9. Februar 1948): 85–87.

30. J.A.R. Kraft, „The 1961 Picture of Human Factors Research in Business and Industry in the United States of America", *Ergonomiscst* 5i (1962): 293–99.

31. Diese Einzelheiten werden in einem internen Bericht zusammengefaßt, John Lyman, „Re: Biotechnology (Bioengineering)", Department of Engineering, UCLA, c. 1969. Ich danke Professor George Sines vom UCLA dafür, daß er mich hierauf hingewiesen hat.

32. Lawrence J. Fogel, *Biotechnology: Concepts and Applications* (Englewood Cliffs: Prentice-Hall, 1963), S. 798.

33. U.S. Congress. Senate Committee on Government Operations. Subcommittee on Reorganization and International Relations, *Hearings ... to Create a Department of Science and Technology*, 86th Cong., 1. Sitzung, Teil 1, 16.–17. April 1959, S. 8–16. Für diese Interpretation und Quelle danke ich Dr. Nathan Reingold, der mir freundlicherweise eine Kopie seiner Vorlesung „Physics and Engineering in the United States, 1945–1965, A Study of Pride and Predjudice überließ".

34. Zitiert in John Lyman „Biotechnology". Dies war der letzte Bericht einer von der Ford Foundation unterstützten Studie am UCLA mit dem Titel „A Study of a Profession and Professional Education", dessen wichtigsten Forscher Boelter selbst und Professor Allen Rosenstein waren. Für die Kopie dieses Berichtes danke ich Professor Rosenstein.

35. R.R. Roth, „The Foundation of Bionics", *Perspectives in Biology and Medicine* 26 (1983): 229–42, stellt Francé als den vergessenen Begründer der Bionik dar.

36. Norbert Wieners klassische Ausstellung seines Werkes trug den Titel *Cybernetics or Control and Communication in the Animal and the Machine* (Cambridge, Mass.: MIT Press, 1948).

37. John Lyman, „Biotechnology", S. 5. Siehe J.N. Martin, *Biomedical Engineering Education* (Pittsburgh: Chilton, 1966).

38. A.V. Hill, „Biology and Electronics", *Journal of the British Institution of Radio Engineers* 19 (1959), S. 86.

39. Heinz Wolff, persönliche Mitteilung.

40. Siehe C.N. Smyth, *Medical Electronics: Proceedings of the Second International Conference on Medical Electronics, Paris, 24.–27. Juni 1959* (London: Illiffe & Sons, 1960), besonders das „Vorwort" von V.K. Zworykin (xv–xvi) und „Internatinal Conference on Medical Electronics", *Journal of the British Institution of Radio Engineers* 18 (1958): 505.

41. Hill, „Biology and Electronics", S. 80.

42. „Biological Engineering Society", *Lancet* 2 (23. Juli 1960): 218.

43. „Biological Engineering Society", *Lancet* 2 (12. November 1960): 1097. Herrn Keith Copeland, einem Gründungsmitglied und ehemaligen Sekretär der Biological Engineering Society danke ich für seine Hilfe und Kommentare.

44. Robert M. Kenedi, „Bio-engineering – Concepts, Trend and Potential", *Nature* 202 (25. April 1964): 334–36.

45. „Protokoll" vom ersten Treffen der Abteilung X von IVA, 19. Juni 1943. Ich danke IVA für die Möglichkeit, diese Minuten anzuhören. Zur allgemeinen Geschichte des IVA siehe Gregory Ljumberg, „Krig och Fred: IVA under 40-talet", *TVF* 40 (1969): 187–95.

46. Siehe Ron R. Eyerman, „Rationalising Intellectuals: Sweden in the 1930s and 1940s", *Theory and Society* 14 (1985): 777–808.

47. A. Enström, „Maschinenkraft als Kulturfaktor" nochmals abgedruckt in Torsthin Althin *Axel F. Enström* (Stockholm: Ingenörvetenskapsakademien, 1958), S. 71–76.

48. Zu Velander siehe Gregory Ljunberg, *Edy Velander och Ingejörvetenskapsakademien*, IVA-meddelande, Band 251 (Stockholm: IVA, 1986). Ich danke dem Autor für die Übersetzung und Interpretation der wichtigsten Passagen.

49. „P.M. beträffande bioteknisk (biologisk-teknisk) forskning" ref.: EV/Z/Ru, 24/8/42, IVA, Stockholm.

50. „Bioteknik", *IVA* 14 (15. Februar 1943): 1.

51. [E. Velander], „Några nya utvecklingslinjer inom biotekniken", *IVA*, 13 (1942), S. 236. Dieses Schriftstück schreibt das Konzept der *Bioteknik* auch Enström zu. Aus dem Schwedischen wurde es übersetzt von Patricia Crampton.

52. Torbjorn O. Caspersson, „The Background for the Development of the Chromosome Banding Technique", *American Journal of Human Genetics* 44 (1989): 441–51.

53. „Betr. Bioteknik", ref. LS/AKR, 14/11/58, IVA.

54. C.-G. Hedén an E. Gregory Ljunberg, 27. Januar 1961, IVA.

55. C.-G. Hedén an E. Gregory Ljunberg, 27. Januar 1961, IVA.

56. Einar Selander und Gregory Ljunberg, 15. Dezember 1960, IVA.

57. Carl-Göran Hedén, „The GIAMS - A Contribution to Technology Transfer", in *From Recent Advances in Biotechnology and Applied Biology*, herausgegeben von S.T. Chang, K.Y. Chan und N.Y.S. Woo (Hongkong: Chinese University Press, 1988), S. 63–74.

Anmerkungen zu Kapitel 5

1. Elmer Gaden, „Editorial", *Biotechnology and Bioengineering* 4 (1962), S. 1.

2. Peter H. Spitz, *Petrochemicals: The Rise of an Industry* (New York: Wiley, 1988), S. 264.

3. W.B. Duncan, „Lesson from the Past, Challenges and Opportunity", in *The Chemical Industry*, herausgegeben von D.H. Sharp und T.F. West (Chichester: Ellis Horwood, 1982), S. 15–30.

4. Richard Carter, *Breakthrough: The Saga of Jonas Salk* (New York: Pocket Books, 1967), S. 259.

5. „The Case for Biochemical Engineering", *Chemical Engineering* 54 (Mai 1947): 106.

6. Sidney Kirkpatrick, „A Case Study in Biochemical Engineering", *Chemical Engineering* 54 (1947): 94–101.

7. Leo Hepner, „Current State of Industrial Microbiology in the USA" (Oktober 1968), mit dem beiliegenden Brief von Hepner an Harold Hartley, 16. Oktober 1968, Box 303; Hartley Archives, Churchill College, Cambridge (im Folgenden als Hartley Archives zitiert). Für die Erlaubnis, die Veröffentlichungen seines Vaters einzusehen, danke ich Sir Christopher Hartley.

8. H.M. Tsuchiya und K.H. Keller, „Bioengineering – Is a New Era Beginning?" *Chemical Engineering Progress* 61 (Mai 1965): 60–62.

9. Tsuchiya und Keller, „Bioengineering – Is a New Era Beginning?", S. 60–61.

10. W.E. Ranz und A.G. Fredrickson, „Minneapolis to Host Chemical Engineers" *Chemical Engineering Progress* 61 (Juli 1965): 112–19.

11. Elmer Gaden an Allan Wittman 17. Juli 1981. Ich danke Professor Gaden dafür, daß er mir diesen Brief gezeigt hat.

12. John Henahan, „Elmer Gaden: Father of Biochemical Engineering", *Chemical and Engineering News* 49 (31. Mai 1971): 27–30.

13. E.M. Crook, „How Biotechnology Developed at University College Londen", *Biochemical Society Symposium* 48 (1982): 1–7. Siehe auch Carl-Göran Hedén, „The GIAMS – A Contribution to Technology Transfer", in *From Recent Advances in Biotechnology and Applied Biology*, herausgegeben von S.T. Chang, K.Y. Chan und N.Y.S. Woo (Hongkong: Chinese University Press, 1988), 63–74. Für die Möglichkeit des brieflichen Kontaktes mit den Professoren Crook, Gaden und Hedén bezüglich der Gründung des Journals bedanke ich mich.

14. Gaden an Wittman, 17. Juli 1981. Ich danke Professor Gaden für die Genehmigung, diesen Teil seines Briefes zu veröffentlichen.

15. Siehe Gladys L. Hobby, *Penicillin: Meeting the Challenge* (New Haven, Conn.: Yale University Press, 1985) bietet eine Einleitung zu einer umfangreichen Literatur.

16. Detaillierte Produktionszahlen sind zu finden in: Allan J. Greene und Andrew J. Schmitz „Meeting the Objective", in *The History of Penicillin Production*, herausgegeben von A.A. Elder, Chemical Engineering Progress *Symposium Series* Nr. 100, 66 (1970): 86–87.

17. A.W.J. Bufton, *Industrial and Economic Microbiology in North America*, DSIR Overseas Technical Report Nr. 4 (London: HMSO, 1958). S. 6.

18. J.L. Sturchio (Hrsg.), *Values and Visions: A Merck Century* (Rahway, N.J.: Merck, 1991), S. 185.

19. J.C. Sheehan, *The Enchanted Ring – The Untold Story of Penicillin* (Cambridge, Mass.: MIT Press, 1982).

20. Emerson J. Lyons, „Deep Tank Fermentation", in *The History of Penicillin Production*, S. 31–36.

21. J.C. Hoogerheide, „Address by the Symposium Co-Sponsor", *Biotechnology and Bioengineering Symposium* 4i (1973): vii.

22. Zur Entwicklung der Antibiotika siehe Milton Wainwright, *Miracle Cure: The Story of Penicillin and the Golden Age of Antibiotics* (Oxford: Blackwell Publishers, 1990).

23. Paul R. Burkholder, „Trends in Antibiotics Research", in *The Pasteur Fermentation Centennial 1857–1957*, herausgegeben von Charles Pfizer und Co., Inc. (New York: Charles Pfizer, 1958). S. 44.

24. H.G. Lazell, *From Pills to Penicillin: The Beecham Story* (London: Heinemann, 1975). S. 135–50.

25. Chain beschrieb seine ursprüngliche Vorstellung in einem Brief an Sir Charles Dodds, 23. Mai 1955, PP/EBC F45, Wellcome Institute London. Für die Erlaubnis, die Chain-Veröffentlichungen einzusehen, danke ich Lady Chain.

26. Fermentation Industries Section, IUPAC, „Worldwide Survey of Fermentation Industries", *Pure and Applied Chemistry* 13 (1966): 405–17.

27. Durey H. Peterson, „Autobiography", *Steroids* 45 (1985): 1–17.

28. Bufton, *Industrial and Economic Microbiology in the United States*, S. 6.

29. Jokichi Takamine, „Enzymes of *Aspergillus Oryzae* and the Application of Its Amyloclastic Enzyme to the Fermentation Industry". *Industrial and Engineering Chemistry* 6 (1914): 824–28.

30. Kin-ichiro Sakaguchi, *Outline and Characteristics of Japanese Fermentation Industries* (Tokio: RIKEN, 1961). Siehe auch S. Sogusawa, „History of Japanese Natural Products Research", *Pure and Applied Chemistry* 9 (1964): 1–19.

31. Shukuro Kinoshita, „Amino Acid Production and Its Application", in *Profiles of Japanese Science and Scientists,* herausgegeben von Hideki Yukawa (Tokio: Kodansha, 1970), S. 98–105.

32. S. Aiba, A.E. Humphrey und N.F. Millis, *Biotechnical Engineering* (New York: Academic Press, 1965). Siehe R.E. Spier, „So Who is a Biotechnologist", *Biotech Quarterly* 3, Nr. 2–3 (1984): 3–4, 15.

33. Zbigniew Towalski, „The Integration of Knowledge within Science, Technology and Industry: Enzymes: a Case Study", Dissertation, Aston University, Birmingham, 1985. Ich danke Dr. Towalski für die Genehmigung, mich auf Materialien seiner Dissertation zu beziehen. Produktionszahlen, die Berichten von B. Wolnak entnommen wurden, sind auf den Seiten 183–84 dargestellt.

34. Towalski, „The Integration of Knowledge", S. 184. Dr. Towalski entnahm diese Zahlen verschiedenen Veröffentlichungen von Bernard Wolnak und Mitarbeitern.

35. C. Dambmann, P. Holm, V. Jensen und M.H. Nielsen, „How Enzymes Got into Detergents" *Development in Industrial Microbiology* 12 (1971): 11–23.

36. Fermentation Industries Section, IUPAC, „Worldwide Survey of Fermentation Industries"; K. Bernhauer, *Gärungschemisches Praktikum*, 2. Auflage (Berlin: Springer, 1939), S. 1–7.

37. J.W. Foster, „Speculative Discourse on Where and How Microbiological Science as Such May Advise with Application", in *Global Impacts of Applied Microbiology*, herausgegeben von M.P. Starr (Stockholm: Almquist & Wiksel, 1964), S. 70.

38. Towalski, „The Integration of Knowledge within Science, Technology, and Industry", S. 379.

39. M. Lamb und G.D. Walker, „Industrial Applications of Continuous Culture Processes", in *Continuous Culture of Microorganisms*, Society of Chemical Industry Monograph 12 (1961): 254–64.

40. J. Monod, „La technique de culture continue", *Annales Institut Pasteur* 79 (1950): 390–410. A. Novick und Leo Szilard, „Experiments with the Chemostat on Spontaneous Mutations of Bacteria", *Proceedings of the National Academy of Sciences* 36 (1950): 708–19.

41. Sir Charles Dodds in einem Brief an Steven Roskill, zitiert in Stephen Roskills Werk *Hankey: Man of Secrets*, Band 3 (London: Collins, 1974), S. 603.

42. Zitiert in Robert Harris und Jeremy Paxman, *A Higher Form of Killing: The Secret Story of Gas and Germ Warfare* (London: Chatto & Windus, 1982), S. 70.

43. Stephen Roskill, *Hankey: Man of Secrets*, S. 321–25. Harris und Paxman, *A Higher Form of Killing*.

44. Von diesem Zeitpunkt an verschwand Fildes Arbeit interessanterweise aus dem Schwerpunkt der akademischen Biochemie. Robert Kohler folgert nach Fields und seinem Mitarbeiter Wood: „They spent the years of World War II at the Army's experimental station at Porton doing secret bacteriological work and watching others build upon their innovation. When Fildes returned to reconstitute his research team in 1945, the world had passed him by". Robert Kohler, „Bacteriological Physiology: The Medical Context", *Bulletin of the History of Medicine* 59 (1985): 54–74. Die Entwicklung der kontinuierlichen Fermentation in der Nachkriegszeit erwuchs in Porton aus Woods und Fields Interesse am bakteriellen Stoffwechsel.

45. Gradon Carter, persönliche Mitteilung.

46. George W. Merck, „Peacetime Implications of Biological Warfare", *Chemical and Engineering News* 24, Nr. 10 (25. Mai 1936): 1346–49.

47. C.E. Gordon Smith, „The Microbiological Research Establishment, Porton – Research Establishments in Europe: 69 Porton Down", *Chemistry and Industry*, 4. März 1967, S. 338–46.

48. Keith Norris, Interview mit dem Autor, 21. September 1989.

49. Brief an Gradon Carter, 20. August 1980. Ich bedanke mich für die Genehmigung, diesen Brief zu zitieren.

50. Diese Information entnahm ich einem Vortrag nach dem Dinner bei Herbert im Juli 1975 beim Continuous Culture Symposium in Oxfort. Ich bedanke mich bei Charles Evans für eine Tonbandaufzeichnung dieser Rede.

51. Der Zeitgeist ist im Werk von A.T. James wiedergegeben: „The Discovery of Gas-Liquid Chromatography: A Personal Recollection", in *Historical Aspects of Gas Separation*, Royal Society of Chemisty Special Publication 62 (London: Royal Society of Chemistry, 1987), S. 175–200.

52. D. Herbert, „Stoicheometric Aspects of Microbial Growth", in *Continuous Culture 6: Applications and New Fields*, herausgegeben von A.C.R. Dean et al. (Chichester: Ellis Horwood for the Society of Chemical Industry, 1976), S. 3.

53. Charles Evans, Interview mit dem Autor, 21. September 1989.

54. I. Málek, „The Role of Continuous Processes and Their Study in the Present Development of Science and Production", in *Theoretical and Methodological Basis of Continuous Culture of Micro-organisms*, herausgegeben von I. Málek und Z. Fencl (Prag: Czech Academy of Science, 1966), S. 11–30.

55. D.W. Tempest, „The Place of Continuos Culture in Microbiological Research", *Advances in Microbial Physiology*, 4 (1970): 223–50.

56. Die Ausgaben werden von John Postgate kurz beschrieben in seinem Werk *Microbes and Man* (London: Penguin, 1969), S. 33–34. Ich bedanke mich bei Professor Postgate, einem ehemaligen Mitglied von Butlins Arbeitsgruppe, der mir diese Entwicklung erläuterte.

57. J.S. Hough, „Production of Beer by Continuous Fermentation", in *Continuous Culture of Microorganisms*, S. 219–29.

58. R.N. Greenshields „Acetic Acid: Vinegar", in *Economic Microbiology*, Band 2 *Primary Products of Metabolism*, herausgegeben von A.H. Rose (New York: Academic Press, 1978), S. 121–86.

59. J.S. Hough, *The Biotechnology of Malting and Brewing* (Cambridge University Press, 1985), S. 129.

60. R. Seligmann, „Brewing Engineering and the Future", *Journal of the Institute of Brewing* 36 (1930): 288–97.

61. R. Seligman, „The Research Scheme of the Institute – Its Past and Its Future", *Journal of the Institute of Brewing* 54, Nr. 3 (1948): 133–44.

62. „Guinness's New Laboratories at Park Royal", *Brewers Guardian* (August 1955): 26, BIRF „Half-Yearly Report No. 2", 26. Oktober 1953, 57/47, S. 93, Institute of Brewing, London.

63. BIRF Research Board Minutes, 1952–56, 5, Sixth Progress Report, S. 29, Institute of Brewing.

64. A.J.R. Purssell und M.J. Smith, „Continuous Fermentation", *Proceedings of the 11th European Brewery Convention* (Madrid: European Brewery Convention, 1967), S. 155–67.

65. J.N.W. Payne, „Mashing on the Larger Scale", *Brewing Guardian* (November 1962): 75–78.

66. I. Heilborn, „Brewing in Relation to Natural Science", *Proceedings of the Royal Society*, B, 143 (1955): 178–199. I. Heilbron, „Reflections on Science in Relation to Brewing", Horace Brown Memorial Lecture, *Journal of the Institute of Brewing* 65 (1959): 144–54. A.H. Cook, „Unfolding Pattern of Research: Brewing Industry of the Future", *Brewer's Guardian*, Juni 1960, S. 17–25.

67. G.A. Dummett, „Chemical Engineering in the Biochemical Industries", *The Chemical Engineer* (Juli–August 1969): 306–310.

68. G.A. Dummett, „The Engineering of Continuous Brewing", *Wallerstein Laboratories Communications* 25 (April 1962), 19–36. S.R. Green, „Past and Current Aspects of Continuous Beer Fermentation", *Wallerstein Laboratories Communications* 25 (Dezember 1962): 337–48.

69. „Replies to Mr F.E. Lord's Questionnaire dated 30.11.61", in Arthur Guinness Son & Co. Collection, Ms. 2013, Science Museum Library, London (im folgenden: Guiness Papers).

70. D.T. Shore, „Chemical Engineering of the Continuous Brewing Process", *Chemical Engineer* (Mai 1968): 99–109. [Arthur Guinness Son & Co.] „General Report on Continuous Brewing Research in Production Research Department Park Royal, 1957–1966", Guinness Papers.

71. [Arthur Guinness Son & Co.] „General Report on continuous Brewing Research in Production Research Department Park Royal, 1857–1966", Guinness Papers.

72. G.A. Dummett, *From Little Acorns: A History of the A.P.V. Company Limited* (London: Hutchinson Benham, 1981), S. 196–98. Siehe auch R.N. Greenshields und E.L. Smith, „Tower Fermentation Systems and the Applications", *The Chemical Engineer* (Mai 1971): 182–90.

318

73. J.H. Hastings, „Development of the Fermentation Industries in Great Britain", *Advances in Applied Microbiology* 14 (1971), S. 42.

74. Aiba, Humphrey und Millis, *Biochemical Engineering*, S. 128–62.

75. R.C. Righelato und R. Elsworth, „Industrial Applications of Continuous Culture: Pharmaceutical Products and Other Products and Processes", *Advances in Applied Microbiology* 13 (1970): 399–465.

Anmerkungen zu Kapitel 6

1. Carl-Göran Hedén, „Biological Research Directed towards the Needs of Underdeveloped Areas", *TVF 7* (1961), S. 298.

2. Diese Formulierung wurde von Richard M. Krause in seinem Werk „Is the Biological Revolution a Match for the Trinity of Dispair?" *Technology in Society* 4 (1982): 267–82 genutzt.

3. Leo Szilard, *The Voice of the Dolphins and Other Stories* (London: Victor Gollancz, 1961), S. 21–101.

4. Richard A. Cellarius und John Platt, „Councils of Urgent Studies", *Science* 177 (25. August 1972): 670–76.

5. R. Jungk, *The Everyman Project: Resources for a Human Future* (London: Thames & Hudson, 1976), S. 21–23. Das Original trägt den Titel *Jahrtausendmensch*.

6. Janine Clarke und Robin Clarke, „The Biotechnic Research Community", *Futures* 4 (Juni 1972): 169–73. Das Charakterbild von Clark wurde von Jungk dargestellt, *The Everyman Project*, S. 119–23.

7. Johan Galtung, Vorwort in Russell E. Anderson Buch *Biological Paths to Self-Reliance: A Guide to Biological Solar Energy Conversion* (New York: Van Nostrand, 1979), S. ix.

8. Raymond Ewell, „The Rising Giant: The World Food Problem", in *Engineering of Unconventional Protein Production*, herausgegeben von Herman Bieber, Chemical Engineering Progress, Symposium series, Nr. 93, 65 (1969): 1–4.

9. R. Barker „Socio-economic Impact", in *Agricultural Biotechnology: Opportunities for International Developments*, herausgegeben von Gabrielle J. Persley (Wallingford, Oxon: CAB International, 1990), 299–310.

10. Diese Parallele zog D.E. Hughes, „The Scope of the Symposium", in *Microbiology: Proceedings of a Conference Held in London 19 and 20 September 1967*, herausgegeben von P. Hepple (London: Institute of Petroleum, 1968), S. 1–2.

11. Eine genauere Einschätzung liefert Robert Walgate, *Miracle or Menace: Biotechnology and the Third World* (London: Panos Instiue, 1990). Eine optimistische Einstellung liefert Albert Sasson *Biotechnologies and Development* (Paris: UNESCO, 1988). Eine spezielle Analyse von einem marxistischen Standpunkt aus kommt in dem Buch von David Goodman, Bernardo Sorj und John Wilkinson zum Ausdruck, *From Farming to Biotechnology: A Theory of Agro-Industrial Development* (Oxford: Blackwell Publishers, 1987).

12. Siehe die Unterlagen von S. Lackoff, „Biotechnology and Developing Countries", *Politics and the Life Sciences* 2ii (1984): 151–83.

13. Russell E. Anderson, *Biological Paths to Self-Reliance: A Guide to Biological Solar Energy Conversion* (New York: Van Nostrand, 1979), S. xvii. Über Hedéns eigene Einstellung zu seiner Arbeit siehe Carl-Göran Hedén, „The GIAMS – A Contribution to Technology Transfer", in *From Recent Advances in Biotechnology and Applied Biology*, herausgegeben von S.T. Chang, K.Y. Chan und N.Y.S. Woo (Hongkong: Chinese University Press, 1988), S. 63–74.

14. J.G. Baer, „Biology and Humanity: The International Biological Programme", *Impact of Science on Society* 17 (1967): 315–28.

15. Paul Forman, „Behind Quantum Electronics: National Security as Basis for Physical Research in the United States, 1940–1960", *Historical Studies in the Physical and Biological Sciences* 18 (1987): 149–229.

16. Marcel Florkin, „Ten Years of Science at UNESCO", *Impact on Science on Society* 7 (1956): 121–46.

17. [UNESCO], *Records of the General Conference*, 8. Sitzung 1954 (Paris: UNESCO, 1955), S. 694–96.

18. C.-G. Hedén, „Microbiology in World Affairs", *Impact of Science on Society* 17 (1967): 187–208.

19. C.-G. Hedén, Interview mit dem Autor, 1. März 1989.

20. Hedén, „Microbiology in World Affairs", S. 190.

21. „The Contribution of Microbiology to World Food Supplies". Dieser Vorsatz ist von der Permanent Section on Food Microbiology & Hygiene vorbereitet und einstimmig von der Plenarsitzung des IAMS am 24. August 1962 angenommen worden, in *Recent Progress in Microbiology*. Symposium vom 8. internationalen Kongreß für Mikrobiologie. Montreal; 1962, herausgegeben von N.E. Gibbons (Toronto: University of Toronto Press, 1963), S. 719–20.

22. Gibbons, *Recent Progress in Microbiology*, S. 717.

23. Mortimer P. Starr und Carl-Göran Hedén, „Preface", in *Global Impacts of Applied Microbiology*, herausgegeben von Mortimer P. Starr (Stockholm: Almquist & Wiksell, 1964), S. i.

24. Starr und Hedén, „Preface", S. iv.

25. E.L. Gaden, Jr., „Process and Equipment. Design for Less-Developed Areas", in *Global Impacts of Applied Microbiology*, herausgegeben von Starr, S. 338–43.

26. C.-G. Hedén, „Recommendations Accepted at the Plenary Meeting, August 2 1963: Conference on Global Impact of Applied Microbiology", *Global Impacts of Applied Microbiology*, herausgegeben von Starr, S. 520–30.

27. J.W.M. la Rivière, „Biotechnology in Development Cooperation: A Donor Countries' View", in *Biotechnology in Developing Countries*, herausgegeben von P.A. Van Hemert et al. (Delft University Press, 1983), S. 1–17.

28. E.J. DaSilva und C.-G. Hedén, „The Role of International Organizations in Biotechnology: Cooperative Efforts", in *Comprehensive Biotechnology*, herausgegeben von Murray Moo Young, Band 4 (London: Pergamon, 1985), S. 717–49.

29. Auf diese Entwicklungen wirkten fördernd der verstorbene Roger Pater (USA), J.W.M. la Rivière (heute Generalsekretär der ICSU), Dr. A.C.J. Burgers und Dr. E. DaSilva (UNESCO).

30. Raymond A. Zilinskas, „The International Centre for Genetic Engineering and Biotechnology: A New International Scientific Organisation", *Technology in Society* 9 (1987): 47–61.

31. Zitiert in K.R. Butlin, „Survey of Research on the Biological Fixation of Nitrogen". Shell Research, 1962. Ich bedanke mich bei Professor John Postgate dafür, daß er mir diesen Bericht gezeigt hat.

32. Butlin, „Survey of Research on the Biological Fixation of Nitrogen".

33. E.J. DaSilva, A.C.J. Burgers und R.J. Olembo, „UNESCO, UNEP und die International Community of Culture Collections", in *Proceedings of the Third International Conference on Culture Collections*, herausgegeben von Fabian Fernandes und Raby Costa Pereira (Bombay: University of Bombay 1977), S. 107–28.

34. D.N. Li, „Biogas Production in China: An Overview", in *Microbial Technology in the Developing World*, herausgegeben von E.J. DaSilva et al. (Oxford University Press, 1987). S. 196–208.

35. Hal Bernton, William Kovarik und Scott Sklar, *The Forbidden Fuel: Power Alcohol in the Twentieth Century* (New York: Boyd Griffin, 1982), S. 147.

36. Bernton, Kovarik und Sklar, *The Forbidden Fuel,* S. 160.

37. Lennart Enebo, „Growth of Algae for Protein: State of the Art", in *Engineering of Unconventional Protein Production,* S. 80–86.

38. A.C. Thaysen, „Food and Fodder Yeast", in *Yeasts,* herausgegeben von W. Roman (The Huge: W. Junk, 1957), S. 155–210.

39. Siehe A.C. Thaysen, „Food Yeast: Its Nutritive Value and Its Production from Empire Sources", *Journal of the Royal Society of Arts* 93 (8. Juni 1945): 353–64.

40. H.J. Bunker, „Microbial Food", in *Global Impacts of Applied Microbiology,* S. 234–40, zitiert auf Seite 238.

41. A.E. Humphrey, „A Critical Review of Hydrocarbon Fermentations and Their Industrial Utilization", *Biotechnology and Bioengineering* 9 (1967): 3–24. Siehe Felix Just und Willy Schnabel, „Subermerse Massenzüchtung von Bakterien auf nichtkohlenhydrathaltigen Nährstoffen. 1. Ein Beitrag zur biotechnologischen Fettsynthese", *Die Branntweinwirtschaft* 2 (1948): 113–15. Ich danke Professor H. Dellweg dafür, daß er meine Aufmerksamkeit auf diese Veröffentlichung lenkte.

42. Alfred Champagnat und Jean Adrian *Petrole et Proteines* (Paris: Doin, 1974).

43. Richard I. Mateles und Steven R. Tannenbaum, *Single Cell Protein* (Cambridge, Mass.: MIT Press, 1968).

44. G.B. Carter, „Is Biotechnology Feeding the Russians?" *New Scientist* 90 (23. April 1981): 215–17.

45. [PAG], *The PAG Compendium.* Gesammelte Veröffentlichungen der Protein Calorie Advisory Group of the United Nations System, 1956–1973. Band C2 (New York: Worldmark, 1979).

46. David H. Sharp, *Bio-Protein Manufacture: A Critical Assessment* (Chichester: Ellis Horwood, 1989).

47. K. Arima, „The Problems of Public Acceptance of S.C.P.-s.', in *International Symposium on SCP*, herausgegeben von J.C. Senez, Verlaufsprotokolle des Symposiums vom 28.–31. Januar 1981, das von DGRST, IAMS und APRIA organisiert worden ist (Paris: Technique et Documentation (Lavoisier), 1983), S. 145–62.

48. J. Edelman, A. Fewell und G.L. Solomons. „Myco-Protein – A New Food", *Review in Clinical Nutrition* 53 (1983): 471–80.

49. Arima, „The Problems of Public Acceptance of S.C.P.-s.', S. 158.

50. Siehe Kiyoaki Katoh, „Statement on Current Status of SCP Production in Japan", in *Single Cell Protein: Proceedings of the International Symposium Held in Rome, Italy, November 7–9, 1973*, herausgegeben von P. Davis (London: Academic Press, 1974), S. 223–32. Hierin sind die Übersetzungen zweier Petitionen enthalten. Die eine stammt von einer der fünf großen Verbrauchergemeinschaften und die andere vom Tokio Metropolitan Consumer Council.

51. la Rivière, „Biotechnology in Developing Countries: A Donor Countries' View", S. 1–2.

Anmerkungen zu Kapitel 7

1. Pearce Wright, „Time for Bug Valley", *New Scientist* 82 (5. Juli 1979): 27–29.

2. Jean-Jaques Servan-Schreibers Bestseller *Le défi americain* (Paris: Editions Denoel, 1967) war der klassische Ausdruck für die Ängste vor einer Vormachtstellung der Amerikaner.

3. Kendall Bailes, *Environmental History: Critical Issues in Comparative Perspective* (Lanham, Md.: University Presses of America, 1985). Siehe Donald Fleming, „Roots of the New Conservation Movement", *Perspectives in American History* 6 (1972): 7–91 zum britischen Standpunkt. Siehe Max Nicholson, *The Environmental Age* (Cambridge University Press, 1987).

4. Hal Bernton, William Kovarik und Scott Sklar, *The Forbidden Fuel: Power Alcohol in the Twentieth Century* (New York: Boyd Griffin, 1982).

5. Zu den Carter-Jahren siehe Frank Press, „Science and Technology in the White House, 1977 bis 1980", Punkt 1, *Science* 211 (9. Januar 1981): 139–45. Punkt 2, *Science 211* (16. Januar 1981): 249–56. Zu den Veränderungen während der Reagan-Jahre siehe Norman Waks, „Consequences of the Shifts in U.S. Research and Development Policy", *R&D Management* 15 (1985): 191–96.

6. D. Thomas, *Production of Biological Catalysts, Stabilization and Exploitation*, EUR 6079 (Luxemburg: Office for Official Publications of the European Communities, 1978), S. 66–70.

7. Arnold Thackray, P. Thomas Carroll, J.L. Sturchio und Robert Bud, *Chemistry in America, 1876–1976: Historical Indicators* (Dordrecht: Reidel, 1984), S. 132.

8. Siehe Stephan P. Strickland, *Politics, Science and Dread Disease: A Short History of United States Medical Research Policy* (Cambridge, Mass.: Harvard University Press, 1972).

9. National Science Board, *Science Indicators 1972: Report of the National Science Board 1973* (Washington D.C.: U.S. Government Printing Office, 1973), S. 118.

10. June Goodfield, *Cancer Under Siege* (London: Hutchinson, 1975), S. 168. Bis zum 1. April 1985 waren 670 000 Menschen beteiligt.

11. Die Information ist entnommen aus: Dirk Hanson, *The New Alchemists: Silicon Valley and the Microelectronics Revolution* (Boston: Little, Brown, 1982).

12. John W. Bennett und Solomon B. Levine, „Industrialization and Social Deprivation: Welfare, Environment and the Post-Industrial Society in Japan", in *Japanese Industrialization and Its Social Consequences*, herausgegeben von Hugh Patrick (Berkeley: University of California Press 1976), S. 439–92.

13. Bennett und Levine, „Industrialization and Social Deprivation", S. 456.

14. Japan, Science and Technology Agency, *Outline of the White Paper on Science and Technology: Aimed at making Technological Innovations in Social Development*, Februar 1977. Trans. Foreign Press Centre, S. 176–78.

15. Kin-ichiro Sakaguchi und Yonosuke Ikeda, „Applied Microbiology in Japan: An Outline of its Historical Development and Characteristics", in *Profiles of Japanese Science and Scientists*, herausgegeben von Hideki Yukawa (Tokio: Kodansha, 1970), S. 96.

16. Yukawa, *Profiles of Japanese Science and Scientists*.

17. Siehe Keiko Nakamura, „Studies on Life Sciences, Part II. Role of Life Sciences with Special Reference to Research in the Mitsubishi-Kasei Institute", *Technocrate* 6 (1973): 48–52.

18. *Outline of the White Paper on Science and Technology*. S. 18.

19. A. Wada, „One step from Chemical Automatons", *Nature* 257 (23. Oktober 1975): 633–34. Dies waren die Berichte: „Present and Future of Enzyme Technology" und „Report of Current Advances in Research of Enzyme Technology", dessen Kapitelüberschriften und Einleitungen im Anhang 1 nochmals abgedruckt sind, „Report on the Current State of Planning of Life Science Promotion in Japan", in A. Rörsche, *Genetic Manipulations in Applied Biology: A Study of the Necessity, Content and Management Principles of a Possible Community Action* EUR 6078 (Luxemburg: Office for Official Publications of the European Communities, 1979). S. 59–63.

20. Rörsche, *Genetic Manipulations in Applied Biology*, S. 62.

21. Eine Übersicht über die deutsche Technologiepolitik findet sich in Ernst-Jürgen Horns Werk, *Management of Industrial Change in Germany*, Sussex European Papers No. 13 (Brighton: University of Sussex, 1982).

22. Hartmut Bossel, „Die vergessenen Werte", in *Der Grüne Protest: Herausforderung durch die Umweltparteien*, herausgegeben von Rudolf Brun (Frankfurt: Fisher, 1978), S. 7–17. Das gesamte Buch ist eine interessante Sammlung von Manifesten für die damals neue „Grüne" Bewegung.

23. Shelia Jasanoff, „Technological Innovation in a Corporatist State: The Case of Biotechnology in the Federal Republic of Germany", *Research Policy* 14 (1985): 23–38.

24. [BMBW], *Erster Ergebnisbericht des ad hoc Ausschusses „Neue Technologien" des Beratenden Ausschusses für Forschungspolitik.* Schriftenreihe Forschungsplanung 6 (Bonn:
BMBW, Dezember 1971). Alle nutznießenden Studenten der Entwicklung der deutschen Biotechnologie-Politik stehen tief in der Schuld von Klaus Buchholz, selbst ein
entscheidender Teilnehmer und Autor des Artikels „Die gezielte Förderung und
Entwicklung der Biotechnologie", in *Geplante Forschung,* herausgegeben von Wolfgang van den Daele, Wolfgang Krohn und Peter Weingart (Frankfurt: Suhrkamp,
1979), S. 64–116.

25. R. Brunner und W. Friedrich, „In Memoriam: Konrad Bernhauer", *Mitteilungen der
Versuchsstation für das Gärungsgewerbe in Wien,* Nr. 2 (1976): 22–28.

26. Auf die Namensänderung wird in seinem Artikel aus dem Jahre 1964 „Synthesen aus
dem Vitamin B-12 Gebiet", *Biochemische Zeitschrift* 340 (1964), S.471 hingewiesen.
Ich stehe in der Schuld von Professor Herbert Dellweg, der mich auf diesen Artikel
und die Zusammenhänge hingewiesen hat.

27. H. Dellweg, „Die Geschichte der Fermentation – Ein Beitrag zur Hundertjahrfeier
des Instituts für Gärungsgewerbe und Biotechnologie zu Berlin", in *100 Jahre Institut
für Gärungsgewerbe zu Berlin 1874–1974. Festschrift* (Berlin: Institut für Gärungsgewerbe und Biotechnologie, 1974), S. 40–41.

28. H.-J. Rehm, „Modern Industrial Microbiological Fermentations and Their Effects on
Technical Developments", *Angewandte Chemie,* Int. Ed. Engl. 9 (1970): 936–45, S.
945.

29. [Wilhelm Schwartz], „Biotechnik und Bioengineering", *Nachrichten aus Chemie und
Technik* 17 (1969): 330–331. Ich danke Dr. Rudolph vom Verlag Chemie für die
Information, daß der Autor Dr. Wilhelm Schwartz war, der seit 1967 eine Arbeits-
gruppe bei der Gesellschaft für Molekularbiologische Forschung (GMBF) leitete.

30. Jasanoff, „Technological Innovation in a Corporatist State", S. 29.

31. DECHEMA, *Biotechnologie: Eine Studie über Forschung und Entwicklung – Möglichkeiten, Aufgaben und Schwerpunkte der Förderung* (Frankfurt: DECHEMA, Januar
1974). Das BMFT war beim ersten Treffen der DECHEMA-Arbeitsgruppe vertre-
ten, die als Folge des Drucks durch Professor Patat ins Leben gerufen worden war.
Ich danke Professor Klaus Buchholz für seine Ratschläge und Professor Behrens für
die Leihgabe seiner Kopie des Berichts.

32. DECHEMA, *Biotechnologie,* S. vii.

33. [BMFT], *Biotechnologie,* BMFT-Leistungsplan 04, Planperiode: 1979–1983 (Bonn:
BMFT, 1978), S. 15.

34. GMBF/GBF, *Entwicklung eines Forschungsinstitutes 1965–1975* (Hannover: Volks-
wagen Stiftung, 1975).

35. GMBF/GBF, *Entwicklung eines Forschungsinstituts,* S. 4.

36. „The European Federation of Biotechnology", *Chemistry and Industry* (21. Oktober
1978): 781. Siehe auch Dieter Behrens, „Europäische Föderation Biotechnologie:
Vier Jahre nach der Gründung", *Swiss Biotech* 1 (1983): 11–16.

324

37. [K. Buchholz], „Editorial", *FBE Newsletter*, Nr. 4 (Dezember 1981), S. 2.

38. Harold Hartley, „Chemical Engineering at the Cross-Roads", *Transactions of the Institution of Chemical Engineers* 30 (1952): 13–19.

39. Harold Hartley, „Chemical Engineering – The Way Ahead", *Transactions of the Institution of Chemical Engineers* 33 (1955): 20–26.

40. T.K. Walker, „A History of the Development of a School of Biochemistry in the Faculty of Technology, University of Manchester", *Advances in Applied Microbiology* 12 (1970): 1–10.

41. Ronald W. Clark, *The Life of Ernst Chain: Penicillin and Beyond* (London: Weidenfeld, 1985), S. 176–97. Siehe Ernst Chain, „Thirty Years of Penicillin Therapy", *Proceedings of the Royal Society of London* B 179 (1971): 293–319.

42. Gradon Carter, „The Microbiological Research Establishment and Its Precursors at Porton Down: 1940–1979" (Teil 1), *The ASA Newsletter* 91–6, Band 27, Dezember 1991 und Gardon Carter, „The Microbiological Research Department and Establishment: 1946–1979" (Teil 2), *The ASA Newsletter* 92–1, Band 28, 1992.

43. Arbeitsgruppe Industrielle Mikrobiologie (P.W. Brian, Vorsitzender), „Report on the State of Research into Economic Microbiology in the United Kingdom", 1960.

44. Postgate an G.B. Carter 20. August 1980. Ich danke Professor Postgate für die Erlaubnis, seinen Brief zu zitieren.

45. Ken Sargeant an den Autor, 24. Oktober 1991.

46. Ich danke David Sharp, damals Sekretär des SCI, für seine persönlichen Ratschläge.

47. Sir Harold Hartley, „Commentary", *Process Biochemistry* 2, Nr. 4 (April 1967), S. 3. Ich bedanke mich bei Dr. Leo Hepner, der mir die Hintergründe dieses Artikels erklärte, was man am Briefwechsel im Hartley Archive, Churchill College, Cambridge sehen kann. Siehe Hartley an H. Krebs, 22. Januar 1969, Fach 303.

48. Siehe R.F. Homer an Hartley, 19. Januar 1967, Hartley Archives, Fach 247.

49. A.C.R. Dean an Hartley, 30. Dezember 1968, Hartley Archives, Fach 303.

50. A.N. Emery, „Biochemical Engineering: An Industrial Fellowship Report for the SRC and Institution of Chemical Engineers" (Birmingham, University of Birmingham, 1976).

51. Siehe S. Brenner, B.S. Hartley und P.J. Rodgers (Hrsg.), „New Horizons in Industrial Microbiology", *Philosophical Transactions of the Royal Society* B 290 (1980): 277–430.

52. Advisory Council for Applied Research and Development, Advisory Board for the Research Council und The Royal Society, *Biotechnology: Report of a Joint Working Party* (London: HMSO, 1980). Beachten Sie, daß der Ausdruck „service industries" in der Definition auf S. 14 nicht erwähnt wird und nur in der ansonsten identischen Formulierung auf S. 7 erscheint.

53. Alan T. Bull, Derek C. Ellwood und Colin Ratledge, „The Changing Scene in Microbial Technology", in *Microbial Technology: Current State, Future Prospects*, herausgegeben von A.T. Bull, D.C. Ellwood und C. Ratledge, Society of General Microbiology, Symposium Nr. 29 (Cambridge University Press für die Society of General Microbiology, 1979).

54. Alan Bull und John Bu'Lock, „The Living Micro Revolution", *New Scientist* 82 (7. Juni 1979): 808–10.

55. Zu den Niederlanden siehe A. Rip und A. Nederhof, „Between Dirigism and Laissez-faire: Effects of Implementing the Science Policy Priorities for Biotechnology in the Netherlands, *Research Policy* 15 (1986): 253–68.

56. Diese Veröffentlichungen wurden von Ken Sargeant in einer FAST-Veröffentlichung miteinander verglichen und analysiert, „Notes on Three French Biotechnology Reports: A Review Paper", FAST XII/1160/81/EN.

57. Michel Godet und Oliver Ruyssen, *The Old World and the New Technologies: Challenges to Europe in a Hostile World* (Luxemburg: Office for Official Publications of the European Communities, 1981). Das französische Original trug den Titel *L'Europe en mutation.*

58. Commission of the European Communities, „FAST Subprogramme C: Bio-Society", FAST/ACPM/79/14–3E, 1979, S. 3.

59. Dieter Behrens, K. Buchholz und H.-J. Rehm *Biotechnology in Europe – A Community Strategy for European Biotechnology* (Frankfurt: DECHEMA for European Federation of Biotechnology, 1983). Die Engpässe waren Angewandte Genetik; Zellphysiologie (hier definiert als der „Schlüssel zum Fortschritt"); Tier- und Pflanzenzellkultur, Enzyme und immobilisierte Katalysatoren; Analysis, Messungen und Kontrolle; biologische Technik und „Downstream"-Produktionstechniken. Die sechs Produkte und Verfahren waren Energie, chemisch hergestellte Futtermittel, Futter- und Lebensmittel, Feinchemikalien und pharmazeutische Produkte, Umweltverfahrenstechnik und medizinische Analysesysteme.

60. Eine redigierte Fassung des Abschlußberichts wurde von der FAST-Gruppe publiziert *Eurofutures: The Challenge of Innovation* (London: Butterworth, 1987).

Anmerkungen zu Kapitel 8

1. G. Rattray Taylor, *The Biological Time Bomb* (New York: New American Library, 1968), S. 13.

2. Arnold L. Demain, „The Marriage of Genetics and Industrial Microbiology – After a Long Engagement, A Bright Future", in *Genetics of Industrial Microorganisms*, herausgegeben von Z. Vanek, Z. Hoštálek und J. Cudlin (Prag: Academia, 1973), S. 19.

3. Elmer Gaden, „Biochemical Engineering: Where Has it Been and Where is it Going?" *Biotechnology Letters* 2 (1980): 336, „During the last decade, biochemical engineering has been much less productive. An important reason for this has been the reduced pace of development of biotechnology itself".

4. Max Kennedy, „The Evolution of the World ‚Biotechnology'", *Trends in Biotechnology* 9 (1991): 218–20.

5. Sharon McAuliffe und Katheleen McAuliffe, *Life for Sale* (New York: Coward, McCann & Geoghegan, 1981).

6. Ein Versuch, die „gesamte Geschichte" der öffentlichen Meinung zur Atomenergie darzustellen, siehe Spencer Weart, *Nuclear Fear: A History of Images* (Cambridge, Mass.: Harvard University Press, 1988).

7. J.R. Ravetz, „The DNA Controversy and Its History", in *The Social Assessment of Science: Proceedings*, Wissenschaftsforschung 13 Report, Science Studies (Bielefeld: Kleine Verlag, 1982): 79–90. Eine Diskussion über die Berichterstattung in der Presse bezüglich Kosten und Nutzen der Biotechnologie stellte Rae Goodell zur Verfügung, „How to kill a Controversy: The Case of Recombinant DNA", in *Scientists and Journalists*, herausgegeben von S. Fiedman, S. Dunwoody und C. Rogers (New York: Free Press, 1986), S. 170–181. Ich bedanke mich bei Bruce Lewenstein für den Hinweis auf diesen Artikel. Siehe auch Nancy Pfund und Laura Hofstadter, „Biomedical Innovation and the Press", *Journal of Communication* 31 (1981): 138–54.

8. John Naisbitt, *Megatrends: Ten New Directions Transforming Our Lives* (London: Macdonald, 1984), besonders S. 73. Die amerikanische Ausgabe ist zwei Jahre älter. Die Behauptung, die Biologie würde die Chemie und Physik als die Wissenschaft der Zukunft ablösen, wiederholt die Prophezeihung von Gordon Rattray Taylor, die am Anfang dieses Kapitels zitiert wurde. Sie wiederholt natürlich unbewußt die bereits ein halbes Jahrhundert früher geäußerten Behauptungen von Huxley und Hogben.

9. Siehe Ronald Rainger, Keith R. Benson und Jane Maienschein (Hrsg.), *The American Development of Biology* (Philadelphia: University of Philadelphia Press, 1988). Charles Rosenberg, *No Other Gods: On Science and American Social Thought* (Baltimore: Johns Hopkins University Press, 1976), S. 196–209.

10. Die Unterscheidung zwischen Genetik und Mikrobiologie sowie ihre Unterminierung wird von Joshua Lederberg untersucht, „Genetic Recombination in Bacteria: A Discovery Account", *Annual Review of Genetics* 21 (1987): 23–46.

11. Thomas Brock, *The Emergence of Bacterial Genetics* (Cold Spring Harbor, N.Y.: Cold Spring Harbor Laboratory Press, 1990), S. 2.

12. Joshua Lederberg, „Edward Lawrie Tatum, 1909–1975", *Biographical Memories* (National Academy of Sciences) 57 (1990): 357–86. Die Arbeit von Tatums Vater wurde kürzlich von John Patrick Swann in seinem Buch diskutiert „Arthur Tatum, Parke-Davis, and the Discovery of Maphersen as an Antisyphilitic Agent", *History of Medicine and Allied Sciences* 40 (April 1985): 167–87.

13. Edward L. Tatum, „A Case History in Biological Research", Festvortrag zur Nobelpreisverleihung, 11. Dezember 1958.

14. Edward L. Tatum, „Molecular Biology, Nucleic Acids, and the Future of Medicine", *Perspectives in Biology and Medicine* 10 (1966–67), S. 31.

15. Gordon Wolstenholme, „Preface", in *Man and His Future*, herausgegeben von Gordon Wolstenholme (London: J.A. Churchill, 1963), S. v.

16. Dieses und die folgenden Zitate stammen aus dem Werk von Joshua Lederberg „Biological Future of Man", in Wolstenholme (Hrsg.), *Man and His Future*, S. 263–73.

17. Die Redewendung scheint zum ersten Mal von dem radikalen Sozialisten Bernhard J. Stein verwendet worden zu sein: „Human Heredity and Environment", *Science and Society* 14 (1950): 122–33. Hier bezieht er sich auf die Lysenkoist-Kontroverse über die grundlegende Rolle der Genetik. Es ist jedoch immer noch unklar, ob diese Verwendung irgend eine Verbindung zum späteren Gebrauch dieses Begriffs hat (obwohl Lederberg auf diese Veröffentlichung aufmerksam gemacht hat).

18. Edward L. Tatum, „Perspectives from Physiological Genetics", in *The Control of Human Heredity and Evolution*, herausgegeben von T.M. Sonneborn (New York: Macmillan, 1965), S. 22.

19. Rollin D. Hotchkiss, „Portents for a Genetic Engineering", *Journal of Heredity* 56 (1965), S. 202.

20. H.J. Muller, „Perspectives for the Life Sciences", *Bulletin of the Atomic Scientist* 20 (Januar 1964): 3–7.

21. Joshua Lederberg, „Experimental Genetics and Human Evolution", *The American Naturalist* 100 (1966): 519–31.

22. [Syntex], *A Corporation and a Molecule* (Palo Alto: Syntex Laboratories, 1966), S. 102.

23. B.M. Richards und N.H. Carey, „Insertion of Beneficial Genetics Information", Searle Research Laboratories, 16. Januar 1967. Ich danke Dr. Richards, dem späteren Begründer der British Bio-technology Ltd., für die Überlassung einer Kopie dieses Memorandums sowie Dr. Carey und G.D. Searle & Co. für die Erlaubnis, hieraus zu zitieren.

24. Kornberg beschrieb graphisch die Begeisterung, die seiner Erklärung in *For the Love of Enzymes: The Odyssey of a Biochemist* (Cambridge, Mass.: Harvard University Press, 1989), S. 200–206 folgte.

25. „All the Way with DNA", *New Scientist* 39 (18. Juli 1968): 142.

26. Zum Buch und zur Reaktion siehe J.D. Watson, *The Double Helix*, herausgegeben von G.S. Stent (New York: Norton, 1980).

27. Taylor, *The Biological Time Bomb*.

28. D. Paterson (Hrsg.), *Genetics Engineering* (London: BBC, 1969).

29. J. Lederberg, Interview mit dem Autor, 3. Juli 1991.

30. Ronald Capes Interview mit Charles Weiner, 19. April 1978, S. 16. MC100, MIT Institute Archives and Special Collections, MIT Libraries, Cambridge, Mass.

31. Ronald Capes Interview mit Charles Weiner, 19. April 1978, S. 14.

32. U.S. Congress, House of Representatives, Subcommittee of the Committee on Appropriations, *Genetics Research*, 91. Kongreß, 21. Sitzung 1971, S. 914–51.

33. „Genetic Engineering – Certainties and Doubts", *New Scientist* 47 (24. September 1971): 614.

34. Siehe James D. Watson und John Tooze, *The DNA Story: A Documentary History of Gene Cloning* (San Francisco: Freeman, 1981).

35. R. Roblin, Interview mit Charles Weiner, 21. April und 2. Mai 1975, S. 9–10, MC100, MIT.

36. Kass an Berg, 30. Oktober 1970, MC100, MIT. Nachdruck in Sheldon Krimsky, *Genetic Alchemy: The Social History of the Recombinant DNA Controversy* (Cambridge, Mass.: MIT Press, 1982), S. 33–36.

37. Siehe die Heraufbeschwörung durch June Goodfield, *Playing God: Genetic Engineering and the Manipulation of Life* (London: Hutchinson, 1977), S. 111.

38. Krimsky, *Genetic Alchemy.*

39. Joshua Lederberg, „A Geneticist on Safeguards", *New York Times*, 11. März 1975. Dies war eine Antwort auf einen Bericht von V.K. McElheny, „World Biologists Tighten Rules on „Genetic Engineering" Work", *New York Times*, 28. Februar 1975.

40. U.S. Congress, U.S. House of Representatives, Committee on Science and Technology, Subcommittee on Science Research and Technology, *Science Policy Implications of DNA Recombinant Molecule Research*, 95. Kongreß, 1. Sitzung, 1977. Aussage von Leon Kass, „Human Genetic Engineering", S. 1102.

41. Siehe auch den Groll in David Perlmans Geleitwort, *Advances in Applied Microbiology* 11 (1970), S. viii. Auch Dunnill an Berg, 19. September 1974, MS100, MIT Libraries.

42. Goodfield, *Playing God,* S. 101.

43. BBC, „Certain Types of Genetic Research Should Be Suspended", Nachrichtenbeitrag, BBC2, 16. September 1974, Mitschrift, S. 8.

44. Siehe Ronald W. Clark, *The Life of Ernst Chain: Penicillin and Beyond* (London: Weidenfeld, 1985), S. 176–97.

45. Chakrabarty an Roy Curtiss III, 2. Oktober 1974. MC100, MIT Libraries.

46. Watson Fuller (Hrsg.), *The Biological Revolution: Social Good or Social Evil?* (New York: Doubleday, 1972), S. 232.

47. Joshua Lederberg, „DNA Research: Uncertain Peril and Certain Promise", *PRISM* (AMA Policy Journal), 15. Juni 1975, S. 2. Ich konnte die veröffentlichte Version nicht erhalten und danke deshalb Professor Lederberg für die Überlassung einer Kopie der maschinengeschriebenen Fassung und für die Information, daß er diese Veröffentlichung in Asilomar in einem Rundschreiben bekanntgegeben hat, Interview mit dem Autor, 3. Juli 1991.

48. Siehe z. B. ein Telefonat von Walter Gilbert mit den Aktionären von Biogen, „Shareholders Meeting", 19. Juni 1984, S. 2. Ich danke Dr. H. Strimpel, der mir dies zeigte.

49. Dieses Rennen wurde lebhaft von Stephen Hall beschrieben: *Invisible Frontiers: The Race to Synthesis a Human Gene* (London: Sidgwick & Jackson, 1987).

50. Diana B. Dutton und Nancy E. Pfund, „Genetic Engineering: Science and Social Responsibility", in *Worse than the Disease: Pitfalls of Medical Progress,* herausgegeben von Diana B. Dutton (Cambridge University Press, 1988), S. 174–225.

51. BBC, „Certain Types of Genetic Research Should be Suspended", S. 2.

52. Die Entwicklung von Regeln und die ihr unterliegende Logik sind gut in dem Werk *Genetic Alchemy* (S. 181–93) von Krimsky beschrieben.

53. Diese Aufzählung ist entnommen aus Dutton und Pfund, „Genetic Engineering", S. 188.

54. J.R. Ravetz, *The Merger of Knowledge with Power: Essays in Critical Science* (London: Mansell, 1990), S. 72–73.

55. *Science Policy Implications of DNA Recombinant Molecule Research*, S. 484.

56. „Research with Genetic Recombinations Generates Promise and Controversy", *Lilly News* 21 (1977), nachgedruckt in *Science Policy Implications of DNA Recombinant Molecule Research*, S. 474–79.

57. U.S. Congress, Office of Technology Assessment, *Impacts of Applied Genetics: Microorganisms, Plants and Animals*, OTA-HR-132 (Washington D.C.: U.S. Government Printing Office, 1981), S. iii.

58. David Dickson, *The New Politics of Science*, 2. Auflage (Chicago: University of Chicago Press, 1988). S. 242–55.

59. Zsolt Harsanyi, Interview mit dem Autor, 13. Juni 1990.

60. „Industry Starts to Do Biology with Its Eyes Open", *The Economist* 269 (2. Dezember 1978): 95.

61. Die Geschichte des Interferons kann man bei Sandra Panem, *The Interferon Crusade* (Washington D.C.: Brookings Institution, 1984) nachlesen.

62. „Statement of Nelson Schneider", im U.S. Congress, House of Representatives, Committee on Science and Technology, Subcommittee on Investigation and Oversight and Subcommittee on Science, Research and Technology, *Commercialization of Academic Biomedical Research*, 97. Kongreß, 1. Sitzung 1981, S. 126.

63. Nelson Schneider, persönliche Mitteilung.

64. Zsolt Harsanyi, Interview mit dem Autor, 13. Juni 1990. Das Treffen ist auch von Robert Teitelman in *Gene Dreams: Wall Street, Academia and the Rise of Biotechnology* (New York: Basic, 1989), auf S. 26 beschrieben worden.

65. Zitiert in McAuliffe und McAuliffe, *Life for Sale*, S. 26.

66. U.S. Trademark 1180658. Vorläufige Registrierung am 3. Dezember 1979, „for magazine reporting scientific and financial developments in the field of genetics" (US Class 38). Erste Verwendung am 9. November 1979. Ich danke Mr Schneider für die Hilfe beim Verständnis dieser Entwicklung.

67. Zsolt Harsanyi, „Biotechnology and the Environment: An Overview", in *Biotechnology and the Environment: Risk and Regulation*, herausgegeben von Albert H. Teich, Morris A. Levin und Jill H. Pace (Washington, D.C.: AAAS, 1985), S. 16.

68. Ronald Cape, „Statement", beim jährlichen Treffen der American Association for the Advancement of Science, Session and Recombinant DNA, Public Health and Research Policy. 15. Februar 1978, MC100, MIT.

69. Office of Technology Assessment, *Impacts of Applied Genetics*, S. 4.

70. U.S. National Science Board, *Science and Engineering Indicators 1987* (Washington D.C.: U.S. Government Printing Office, 1987), S. 253. Watson und Tooze, *The DNA Story*, verleihen ihrer Abhandlung über die europäischen Gesetzes-Diskussionen den Titel „The European Side-Show".

71. Hiuga Saito, „Biotechnology R&D: Japan and the World", *Science and Technology in Japan* 4 (April–Juni 1985): 8–11.

72. S. Brenner, B.S. Hartley und P.J. Rodgers (Hrsg.), „New Horizons in Industrial Microbiology", *Philosophical Transactions of the Royal Society* B 290 (1980), S. 430.

73. E.J. Yoxen, „Assessing Progress with Biotechnology", in *Science and Technology Policy in the 1980s and Beyond*, herausgegeben von M. Gibbons et al. (London: Longman, 1984), S. 210.

74. Ravetz, *The Merger of Knowledge with Power*, S. 72–73.

75. Siehe die Studie der GBF von Klaus Amann et al., „Kommerzialisierung der Grundlagenforschung: Das Beispiel Biotechnologie", *Science Studies Report 28* (Bielefeld: Kleine Verlag, 1985).

76. Diese Daten stammen aus Mark F. Cantley, „Democracy and Biotechnology: Popular Attitudes, Information, Trust and the Public Interest" *Swiss Biotech* 5 (1987): 5–15. Sie beruhen auf dem Auftrag der Europäischen Gemeinschaft, *The European Public's Attitudes to Scientific and Technological Development*, XII/201/79, 1979.

77. Annemieke J.M. Roobeek, *Beyond the Technology Race: An Analysis of Technology Policy in Seven Industrial Countries* (Amsterdam: Elsevier, 1990), S. 120.

78. D. de Nettancourt, „Applied Molecular and Cellular Biology: Background Note on a Possible Action of the European Communities for the Optimal Exploitation of the Fundamentals of the New Biology", Auftrag der Europäischen Gemeinschaft, Generaldirektor für Research Science and Education, XII/207/77-E, 15. Juni 1977.

79. A. Rörsch, *Genetic Manipulations in Applied Biology: A Study of the Necessity, Content and Management Principle of a Possible Community Action*, EUR 6078, (Luxemburg: Office for Official Publications of the European Communities, 1978). D. Thomas, *Production of Biological Catalysts, Stabilization and Exploitation*, EUR 6079 (Luxemburg: Office for Official Publications of the European Communities, 1978). C. de Duve, *Cellular and Molecular Biology of the Pathological State*, EUR 6348 (Luxemburg: Office for Official Publications of the European Communities, 1979).

80. Eine Diskussion über transatlantische Differenzen finden sie in Gerald E. Markle und Stanley S. Robins Werk „Biotechnology and the Social Reconstruction of Molecular Biology", *Science, Technology and Human Values* 10 (1985): 70–79.

Anmerkungen zu Kapitel 9

1. Advisory Council on Science and Technology [ACOST], *Developments in Biotechnology* (London: HMSO, 1990), S.23.

2. Max Kennedy, „The Evolution of the Word ‚Biotechnology'", *Trends in Biotechnology* 9 (1991): 218–20.

3. Gregory A. Daneke, „Bureaucratization of U.S. Biotechnology", *Technology Analysis and Strategic Management* 2 (1990), S. 131.

4. Die Art und Weise, wie diese Handelsgemeinschaften den Begriff Biotechnologie definierten, werden von L. Christopher Plein in seinem Werk „Popularizing Biotechnology: The Influence of Issue Definition", *Science, Technology and Human Values* 16 (1991): 474–90 untersucht.

5. ACOST, *Development in Biotechnology*, S. 49.

6. John Elkington, *The Gene Factory: Inside the Biotechnology Business* (London: Century Publishing, 1985), S. 43–45.

7. Alex Beam, „Biotech Bubble", *Boston Globe*, 13. Juni 1990.

8. United Nations, *Transnational Corporations in Biotechnology 1988*, zitiert in ACOST, *Development in Biotechnology*, S. 16.

9. Man kann einen Überblick über die U.S. Biotechnologie im Jahre 1988 vom Ataché der britischen Botschaft in Washington, D. Yarrow, „U.S. Biotechnology in 1988 – A Review of Current Trends" (London: Department of Trade and Industry, 1988), mit einem analogen Bericht vergleichen, der vier Jahre zuvor von seinem Vorgänger M.G. Norton verfaßt wurde: „The U.S. Biotechnology Industry" (London: Overseas Technical Information Unit, 1984).

10. „Glaxo Drug Approved", *The Independent*, 14. August 1991.

11. Zitiert von Elkington, *Inside the Gene Factory*, S. 70.

12. Yarrow, „U.S. Biotechnology in 1988", Abbildung 16.

13. „The Genetic Economy", *The Economist*, Anhang 307 (30. April 1988): 10.

14. „Maturing of Product Sales up to $4b a year by 1993", *Los Angeles Times*, 17. März 1991.

15. „The Genetic Economy", 10.

16. ACOST, *Developments in Biotechnology*, S. 1.

17. „The Unfulfilled Promise of Biotech ‚Cures'", *Los Angeles Times*, 31. Januar 1991.

18. U.S. Congress, Office of Technology Assessment, *Commercial Biotechnology: An International Analysis*, OTA-BA-218 (Washington D.C.: U.S. Government Printing Office, 1984), S. 93.

19. G. Steven Burrill mit der Arthur Young High Technology Group, *Biotech 89: Commercialization* (New York: Mary Ann Liebert, 1988), S. 22.

20. Mark D. Dibner und Nancy G. Bruce, „The Greening of Biotechnology: The Growth of the US Biotechnology Industry", *Trends in Biotechnology* 5 (1987): 270–72.

21. „Statement of Carl Djerassi", U.S. House of Representatives, Committee on Science and Technology, Subcommittee on Investigations and Oversight und Subcommittee on Science, Research, and Technology, *Commercialization of Academic Biomedical Research*, 97. Kongreß, 1. Sitzung. 8.–9 Juni 1981, S. 149.

22. Siehe „The Biotechnology Roundtable on Commercialization", *Biotechnology* 4i (Januar 1986): 21–26.

23. E.C. Dart, „Exploiting Biotechnology in a Large Company", *Philosophical Transactions of the Royal Society* B 324 (1989): 599–611, S. 599. Anthony Walker von Arthur D. Little wies darauf hin, daß europäische Firmen die Biotechnologie nicht per se als ein gutes Geschäft angesehen haben. Anthony Walker, „Europe Steals the Lead in Plant Biotechnology", in *Biotech '89* Proceedings der Konferenz vom Mai 1989 in London (London: Blenheim Online, 1989): 121–28.

24. Arthur Kornberg, „The Two Cultures: Chemistry and Biology", *Biochemistry* 26 (1987), S. 6888.

25. Emily A. Arakaki, „A Study of the U.S. Competitive Position in Biotechnology", in *Biotechnology – High Technology in Industry: Profiles and Outlooks*, U.S. Department of Commerce (Washington D.C.: U.S. Government Printing Office, 1985), S. 63.

26. David Hounshell und John Kenly Smith, Jr. *Science and Corporate Strategy: Du Pont R&D, 1902–1980* (Cambridge University Press, 1988), S. 589.

27. Anthony Walker, „Europe Steals the Lead in Plant Biotechnology".

28. Mark Ratner, „Bandshift", *Bio/technology* 8 (November 1990): 993.

29. [OECD], *Biotechnology and the Changing Role of Government* (Paris: OECD, 1988), S. 27.

30. Bernard D. Davis, „Frontiers of Biological Science", *Science* 209 (4. Juli 1980): 78.

31. Erik Baark und Andrew Jamison, „Biotechnology and Culture: The Impact of Public Debate on Government Regulation in the United States and Denmark", *Technology and Science* 12 (1990): 27–44.

32. Steve Olson, *Biotechnology: An Industry Comes of Age* (Washington D.C.: National Academy Press, 1986).

33. R.F. Coleman, „National Policies and Programmes in Biotechnology", in *Biotechnology and the Changing Role of Government*, S. 83–94.

34. Siehe Ronald Dore, *A Case of Technology Forecasting in the Next Generation Base Technologies Development Programme* (London: Technical Change Centre, 1983).

35. Michael D. Rogers, „The Japanese Government's Role in Biotechnology R&D, *Chemistry and Industry* (7. August 1982): 533–37.

36. Yano Research Institute, „Development of Biotechnology in Japan and the Government", 1983.

37. Rogers, „The Japanese Government's Role in Biotechnology".

38. Alfred Scheidegger, „Biotechnology in Japan – Towards the Year 2000 ... and Beyond", *Trends in Biotechnology* 9 (Juni 1991): 183–90.

39. Malcolm V. Brock, *Biotechnology in Japan* (London: Routledge, 1989), S. 89–115.

40. Bioindustry Office, Basic Industries Bureau, MITI, „New Development of Bioindustry Policy", Januar 1989.

41. Thomas F. Lee, *The Human Genome Project: Cracking the Genetic Code of Life* (New York: Plenum, 1991), S. 217–18. Siehe auch U.S. Congress, Office of Technology Assessment, *Mapping our Genes – Genome Project: How Big How Fast* (Washington D.C.: U.S. Government Printing Office, 1987).

42. Office of Technology Assessment, *Commercial Biotechnology*.

43. Office of Technology Assessment, Commercial Biotechnology, S. 308.

44. Zsolt Harsanyi, „Biotechnology and the Environment: An Overview", in *Biotechnology and the Environment: Risk and Regulation*, herausgegeben von Albert A. Teich, Morris A. Levin und Jill A. Pace (Washington D.C.: AAAS, 1985), S. 15.

45. S. Silver (Hrsg.), *Biotechnology: Potentials and Limitations*, Life Science Research Report 35 (New York: Springer, 1986). Er argumentierte genau von dem Standpunkt aus, der im gleichen Band von B. Mattiesson in „Technological Processes for Biotechnological Utilization of Micro-Organisms" auf den Seiten 113–125 beschrieben wird.

46. Siehe Henry Etzkowitz, „The Capitalization of Knowledge", *Theory and Society 19* (1990): 107–21.

47. Mark Dibner, *Directory of State Biotechnology Centers, Februar 1988, zitiert in Yarrow, „U.S. Biotechnology", S. 8–9.*

48. Beam, „Biotech Bubble".

49. Mark Ratner, „The Analysts Take Aim: Biotech Fires Back", *Bio/technology 4 (November 1988): 1280. In diesem Artikel werden die Kommentare der Paine Webber-Analistin Linda Miller bei der Biopharmaceuticals Futures Conference im Oktober 1988 zitiert.*

50. Lee, *The Human Genome Project.*

51. Die Politik der einzelnen Staaten wurde von Margaret Sharp erläutert: *The New Biotechnology: European Governments in Search of a Strategy, Sussex European Papers Nr. 15 (Brighton: Science Policy Research Unit, 1985).*

52. „Discours prononcé devant le Parlament européen par M. Gaston E. Thorn, président de la Commission des Communautés européennes", zitiert von Mark Cantley an Paolo Fasella, 16. Februar 1983, CUBEDOC.

53. Commission of the European Communities, „Biotechnology in the Community", Com. (83) 672, 1983.

54. F. Rexen und L. Munck, *Cereal Crops for Industrial Use in Europe, EUR 9617 (Kopenhagen: Carlsberg Research Laboratory, 1984), S. 8.*

55. Ken Sargeant, zugänglich im House of Lords Select Committee on the European Communities, Sitzungsperiode 1986–1987, 4. Bericht HL 145 (London: HMSO, 1987), S. 58.

56. Commission of the European Communities , „Biotechnology in the Community: Stimulating Agro-Industrial Development", Com. 86-221/2, 1986.

57. Deutsche Bundesregierung, „Angewandte Biologie und Biotechnologie, 1985–1988" (Bonn: BMFT, 1985), S.1.

58. Siehe Jacqueline Senker und Margaret Sharp, „The Biotechnology Directorate of the SERC: Report and Evaluation of Its Achievements – 1981-1987", Science Policy Research Unit Report, vorgelegt beim Management Committee of the Biotechnology Directorate, 5. Mai 1988, S. 24.

59. Seine Entwicklung wird in Mark Dodgsons Werk *Celltech: The First Ten Years* (Brighton: SPRU, 1990) erzählt und analysiert.

60. B. Balmer, „Biotechnology and the UK Research Councils", Dissertation, University of Sussex, 1990.

61. D. McCormick, „Not as Easy as It Looked", *Bio/technology* 7 (Juli 1989): 629.

62. Joanna Blythman, „Will Daisy Become a Monster?", *Independent*, 29. Juni 1991.

63. Für diese Beschreibung bin ich Dr. Bayrhuber aus Kiel zu Dank verpflichtet. Sie stimmt mit den allgemeinen Spannungen innerhalb der Partei „Die Grünen" überein. Dennoch ist es zu vereinfachend, die Spannungen zum Thema Biotechnologie außerhalb Deutschlands auf die besonderen Ansichten innerhalb dieser Partei zu reduzieren. Siehe J.L. Cohen und A. Arato, „The German Green Party: A Movement between Fundamentalism and Modernism", *Dissent* 3 (1984): 327–32.

64. U.S. Congress, Office of Technology Assessment, *New Developments in Biotechnology – Background Paper: Public Perceptions of Biotechnology*, OTA-BP-BA-45 (Washington, D.C.: U.S. Government Printing Office, 1987).

65. Sheldon Krimsky und Alonzo Plough, *Environmental Hazards: Communicating Risks as a Social Process* (New York: Auburn Homer, 1988).

66. Erik Baark und Andrew Jamison, „Biotechnology and Culture: The Impact of Public Debates on Government Regulation in the United States and Denmark", *Technology in Society* 12 (1990): 27–44.

67. Jack Doyle, *Altered Harvest: Agriculture, Genetics and the Fate of the World's Food Supply* (New York: Viking-Penguin, 1985).

68. Aufgezeigt wird die Unterscheidung im deutschen Sprachgebrauch von Adolf Weber „Biotechnologie und Gentechnologie", in *Die Herstellung der Natur: Chancen und Risiken der Gentechnologie*, herausgegeben von Ulrich Steger (Bonn: Verlag Neue Gesellschaft, 1985), S. 13–14. Hierin wird *„Biotechnologie"* im Sinne der DECHEMA als Industrielle Mikrobiologie im allgemeinen definiert, während *„Gentechnologie"* die gezielte Veränderung genetischen Materials mit sich bringt.

69. Niels Arnfred, Annegrethe Hansen und Jørgen Lindgaard Pedersen, „Bio-technology and Politics: Danish Experiences", in *Technology Policy in Denmark*, herausgegeben von J.L. Pedersen (Kopenhagen: New Social Science Monographs, 1989), S. 159–84. Sheila Jasanoff, „Technological Innovation in a Corporatist State: The Case of Biotechnology in the Federal Republic of Germany", *Research Policy* 14 (1985): 23–38.

70. Einen Einblick in die gegenwärtigen deutschen Diskussionen liefert Wolf-Michael Catenhusen „Public Debate on Biotechnology: The Experience of the Bundestag Commission of Inquiry on the Opportunities and Risks of Genetic Engineering", in *Biotechnology in Future Society, Scenarios and Options for Europe*, herausgegeben von Edward Yoxen und Vittorio Di Martino (Luxemburg: Office for Official Publications of the European Communities, 1989), S. 117–23.

71. G. Heinson, R. Knieper und O. Steiger, *Menschenproduktion: Allgemeine Bevölkerungstheorie der Neuzeit* (Frankfurt: Suhrkamp, 1979), S. 194–96.

72. ACOST, *Development in Biotechnology*, S. 28.

73. Zitiert in K. Heusler, „The Commercialisation of Government and University Research, and Public Acceptance of Biotechnology", in [OECD], *Biotechnology and the Changing Role of Government*, S. 110.

74. INRA (Europe) sa/nv for „CUBE", *Opinions of Europeans on Biotechnology in 1991*, Eurobarometer 35.1.

75. Veröffentlicht wurden die Ergebnisse dieser von Eli Lilly geförderten Umfrage in einer Zusammenfassung von Prima Europe, „New Poll Backs Biotechnology in Europe", 27. November 1990. Ängste vor Eugenikern werden bei einer Stichprobe von 40 % der Befragten in Frankreich und 35 % in Deutschland angegeben. Dagegen liegt der Anteil in Großbritannien und Italien nur bei 25 %.

76. Europa Parlament, Committee on Energy, Research and Technology, Rapporteur Benedikt Härlin, „Report ... on the Proposal from the Commission to the Council (COM/88/424–C2-119/88) for a Decision Adopting a Specific Research Programme in the Field of Health and Predictive Medicine: Human Genome Analysis (1989–1991)“, Dokument A2-0370/88, 30. Januar 1989, Absatz 27, S. 27.

77. Edward Yoxen und Vittorio Di Martino (Hrsg.), „Learning about Participation in Biotechnology“, in *Biotechnology in Future Society*, herausgegeben von Yoxen und Martino, S. 128–29.

78. Europa Parlament, Committee on Agriculture, Fisheries and Food, Reaporteur F.W. Gräfe zu Baringdorf, „Report ... on the Effects of the Use of Biotechnology on the European Farming Industry“, Working Document A 2-159/86, 26. November 1986, S. 7.

79. Jennifer Van Brunt, „Environmental Release: A Portrait of Opinion and Opposition“, *Bio/technology* 5 (1987): 559–663.

80. Olaf Diettrich, „Beauty and the Beast: Particular Aspects of the Socioeconomic Integration of Biotechnology in the Context of Activities of the Commission of the European Communities“. Vorgestellt auf dem International Symposium on Environmental Biotechnology, 22.–25. April 1991, Ostende. Zur Bedeutung der Gesetzgebung siehe Sheila Jasanoff, *The Fifth Branch: Science Advisors as Policymakers* (Cambridge, Mass.: Harvard University Press, 1990).

81. U.S. Congress, House of Representatives, Committee on Science and Technology, *The Biotechnology Science Coordination Act of 1986*, 99. Kongreß, 2. Sitzung, 4.–5. Juni 1986, S. 102.

82. Douglas McCormick, „A-sitting on a Gene“, *Bio/technology* 5 (Februar 1987): 101.

83. Luther Val Giddings, „The United States Regulatory Framework“, in *Biotech '89*. Protokolle der Konferenz vom Mai 1989 in London (London: Blenheim Online, 1989), S. 73.

84. U.S. Congress, Office of Technology Assessment, *New Developments in Biotechnology: U.S. Investment in Biotechnology – Speicial Report*, OTA-BA-360 (Washington, D.C.: U.S. Government Printing Office, 1988), S. 29–30.

85. K. Sargeant, „Biotechnology, Connectedness and Dematerialisation“, in *Biotechnology '84*. Protokolle der Konferenz vom 1.–2. Mai 1984 in der Royal Irish Academy, herausgegeben von J.P. Arbuthnott (Dublin: Royal Irish Academy, 1985), S. 96.

86. Die Erfahrungen von Gary Strobel waren Thema einer Senatsanhörung im Jahre 1987. Siehe U.S. Congress, Senate, Committee on Environmental and Public Works, Subcommittee on Hazardous Wastes and Toxic Substances, *Federal Oversight of Biotechnology*, 100. Kongreß, 1. Sitzung, 5. November 1987.

87. H.I. Miller und F.E. Young, „Isn't It about Time We Dispensed with „Biotechnology“ und „Genetic Engineering“?“ *Bio/technology* 5 (1987): 184. David T. Kingsbury, „Safety and Regulations, R&D and International Cooperation in Biotechnology“, in [OECD], *Biotechnology and the Changing Role of Government*, S. 118.

88. [OECD], *Biotechnology and the Changing Role of Government*, S. 72.

89. Zur dominanten Rolle der pro-biotechnologischen Kräfte in den Vereinigten Staaten siehe Plein, „Popularizing Biotechnology". Er machte die interessante Bemerkung, daß die Bedeutung Rifkins von den Befürwortern der Biotechnologie in einem Versuch heraufgespielt wurde, um so die liberalere Opposition auszuschalten.

90. Jeffrey L. Fox, „More Changes in U.S. Regulatory Bodies", *Biot/technology* 8 (November 1990): 996.

91. Europa Parlament, Ausschuß für Energie, Forschung und Technologie, Rapporteur P. Viehoff, „Biotechnology in Europe: The Need for an Integrated Policy", Berichtsentwurf, 21. Juli 1986. PE 105.423/B.

92. Wolf-Michael Catenhusen, „Public Debate on Biotechnology: The Experience of the Bundestag Commission of Inquiry on the Opportunities and Risks of Genetic Engineering", in *Biotechnology in Future Society*, herausgegeben von Yoxen und Di Martino, S. 117–23. Siehe auch Wolf-Michael Catenhusen und Hanna Neumeister (Hrsg.), *Chancen und Risiken der Gentechnologie – Dokumentation des Berichts an den Deutschen Bundestag: Enquete-Kommission des Deutschen Bundestages* (München: Schweizer, 1987). Eine Studie zur Technologiefolgenabschätzung findet sich bei Andrew Jamison und Erik Baark, „Modes of Biotechnology Assessment in the United States, Japan and Denmark", Institute for Samfundstag, Denmarks Tekniske Højskole, *Skriftsserie*, Nr. 20, 1989.

93. G. Ruhrmann, „Genetic Engineering in the Press". In *Biotechnology in Public: A Review of Current Research*, herausgegeben von John Durant (London: Science Museum, 1992), S. 169–201.

94. Commission of the European Communities, „Council Directive of 23 April 1990 on the Contained Use of Genetically Modified Micro-organisms", 90/219/EEC und „Council Directive of 23 April 1990 on the Deliberate Release into the Environment of Genetically Engineered Micro-organisms". Siehe Oliver Leroy, *Biotechnology: EEC Policy on the Eve of 1993* (Rixensart, Belgien: European Study Service, 1991), S. 167–80 und 217–29. Protokolliert wurden die Diskussionen von Gordon Lake, „Scientific Uncertainty and Political Regulation: European Legislation on the Contained Use and Deliberate Release of Genetically Modified (Micro)organisms", *Project Appraisal* 6 (März 1991): 7–15.

95. F.K. Beier, R.S. Crespi und J. Straus, *Biotechnology and Patent Protection: An International Review* (Paris: OECD, 1985), S. 67.

96. Deborah MacKenzie, „Europe Rethinks Patent on the Harvard Mouse", *New Scientist* 132 (19. Oktober 1991): 11.

97. Eine neuere Studie zum Thema Biotechnologie und Geschäft liefert ihre eigene Definition der Biotechnologie: „making money with biology". Siehe Vivian Moses und Ronald Cape, „The Science and the Business: An Introduction", in *Biotechnology: The Science and the Business*, herausgegeben von V. Moses und R. Cape (London: Harwood Academic, 1991), S. 1. Die verständlichste Erklärung der „Befürworter" findet man bei Prima Europe, *The Case for Biotechnology* (London: Prima Europe, 1990).

98. Moderne Technologien sind aus vielen verschiedenen Perspektiven betrachtet wor-
den. Zum Beispiel zur Informationstechnologie siehe James R. Beniger, *The Control
Revolution: Technological and Economic Origins of the Information Society* (Cambridge,
Mass.: Harvard University Press, 1986), und zur Nukleartechnologie siehe Spencer
R. Weart, *Nuclear Fear: A History of Images* (Cambridge, Mass.: Harvard University
Press, 1988).
99. Tecknoligi Naevnet, *Consensus Conference on the Application of Knowledge Gained
from Mapping the Human Genome: Final Document,* 1.–3. November 1989, S. 16.

Quellenverzeichnis

Verwendete Archive

Cambridge University Library, Cambridge
      Needham Archive
Case Western Reserve University, University Archives, Cleveland
      W.E. Wickenden Papers
CUBEDOC, Brussels
      FAST and CUBE Papers
Ingenjörsvetenskapsakademien, Stockholm
      Papers relating to section 10, Bioteknik
Institute of Brewing, London
      Papers relating to Brewing Industry Research Foundation
London School of Economics, London
      W. Beveridge Papers
Massachusetts Institute of Technology, Institute Archives and Special
      Collections
      Recombinant DNA History Collection
      MIT Office of the President
National Library of Scotland, Edinburgh
      Patrick Geddes Papers
Rice University, Woodson Research Centre, Fondren Library, Houston
      Julian Huxley Papers
Science Museum Library, London
      Arthur Guinness Son & Co. Papers
      Ereky Correspondence
Siebel Institute of Technology, Chicago
      Papers relating to the early days of the institute
Technical University of Denmark, Lyngby
      University Regulations
University of Birmingham Library, Birmingham
      Lancelot Hogben Papers
University of Pennsylvania, Special Collections, Philadelphia
      Lewis Mumford Papers
University of Strathclyde, Glasgow
      Patrick Geddes Papers

University of Sussex Library, Brighton
    R.A. Gregory Papers
Weizmann Archive, Rehovoth, Israel
    Chaim Weizmann Papers
Wellcome Institute, London
    Sir Ernst Chain Papers

Ausgewählte Bibliographien

Abir–Am, Pnina. „The Biotheoretical Gathering, Transdisciplinary Authority and the Incipient Legitimation of Molecular Biology in the 1930s: New Perspective on the Historical Sociology of Science", *History of Science* 25 (1987): 1–70.

Adams, Mark B. „Eugenics as Social Medicine in Revolutionary Russia: Prophets, Patrons and the Dialectics of Discipline Building". In *Health and Society in Revolutionary Russia*, (Hrsg.) S. Gross Solomons und J.F. Hutchinson, S. 200-23. Bloomington: Indiana University Press, 1990.

Advisory Council for Applied Research and Development, Advisory Board for the Research Councils and The Royal Society. *Biotechnology: Report of a Joint Working Party.* London: HMSO, 1980.

Advisory Council on Science and Technology [ACOST]. *Develolpments in Biotechnology.* London: HMSO, 1990.

Ahmad, S. „Institutions and the Growth of Knowledge: The Rockefeller Foundation's Influence on the Social Sciences Between the Wars." Dissertation, University of Manchester, 1987.

Aiba, S.; Humphrey, A.E. und Millis N.F. *Biochemical Engineering.* New York: Academic Press, 1965.

Ainsworth, G.C. *Introduction to the History of Mycology.* Cambridge University Press, 1976.

„All the Way with DNA", *New Scientist* 39 (18. Juli 1968): 142.

Althin, Torsthin. *Axel F. Enström.* Stockholm: Ingeniörvetenskapsakademien, 1958.

Amann, Klaus, et al. „Kommerzialisierung der Grundlagenforschung: Das Beispiel Biotechnologie". *Science Studies Report 28.* Bielefeld: Kleine Verlag, 1985.

Anderson, Russell E. *Biological Paths to Self-Reliance: A Guide to Biological Solar Energy Conversion.* New York: Van Nostrand, 1979.

Arakaki, Emily A. „A Study of the U.S. Competitive Position in Biotechnology". In *Biotechnology – High Technology in Industry: Profiles and Outlook*, U.S. Department of Commerce. Washington D.C.: U.S. Government Printing Office, 1985.

Arima, K. „The Problems of Public Acceptance of S.C.P.-s". In *International Svmposium on* SCP, J.C. Senez (Hrsg.). S. 145-62. Proceedings des vom 28.-31. Januar 1981 abgehaltenen Symposiums, organisiert von DGRST, lAMS und APRIA. Paris: Technique et Documentation: Lavoisier, 1983.

Armstrong, H. E. „The Production of Rubber: With or Against Nature?" *Times Engineering Supplement,* 17. Juli 1912, S. 21.

Arnfred, Niels; Hansen, Annegrethe; und Pedersen, Jørgen Lindgaard. „Biotechnology and Politics: Danish Experiences", In *Technology Policy in Denmark*, J.L. Pedersen (Hrsg.), S. 158–84. Copenhagen: New Social Science Monographs, 1989.

Arnold, John P. und Penman, Frank. *History of the Brewing Industry and BrewingScience in America: Prepared as a Memorial to the Pioneers of American Irewing Science, Dr. John E. Siebel aud Anton Schwartz.* Chicago: Privater Druck, 1933.

„Asks ,Social Mind' in Engineer Study", *New York Times*, 23. Oktober 1936.

Aubry, L. „Hofrat Dr. Carl Lintner". *Zeitschrift für das gesamte Brauwesen* 23 (1900): 93-96.

Baark, Erik und Jamison, Andrew. „Biotechnology and Culture: The Impact of Public Debates on Government Regulation in the United States and Denmark". *Technology in Society* 12 (1990): 27-44.

Baer, J.G. „Biology and Humanity: The International Biological Programme". *Impact of Science on Society* 17 (1967): 315-28.

Bailes, Kendall. *Environmental History: Critical Issues in Comparative Perspective.* Lanham, Md: University Presses of America, 1985.

Balls, A.K. „Liebig and the Chemistry of Enzymes and Fermentation". In *Liebig and After Liebig*, F.R. Moulton (Hrsg.), S. 30-39. AAAS pub. 16. Washington D.C.: AAAS, 1942.

Balmer, B. „Biotechnology and the UK Research Councils". Dissertation, University of Sussex, 1990.

Barker, R. „Socio-economic Impact". In *Agricultural Biotechnology: Opportunities for International Development*, (Hrsg.) Gabrielle J. Persley, S. 299-310. Wallingford, Oxon: CAB International, 1990.

BBC. „Certain Types of Genetic Research Should Be Suspended". Broadcast, BBC2, 16. September 1974.

Beam, Alex. „Biotech Bubble". *Boston Globe*, 13. Juni 1990.

Behrens, Dieter. „Europäische Föderation Biotechnologie: Vier Jahre nach der Gründung". *Swiss Biotech* 1 (1983): 11-16.

Behrens, Dieter; Buchholz, K.; und Rehm, H.-J. *Biotechnology in Europe – A Community Strategy for European Biotechnology.* Frankfurt: Dechema zur europäischen Förderung der Biotechnologie, 1983.

Beier, F.K.; Crespi, R.S.; und Straus, J., (Hrsg.) *Biotechnology and Patent Protection: An International Review.* Paris: OECD, 1985.

Benedict, Elizabeth T.; Stippler. Heinrich Hermann und Benedict, Mary Reed. *Theodor Brinkmann's Economics of the Farm Business.* Berkeley: University of California Press, 1935.

Benichou, Claude und Blanckaert, Claude. *Julien-Joseph Virey: Naturaliste et antropologue.* Paris: Vrin, 1988.

Beniger, James R. *The Control Revolution: Technological and Economic Origins of the Information Society.* Cambridge, Mass.: Harvard University Press, 1986.

Bennett, John W. und Levine, Solomon B. „Industrialization and Social Deprivation: Welfare, Environment and the Post-Industrial Society in Japan". In *Japanese Indu-*

strialization and Its Social Consequences, Hugh Patrick (Hrsg.), S. 439-92. Berkeley: University of California Press, 1976.

Benninga, H. *A History of Lactic Acid Making: A Chapter in the History of Biotechnology.* Dordrecht: Kluwer, 1990.

Bergen, Henry. „Rudolf Goldscheid, ‚Höherentwicklung u. Menschenökonomie'". *Eugenic Review* 3 (1911-12): 236-41.

Bergson, Henri. *Creative Evolution*, übersetzt von Arthur Mitchell. London: Methuen, 1954.

Berman, Alex. „Romantic Hygeia: J.J. Virey (1775-1846), Pharmacist and Philosopher of Nature", *Bulletin of the History of Medicine* 39 (1965): 134–42.

Bernhauer, K. *Gärungschemisches Praktikum*, 2. Auflage Berlin: Springer, 1939.

Bernton, Hal; Kovarik, William und Sklar, Scott. *The Forbidden Fuel: Power Alcohol in the Twentieth Century.* New York: Boyd Griffin, 1982.

Beveridge, William. *Power and Influence*, London: Hodder & Stoughton, 1953.

„Bierproduktion in den verschiedenen Ländern des Kontinents und in Nord-Amerika", *Bayerische Bierbrauer* 19 (1884): 342.

Bioindustry Office. Basic Industries Bureau. MITI. „New Development of Bioindustry Policy", Januar 1989.

„Biological Engineering Society", *Lancet* 2 (23. Juli 1960): 218.

„Biological Engineering Society", *Lancet* 2 (12. November 1960): 1097.

„The *Bio/technology* Roundtable on Commercialization". *Bio/technology* 4 (Januar 1986): 21-26.

„Bioteknik", *IVA* 14 (15. Februar 1943): 1.

Blom-Björner, J. „Alfred Jørgensen". *Journal of the Institute of Brewing* 32 (1926): 198.

Blythman, Joanna. „Will Daisy Become a Monster?" *The Independent*, 29. Juni 1991.

[BMBW]. *Erster Ergebnisbericht des ad hoc Ausschusses „Neue Technologien" des Beratenden Ausschusses für Forschungspolitik.* Schriftenreihe Forschungsplanung 6. Bonn: BMBW, Dezember 1971.

[BMFT.] *Biotechnologie.* BMFT-Leistungsplan 04, Planungszeitraum. 1979-1983. Bonn: BMFT, 1978.

Boardman, Philip. *The Worlds of Patrick Geddes: Biologist, Town Planner, Reedu-cator, Peace-Warrior.* London: Routledge, 1978.

Borkenhagen, E. „Gesellschaft für die Geschichte und Bibliographie des Brauwesens". In *100 Jahre Institut für Gärungsgewerbe und Biotechnologie zu Berlin, 1874-1974. Festschrift*, S. 245-52. Berlin: Institut für Gärungsgewerbe und Biotechnologie, 1974.

Borth, Christy. *Pioneers of Plenty: The Story of Chemurgy.* Indianapolis, Ind.: Bobbs-Merrill, 1939.

Bossel, Hartmut. „Die vergessenen Werte". In *Der grüne Protest. Herausforderung durch die Umweltparteien*, (Hrsg.) Rudolf Brun, S. 7-17. Frankfurt: Fischer, 1978.

Bowler, Peter J. „Theodor Eimer and Orthogenesis: Evolution by ‚Definitely directed Variation'". *Journal of the History of Medicine and Allied Sciences* 34 (1979): 40-73. *The Eclipse of Darwinism: Anti-Darwinian Evolution Theories in the Decades around 1900.* Baltimore: Johns Hopkins University Press, 1983.

Boyd-Orr, John. *As I Recall.* London: McGibbon & Kee, 1966.

Branford, V.V. und Geddes, P. *The Coming Polity* 2. Auflage London: Le Plais House, 1919.

Braude, R. „Dried Yeast as Fodder for Livestock". *Journal of the Institute of Brewing* 48 (Oktober 1942): 206-12.

Brenner, S.; Hartley, B.S.; und Rodgers, P.J., (Hrsg.) „New Horizons in Industrial Microbiology", *Philosophical Transactions of the Royal Society* B 290 (1980): 277-430,

[Brightman, Rainald.] „Biotechnology". *Nature* 131 (29. April 1933): 597-99.

Brinkmann, Theodor. „Die Dänische Landwirtschaft: Die Entwicklung ihrer Produktion seit dem Auftreten der internationalen Konkurrenz und ihre Anpassung an den Weltmarkt Vermittels genossenschaftlicher Organisation", *Abhandlungen des Staatswissenschaftlichen Seminars zu Jena* 6, Teil 1 (1908).

Brock, Malcolm V. *Biotechnology in Japan.* London: Routledge, 1989.

Brock, Thomas D. *Robert Koch: A Life in Medicine and Bacteriology.* Madison: Science-Tech Publishers, 1988.
The Emergence of Bacterial Genetics. Cold Spring Harbor, N.Y.: Cold Spring Harbor Laboratory Press, 1990.

Brock, W.H. „Liebigiana: Old and New Perspectives". *History of Science* 19 (1981): 201-18.

Brooke, J.H. „Organic Chemistry". In *Recent Developments in the History of Chemis-try* C.A. Russell (Hrsg.), S. 107-9. London: Royal Society of Chemistry, 1985.

Brunner, R. und Friedrich, W. „In Memoriam: Konrad Bernhauer", *Mitteilungen der Versuchsstation für das Gärungsgewerbe in Wien,* Nr. 2 (1976): 22-28.

Buchholz, Klaus, „Die gezielte Förderung und Entwicklung der Biotechnologie". In *Geplante Forschung,* Wolfgang van den Daele, Wolfgang Krohn und Peter Weingart (Hrsg.), S. 64-116. Frankfurt: Suhrkamp, 1979.

[Buchholz, K.] „Editorial". *EFB Newsletter,* Nr. 4, Dezember 1981.

Bud, Robert. „Biotechnology in the Twentieth Century". *Social Studies of Science* 21 (1991): 415-57.

Bud, Robert und Roberts, Gerrylynn K. *Science versus Practice: Chemistry in Victorian Britain,* Manchester: Manchester University Press, 1984.

Bull, Alan und Bu'Lock, John. „The Living Micro Revolution". *New Scientist* 82 (7. Juni 1979): 808-10.

Bull, Allan T.; Ellwood, Derek C.; und Ratledge Colin. „*The Changing Scene in Microbial Technology*" – In *Microbial Technology: Current State, Future Prospects,* (Hrsg.) A.T. Bull, D.C. Ellwood und C. Ratledge, S. 1-28. Society of General Microbiology, Symposium Nr. 29. Cambridge University Press for the Society for General Microbiology, 1979.

Bull, Alan T.; Holt, T. Geoffrey und Lilly, Malcolm D. *Biotechnology: International Trends and Perspectives.* Paris: OECD, 1982.

Burrill, G. Steven, with the Arthur Young High Technology Group, *Biotech 89: Commercialization.* New York: Mary Ann Liebert, 1988.

Bush, Vannevar. „The Case for Biological Engineering". In *Scientists Face the World of 1942*, S. 33-45. New Brunswick. Rutgers University Press, 1942.

Byer, Doris. *Rassenhygiene und Wohlfahrtspflege: Zur Entstehung eines sozialde- mokratischen Machtdispositivs in Österreich bis 1934*. Frankfurt am Main: Campus Verlag, 1988.

Cantley, Mark F. „Democracy and Biotechnology: Popular Attitudes, Information, Trust and the Public Interest". *Swiss Biotech* 5 (1987): 5-15.

Capek, K. *R.U.R.*, Henry Shefter (Hrsg.). New York: Simon & Schuster, 1973.

Caron, Joseph A. „,Biology' in the Life Sciences". *History of Science* 26 (1989): 223-68.

Carter, G.B. „Is Biotechnology Feeding the Russians?" *New Scientist* 90 (23. April 1981): 216-18.

„The Microbiological Research Establishment and Its Precursors at Porton Down: 1940-1979" (Teil 1), *The ASA Newsletter*, 91–6, Ausgabe 27, Dezember 1991.

„The Microbiological Research Department and Establishment: 1946-1979", (Teil 2), *The ASA Newsletter*, 92-1, Ausgabe 28, 1992.

Carter, Richard. *Breakthrough: The Saga of Jonas Salk*. New York: Pocket Books 1967.

„The Case for Biochemical Engineering". *Chemical Engineering* 54 (Mai 1947): 106.

Catenhusen, Wolf-Michael und Neumeister, Hanna (Hrsg.), *Chancen und Risiken der Gentechnologie – Dokumentation des Berichts an den Deutschen Bundestag: Enquete-Kommission des Deutschen Bundestages*. München: Schweitzer, 1987.

Cellarius, Richard A. und Platt, John. „Councils of Urgent Studies". *Science* 177 (25. August 1972): 670-76.

Chain, Ernst. „Thirty Years of Penicillin Therapy", Proceedings of the *Royal Society of London* B 179 (1971): 293-319.

Champagnat, Alfred und Adrian, Jean. *Petrole et Proteines*. Paris: Doin, 1974.

Channell, David F. *The Vital Machine: A Study of Technology und Organic Life*. Oxford: Oxford University Press, 1991.

Chapman, W. Chaston. „The Employment of Micro-organisms in the Service of Industrial Chemistry: A Plea for a National Institute of Industrial Microbio logy". *Journal of the Society of Chemical Industry* 38 (1919): 282T-86T.

„Charges Industry with Duty to Idle". *New York Times*, 16. Februar 1931.

Cittadino, Eugene. *Nature as the Laboratoy: Darwinian Plant Ecology in the German Empire, 1880-1900*. Cambridge University Press, 1990.

Clark, Ronald W, *The Life of Ernst Chain: Penicillin and Beyond*. London: Weidenfeld & Nicolson, 1985.

Clarke, Janine und Clarke, Robin. „The Biotechnic Research Community". *Futures* 4 (Juni 1972): 168-73.

Coates, Austin. *The Commerce of Rubber: The First 250 Years*. Oxford University Press, 1987.

Cohen, J.L. und Arato, A. „The German Green Party: A Movement between Fundamentalism and Modernism". *Dissent* 3 (1984): 327-32.

Coleman, W. „The Cognitive Basis of the Discipline: Claude Bernard on Physiology", *ISIS* 76 (1985): 49-70.

„Commercial Solvents Corporation v. Synthetic Products Company Ltd." In *Reports of Patent Design, Trade Mark and Other Cases*, Band 43, F.G. Underhay (Hrsg.), S. 185-238. London: HMSO, 1951.

Commission of the European Communities. „Biotechnology in the Community", Com. (83)-672. Brussels: Commission of the European Communities, 1983.

„Biotechnology in the Community: Stimulating Agro-Industrial Development", Com. 86-221/2, Brussels: Commission of the European Communities, 1986.

FAST Subprogramme C: „Biosociety". FAST/ACPM/79/14-3E. Brussels: Commission of the European Communities, 1979.

Compton, Karl T. und Bunker, John W.M. „The Genesis of a Curriculum in Biological Engineering". *Scientific Monthly* 48 (Januar 1939): 5-15.

Connstein, W. und Lüdecke, K. „Ueber Glycerin-Gewinnung durch Gärung" *Berichte der Deutschen Chemischen Gesellschaft* 52ii (1919): 1385-91.

Cook, A.H. „Unfolding Pattern of Research: Brewing Industry of the Future", *Brewer's Guardian* (Juni 1960): 17-25.

Crew, F.A.E., et al. , „Social Biology and Population Improvement", *Nature* 144 (16. September 1939): 521-22.

Crook, E.M. „How Biotechnology Developed at University College London". *Biochemical Society Symposium* 48 (1982): 1-7.

Curtius, Th. „Wilhelm Koenig". *Berichte der Deutschen Chemischen Gesellschaft* 45iii (1912): 3781-92.

Dambmann, C.; Holm, P.; Jensen, V.; und Nielsen, M.H. „How Enzymes Got into Detergents". *Development in Industrial Microbiology* 12 (1971): 11-23.

Daneke, Gregory A. „Bureaucratization of US Biotechnology". *Technology Analysis and Strategic Management* 2 (1990): 129-42.

Dart, E.C. „Exploitation of Biotechnology in a Large Company". Philosophical Transaction of the Royal Society B 324 (1989): 599–611.

DaSilva, E.J.; Burgers, A.C.J.; und Olembo, R.J. „UNESCO, UNEP and the International Community of Culture Collections", In *Proceedings of the Third International Conference on Culture Collections*, Fabian Fernandes und Raby Costa Pereira (Hrsg.), S. 107-28. Bombay: University of Bombay, 1977.

DaSilva, E.J. und Hedén, C.-G. „The Role of International Organizations in Biotechnology: Cooperative Efforts". In *Comprehensive Biotechnology*, Murray Moo Young (Hrsg.), Band 4, S. 717-49. London: Pergamon, 1985.

Davis, Bernard D. „Frontiers of Biological Sciences", *Science* 209 (4. Juli 1980): 78-89.

Davis, George E. *Handbook of Chemical Engineering*. Manchester: Davis Bros., 1901-2.

Dean, A.C.R. et al., (Hrsg.) *Continuous Culture 6: Applications and New Fields*. Chichester: Ellis Horwood for the Society of Chemical Industry, 1976.

DECHEMA. *Biotechnologie: Eine Studie über Forschung und Entwicklung – Mög-*

lichkeiten, Aufgaben und Schwerpunkte der Förderung. Frankfurt: DECHEMA, Januar 1974.

deDuve, C. *Cellular and Molecular Biology of the Pathological State*, EUR 6348. Luxembourg: Office for Official Publications of the European Communities, 1979.

deEnese, Bela Dorner. „Pig Breeding in Hungary". *Pig Breeders Annual* (1934-35): 61-63.

Delbrück, Max. „Über Hefe und Gärung in der Bierbrauerei". *Bayerische Bierbrauer* 19 (1884): 304-12.

„Hefe ein Edelpilz". *Wochenschrift für Brauerei* 27 (30. Juli 1910): 373-76.

Delbrück, Max und Schrohe, A. (Hrsg.) *Hefe, Gärung und Fäulnis.* Berlin: Paul Parey, 1904.

Dellweg, H. „Die Geschichte der Fermentation – Ein Beitrag zur Hundertjahrfeier des Instituts für Gärungsgewerbe und Biotechnologie zu Berlin". In *100 Jahre Institut für Gärungsgewerbe und Biotechnologie zu Berlin, 1874-1974. Festschrift*, S. 17-41. Berlin: Institut für Gärungsgewerbe und Biotechnologie, 1974.

Demain, Arnold L. „The Marriage of Genetics and Industrial Microbiology – After a Long Engagement, A Bright Future". In Genetics of Industrial Microorganisms, Z. Vanek, Z. Hoštálek und J. Cudlin (Hrsg.), S. 19-32. Prag: Academia, 1973.

deNettancourt, D. „Applied Molecular and Cellular Biology: Background Note on a Possible Action of the European Communities for the Optimal Exploitation of the Fundamentals of the New Biology". Commission of the European Communities, Directorate General for Research Science and Education, XII/207/77-E, 15. Juni 1977.

Dibner, Mark D. und Bruce, Nancy G. „The Greening of Biotechnology: The Growth of the US Biotechnology Industry", *Trends in Biotechnology* 5 (1987): 270-72.

Dickson, David. *The New Politics of Science.* 2. Auflage Chicago: University of Chicago Press, 1988.

Diettrich, Olaf. „Beauty and the Beast: Particular Aspects of the Socioeconomic Inte-gration of Biotechnology in the Context of Activities of the Commission of the European Communities". Presented at the International Symposium on Environmental Biotechnology, 22.-25. April 1991, Ostende.

Djerassi, Carl. *Steroids Made it Possible.* Washington, D.C.: American Chemical Society, 1990.

Dodgson, Mark. Celltech: *The First Ten Years.* Brighton: SPRU, 1990.

Donzelot, Jacques. *The Policing of Families,* übersetzt von Robert Hurley. London: Hutchinson, 1980.

Dore, Ronald. *A Case Study of Technology Forecasting in the Next Generation Base Technologies Development Programme.* London: Technical Change Centre, 1983.

Doyle, Jack. *Altered Harvest: Agriculture, Genetics and the Fate of the World's Food Supply.* New York: Viking-Penguin, 1985.

Dubos, René. *Louis Pasteur: Freelance of Science.* New York: Scribner, 1976.

Dummett, G.A., „The Engineering of Continuous Brewing". *Wallenstein Laboratories Communications* 25 (April 1962): 19-36.

346

„Chemical Engineering in the Biochemical Industries". *The Chemical Engineer* (Juli-August 1969): 306-10.

From Little Acorns: A History of the A.P.V. Company Limited. London: Hutchinson Benham, 1981.

)uncan, W.B. „Lesson from the Past, Challenges and Opportunity". In *The Chemical Industry*, D.H. Sharp und T.F. West (Hrsg.), S. 15-30. Chichester: Ellis Horwood, 1982.

)utton, Diana B. und Pfund, Nancy E. „Genetic Engineering: Science and Social Responsibility", In *Worse Than the Disease: Pitfalls of Medical Progress*, Diana B. Dutton (Hrsg.), S. 174-225. Cambridge University Press, 1988.

E.A. Siebel Co." *Western Brewer and Journal of the Barley, Malt und Hop Trades* (Januar 1918): 25.

:delman, J.; Fewell, A.; und Solomons, G.L. „Myco-Protein – A New Food". *Reviews in Clinical Nutrition* 53 (1983): 471-80.

:lkington, John. *The Gene Factory: Inside the Biotechnology Business.* London: Century Publishing, 1985.

:mery, A.N. „Biochemical Engineering: An Industrial Fellowship Report for the Science Research Council and Institution of Chemical Engineers". Birmingham: University of Birmingham, 1976.

:nebo, Lennart „Growth of Algae for Protein: State of the Art", In *Engineering of Unconventional Protein Production*, Herman Bieber (Hrsg.). Chemical Engineering Progress, Symposium series Nr. 93, 65 (1969): 80-86.

:ngel, Michael. *Chemie im achtzehnten Jahrhundert: Auf dem Weg zu einer internationalen Wissenschaft – Georg Ernst Stahl (1659-1734) zum 250. Todestag.* Ausstellung in der Staatsbibliothek Preußischer Kulturbesitz, 29. Mai bis 7. Juli 1984, Ausstellungskatalog 23. Berlin: Staatsbibliothek Preußischer Kulturbesitz, 1984.

:reky, Karl. *Nahrungsmittelproduktion und Landwirtschaft.* Budapest: Friedrich Kilians Nachfolger, 1917.

„Die großbetriebsmäßige Entwicklung der Schweinemast in Ungarn". *Mitteilungen der Deutschen Landwirtschafts-Gesellschaft. 34 (25. August 1917)* 541-50.

Biotechnologie der Fleisch-, Fett- und Milcherzeugung im landwirtschaftlichen Großbetriebe. Berlin: Paul Parey, 1919.

:tzkowitz, Henry. „The Capitalization of Knowledge". *Theory and Society* 19 (1990): 107-21.

„The European Federation of Biotechnology". *Chemistry and Industry* (21. Oktober 1978): 781.

:uropean Parliament. Committee on Agriculture, Fisheries and Food. Rapporteur F. W. Gräfe zu Baringdorf. „Report. . . on the Effects of the Use of Biotechnology on the European Farming Industry" A 2-159/86, 26. November 1986.

Committee on Energy, Research, and Technology. Rapporteur Frau P. Viehoff. „Biotechnology in Europe: The Need for an Integrated Policy", Draft Report, 21. Juli 1986. PE 105.423/B.

Rapporteur Benedikt Härlin, „Report. . . on the Proposal from the Commission to the Council (COM/88/424-C2-119/88) for a Decision Adopting a Specific Research Programme in the Field of Health and Predictive Medicine: Human Genome Analysis (1989-1991)". Document A2-0370/8, 30. Januar 1989.

Ewell, Raymond. „The Rising Giant: The World Food Problem". In *Engineering of Unconventional Protein Production*, Herman Bieber (Hrsg.). Chemical Enginee-ring Progress, Symposium series Nr. 93, 65 (1969): 1-4.

Eyerman, Ron R. „Rationalising Intellectuals: Sweden in the 1930s and 1940s" *Theory and Society* 14 (1985): 777-808.

Eyre, J.V. und Rodd, E.H. „Raphael Meldola". In *British Chemists*, Alexander Findlay und W.H. Mills (Hrsg.), S. 96-125. London: Chemical Society, 1947.

FAST Group, *Eurofutures: The Challenge of Innovation*. London: Butterworth, 1987.
Fermentation Industries Section, IUPAC, „Worldwide Survey of Fermentation Indusries". *Pure und Applied Chemistry* 13 (1966): 405-17.

Finlay, Mark R. „The German Agricultural Experiment Stations and the Beginnings of American Agricultural Research". *Agricultural History* 62 (1988):41-50.

Fischer, Emil. „Synthetical Chemistry in its Relation to Biology". *Journal of the Chemical Society* 91ii (1907): 1749-65.

Fleming, Donald. „Roots of the New Conservation Movement". *Perspectives in American History* 6 (1972): 7-91.

Florkin, Marcel. „Ten Years of Science at UNESCO". *Impact of Science on Society* 7 (1956): 121-46.

Fogel, Lawrence J. *Biotechnology: Concept and Applications*. Englewood Cliffs, N.J.: Prentice-Hall, 1963.

Forman, Paul. „Behind Quantum Electronics: National Security as Basis for Physical Research in the United States, 1940-1960". *Historical Studies in the Physi cal and Biological Sciences* 18 (1987): 149-229.

Fox, Jeffrey L. „More Changes in U.S. Regulatory Bodies" *Bio/technology* 8 (November 1990): 996.

Francé, Raoul H. „Das biologische Experiment und seine Bedeutung für die Versuchstechnik". *Mitteilungen des K. K. Technischen Versuchsamtes* 7 ii (1918): 15-21.
Bios: Die Gesetze der Welt. 2. Band München: Hofstaengli, 1921.
Plants as Inventors. London: Simpkin & Marshall, 1926.
Der Weg zu Mir. Berlin: Alfred Kröner, 1927.

Francé-Harrar, Annie. *So war's um Neunzehnhundert: Mein Fin de Siècle.* München: Albert Langen, 1962.

Freudenthal, Gad (Hrsg.) „Etudes sur Hélène Metzger". *Corpus des oevres de philosophie en langue francaise* 8/9, 1988.

Fuller, Watson (Hrsg.) *The Biological Revolution: Social Good or Social Evil?* New York: Doubleday, 1972

Fulmer, Ellis I. „The Chemical Approach to Problems of Fermentation". *Industrial and Engineering Chemistry* 22 (November 1930): 1148-50.

Gaden, Elmer. „Editorial", *Biotechnology and Bioengineering* 4 (1962): 1-3. „Biochemical Engineering: Where Has it Been and Where is it Going?"*Biotechnology Letters* 2 (1980): 336.

Gaissinovitch, A.E. „The Origins of Soviet Genetics and the Struggle with Lamarckism, 1922-1929". *Journal of the History of Biology* 13 (1980): 1-51.

Garrett, J.F. „Lactic Acid". *Industrial and Engineering Chemistry* 22 (November 1930): 1153-54.

Geddes, Patrick. *Cities in Evolution: An Introduction to the Town Planning Movement and the Study of Civics.* London: Williams & Norgate, 1915.

Geddes, P. und Thomson, J.A. *Biology.* London: Home University Library, 1925.

Geison, Gerald L. „Pasteur, Roux and Rabies: Scientific *versus* Clinical Mentalities". *Journal of the History of Medicine and Allied Sciences* 45 (1990) 341-65.

Gejl, Ib. und Vinding, Povl. „Gustav Hagemann". *Dansk Biografisk Lexicon* 5 472-77.

„The Genetic Economy". *The Economist,* Anhang 307 (30. April 1988):10.

„Genetic Engineering – Certainties and Doubts". *New Scientist* 47 (24. September 1971): 614.

Gibbons, N.E. (Hrsg.) *Recent Progress in Microbiology.* Symposia held at the 8th International Congress for Microbiology, Montreal, 1962. Toronto: University of Toronto Press, 1963.

Giddings, Luther Val. „The United States Regulatory Framework". In *Biotech '89.* Proceedings of the conference held in London, Mai 1989, S. 67-78. London: Blenheim Online, 1989.

Giebelhaus, August W. „Farming for Fuel: The Alcohol Motor Fuel Movement of the 1930s". *Agricultural History* 54 (1980): 173-84.

Giessler, Alfred. *Biotechnik.* Leipzig: Quelle & Meyer, 1939.

Glamann, Kristoff. „The Scientific Brewer: Founders and Successors During the Rise of the Modern Brewing Industry". In *Enterprise and History: Essays in Honour of Charles Wilson,* D.C. Coleman und Peter Mathias (Hrsg.). S. 186-98. Cambridge University Press. 1984.

Glas, E. *Chemistry and Physiology in Their Historical and Philosophical Relations.* Delft: Delft University Press, 1979.

„Glaxo Drug Approved". *The Independent,* 14. August 1991.

GMBF/GBF. *Entwicklung eines Forschungsinstituts,* 1965-1975. Hannover: Stiftung Volkswagenwerke, 1975.

Godet, Michel und Ruyssen, Olivier. *The Old World and the New Technologies: Challenges to Europe in a Hostile World.* Luxembourg: Office for Official Publications of the European Communities, 1981.

Goldscheid, Rudolf. „Ostwald als Persönlichkeit und Kulturfaktor". In *Wilhelm Ostwald: Festschrift aus Anlaß seines 60. Geburtstages 2. September 1913,* Monistenbund in Österreich (Hrsg.), S. 57-82. Wien: Suschitzky 1913.

„A Sociological Approach to Problems of Public Finance". In *Classics in the Theory of Public Finance,* R.A. Musgrave und A.T. Peacock (Hrsg.), S. 202-13. London: Macmillan Press, 1958.

Goldsmith, Maurice. *Sage: A Life of J.D. Bernal.* London: Hutchinson, 1980.

Goodell, Rae. „How to Kill a Controversy: The Case of Recombinant DNA".
In *Scientists and Journalists*, S. Friedman, S. Dunwoody. und C. Rogers (Hrsg.), S. 170-81. New York: Free Press, 1986

Goodfield, June. *Cancer Under Siege.* London: Hutchinson, 1975.
Playing God: Genetic Engineering and the Manipulation of Life. London: Hutchinson, 1977, S.111.

Goodman, David; Sorj, Bernardo; und Wilkinson, John. *From Farming to Biotechnology: A Theory of Agro-industrial Development.* Oxford: Blackwell Publishers, 1987.

Gordon Smith, C.E. „The Microbiological Research Establishment, Porton – Research Establishments in Europe: 69, Porton Down". *Chemistry and Industry*, 4. März 1967, S. 338-46.

Gouhier, Henri. *Bergson dans l'histoire de la pensée occidentale.* Paris: Vrin, 1989.

Graber, Vitus. *Die äuseren mechanischen Werkzeuge der Wirbeltiere.* Leipzig: Frentag, 1886.

Green, S.R. „Past and Current Aspects of Continuous Beer Fermentation". *Wallerstein Laboratories Communications* 25 (Dezember 1962): 337-48.

Greene, Allan J. und Schmitz, Andrew J. „Meeting the Objective". In *The History of Penicillin Production*, A.A. Elder (Hrsg.). Chemical Engineering Progress, Symposium Series, Nr. 100, 66 (1970): 79-88.

Greenshields, R.N. „Acetic Acid: Vinegar". In *Economic Microbiology*. Band 2, *Primary Products of Metabolism*, A.H. Rose (Hrsg.), S. 121-86. New York: Academic Press, 1978.

Greenshields, R.N. und Smith, E.L. „Tower Fermentation Systems and the Applications", *The Chemical Engineer* (Mai 1971): 182-90.

Grogin, R.C. *The Bergsonian Controversy in France.* Calgary: University of Calgary Press, 1988.

Grote, L.R. „Wilhelm Roux in Halle a.S.". In *Die Medizin der Gegenwart in Selbstdarstellungen*, Band 1, S. 141-206, Leipzig: F. Meiner, 1924.

Grotjahn, Alfred. *Soziale Pathologie: Vesuch einer Lehre von den sozialen Bezie- hungen der menschlichen Krankheiten als Grundlage der sozialen Medizin und sozialen Hygiene*, 2. Auflage Berlin: Hirschwald, 1915.

„Guinness's New Laboratories at Park Royal" *Brewers Guardian* (August 1955): 26.

Gunst, Péter und Gaál, Lázlo. *Animal Husbandry in Hungary in the 19th-20th Centuries.* Budapest: Akadamiai Kiado, 1977.

Haldane, J.B.S. *Daedalus or Science and the Future.* London: Kegan Paul, 1925.

Hale, William J. *Chemistry Triumphant: The Rise and Reign of Chemistry in a Chemical World.* Baltimore: Williams & Wilkins in cooperation with the Century of Progress Exposition, 1932.

Hall, Stephen S. *Invisible Frontiers: The Race to Synthesise a Human Gene.* London: Sidgwick & Jackson, 1988.

Hamlin, Christopher. „William Dibdin and the Idea of Biological Sewage Treatment". *Technology and Culture* 29 (1988) : 189-218.

Hamstra, Anneke M. und Feenstra, Marijke H. *Consument en Biotechnologie: Kennis en meninvorming van consumenten over biotechnologie.* Report Nr. 85. The Hague: Instituut voor consumentenonderzoek, 1989.

Hansen, Emil Christian. *Untersuchungen aus der Praxis der Gärungsindustrie.* München: Oldenbourg, 1892.

Hanson, Dirk. *The New Alchemists: Silicon Valley and the Microelectronics Revo- lution.* Boston: Little, Brown, 1982.

Haraway, Donna Jean. *Crystals, Fabrics and Fields: Metaphors of Organicism in Twentieth Century Developmental Biology.* New Haven, Conn.: Yale University Press, 1976. *Simians, Cyborgs and Women: The Reinvention of Women.* London: Free Association Books, 1991.

Harris, José. *William Beveridge: A Biography.* Oxford: Oxford University Press, 1981.

Harris, Robert und Paxman, Jeremy. *A Higher Form of Killing: The Secret Story of Gas and Germ Warfare.* London: Chatto & Windus, 1982.

Harsanyi, Zsolt. „Biotechnology and the Environment: An Overview". In *Biotechnology and the Environment: Risk and Regulation,* Albert H. Teich, Morris A. Levin und Jill H. Pace (Hrsg.), S. 15-27. Washington, D.C.: AAAS, 1985.

Hartley, Harold. „Agriculture as a Source of Raw Materials for Industry?" *Journal of the Textile Institute* 28 (1937): 151-72. „Chemical Engineering at the Cross-Roads". Transactions of the Institution of Chemical Engineers 30 (1952): 13-19. „Chemical Engineering – The Way Ahead". *Transactions of the Institution of Chemical Engineers* 33 (1955): 20-26. „Commentary". Process Biochemistry 2, Nr. 4 (April 1967): 3.

Hase, Albrecht. „Über technische Biologie: Ihre Aufgaben und Ziele, ihre prinzipielle und wirtschaftliche Bedeutung". *Zeitschrift für Technische Biologie* 8 (1920): 23-45.

Hastings, J.H. „Development of the Fermentation Industries in Great Britain", *Advances in Applied Microbiology* 14 (1971): 1-45.

Haushofer, Heinz. *Die Agarreformen der Österreich-ungarischen Nachfolgestaaten.* München: Dresler, 1929.

Hawksworth, David L. „The Commonwealth Mycological Institute (CMI)". *Biologist* 32 (1985): 7-12.

Hayduck, F. „Max Delbrück". *Berichte der Deutschen Chemischen Gesellschaft* 53i (1920) : 48A-62A. „Das Institut für Gärungsgewerbe in Vergangenheit und Zukunft". In *Das Institut für Gärungsgewerbe und Stärkefabrikation zu Berlin,* S. 1-15. Berlin: Paul Parey, 1925.

Hedén, Carl-Göran. „Biological Research Directed towards the Needs of Underdeveloped Areas". *TVF* 7 (1961): 297-304. „Microbiology in World Affairs". *Impact of Science on Society* 17 (1967): 187-208. „The GIAMS – A Contribution to Technology Transfer". In *From Recent Advances in Biotechnology and Applied Biology,* S.T. Chang, K.Y. Chan, und N.Y.S. Woo (Hrsg.), S. 63-74. Hong Kong: Chinese University Press, 1988.

Heertje, Arnold. „Schumpeter and Technical Change". In *Evolutionary Economics: Application of Schumpeter's Ideas*, Horst Hanusch (Hrsg.), S. 71-89. Cambridge University Press, 1988.

Heilbron, I. „Brewing in Relation to Natural Science". *Proceedings of the Royal Society*, B, 143 (1955): 178-99.

„Reflections on Science in Relation to Brewing", Horace Brown Memorial Lecture, *Journal of the Institute of Brewing* 65 (1959): 144-54.

Heinson, G.; Knieper, R.; und Steiger, O. *Menschenproduktion: Allgemeine Bevölke-rungstheorie der Neuzeit.* Frankfurt: Suhrkamp, 1979.

Held, Joseph (Hrsg.) *The Modernization of Agriculture: Rural Transformation in Hungary, 1848-1975.* Boulder, Colo.: East European Quarterly Press, 1975.

Henahan, John. „Elmer Gaden: Father of Biochemical Engineering". *Chemical and Engineering News* 49 (31. Mai 1971): 27-30.

Hepner, Leo. „Training for the Biochemical Industries". *Advances in Applied Microbiology* 11 (1969): 283-88.

Hepple, P. (Hrsg.) *Microbiology: Proceedings of a Conference Held in London 19 and 20 September 1967.* London: Institute of Petroleum, 1968.

Herf, J. *Reactionary Modernism: Technology, Culture and Politics in Weimar and the Third Reich.* Cambridge University Press, 1984.

Herter, M. und Wilsdorf, G. *Die Bedeutung des Schweines für die Fleischversorgung,* Arbeiten der Deutschen Landwirtschafts-Gesellschaft, Band 270. Berlin. Paul Parey, 1914.

Hill, A.V. „Biology and Electronics". *Journal of the British Institution of Radio Engineers* 19 (1959): 80-86.

Hobby, Gladys L. *Penicillin: Meeting the Challenge.* New Haven, Conn.: Yale University Press, 1985.

Hogben, Lancelot. *The Nature of Living Matter.* London: Kegan Paul, 1930.
„The Foundations of Social Biology". Economica, Nr. 31 (Februar 1931): 4-24.
The Retreat from Reason: Conway Memorial Lecture Delivered at Conway Hall. May 20, 1936. London: Watts, 1936.
„Prolegomenon to Political Arithmetic". In *Political Arithmetic: A Symposium of Population Studies,* Lancelot Hogben (Hrsg.), S. 13-46. London: Allen & Unwin, 1938.

Holmes, F.L. „Introduction". Reprint edition of Liebig's *Animal Chemistry*, S. vii-cxvi. New York: Johnson Reprint, 1964.

Hoogerheide, J.C. „Address by the Symposium Co-Sponsor". Biotechnology and Bioengineering Symposium 4i (1973): vii.

Hoppe, Brigitte. „Biologische und technische Bewegungslehre im 19. Jahrhundert". In *Geschichte der Naturwissenschaften und der Technik im 19. Jahrhundert,* B. Hoppe et al. (Hrsg.), S. 9-35. Düsseldorf: VDl, 1969.

Horn, Ernst-Jürgen. *Management of Industrial Change in Germany.* Sussex European Papers Nr. 13. Brighton: University of Sussex, 1982.

Hotchkiss, Rollin D. „Portents for a Genetic Engineering". *Journal of Heredity* 56 (1965): 197-202.

Hough, J.S. *The Biotechnology of Malting and Brewing*. Cambridge University Press, 1985.

Hounshell, David und Smith, John Kenly. Jr. *Science and Corporate Strategy: Du Pont R&D, 1902-1980*. Cambridge University Press, 1988, S. 589.

„How Hot Can a Man Get". Life 24 244 (9. Februar 1948): 85-87.

Hufbauer, Carl. *The Formation of the German Chemical Community* (1720-1795). Berkeley: University of California Press, 1982.

Hughes, Thomas P. und Agatha, C. (Hrsg.) *Lewis Mumford: Public Intellectual* Oxford: Oxford University Press, 1990.

Hulme, E.W. *Statistical Bibliography in Relation to the Growth of Modern Civilization*. London: Butler & Tanner, 1923.

Humphrey, A.E. „A Critical Review of Hydrocarbon Fermentations and Their Industrial Utilization". *Biotechnology and Bioengineering* 9 (1967): 3-24.

Huxley, J.S. „Biology and Human Life". 2d Norman Lockyer Lecture, British Science Guild, 23 November 1926.
„The Applied Science of the Next Hundred Years: Biological and Social Engineering". *Life and Letters* 11 (1934): 38-46.

„Industry Starts to Do Biology with Its Eyes Open". *The Economist* 269 (2. Dezember 1978): 95.

INRA (Europe) sa/nv for „CUBE". *Opinions of Europeans on Biotechnology in 1991*, Eurobarometer 35.1.

„International Conference on Medical Electronics". *Journal of the British Instiution of Radio Engineers* 18 (1958): 505.

James, A.T. „The Discovery of Gas-Liquid Chromatography: A Personal Recollection". In *Historical Aspects of Gas Separation*, Royal Society of Chemistry Special Publication 62, S. 175-200. London: Royal Society of Chemistry, 1987.

Jamison, Andrew und Baark, Jamison. „Modes of Biotechnology Assessment in the United States, Japan and Denmark". Institut for Samfundstag, Danmarks Tekniske Højskole, *Skriftsserie*, Nr. 20, 1989.

Japan. Science and Technology Agency. *Outline of the White Paper on Science and Technology: Aimed at Making Technological Innovations in Social Development*. Februar 1977. Trans. Foreign Press Centre.

Jasanoff, Sheila. „Technological Innovation in a Corporatist State: The Case of Biotechnology in the Federal Republic of Germany". *Research Policy* 14 (1985): 23-38. *The Fifth Branch: Science Advisors as Policymakers*. Cambridge, Mass.: Harvard University Press , 1990.

Jensen, Einar. *Danish Agriculture – Its Economic Development: A Description and Economic Analysis Centering on the Free Trade Epoch*, 1870-1930. Copenhagen: Schultz, 1937.

Jewson, N.D. „The Disappearance of the Sick-Man from Medical Cosmology, 1770-1870". Sociology 10 (1976): 225-44.

Jones, Greta. *Social Hygiene in 20th Century Britain*, London: Croom Helm, 1986.

Jørgensen, Alfred. *Micro-organisms and Fermentation*. Neue Auflage übersetzt von A.K Miller und L.A. Lemdden. London: F.W. Lyons, 1893.

[Jørgensen, Alfred.] „Alfred Jørgensens Gjaeringsfysiologiske Laboratorium", *Zymotechnisk Tidsskrift* 19 (1903): 80.

[Jørgensen, Alfred.] „Ansættelser fra Laboratoriet i sidste Semester". *Zymotechnisk Tidsskrift* 23 (1907): 90.

Jungk, R. *The Everyman Project: Resources for a Human Future.* London: Thames & Hudson, 1976.

Just, Felix und Schnabel, Willy. „Submerse Massenzüchtung von Bakterien auf nicht-kohlenhydrathaltigen Nährstoffen 1. Ein Beitrag zur biotechnischen Fettsynthese". *Die Branntweinwirtschaft* 2 (1948): 1 13-15.

Just, John. „The Commercial Utilization of Milk Waste and the More Recent Products of Milk in a Dry Form". In 5th International Congress for Applied Chemistry, Berlin, 2.-8. Juni 1903, *Bericht*, Band 13, S. 870-91. Berlin Deutsche Verlag, 1904.

Kammerer, Paul. „Adaptation and Inheritance in the Light of Modern Experimental Investigation". *Report of the Smithsonian Institution* (1912): 421-42.

„Höherentwicklung und Biologie". *Archiv für Rassen und Gesellschaftsbiologie* 11 (1914): 222-33.

„Das biologischer Zeitalter: Fortschritte der organischen Technik". *Monistische Bibliothek, kleine Flugschriften*, Nr. 33. Wien: Hamburger Verlag, 1920.

Kapp, Ernst. *Grundlinien einer Philosophie der Technik.* Braunschweig: Westermann, 1877.

Katoh, Kiyoaki. „Statement on Current Status of SCP Production in Japan". In *Single Cell Protein: Proceedings of the International Symposium Held in Rome, Italy, on November 7-9, 1973*, S. Davis (Hrsg.), S. 223-32. London: Academic Press, 1974.

Kemp, A.F.; la Rivière, J.W.M.; und Verhoeven, W. *Albert Jan Kluyver: His Life and Work.* Amsterdam: North Holland, 1959.

Kenedi, Robert M. „Bio-engineering – Concepts, Trend and Potential". *Nature* 202 (25. April 1964): 334-36.

Kennedy, Max. „The Evolution of the Word ‚Biotechnology'". *Trends in Biotechnology* 9 (1991): 218-20.

Kenney, Martin. *Biotechnology: The University/Industrial Complex.* New Haven, Conn.: Yale University Press, 1986.

Kiplinger, W.M. „Causes of Our Unemployment: An Employment Puzzle". *New York Times*, 17. August 1930.

Kirkpatrick, Sidney. „A Case Study in Biochemical Engineering". *Chemical Engineering* 54 (1947): 94-101.

Kloppenburg J.R., Jr. *First The Seed: The Political Economy of Plant Biotechnology, 1492-2000.* Cambridge University Press, 1988.

Koestler, Arthur. *The Case of the Midwife Toad.* London: Hutchinson, 1971.

Kohler, Robert E. „The Reception of Eduard Buchner's Discovery of Cell-Free Fermentation". *Journal of the History of Biology* 5 (1972): 327-53.

From Medical Chemistry to Biochemistry: The Making of a Biomedical Discipline. Cambridge University Press, 1982.

„Bacterial Physiology: The Medical Context". *Bulletin of the History of Medicine* 59 (1985): 54-74.

Partners in Science, Foundations and Natural Scientists, 1900-1945. Chicago: University of Chicago Press, 1991.

Kornberg, Arthur. „The Two Cultures: Chemistry and Biology". *Biochemistry* 26 (1987): 6588-91.

For the Love of Enzymes: The Odyssey of a Biochemist. Cambridge, Mass.: Harvard University Press, 1989.

Kraft, J.A.R. „The 1961 Picture of Human Factors Research in Business and Industry in the United States of America". *Ergonomics* 5i (1962): 293-99.

[Král, F.]. *Králs Bakteriologisches Laboratorium, Der gegenwärtige Bestand der Králschen Sammlung von Mikroorganismen.* März 1904. Prag: Privater Druck, 1904.

Krause, Richard M. „Is the Biological Revolution a Match for the Trinity of Despair?" *Technology in Society* 4 (1982) : 267-82.

Krimsky, Sheldon. *Genetic Alchemy: The Social History of the Recombinant DNA Controversy.* Cambridge, Mass.: MIT Press, 1982.

Krimsky, Sheldon und Plough, Alonzo. *Environmental Hazards: Communicating Risks as a Social Process.* Dover, Mass.: Auburn House, 1988.

Kroeger, Gertrud. *The Concept of Social Medicine: As Presented by Physicians and Other Writers in Germany, 1779-1932.* Chicago: Julius Rosenwald Fund, 1937.

Kuczynski, Jürgen. *René Kuczynski: Ein fortschrittlicher Wissenschaftler in der ersten Hälfte des 20. Jahrhunderts.* Berlin: Aufbau Verlag, 1957.

Kuznick, Peter J. *Beyond the Laboratory: Scientists as Political Activists in 1930s America.* Chicago: University of Chicago Press, 1987.

Lackoff, S. „Biotechnology and Developing Countries". *Politics and the Life Sciences* 2ii (1984): 151-83.

Lafar, Franz. *Technical Mycology: The Utilization of Micro-organisms in the Arts and Manufactures,* übersetzt von T.C. Salter. London: Griffin, 1898.

Lake, Gordon. „Scientific Uncertainty and Political Regulation: European Legislation on the Contained Use and Deliberate Release of Genetically Modified (Micro)organisms". *Project Appraisal* 6 (März 1991): 7-15.

Lamb, M. und Walker, G.D. „Industrial Applications of Continuous Culture Processes". In *Continuous Culture of Microorganisms,* Society of Chemical Industry Monograph 12 (1961): 254-64.

la Rivière, J.W.M. „Biotechnology in Development Cooperation: A Donor Countries' View," In *Biotechnology in Developing Countries,* P.A. Van Hemert et al. (Hrsg.), S. 1-17. Delft: Delft University Press, 1983.

Latour, Bruno. *Microbes: Guerre et paix; suivie de irreduction.* Paris: A.-M. Métatilié, 1984.

Layton, Edwin R. *The Revolt of the Engineers: Social Responsibility and the American Engineering Profession.* Cleveland: Case Western Reserve University Press, 1971.

Lazell, H.G. *From Pills to Penicillin: The Beecham Story.* London: Heinemann, 1975.

Lederberg, Joshua. „Experimental Genetics and Human Evolution". *The American Naturalist* 100 (1966): 519-31.

„A Geneticist on Safeguards". *New York Times*, 11. März 1975.

„DNA Research: Uncertain Peril and Certain Promise", *PRISM* (AMA Policy Journal) 15. Juni 1975.

„Genetic Recombination in Bacteria: A Discovery Account". *Annual Review of Genetics* 21 (1987): 23-46.

„Edward Lawrie Tatum, 1909-1975". *Biographical Memoirs* (National Academy of Sciences) 50 (1990): 357-86.

Lee, Thomas F. *The Human Genome Project: Cracking the Genetic Code of Life.* New York: Plenum, 1991.

Lenoir, T. „Science for the Clinic: Science Policy and the Formation of Carl Ludwig's Institute in Leipzig". In *The Investigative Enterprise: Experimental Physiology in Nineteenth-Century Medicine,* W . Coleman und F.L. Holmes (Hrsg.), S. 139-78. Berkeley: University of California Press, 1988.

Leroy, Olivier. *Biotechnology: EEC Policy on the Eve of 1993,* Rixensart, Belgium : European Study Service, 1991.

Li, D.N. „Biogas Production in China: An Overview", In *Microbial Technology in the Developing World,* E.J. DaSilva et al. (Hrsg.), S. 196-208. Oxford University Press, 1987.

Liebig, Justus. *Familiar Letters on Chemistry in Its Relations to Physiology, Dietetics, Agriculture, Commerce and Political Economy,* 3. Auflage. London: Taylor, Walton & Mabberly, 1851.

Lindner, Paul. „Die botanische und chemische Charakterisierung der Gärungsmikro-ben und die Notwendigkeit der Errichtung einer biologischen Zentrale". *Seventh International Congress of Applied Chemistry,* Section Vib,
„Fermentation", S. 169-72. London: Partridge & Cooper, 1910.

„Allgemeines aus dem Bereich der Biotechnologie". *Zeitschrift für Techni sche Biologie* 8 (1920): 54-56.

[Lindner, Paul.] „Förderung eines Institutes für Erforschung technisch-wichtiger Mikroben in England." *Zeitschrift für technische Biologie* 8 (1920): 64-67.

Lintner, Carl. „C.J.H. Ballings Leben und Wirken". *Bayerische Bierbrauer* 1 (1866): 29-34, 47-49, 62-66.

Lipman, Timothy O. „Vitalism and Reductionism in Liebig's Physiological Thought". *Isis* 58 (1967): 167-84.

Ljunberg, Gregory. „Krig och Fred: IV A under 40-talet", *TVF* 40 (1969): 187-95.
Edy Velander och Ingenjörsvetenskapsakademien, IVA-meddelande, Band 251. Stockholm: IVA, 1986.

Löwy, Illana. „Immunology and Literature in the Early Twentieth Century: *Arrowsmith* and *The Doctor's Dilemma".* *Medical History* 32 (1988): 314-32.

Lukacs, John. *Budapest 1900: A Historical Portrait of a City and Its Culture.* New York: Weidenfeld & Nicolson, 1988.

Lyons, Emerson J. „Deep Tank Fermentation". In *The History of Penicillin Production*, A.A. Elder (Hrsg.). Chemical Engineering Progress Symposium Series Nr. 100, 66 (1970): 31-36.

McAuliffe, Sharon und McAuliffe, Kathleen. *Life for Sale*. New York: Coward, McCann & Geoghegan, 1981.

McCormick, D. „Not as Easy as It Looked", *Bio/technology* 7 (Juli 1989): 629. „A-sitting on a Gate". *Bio/Technology* 5 (Februar 1987): 101.

McElheny, V.K. „World Biologists Tighten Rules on ‚Genetic Engineering' Work". *New York Times*, 28. Februar 1975.

Mackaye, Benton. *From Geography to Geotechnics*. Urbana: University of Illinois Press, 1968.

MacKenzie, Deborah. „Europe Rethinks Patent on the Harvard Mouse". *New Scientist* 132 (19. Oktober 1991): 11.

McMillen, Wheeler. *New Riches from the Soil: The Progress of Chemurgy*. New York: Van Nostrand, 1946.

Málek, I. „The Role of Continuous Processes and Their Study in the Present Development of Science and Production". In *Theoretical and Methodological Basis of Continuous Culture of Micro-organisms*, I. Málek und Z. Fencl (Hrsg.), S. 111-30. Prague: Czech Academy of Science, 1966.

Markle, Gerald E. und Robin, Stanley S. „Biotechnology and the Social Reconstruction of Molecular Biology". *Science, Technology and Human Values* 10 (1985): 70-79.

Martin, J.N. *Biomedical Engineering Education*. Pittsburgh: Chilton, 1966.

März, Edouard. *Joseph Alois Schumpeter: Forscher, Lehrer und Politiker*. Wien: Verlag für Geschichte und Politik, 1983.

Mason, F.A. „Microscopy and Biology in Industry". *Bulletin of the Bureau of Biotechnology* 1 (1920): 3-15.

Mateles, Richard I. und Tannenbaum, Steven R. *Single Cell Protein*. Cambridge, Mass.: MIT Press, 1968.

Mathias, Peter. *The Brewing Industry in England, 1700-1830*. Cambridge University Press, 1959.

„Maturing of Product Sales up to $4b a year by 1993". Los Angeles Times, 17. März 1991.

Max Henius Memoir Committee. *Max Henius: A Biography*. Chicago: Privater Druck, 1936.

May, O.E. und Herrick, H.T. „Some Minor Industrial Fermentations". Industrial and Engineering Chemistry 22 (November 1930): 1172-76.

Meadows, Donella, et al. *The Limits to Growth*. A Report for the Club of Rome. New York: Universe, 1972.

Meldola, Raphael. *The Chemical Synthesis of Vital Products and the Inter-relations Between Organic Compounds*. London: Arnold, 1904.

Merck, George W. „Peacetime Implications of Biological Warfare". *Chemical and Engineering News* 24, Nr. 10 (25. Mai 1936) : 1346-49.

Metzger, Hélène. *Newton, Stahl, Boerhaave et la doctrine chimique*. Paris: Alcan, 1930.

Miller, H.I. und Young, F.E. „Isn't It about Time We Dispensed with ‚Biotechnology‘ and ‚Genetic Engineering‘?" *Bio/Technology* 5 (1987): 184.

„M.I.T. Head Fears ‚Relief Palliative‘ Hampers Science". New York Times, 25. Oktober 1936.

Molella, Arthur P. „The First Generation: Usher, Mumford and Giedion". In *In Context – History and the History of Technology: Essays in Honor of Melvin Kranzberg*, Stephen H. Cutliffe amd Roert C. Post (Hrsg.), S. 88-105. Bethlehem, Pa.: Lehigh University Press, 1989.

Monod, J. „La technique de culture continue". *Annales Institut Pasteur* 79 (1950): 390-410.

Montet, Pierre. *Scénes de la vie privée dans les tombeaux égyptiens.* Publications de la Faculté des Lettres de l'Université de Strasbourg. Strasbourg: University of Strasbourg, 1925.

Moses, Vivian und Cape, Ronald E. (Hrsg.) *Biotechnology: The Science and the Business,* London: Harwood Academic, 1991.

Muller, H.J. „Perspectives for the Life Sciences". *Bulletin of the Atomic Scientists* 20 (Januar 1964): 3-7.

Multhauf, Robert P. *The Origins of Chemistry.* New York: Franklin Watts, 1967.

Mumford, Lewis. *Technics and Civilization.* New York: Harper, Brace & World, 1934.
„An Appraisal of Lewis Mumford's ‚Technics and Civilization‘ (1934)". *Daedalus* 88 (1959): 527-36.
„The Disciple's Rebellion". *Encounter* 27 (1966): 11-21.

Munch-Petersen, H. (Hrsg.) *Aarhog for Køhenhavns Universitet, Kommuniteter og den polytekniske Læreanstalt, indeholdende Meddelelser for det akademiske Aar,* 1907-1908. Copenhagen: Universitetebogytrykkeriat, 1912.

Muspratt, J.S. und Hoffman, A.W. „On Toluidine". *Memoirs and Proceedings of the Chemical Society of London* 2 (1843-45) : 367-83.

Nadav, Daniel S. *Julius Moses und die Politik der Sozialhygiene in Deutschland.* Schriftenreihe des Instituts für Deutsche Geschichte, Tel Aviv. Geilingen: Belicher Verlag, 1985.

Naisbitt, John. *Megatrends: Ten New Directions Transforming Our Lives.* London: Macdonald, 1984.

Nakamura, Keiko. „Studies on Life Sciences. Part II. Role of Life Sciences with special Reference to Research in the Mitsubishi-Kasei Institute". *Technocrate* 6 (1973): 48-52.

„Nature and Art". *Times Engineering Supplement,* 17. Juli 1912, S. 22.

Needham, Joseph. „Notes on the Way". *Time and Tide* 12 (10. September 1932): 970-72.

Neumeyer, Fritz. *Mies van der Rohe – Das Kunstlose Wort: Gedanken zur Baukunst.* Berlin: Siedler, 1986.

Nicholson, Max. *The Environmental Age.* Cambridge University Press, 1987.

Noble, David. *America by Design: Science, Technology and the Rise of Corporate Capitalism.* New York: Knopf, 1977.

Norton, M.G. „The US Biotechnology Industry". London: Overseas Technical Information Unit, 1984.

Nou, Joseph. *Studies in the Development of Agricultural Economics in Europe.* Uppsala, Sweden: Lantbrukshögskolan, 1967.

Novick A. und Szilard, Leo. „Experiments with the Chemostat on Spontaneous Mutations of Bacteria". *Proceedings of the National Academy of Sciences* 36 (1950): 708-19.

Oermann-Seeste, „Schweinemastgroßbetriebe, ihre Technik und wirtschaftliche Bedeutung". *Jahrbuch der Deutschen Landwirtschafts-Gesellschaft* 25 (1911): 956-68.

[OECD.] *Biotechnology and the Changing Role of Government.* Paris: OECD, 1988.

Olson, Steve. *Biotechnology: An Industry Comes of Age.* Washington D.C.: National Academy Press, 1986.

Orla-Jensen, S. *Lidt anvendt Filosofi.* Copenhagen: Det Schønbergske Forlag, 1934.

[PAG.] *The PAG Compendium.* Collected Papers Issued by the Protein-Calorie Advisory Group of the United Nations System, 1956-1973, C2. New York: Worldmark, 1979.

Panem, Sandra. *The Interferon Crusade.* Washington D.C.: Brookings Institution, 1984.

Paterson, D. (Hrsg.) *Genetic Engineering.* London: BBC, 1969.

Pauly, A. *Darwinismus und Lamarckismus.* München: Reinhardt,1905.

Pauly, Philip. *Controlling Life: Jacques Loeb and the Engineering Ideal in Biology.* Oxford University Press, 1987.

Payne, J.N.W. „Mashing on the Larger Scale". *Brewers Guardian* (November 1962): 75-78.

Perkin, W.H. Jr., „The Production and Polymerisation of Butadiene, Isoprene and Their Homologues". *Journal of the Society of Chemical Industry* 31 (1912): 616-25.

Perlman, David. „Preface". *Advances in Applied Microbiology* 11 (1970): vii-viii.

Peterson, Durey H. „Autobiography". Steroids 45 (1985) : 1-17.

Pfisterer, Herbert. *Der Polytechnische Verein und sein Wirken im vorindustriellen Bayern (1815-1830).* Miscellanea Bavarica Monacensia, Band 45. München: Stadtarchiv München, 1973.

Pfizer, Charles, & Co. Inc. (Hrsg.) *The Pasteur Fermentation Centennial, 1857-1957.* New York: Charles Pfizer & Co. Inc, 1958.

Pfund, Nancy und Hofstadter, Laura. „Biomedical Innovation and the Press". *Journal of Communication* 31 (1981): 138-54.

Pirie, N.W. „Recurrent Luck in Research". *Selected Topics in the History of Bio- chemistry: Personal Recollections,* G. Semenza (Hrsg.), Comprehensive Biochemistry, Band 36, S. 491-522. Amsterdam: Elsevier, 1986.

Plein, L. Christopher. „Popularizing Biotechnology: The Influence of Issue Definition". *Science, Technology and Human Values* 16 (1991): 474-90.

Pope, Sir William. „Address by the President". *Journal of the Society of Chemical Industry* 40 (1921): 179T-82T.

Porter, Dorothy und Porter, Roy. „What was Social Medicine? An Historiographical Essay". *Journal of Historical Sociology* 1 (1988): 90-106.

Postgate, John. *Microbes and Man.* London: Penguin, 1969.

Press, Frank. „Science and Technology in the White House, 1977 to 1980". Pt. 1. *Science* 211 (9. Januar 1981): 139-45; Pt. 2. *Science* 211 (16. Januar 1981): 249-56;

Prima Europe. The Case for Biotechnology. London: Prima Europe, 1990.

Pursell, Carroll. „The Farm Chemurgic Council and the United States Department of Agriculture, 1935-1939". lsis 60 (1969): 307-17.

Purssell, A.J.R. und Smith, M.J. „Continuous Fermentation". In *Proceedings of the 11 th European Brewery Convention*, S. 155-267 Madrid: European Brewery Convention, 1967.

Querner, Hans. „Probleme der Biologie um 1900 auf den Versammlungen der Deutschen Naturforscher und Aertzte". In *Wege der Naturforschung, 1822-1972 im Spiegel der Versammlungen deutscher Naturforscher und Aertzte*, Hans Querner und Heinrich Shipperges (Hrsg.), S. 186-201. Berlin: Springer, 1972.

Rahn, Otto. „Theoretische Bakteriologie". *Naturwissenschaften* 9 (1921): 374-76.

Rainer, Ronald; Bernson Keith R.; und Maienschein, Jane (Hrsg.) *The American Development of Biology*. Philadelphia: University of Pennsylvania Press, 1988.

Randall, J.H. *Our Changing Civilization: How Science and the Machine are Reconstructing Modern Life*. London: Allen & Unwin, 1929.

Ranz, W.E. und Fredrickson, A.G. „Minneapolis to Host Chemical Engineers". *Chemical Engineering Progress* 61 (Juli 1965): 112-19.

Rapp, Friedrich. „Philosophy of Technology: A Review". *Interdisciplinary Science Reviews* 10 (1985): 126-39.

Ratner, Mark. „The Analysts Take Aim: Biotech Fires Back". *Bio/technology* 4 (November 1988): 1280.

„Bandshift". *Bio/technology* 8 (November 1990): 993.

Ravetz, J.R. „The DNA Controversy and Its History". In *The Social Assessment of Sciene: Proceedings*, S. 79-90. Wissenschaftsforschung 13 Report. Science Studies. Bielefeld: B. Kleine Verlag, 1982.

The Merger of Knowledge with Power: Essays in Critical Science. London: Mansell, 1990.

Rehm, H.-J. „Modern Industrial Microbiological Fermentations and Their Effects on Technical Developments". Angewandte Chemie, Ind. Ed. Engl. 9 (1970): 936-45.

Reinharz, Jehuda. *Chaim Weizmann: The Making of a Zionist Leader*. Oxford University Press, 1985.

Rexen, F. und Munck, L. *Cereal Crops for Industrial Use in Europe*. EUR 9617 Copenhagen: Carlsberg Research Laboratory, 1984.

Rhees, D.J. *The Chemists' Crusade: The Rise of an Industrial Science in Modern America, 1907–1922*, Dissertation, University of Pennsylvania, 8714116. Ann Arbor, Mich.: UMI, 1987.

Righelato, R.C. und Elsworth, R. „Industrial Applications of Continuous Culture: Pharmaceutical Products and Other Products and Processes". *Advances in Applied Microbiology* 13 (1970): 399-465.

Rinard, R.G. „Neo-Lamarckism and Technique: Hans Spemann and the Development of Experimental Embryology". *Journal of the History of Biology* 21(1988): 95-118.

Rip, A. und Nederhof, A. „Between Dirigism and Laissez-faire: Effects of lmplementing the Science Policy Priorities for Biotechnology in the Netherlands". *Research Policy* 15 (1986): 253-68.

Rode, O. *Optegnleser efter Prof. Dr. Phil Orla-Jensens: Efteraars Forelæsninger over Bioteknisk Kemi.* Copenhagen: Det Private Ingeniørsfonds forlag, 1915.

Rogers, Michael D. „The Japanese Government's Role in Biotechnology. R&D". *Chemistry and Industry,* (7. August 1982): 533-37.

Rommel, George. „The Hog Industry: Selection, Feeding and Management – Recent American Experimental Work, Statistics of Production and Trade". Bureau of Animal Husbandry, *Bulletin* 47. Washington D.C.: Government Printing Office, 1904.

Roobeek, Annemieke J.M. *Beyond the Technology Race: An Analysis of Technology Policy in Seven Industrial Countries.* Amsterdam: Elsevier, 1990.

Rörsch, A. *Genetic Manipulations in Applied Biology: A Study of the Necessity, Content and Management Principles of a Possible Community Action* EUR 6078. Luxembourg: Office for Official Publications of the European Communities, 1979.

Rosenberg, Charles. „Science, Technology and Economic Growth: The Case of the Agricultural Experiment Station Scientist, 1875-1914". In *Nineteenth-Century American Science: A Reappraisal,* George F. Daniels (Hrsg.), S. 181-209. Evanston, Ill.: Northwestern University Press, 1974.
No Other Gods: On Sience and American Social Thought. Baltimore: Johns Hopkins University Press, 1976.

Roskill, Stephen. *Hankey: Man of Secrets,* Band 3. London: Collins, 1974.

Rossiter, Margaret. *The Emergence of Agricultural Science in America: Justus Liebig and the Americans, 1840-1880.* New Haven, Conn.: Yale University Press, 1975.

Roth, R.R. „The Foundation of Bionics". *Perspectives in Biology and Medicine* 26 (1983): 229-42.

Rothschuh, K.E. „Bionomie/Biotechnik". In *Historisches Wörterbuch der Philosophie,* J. Ritter (Hrsg.), Band 1, S. 946-47. Darmstadt: Wissenschaftliche Buchgesellschaft, 1971.

Roux, Wilhelm et al. (Hrsg.), *Terminologie der Entwicklungsmechanik der Tiere und Pflanzen.* Leipzig: Wilhelm Engelmann, 1912.

Ruhrmann, G. „Genetic Engineering in the Press." In *Biotechnology in Public: A Review of Current Research,* John Durant (Hrsg.), S. 169-201. London: Science Museum, 1992.

Russell, Colin A.; Coley, Noel G. und Roberts, Gerrylyn K. *Chemists by Profession.* Milton Keynes: Open University Press, 1977.

Russell, Sir John E. *A History of Agricultural Science in Great Britain.* London: Allen & Unwin, 1966.

Saito, Hiuga. „Biotechnology R&D: Japan and the World", *Science and Technology in Japan* 4 (April-Juni 1985): 8-11.

Sakaguchi, Kin-ichiro. *Outline and Characteristics of Japanese Fermentation Industries.* Tokyo: RIKEN, 1961.

Sargeant, K. „Biotechnology, Connectedness and Dematerialisation". In *Biotechnology '84*. Proceedings of a conference held in the Royal Irish Academy, 1.-2. Mai 1984, J.P. Arbuthnott (Hrsg.), S. 96-103. Dublin: Royal Irish Academy, 1985.
„Notes on Three French Biotechnology Reports: A Review Paper". FAST XII/1160/81/EN.

Sasson, Albert. *Biotechnologies and Development.* Paris: UNESCO, 1988.

Sauer, H.J. Jr. und Nevins, R.G. „Biotechnology and the Mechanical Engineer". *Mechanical Engineering* 87 (Dezember 1965): 36-39.

Schallmayer, W. „Antwort auf S. Kammerers Plaidoyer für R. Goldscheid". *Archiv für Rassen und Gesellschaftsbiologie* 11 (1914): 233-40.

Scheidegger, Alfred. „Biotechnology in Japan – Towards the Year 2000 . . . and Beyond". *Trends in Biotechnology* 9 (Juni 1991): 183-90.

Schling-Brodersen, Ursula. *Entwicklung und Institutionalisierung der Agrikulturchemie im 19. Jahrhundert: Liebig und die landwirtschaftlichen Versuchsstationen.* Braunschweiger Veröffentlichungen zur Geschichte der Pharmazie und der Naturwissenschaften, Band 31. Braunschweig: Universität Braunschweig, 1989.

Schneider, William H. *Quality and Quantity: The Quest for Biological Regeneration in Twentieth-Century France.* Cambridge University Press, 1990.

Schrohe, A. *Aus der Vergangenheit der Gärungstechnik und vewandter Gebiete.* Berlin: Paul Parey, 1917.

[Schwartz, Wilhelm.] „Biotechnik und Bioengineering". *Nachrichten aus Chemie und Technik* 17 (1969): 330-31.

Seaman, Alan. „The Society for Applied Bacteriology: The First Fifty Years". *Journal of Applied Bacteriology* 50 (1981): 425-31.

Seligman, R. „Brewing Engineering and the Future". *Journal of the Institute of Brewing* 36 (1930): 288-97.
„The Research Scheme of the Institute – Its Past and Its Future". *Journal of the Institute of Brewing* 54, Nr. 3 (1948): 133-44.

Senker, Jaqueline und Sharp, Margaret. „The Biotechnology Directorate of the SERC: Report and Evaluation of Its Achievements – 1981-1987". Science Policy Research Unit Report, submitted to the Management Committee of the Biotechnology Directorate, 5, Mai 1988.

Séris, Jean-Pierre. „Bergson et la technique." In *Bergson: Naissance d'une philosophie. Actes du Colloque de Clermond-Ferrand 17 et 18 novembre 1987*, S. 121-38. Paris: Presses Universitaires de France, 1990.

Servan-Schreiber, Jean-Jacques. *Le défi americain.* Paris: Editions Denoel, 1967.

Sharp, David H. *Bio-Protein Manufacture: A Critical Assessment.* Chichester: Ellis Horwood, 1989.

Sharp, Margaret. *The New Biotechnology: European Governments in Search of a Strategy.* Sussex European Papers Nr. 15. Brighton: Science Policy Research Unit, 1985.

„A Sheaf of Tributes to the Late Sir Patrick Geddes". *Supplement to the Sociological Review* 24 (Oktober 1932): 349-400.

362

Sheehan, J.C. *The Enchanted Ring – The Untold Story of Penicillin*. Cambridge, Mass.: MIT Press, 1982.

Shelley, Mary. *Frankenstein (Or, the Modern Prometheus)*. First published 1818; Clinton, Mass.: Airmont, 1963.

Shore, D.T. „Chemical Engineering of the Continuous Brewing Process". *The Chemical Engineer* (Mai 1968): 99-109.

Short, R.R.M. und Taylor, Richard. „Soviet Cinema and the International Menace, 1928-1939". *Historical Journal of Film, Radio and Television* 6 (1986): 131-59.

Siebel, E.A., and Company und Siebel Laboratories, Inc., „Achievement: Yesterday, Today, Tomorrow". n.d. Chicago.

[Siebel, John E.] „The Zymotechnic College. A School for Brewers, Distillers, Maltsters, Wine and Vinegar-Makers." *American Chemical Review and Zymotechnic Magazine* 4 (1884): 193.

Silver, S. (Hrsg.) *Biotechnology: Potentials and Limitations*. Life Science Research Report 35. New York: Springer, 1986.

Slosson, Edwin E. *Creative Chemistry*. New York: Century, 1921.

Smyth, C.N. *Medical Electronics: Proceedings of the Second International Conference on Medical Electronics*, Paris, 24.-27. Juni 1959. London: Illiffe & Sons, 1960.

Smyth, Henry Field und Obold, Walter Lord. *Industrial Microbiology: The Utilization of Bacteria, Yeasts and Molds in Industrial Processes*. Baltimore: Williams & Wilkins, 1930.

Sogusawa, S. „History of Japanese Natural Products Research". *Pure and Applied Chemistry* 9 (1964): 1-9.

Soloway, Richard. *Demography and Degeneration: Eugenics and the Declining Birthrate in 20th Century Britain*. Chapel Hill: University of North Carolina Press, 1990.

„Some Press Comments". Bulletin of the Bureau of Bio-Technology 1 (1920-3) : 82-4.

Sonntag, Otto. „Religion and Science in the Thought of Liebig". *Ambix* 24 (1977): 159-69.

Spemann, Hans. *Forschung und Leben*. Stuttgart: J. Engelhorns, Nachfolger, 1943.

Spier, R.E. „So Who Is a Biotechnologist?" *Biotech Quarterly* 3, nos. 2-3 (1984):3-4, 15.

Spitz, Peter H. *Petrochemicals: The Rise of an Industry*. New York: Wiley, 1988.

Stanbridge, H.H. *History of Sewage Treatment in Britain*. S. 7 . *Activated Sludge*. Maidstone: IWPC, 1977.

Starr, M.P. (Hrsg.) *Global Impacts of Applied Microbiology*. Stockholm: Almquist & Wiksel, 1964.

Stern, Bernhard J. „Human Heredity and Environment". *Science and Society* 14 (1950): 122-33.

Strbánová, Sona. „On the Beginnings of Biochemistry in Bohemia". *Acta Historiae rerum naturalium nec non technicarum*, Special issue 9 (1977): 149-221.

Strickland, Stephen P. *Politics, Science and Dread Disease: A Short History of United States Medical Research Policy*. Cambridge, Mass.: Harvard University Press, 1972.

Strube, Wilhelm. *Die Chemie und ihre Geschichte*. Berlin: Akademie Verlag, 1974.

Sturchio, J.L. (Hrsg.) *Values and Visions: A Merck Century*. Rahway, N.J.: Merck, 1991.

Sulloway , Frank J. *Freud, Biologist of the Mind: Beyond the Psychoanalytic Legend.* New York: Basic, 1979.

Swann, John Patrick. „Arthur Tatum, Parke-Davis, and the Discovery of Maphersen as an Antisyphilitic Agent." *History of Medicine and Allied Sciences* 40 (1985): 167-87.

Szilard, Leo. *The Voice of the Dolphins and Other Stories.* London: Victor Gollancz, 1961.

Takamine, Jokichi. „Enzymes of Aspergillus Oryzae and the Application of Its Amyloclastic Enzyme to the Fermentation Industry". *Industrial and Engineering Chemistry* 6 (1914): 824-28.

Tatum, Edward L. „A Case History in Biological Research". Nobel Lecture, 11 Dezember 1958.

[Syntex.] *A Corporation and a Molecule.* Palo Alto: Syntex Laboratories, 1966.

Tatum, Edward L. „Perspectives from Physiological Genetics". In *The Control of Human Heredity and Evolution,* T.M. Sonneborn (Hrsg.), S. 20-34. New York: Macmillan, 1965.
„Molecular Biology, Nucleic Acids, and the Future of Medicine". *Perspectives in Biology and Medicine* 10 (1966-67): 19-31.

Taylor, Craig L. und Boelter, L.M.K. „Biotechnology: A New Fundamental in the Training of Engineers". *Science* 105 (28. Februar 1947) : 217-19.

Taylor, G. Rattray. *The Biological Time Bomb.* New York: New American Library, 1968.

Tecknoligi Naevnet. *Consensus Conference on the Application of Knowledge Gained from Mapping the Human Genome: Final Document,* 1.-3. November 1989.

Teich, Mikuláš. „Science and the Industrialisation of Brewing: The German Case". Presented to the conference, Biotechnology: Long Term Development. The Science Museum, London, February 1984.

Teitelman, Robert. *Gene Dreams: Wall Street, Academia and the Rise of Biotechnology.* New York: Basic, 1989.

Temkin, Owsei. „Materialism in French and German Physiology of the Early Nineteenth Century". *Bulletin of the History of Medicine* 20 (1946): 322-27.

Tempest, D.W. „The Place of Continuous Culture in Microbiological Research". *Advances in Microbial Physiology* 4 (1970): 223-50.

Thackray, Arnold; Carroll, P. Thomas; Sturchio, J.L. und Bud, Robert. *Chemistry in America, 1876-1976: Historical Indicators.* Dordrecht: Reidel, 1984 .

Thaysen, A.C. „Food Yeast: Its Nutritive Value and Its Production from Empire Sources". *Journal of the Royal Society of Arts* 93 (8 June 1945): 353-64.
„Food and Fodder Yeast". In *Yeasts,* W. Roman (Hrsg.), S. 155-210. The Hague. W. Junk, 1957.

Thissen, Rudolf. *Die Entwicklung der Terminologie auf dem Gebiet der Sozialhygiene und Sozialmedizin im deutschen Sprachgebiet bis 1930.* Köln: Westdeutscher Verlag, 1969.

Thomas, D. *Production of Biological Catalysts, Stabilization and Exploitation.* EUR 6079. Luxembourg: Office for Official Publications of the European Communities, 1978.

Thomson, J.A. „Biological Philosophy". *Nature* 87 (12 October 1911): 475-76.
„Biology". Encyclopaedia Britannica. Anhang zur 11. Auflage, 1 (1926), S. 383-5.
„Biology and Social Hygiene". Quarterly Review 246 (1926): 28-48.

Thorndike, Lynn. *History of Magic and Experimental Science*. New York: Columbia University Press, 1934.

Tornier, Gustav. „Ueberzählige Bildungen und die Bedeutung der Pathologie für die Biontotechnik (mit Demonstrationen)". In *Verhandlungen des V. Internationalen Zoologen-Congresses zu Berlin, 12.-16. August 1901*, Paul Matschie (Hrsg.), S. 467-500. Jena: Gustav Fischer, 1902.

Towalski, Zbigniew. „The Integration of Knowledge within Science, Technology and Industry: Enzymes: a Case Study". Dissertation, Aston University, Birmingham, 1985.

Tracy, Michael. *Agriculture in Western Europe: Crisis and Adaptation since 1880*. London: Jonathan Cape, 1964.

Treviranus, Gottfried Reinhold. *Biologie oder Philosophie der lebenden Natur für Naturforscher und Aertzte*. Göttingen: Rower, 1802.

Tsuchiya, H.M. und Keller, K.H. „Bioengineering – Is A New Era Beginning?" *Chemical Engineering Progress* 61 (Mai 1965): 60-62.

[UNESCO.] *Records of the General Conference*, 8th sess 1954. Paris: UNESCO, 1955.

„The Unfulfilled Promise of Biotech ‚Cures'". *Los Angeles Times*, 31. Januar 1991.

U.S. Congress. House of Representatives. Committee on Appropriations. *Genetics Research*. 91st Cong. 2d sess. 1971.

Committee on Science and Technology. *The Biotechnology Science Coordination Act of 1986*. 99th Cong. 2d sess. 1986.

Committee on Science and Technology. Subcommittee on Investigations and Oversight and the Subcommittee on Science, Research and Technology. *Commerialization of Academic Biomedical Research*. 97th Cong. 1st sess. 1981.

Subcommittee on Science, Research and Technology. *Science policy, Implication of DNA Recombinant Molecule Research*. 95th Cong. 1st sess. 1977.

U.S. Congress. Office of Technology Assessment. *Commercial Biotechnology: An International Analysis*. OTA-BA-218. Washington, D.C.: U.S. Government Printing Office, 1984.

Impacts of Applied Genetics: Microorganisms, Plants and Animals. OTA-HR-132. Washington, D.C.: U.S. Government Printing Office, 1981.

Mapping Our Genes – Genome Projects: How Big How Fast. Washington, D.C.: U.S. Government Printing Office, 1987.

New Developments in Biotechnology – Background Paper: Public Perception of Biotechnology. OTA-BP-BA-45. Washington, D.C.: U.S. Government Printing Office, 1987.

New Developments in Biotechnology. U.S. Investment in Biotechnology – Special Report. OTA-BA-360. Washington, D.C.: U.S. Government Printing Office, 1988.

U.S. Congress. Senate. Committee on Environment and Public Works. Subcommittee on Hazardous Wastes and Toxic Substances. *Federal Oversight of Biotechnology*. 100th Cong. 1 st sess. 5 November 1987.

Committee on Government Operations. Subcommittee on Reorganization and International Relations. *Hearings. . . to Create a Department of Science and Technology.* 86th Cong. 1st sess. pt. 1, 16.-17. April 1959.

U.S. National Science Board. *Science Indicators 1972: Report of the National Science Board, 1973.* Washington, D.C.: U.S. Government Printing Office,1973.

Vallery-Radot, René. *The Life of Pasteur,* übersetzt von R.L. Devonshire. London Constable, 1919.

Van Brunt, Jennifer. „Environmental Release: A Portrait of Opinion and Opposition". *Bio/technology* 5 (1987): 559-663.

Vaspinder, S.H. *The Scientific Attitudes in Mary Shelley's Frankenstein.* Ann Arbor, Mich: UMI, 1976.

[Velander, E.J. „Några nya utvecklingslinjer inom biotekniken". IVA 13 (1942) : 236.

Vernon, Keith. „Pus, Sewage, Beer and Milk: Microbiology in Britain, 1870-1940". *History of Science* 28 (1990): 289-325.

Virey, J.J. *Hygiène philosophique ou de la santé dans le régime physique, moral et politique de la Civilisation moderne.* Paris: Crochard, 1828.

Wada, A. „One Step from Chemical Automatons". *Nature* 257 (23 October 1975): 633-34.

Wagner, Adolf. *Geschichte des Lamarckismus: Als Einführung in die psychobiolo- gische Bewegung der Gegenwart.* Stuttgart: Franck, 1908.
„Biotechnik und Plasmatik". In *Der Begründer der Lebenslehre Raoul Francé: Eine Festschrift zu seinem 50. Geburtstag,* S. 5-12. Stuttgart. Walter Seifert, 1925.

Wainwright, Milton. *Miracle Cure: The Story of Penicillin and the Golden Age of Antibiotics.* Oxford: Blackwell Publisher, 1990.

Waks, Norman. „Consequences of the Shifts in U.S. Research and Development Policy". *R&D Management* 15 (1985): 191-96.

Walgate, Robert. *Miracle or Menace? Biotechnology and the Third World.* London: Panos Institute, 1990.

Walker, Anthony. „Europe Steals the Lead in Plant Biotechnology". In *Biotech '89.* Proceedings of the conference held in London, Mai 1989, S. 121-28. London: Blenheim Online, 1989.

Walker, T.K. „A History of the Development of a School of Biochemistry in the Faculty of Technology, University of Manchester". *Advances in Applied Microbiology* 12 (1970): 1-10 .

Watson, J.D. *The Double Helix,* G.S. Stent (Hrsg.). New York: Norton, 1980.

Watson, James D. und Tooze, John. *The DNA Story: A Documentary History of Gene Cloning.* San Francisco: Freeman, 1981.

Weart, Spencer R. Nuclear Fear: *A History of Images.* Cambridge, Mass.: Harvard University Press, 1988.

Weber, Adolf. „Biotechnologie und Gentechnologie". In *Die Herstellung der Natur: Chancen und Risiken der Gen-technologie,* Ulrich Steger (Hrsg.), S. 13-14. Bonn: Verlag Neue Gesellschaft, 1985.

Weindling, Paul. *Health, Politics and German Politics between National Unification and Nazism, 1870-1945*. Cambridge University Press, 1989.

„Degeneration und öffentliches Gesundheitswesen, 1900-1930: Wohnverhältnisse". In *Stadt und Gesundheit: Zum Wandel von "Volksgesundheit" und kommunaler Gesundheitspolitik im 19. und frühen 20. Jahrhundert*, Jürgen Reulecke und Adelheid Gräfin zu Castell Rüdenhausen (Hrsg.), S. 105-13. Stuttgart: Frans Steiner Verlag, 1991.

Weingart, Peter; Kroll, Jürgen und Bayertz, Kurt. *Rasse, Blut und Gene: Geschichte der Eugenik und Rassenhygiene in Deutschland*. Frankfurt: Suhrkamp,1988.

Wells, G.P. „Lancelot Thomas Hogben". Biographical Memoirs of the Royal Society 24 (1978): 183-221.

Werskey, Gary. *The Visible College*. London: Allen Lane, 1978.

Wickenden, W.E. „Technology and Culture". Commencement address, Case School of Applied Science, 29. Mai 1929.

„Training Engineers for Positions of Responsibility'. *Cleveland Engineering* (26. Dezember 1929): 3-5, 14.

„The Engineer in a Changing Society". *Electrical Engineering* 51 (Juli 1932): 467.

„Technology and Culture". *Ohio College Association Bulletin* (1933): 4-9.

„Final Report of the Director of Investigations, June 1933". In *Report of the Investigation of Engineering Education*, 1923-1929, Band 2, S. 1041-1114. Pittsburgh: Society for the Promotion of Engineering Education, 1934.

Wiener, Norbert. *Cybernetics or Control and Communication in the Animal and the Machine*. Cambridge, Mass.: MIT Press, 1948.

Wiesner, Julius. „Bedeutung der technischen Rohstofflehre (techn. Warenkunde) als selbständige Disziplin und über deren Behandlung als Lehrgegenstand an   techn. Hochschulen". *Dinglers Polytechnisches Journal* 237 (1880): 319-26, 400-409, 468-73.

Die Rohstoffe des Pflanzenreiches, 2. Auflage, 2. Band Leipzig: Engelmann, 1900.

Wolstenholme, Gordon (Hrsg.) *Man and His Future*. London: J.A. Churchill, 1963.

Working Party on Industrial Microbiology (P.W. Brian, Chairman), „Report on the State of Research into Economic Microbiology in the United Kingdom".1960.

Wright, Pearce. „Time for Bug Valley", *New Scientist* 82 (5. Juli 1979): 27-29.

Yano Research Institute, „Development of Biotechnology in Japan and the Government", 1983.

Yarrow, D. „U.S. Biotechnology in 1988 – A Review of Current Trends". London: Department of Trade and Industry, 1988.

Yoxen, E.J. *The Gene Business: Who Should Control Biotechnology?* London: Pan 1983.

„Assessing Progress with Biotechnology". In *Science and Technology Policy in the 1980s and Beyond*, M. Gibbons, P. Gummett und B.M. Udgaonkar (Hrsg.), S. 207-24. London: Longman, 1984.

Yoxen, Edward, and Di Martino, Vittorio (Hrsg.) *Biotechnology in Future Society: Scenarios and Options for Europe*. Luxembourg: Office for Official Publications of the European Communities, 1989.

Yukawa, Hideki (Hrsg.) *Profiles of Japanese Science and Scientists.* Tokyo: Kodansha, 1970.

Zilinskas, Raymond A. „The International Centre for Genetic Engineering and Biotechnology: A New International Scientific Organization". *Technology in Society* 9 (1987): 47-61.

Zimmerman, Horst. „Fiscal Pressure on the ‚Tax State'". In *Evolutionary Economics: Application of Schumpeter's Ideas,* Horst Hanusch (Hrsg.), S. 255-73. Cambridge University Press, 1988.

Zweig, Stefan. *The World of Yesterday: An Autobiography.* London: Cassell, 1987.

The Zymotechnic Institute. Chicago: Zymotechnic Institute, 1891.

Sachwortverzeichnis

—H—

Muster des Lebendigen

von Andreas Deutsch (Hrsg.)

1994. XVI, 299 Seiten mit zahlreichen Zeichnungen und Fotos sowie einem Farbteil. (Facetten) Gebunden.
ISBN 3-528-06546-X

Fragestellungen und Erklärungsmodelle zur Entstehung von Ordnung in der Natur werden in anschaulicher Form von anerkannten Wissenschaftlern in eigenständigen Beiträgen vorgestellt, und anhand ausgewählter Beispiele erschließt sich dem Leser ein Querschnitt von Mustern und Theorien zu ihrer Erklärung. Begriffe wie Selbstorganisation, Synergetik, konservative und dissipative Strukturen, zelluläre Automaten, finite Elemente, Reaktions-Diffusions-Systeme, mechano-chemische Modelle und Turing-Analyse werden im wahrsten Sinne des Wortes mit Leben erfüllt und im Zusammenhang biologischer Musterbildungen erläutert. Der Anhang enthält ein Glossar, das durch kurze und prägnante Definitionen die im Text verwendeten Begriffe der Musterbildungstheorie erläutert.

Über den Autor: Dr. Andreas Deutsch forscht an der Abteilung für Theoretische Biologie der Universität Bonn über die Modellierung biologischer Musterbildung.

Verlag Vieweg · Postfach 15 46 · 65005 Wiesbaden